YETI

イエティ　雪男伝説を歩き明かす

The Ecology of a Mystery　Daniel C.Taylor

ダニエル・C・テイラー
森 夏樹 訳

青土社

イエティ　雪男伝説を歩き明かす　目次

著者が率いるヤクのキャラバン。シャオ・ラ・パスを横切っている。1921 年にこの場所で、エベレスト遠征隊によってイエティが目撃された。

山並みの向こうへ探しに行くがいい――
「山蔭には失われた何かがある。
人知れずお前を待っている。さあ、行くがいい！」

そこで私は出かけた。
もう、どうにもがまんができなかったから。
ごく身近な人たちにも、声をかけずに――
手荷物を片手に、子馬を連れて――町で子馬に水を飲ませた。
そして、山をも動かしかねない自信はあったが、
私の骨折りが、それで軽くなりそうもない。
だが、一番大きな山にさしかかると、
自信が私を駆り立てて、道案内をしてくれた。

やがてあの声が聞こえる。良心のようにたえまなく、
昼も夜も、囁く声がたえず私に呼びかける――
「何かが隠れている。見つけに行くがいい。
あの山の向こうには何かがある……」

――ラドヤード・キプリング「冒険者」
〔各連が順序を入れ替えて引用されている〕

イエティ　雪男伝説を歩き明かす

バルン渓谷……それにイエティを守っている
ネパールのシャクシラ村の人々へ
そして変わらずに、野生を育てているあなたへ

序　ミステリーと挑戦

この物語は、ヒマラヤで過ごした私の少年時代から弧を描く。それは、私の関心事からサル（ラングール）を追い出した頃からはじまり、エベレスト山の周辺で、二つの国立公園の設立に着手するまでの話である。私の関心から追い払ったサルと、エベレスト界隈の国立公園をつないでいるのがイエティ（ヒマラヤの雪男）だった。

イエティのミステリーについては、ヒマラヤの言い伝えに、人間に非常によく似た動物が、エベレスト山の雪の中で生息しているという話がある。この伝説を、冗談ぬきの真剣な探索へと向かわせたのが足跡だった。物語は足跡を残さない――足跡があるということは、足跡を付けたものがいるということだ。そしてこの論法でいくと、一〇〇年以上ものあいだ足跡が発見され続けているのは、異形の動物が単体ではないことを意味している。単体の奇形動物によって足跡が付けられたとしたら、動物が死んだあともなお、特徴のある足跡が引き続き見つけられることなどありえないからだ。さらにその上、同じ特徴を持つ足跡が、さまざまな大きさで発見されたとなると、それは動物が繁殖を続けていて、個体群をなしていることをほのめかしている。

この本では、どんな動物がこの足跡を残しているのか、それを明らかにしていく。私が探索をはじめた時点では、さまざまな説が唱えられていた。足跡はもしかすると、一世紀以上ものあいだ、正体不明のまま追求の手を逃れた野生の人間（ワイルドマン）が残したものかもしれない。あるいはまた、未知の動物の足跡かもしれない。それはジャイアントパンダやゴリラなどの、ヒト上科〔ヒトと大型類人猿をくくる霊長目の分類群〕の動物ではないが、おそらくそれによく似た足跡を持つものだろう。そして第三に唱えられたのが、足跡を付けた存在はまったく未知のもので、それが人間に似た足跡を残すことができるかどうかも、今なお明らかではないという説。そして、もちろん、第四の可能性もある――霊的なものが形をなして姿を現わしたのがイエティだという説。しかし動物ではない超自然的なものの存在などありえないし、科学はそのようなものが存在してはいけないと主張している。

論争をいかにも信用ありげなものにしているのが、つねに足跡だった。足跡が現に、今も発見されているという事実は疑いようがない。それはたしかに、「何もの」かが足跡を付けていた。今日でもなお、ミステリアスな足跡は発見され続けていて、写真もくりかえし撮影されている。このようにして、イエティはリアルなものとなった。想像上の動物には、現実に足跡を付けることなどできない。足跡は現実の動物によってのみ付けられうる。したがって、エベレスト山のように、イエティはたしかに「そこに」存在する。そして、エベレスト山に登頂する人々がいるように、私もまた、足跡の正体を明らかにするために調査をはじめた。

調査はまず足跡を発見すること、そして、そのサンプルを記録し撮影すること、さらには以前発見されて、今なおその正体が判明していない足跡を石膏で複製することだった。不明なものの中にはとくに、一九五一年にエリック・シプトンが発見した有名な足跡も含まれている。そして、その後一九五六年から一九八三年までに発見された足跡についても、正体を明らかにすることが求められた。私はヒマラヤの山中を、一五〇〇マイル（約二四一四キロ）にわたって探し歩いた。それはヒマラヤの南面（インド、ネパール、ブータン）と中国のチベット地方に位置する北面のスロープだ。心に残る感動的な探険を数多く重ねながら、私は五〇年ものあいだ、帯状に連なる山脈のあらゆる渓谷系を歩いた。その過程で、さまざまな現地の言葉も学んだ。

しかし驚いたことに、足跡の謎を解いても、「イエティ問題」を解決することにはならなかった。私の発見は一九八〇年代にマスコミによって世界中に伝えられたが、そのときに気がついたのは、イエティが現実の動物であると同時に、ある考えのシンボルになっていることだ。私の探求は方向を変えて、この考え——ヒマラヤの謎よりはるかに大きなシンボルだ——へと向かうことになる。それは人間と野生の関係という問題だった。「野生」という言葉で私がいいたいのは、人間によって抑制のできない生命のことだ。野生は「自然」を生きいきとさせる。というのも、足跡を残した動物をひとまず脇においてみると、イエティはまた、荒々しい野生の人間を象徴するものとして見ることができるからだ。

私は一九五〇年代に、インドにあったジャングルの縁沿いの土地で育った。そこは動物が襲ってくる野生の地で、まさしくエキサイティングな世界だった。祖父や父に教えてもらいながら、私はこの土地で生きていく術（すべ）を学んだ。だが、ジャングルのような野生の土地はやがて、そのほとんどが消え失せてしまった。そして、最後に私が見つけ出すことになったのは、今もわれわれのまわりにある新たな野生の地だった。私たちの生命を脅かしているのは、人間が作り出したもので、危険なのは今や動物ではなく、あなたや私なのである。われわれは以前野生の状態にあったものを作り直して、新たな野生を生み出した——それは従来の薬では、もはや除去できない病原菌であったり、予測不可能な経済活動や、人間が自らの体に爆弾を巻き付けて自爆する、そんな社会であったり、あらゆるものを変化させてしまう移りやすい気候であったりした。

かつて「自然」は、われわれをはぐくみ育ててくれたが、それをコントロールすることはできなかった。その自然から立ち去り、われわれは今、同じようにコントロール不可能な、新たな現実へと入り込んでいる——そしてそれは、真に、われわれの存続に脅威をもたらすものだ。かつてわれわれは自然の野生を恐れたが、今、恐れなければならないのは、人間が作り出した新たな野生である。野生の変化によって、私たちが終始あとに残してきた生の痕跡は、いちだんと大きな、けっしてコントロールのできない野生を、いやおうなく通り抜けてきた道だった。古い野生から新しい野生へのこの道のりが、現にわれわれが生きているコアな部分だ。われわれが作り上げたガラス・スクリーンの世界では、そこに映る像は現実のものかもしれない。だが、それはまた「特殊効果」を帯びたものなのかもしれない。スクリーンの彼方では、ますます大きくなっていった野生が、さらに巨大な存在となって立ち現われてきている。そしてそれは意図したものではないが、たしかにわれわれが作り上げたものなのである。

多くの仲間たちとともに出かけた旅で、私はイエティの残した足跡の正体を明らかにし、動物たちが棲んでいる古い野生の痕跡を見つけた。そしてそのあとで、われわれは国立公園の設立へと向かっていった。だが、そこへ向かうについては、従来の動物（この場合はイエティと、ジャングルの動物たちだ）の種を守るというやり方ではなく、新しい公園管理のアプローチを模索した。というのも、もし人間のせいで自然の性質が変化したというのなら、新しい自然と共生するためには、人間の行動基準を調整するメソッドが必要となるからだ。

地球上で、もっとも人口の多い場所はインドと中国だが、その中間に位置するネパールとチベットで、自然との共生という新しい試みが実行された。ネパールのマカルー・バルン国立公園がそれで、共生へのアプローチの先駆けとなった。マカルー・バルンはイエティの正体が暴かれた場所でもある。一年後にはまた、ネパールのアンナプルナ保護地域の設立が報告された。そしてこの二つのプロジェクトが、ネパール中の新たな自然保護の方策のはじまりとなった。それを指揮したのは、ネパールの科学者や役人たちだったが、試みはすでにアプローチの段階を越えていて、軍隊が国立公園を管理運営するまでになっている。イエティのジャングルに隣接する中国のチベット自治区では、このアプローチに人々はよりいっそう深い信頼をおいていた。チョモランマ（エベレスト）国家級自然保護区が設営され、これは当時、アジアで最大の保護区だった。自然保護の勢いはこれにとどまらず、チベットではさらに一八の公園が作られた。中には今なお、世界で最大の公園とされているものもある。そしてそれにまた、チベットの公園が「地球上で自然保護がもっとも必要とされる、標高のもっとも高い土地」を保護しているともいえるものだった。

自然保護に対する人間中心のアプローチは、当時、ほとんど異端に近い考え方だった（数年前、バリで開かれた第三回世界保護地域委員会のスピーチで、はっきりとこの考えが述べられてはいたが）。おもだった保護団体や高名な科学者たちは、この考えを話題にしていても、実行に移すまでには至っていなかった。一般の人々が参加する、新しい形での野生との関わり方は、ただ単に公園を設立するためではなく、世界的な規模で要請されたものだ。人々が中心となってアプローチをすることで、保護はよりいっそう大きな、真に地球的な規模となり、同時にコストもより節減される。それから四半世紀が経過し、試みの成果が徐々に上がってくるに従って、人間中心のアプローチは、一般的な方法として世間で受け入れられるようになった。

一九八五年までにわれわれは、正体の分からない足跡の石膏を採取し終えていた。そして一九九二年には、国立公園の設営や、ヒマラヤの中核部の自然保護にも着手しはじめている。その間の個人的な事情については、以前刊行した『山並みの向こうにあるもの』（*Something Hidden behind the Ranges* : San Francisco CA: Mercury House, 1995）の中で書いた。また国立公園の設立、とくにチベット自治区への広がりについては、以下の二冊の本で述べた。『正当で持続的な変化――コミュニティーが未来を手にするとき』（*Just and Lasting Change: When Communities Own Their Futures* : Baltimore MD: Johns Hopkins University Press, 2016）（第二版）の第二〇章、それに『不安定な地球を力づける――シード（種子）から地球規模の変化へ』（*Empowerment on an Unstable Planet: From Seeds of Human Energy to a Scale of Global Change* : New York: Oxford University Press, 2012）の第八章。

しかしそれでもなお、イエティは私の関心を引き続けていた。それは動物としてではなく、偶像（イコン）や憧れの対象（アイドル）としてである。イコン（icon）やアイドル（idol）は、ただひたすら「I（私）」のために影響力が大きかった――つまり「I」は、私は誰なのかということであり、それはより大きな存在への呼びかけとなった。イエティを追うことは、三〇〇〇万年に及ぶ人間の歴史――その人間は日々、古い野生から引き離されつつある――から生じた問題を追い求めることでもあった。そんなわけで、二〇一〇年、私はふたたびイエティの探索をはじめた。最初にイエティを探し求めてから、すでに五五年の歳月が過ぎていた。数十年間の公園設立の試みの中で、はっきりと地図に描かれ、たえず保護されていて、今ではすっかり慣れ親しんだ渓谷を私は歩いた。この守られた渓谷を今探索してみて、改めて気づいたことは、動物たちの数がさらに増えていること、そして以前渓谷を「見つけた」ときにくらべて、野生の土地がいっそう活気を帯びていたことだった。

イエティは見せかけの虚構なのだろうか？――イエス、それは説明の必要な、何かの「もの」のなりすましだ。イエティはマスコットなのだろうか？――イエス、われわれの進化の「失われた環」（ミッシング・リンク＝進化の過程において、生物の系統の欠けた部分に想定される未発見の化石生物）の象徴だ。それなら、イエティはなお一つのミステリーなのだろうか？――ふたたびイエス。それは自然の畏怖のミステリーだ。というのも、この長旅の中で、地球上でもっとも野生的な土地を歩いていて、私は地球という惑星が、天国へと立ち上って行く場所であることを実感していた。その場所で、自然の力について理解することができたのも、私が「山並みの向こうへ探しに……がまんができずに、手荷物を片手に、子馬を連れて……そして、山をも動かしかねない自信」を抱いて出かけたからだった。

今日、われわれが個人的に模索を続けていさえすれば、自然の力を理解する機会は多々ある。そこで気づかされるのは、自然がとてもわれわれには制御不可能で、手に負えないということだ。生命のプロセスはＤＮＡより、さらに大きな力を含み持っている。ＤＮＡの深遠な二重らせんは、自然への誘い(いざな)をぐるぐる巻きにする。そしてそこには科学と結合し、絡まり合った神話のらせんができあがる。それがもたらすのは原形質について語る定義ではなく、全存在の根拠に関する定義だ――それは神、ブラフマー、気、アッラー、ガイア、道……。このような自然の力が、あなたと私がどこからやってきたのか、その起源に答えを出してくれる。そして、「ひそかにお前を待っている……失われた何か」を見つけるために、われわれが、どこへ向かわなければならないのかを明らかにしてくれる。

　こぎれいなコーヒーショップや都会のマンションにいるとつい、職人がわれわれの生活のためにこしらえてくれたものが、つまり、人間がこしらえた都会の世界や、その中にあるわれわれの家庭が、自然にくらべてより居心地がいいと思いがちだ。だが、しかし、本当のことをいえば、人の手で作られた環境もなお自然の中にある。自然の力は、閉められたドアの外でもなお生きていて、その秘められた力は、一〇億年前に純然たる分子として、人間の生命に入り込むほど活力のあるものだった。このような力はなお消え去ることなく、生命そのものの性質を形作っている。自然の力は大きなエネルギーとして自らの野生をスタートさせ、そのエネルギーをわれわれは今も享受することができる。私はドアの中で生きていると信じているかもしれない。だが、本当に生きていると実感できるのは、日々、泥だらけにならずに歩くことができるときであり、あるいは、どれほど地球が過熱状態になっても、多かれ少なかれ、微小気候をコントロールできると思ったときだろう。だが、それはちがっている。野生はけっして消え去ることがない。たとえドアをしっかりと閉めても、野生はやってくる。

　そんなわけで、イエティの故郷へ巡礼の旅に出かけて、二つの遠征を行なうに際して、私はドアを開いて、外へ踏み出し、今は保護されている渓谷へと分け入った。古い野生へ戻ってきて、ジャングルや氷河を探索しながら、山脈の最高峰や渓谷の最深部のかたわらを歩いた。そして、なおそこに生息している野生の人間を探した。そこで見つけたものは、子供の頃、野生の中で遊んでいたときに失ってしまった何かだった。この本はその旅について語っている。

ここで記録された会話は、私の記憶の中から引き出したものだ。探索は数年間にわたり、その探索の中で起きたさまざまな議論は、教訓として私の心に深く刻まれている。そしてそれは多くの場合、引用の中に一語一語、その言いまわしをとどめている。なぜならこの時期、私は自分の日記をつけていたからだ。また、別の場合には、私のフィールドノートから、考察したものを具体的な言葉に直して使った。それは当時起きた出来事を要約したものだが、それはまた時を越えて、意味の増幅したものでもあった。というのも、私が一一歳のときに新聞で目にしたミステリーの物語は、いつしか人生へ挑戦するための、より大きな知恵となっていたからである。

読者がこの物語へ入るために、私は二つの導入部を用意した。一つは、「イエティ」という動物について紹介すること。それも今では、名前を付けられた動物として語られているが、この本では、イエティは三つの身元を持つペルソナ（役柄）として登場する——それは動物、ミステリー、イコンの三つだ。そのためにイエティ（Yeti）の最初の文字は大文字で表記される。さらに二つ目の導入部として、イエティが足跡を残したヒマラヤの土地を紹介する。ヒマラヤ（himālaya）はサンスクリット語で「雪のすみか」を意味する（hima［ヒマ］が雪、ālaya［アーラヤ］がすみか）。イギリス人がやってきたとき、彼らは山脈にこだわり、それにヒマラヤという名前を付けた。そこは、さらなる征服のための到達点だった。しかし山脈の麓で長い間、暑い中、住んでいた人々にとっては、ヒマラヤは一つの土地で、巡礼者たちがくりかえし向かう場所だ。そして活気に満ちた精霊たちが住み、命の救済（イエティのような神猿ハヌマンラングールによる救済）を見つけることができる土地でもあった。こんな考えから、本書ではヒマラヤを山脈としてではなく、一つの場所として論じる。

さて、いよいよこれから、この謎と魔法に満ちた物語へ読者を招待しようと思う。ここでは、何かの「もの」（イエティ）は「私」（探索者の私同様、それは読者のあなたでもある）を超えたものとして探索される。生気にあふれたこの動物は呼びかけるだろう。「昼も夜も、囁く声がたえず私に呼びかける――『何かが隠れている。見つけに行くがいい』」と。

1　イエティのジャングルに到着

1.1　バルン渓谷の入口から見たショクパ（イエティ）・サミット。

一九八三年二月、私はバルン渓谷の入口に立っていた。二年前「バルンのように野生状態の残っているジャングルは、ネパールには他にありませんよ」と、ネパール国王陛下が私に話した。彼のアドバイスにはまったく驚かなかった。というのも、一〇年前に、テッド・クローニンとジェフ・マクニーリーがやってきて、上の尾根でイエティを見つけたのが、この場所だったからだ。だが、彼らの発見を最後に、イエティの探索者たちはもはや誰一人、このジャングルを探検していない。許可が下りないわけではない。許可を申請する者が誰もいないのだ。探索はもっぱら標高の高い雪の上に集中した。そこでは一九五一年に、エリック・シプトンによって雪男の足跡が写真に撮られていたからである。

陛下は私に言った。「イエティは雪男と呼ばれているかもしれない。だけど、雪の上に足跡を残す動物なら、どんなものでも、うまく隠れることのできる場所で生息しているにちがいない。この国のジャングルの中では、バルンがもっとも野生の状態が残っている場所だよ。イエティを探したかったら、私ならバルンへ行くけどね」。宮殿での公務を終え、国王は書斎に座ってパイプをくゆらせていた。われわれ二人の足元には、ユキヒョウの生皮が敷かれている。二人は大学院時代の友達だった。国王は話を続けた。「それに、イエティが何らかの理由で、雪がどうしても必要だというのなら、そこにはバルン川に流れ込むほど、近くに氷河があるからね。エベレスト、ローツェ、マカルーには四六時中、雪が吹きつけていて、それが大きな氷河を作り出すんだ」

バルン川を見下ろすと、下の渓谷には、川の水位の変動を示す痕跡がまったくない。これは驚きだった。ヒマラヤの川はたいてい水量が多く、モンスーンに吹きつけられてつねに波が幾重にも立っている。だが、水位の大きな変化を示すものは何もない。バルン渓谷へ入ろうとするそのときから、すでに私は謎を間近にしつつあった。

バルンについて私が電話でたずねると、「クマと竹薮だらけだよ」とテッド・クローニンがいった。もっと情報が欲しいというと、彼は続けていう。「ともかく、信じられないくらい、前へ進むことができないんだ。あのジャングルには、道なんてないんだから。何日も何日も道を切り開いたよ。それでも進んだ距離は、ほんの数マイルだけだった」

テッドと話していて、道がないという話は、とても信じることができなかった。ヒマラヤにはどこにでも道がある。だが、バルンをのぞいてみると、道がどこへ通じているのか見えない。崖が道をふさいでいる。崖をまわって道は尾根へと上り、渓谷の中へ入っていく。高度計を見ると、標高が三一〇〇フィート（約九四五メートル）。地図には近くの尾根の頂上が、一万フィートから二万六〇〇〇フィート（三〇四八メートルから約七九二五メートル）に達すると書いてある。その尾根はマカルー、ローツェ、そしてエベレストへとつながっていた。

中でももっとも近くに見える山が、世界第五位の高峰マカルーで、ここからわずかに一五マイル（約二四・一キロ）離れているだけだ。しかし、私の目の前にあるのは、とびきり深いジャングルである。バルンとすぐ北の渓谷では、他の場所で見られないような気象現象が起こる。地球を駆け巡っているジェット気流の中に、地上が頭を突き出しているのはここだけだ。ジェット気流がエベレスト、ローツェ、マカルーに激しく吹きつけると、そこに低圧帯を作り出す。この低圧帯がインドの暖かい空気を、世界でもっとも深い渓谷の一つ、アルン渓谷へ引っ張り上げる。空気は私の立つ所へと向きを変え、バルンへ上ってくる。そして、それがエベレスト、ローツェ、マカルーの冷気とぶつかって雪を降らせた。雪はヒマラヤのどこよりもたくさん降る。空気中の湿気によって降るのではなく、下から吸い上げられた空気によって降った。

キャンプに戻って、ポーターたちに金を払い、彼らを家に返すことにした。ここまでやってくるのに、われわれのチームは五日間かかった。だが、今、出発して、ポーターたちのペースで道を駆け下りていけば、彼らは明日には、家族のもとへ帰ることができるだろう。今、私のまわりにいる遠征隊は、恐れを知らない「エベレスター」たちでもなければ、名高い科学者たちでもない。残ったのは私の家族だけだ。妻のジェニファー、彼女の弟で二一歳のニック、それに二歳になる息子のジェシー。そしてあと一〇日もすると、さらに二人、ボブとリンダのフレミング夫妻が加わることになっている。ボブはヒマラヤのすぐれた博物学者だ。彼と私はこの三年間、ともに力を合わせて、今回の遠征の計画を練り上げてきた。だが、私はすでに二七年ものあいだ、イエティの姿を追い続けている。

ここにはもう一つ、渓谷について、今では明白となった謎がある。バルン川とアルン川が合流するこのアルン渓谷では、あちらこちらで村を見かける。そしてそこには、急な斜面にテラス・ハウスが密集して建てられていて、畑が入り込む余地はほとんどないくらいだ。それに明らかに、家々は水から離れている。どう見ても、立地条件がいいとは思えない。そんなアルン傾斜地に、なぜ、これほどまでにかたまって人々が住んでいるのか。なぜ青々と繁茂したバルンに畑が一つもないのだろう？　道が一つもないのだろう？　アルン渓谷には全体に人々が住み着いているのに、木々が生い茂るバルンには家が一軒も建っていない。

次の朝、テントの中にいた私の耳に、料理人のパサンが火を起こしている音が聞こえた。朝の光の中に出てみると、五〇ヤード〔約四六メートル〕先の岩に一人、緑色の服を着た男が立っていた。かたわらにはマズル・ローダー〔前込め式のライフル〕が置かれている。彼の目が注意深げに、そして興味深げに、テントの中に誰がいるのかうかがっていた。私はマグカップを差し出して、彼にこちらへ下りてくるように手招きした。パサンは石炭に息を吹きかけて、さかんに料理用の火を焚いている。しばらくすると低木の茂みから、岩場にいたあの見知らぬ男が、何の身振りもせずにもそっと、キャンプへ大股で歩いてきた。そばに置いていたライフルはどこへいったのか?

私は彼の足元から目を離すことができなかった。これまでヒマラヤで何年ものあいだ、私が目にしてきたのは胼胝(たこ)で部厚くなり、鳥のかぎ爪のように広がった足の指だ。こんなはだしの指は地面を踏みつけると、すぐに地面に適合した形になる。だが、この見知らぬ男の足は違っていた。彼の足先は、足指が小石をたくみによけて、その下の堅い石へと着地する。それは彼が、無意識の内に、しっかりとした足場を探す人物であることを示していた。

われわれはみんな、火の近くにしゃがみ込んだ。石炭が燃える中で、パサンのティーポットがごぼごぼと音を立てている。ポットの中ではお茶の葉がくるくるまわっていた。新来者は、パサンがマグカップにミルクパウダーを入れて、これ見よがしに砂糖を二さじ加えるのをじっと眺めている。火のまわりにいるのは三人だ。ライフルを持っている男——したがって彼は密猟者だ——、以前はチベットの遊牧民で、今はコックとして働いている男(パサン)、それに何か動物を探している白人のハンターの三人である。密猟者はしゃがんでいたが、足先だけはたえず動いている——何か行動に出ようとして身構えているのか、あるいは単に神経質なだけなのか?

義弟のニックがテントから出てきた。パサンが甘いミルクティーをかき混ぜてニックと私に入れてくれた。そしてパサン自身にも。

「どこの村から来たの?」と、私はハンターにたずねた。

「シャクシラ」

「それはどこ？」

「向こうの山の尾根」

ポットだけが音を立てていて、三人は黙っている。

「名前はなんていうの？」

「レンドープ」

「こんな朝早く、何をしてるんだ？」

「いや、ただ歩いているだけ」

「レンドープ、何で銃なんかを持ち歩いているの？」

「持ってなんかいないよ」

「それなら、さっき、岩の上で持っていたのは何？」

「あんたたちは、ここにいったい何をしにきたんだい？」とハンターがいう。

「バルン渓谷で動物を探しているんだ」

「動物なんか見つかりっこないよ」

「どうして？」

「第一、バルンへ行くことができないだろう」

「いや、行ってもいいという許可をもらっているんだ」

「そんなことはどうでもいいんだけど、ともかくあそこへは行けないよ」

「なぜ？」

「道がないんだから。道がなければ、白人なんかの歩ける所じゃない」

「どうして？」

「道がないからさ」

「道を作ることはできるだろう？　ただのジャングルなんだから」

「どこに道を作ればいいか、それが分からないよ」

「道の作り方を知っていて、手助けしてくれる者たちを見つけることはできるだろう？」

「いくら、彼らに払うつもりなんだ？」

「日当で二〇ルピー」

「そんな金で、やってくれる者なんていない」

「それなら、どれくらい払えばいいんだ？」

「日当三五ルピー」

「いや、たぶん二五ルピーで大丈夫だと思うよ」

レンドープはマグカップをのぞき込んだ。空っぽだ。パサンが彼のカップをティーでいっぱいにした。砂糖を二さじ入れてもらって、レンドープはにっこりとしている。パサンはさらに、もう一さじ余分の砂糖を加えた。

あまり考えもせずに、私は問いを再開した。「ジャングルにはどんな動物がいるの？」

「あらゆる動物がいる」

「たとえば？」

「ヒマラヤカモシカ」

「他には？」

「ゴーラル」

「その他にどんな動物がいるの?」

「レッサーパンダ、ヒョウ、イノシシ、ホエジカ、ジャコウジカ、クマ、ユキヒョウ、ヒマラヤタール、三種類のサル」

「ブルーシープ(バーラル)は?」

「ここにはいない。東へ二つ渓谷を越したサムダムへ行けば、そこにはいるよ」

「ジャッカルはどう?」

「ときどき見かけるけど、いつもいるわけじゃない」

「あんたは、どんな動物を狩りしてるの?」

「狩りなんかしていないよ」

「ジャングルには、小さなネコはいるの?」

「二種類のジャングルキャットがいる」

「川には魚がいる?」

「アルン川にはいる。だけど、バルン川にはいない。バルン川は流れが急すぎる。危険な川だ」

「ジャングルに、ワイルドマンはいるの? ブン・マンチ(森男)は?」

「いない」

レンドープはカップの底を見ている。パサンはまたティーを注いだ。そしてスプーン二杯の砂糖を入れた。

「バルン渓谷には村があるの?」

「村なんてあるわけがないだろう。道がないって前にいったじゃないか」と、彼はばかにしたようにいう。

「ジャングルへ入ったことはあるのか？」

「ないよ。そんな必要がないもの」

「肉はどうやって手に入れる？」

「シカやヤギを殺すよ」

「野生の動物を銃で撃った方が、ずっと安上がりじゃないのか？」

しかし、レンドープは私が聞きたいことを知っていた。そしてとうとう、小枝を折ると、外の世界では無教養な男といわれてしまうのだろうが、彼はその枝で土の上に曲線を描いた。いちばん長い線を指して、

「これがバルン川。谷のはるか上には大きな山々がそびえている。氷と雪だらけだ。ここにマカルー、ここがもう一つの大きな山のローツェ」。曲線はさらに土の上を走る。そのあいだ、チェックマークがいくつか記される。「もう一つのマングルワ川がここでバルン川に合流するんだ。マングルワ川の上部には大きな山はなくて、チベットと中国へ通じる峠がある。そこには国境警備隊がいないので、難なく通り抜けることができる。マングルワ川とバルン川の合流地点のあとには、こんな風に、ヒンジュ川やパイレーネ川のような小川がある」

スケッチはごく簡単なもので、私がこれまでに学んだアメリカやイギリスの地図とも違っているし、インド軍の極秘地図とも違っている。だが土の上には、バルンの正確な地図が、まるで縮尺比で描かれたように作成されていた。

「マングルワ川とバルン川の合流点まで歩いていくと、どれくらい日にちがかかるのだろう？」

「それはむりだよ。第一、道がないんだから」

「あんたならどれくらいかかる?」

「一日」

「あんたがわれわれを連れていくとしたら、所要日数はどれくらいだろう?」

「だんな方が丈夫で、しかも、われわれが道を作るというのなら、三日ほどで行ける」

「三日? カンドバリまでなら、われわれでも歩いて三日で行けるよ」

「いや三日じゃむりだ。カンドバリからここまでくるのに、あんた方は四日かかったじゃないか。それにその前に、カンドバリへ到着するまでに、すでに一日かかっている」

彼は正しい。この渓谷ではわれわれの行動が逐一、知れわたってしまっている。とくにアルン川河畔を歩く人々には、私が何度か道をたずねているので、こちらの情報は筒抜けだった。

「このあたりの人々は、ジャングルの中でショクパやポ・ガモ〔ともに、人間のようなジャングルの霊を示す地元の呼び名〕に出会ったことがないのかな?」

「それはない」とレンドープはいう。「ショクパは動物じゃないから」。この言葉は、暑い日の氷水のようだった。

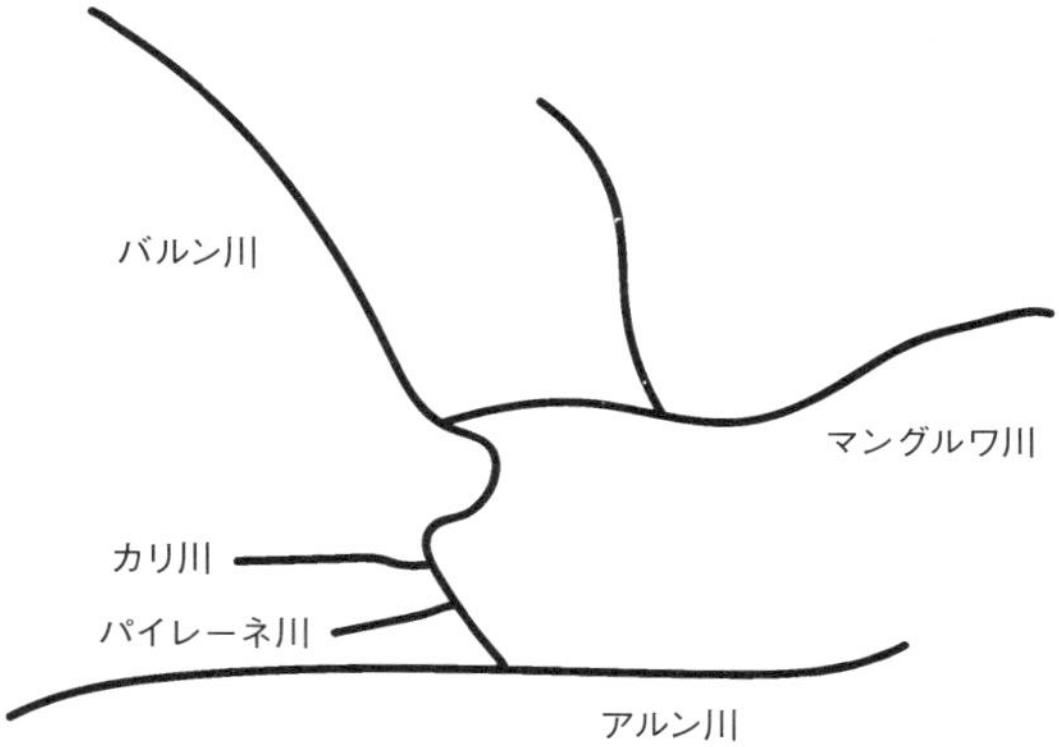

1.2 レンドープが描いたバルン渓谷系のスケッチ［著者のフィールドノートより］

すると、突然、レンドープは立ち上がり、カップをこちらに手渡すと、低木の茂みの中へ歩き去っていった。あのそっけない言葉が話の終わりということなのだろうか？

はるばるここまでやってきて、動物（のようなもの）は存在しないと知らされた。私がいい続けてきたことは、ここぞという、うってつけの場所へやってきさえすれば、必ず村人たちはその存在を知っているということだった。さらに私がいっていたのは、すぐにジャングルへ飛び込むことをせずに、ともかく人々の話に耳を傾けて数日を過ごすこと、そして、村人たちが何世代にもわたって、探し続けてきたのだから、われわれが自分勝手に探索をするのは避けるべきだということだ。ニックもちょうどその場で私の質問を聞いていた。レンドープの「それはない」という返答は、ニックが習得したネパール語でも十分に理解できたはずだ。

祖父はつねにいっていた。「地元の人々の話に耳を傾けろ。ジャングルのことを知っているのは彼らなんだから」。私がはじめてイエティに会ったのは、祖父とともにした食卓だった。イエティが一一歳の私の好奇心をじっと見つめていた。それより八年前、私が三歳のときに、祖父と父が、私をジャングルの中へ連れ出すことをしはじめた。私たちは村人を守るために、トラの跡を追いかけたり、イノシシを撃って、肉を手に入れたりした。中でももっとも重要だったのは、ジャングルがより身近になり、そこへ行けば心地がよく、安心して動きまわることのできる場所になったことだ。

「すべてはこれから先の探索にありますよね」とニックがいって、物思いにふけっていた私の夢想を破った。「クローニンやマクニーリーが見つけた足跡を付けたのは、たしかに何か動物のようなものなんですから。彼らがあの夜、テントを張った場所は、ちょうどわれわれが今いるここの上、あの尾根でしょう。イエティは存在するかもしれないし、しないかもしれない。でも、足跡は現に存在しています。尾根の上を何かが歩いていたんですから」

地図が作られたのは、書き言葉が使用されるはるか前のことだった。一万年のあいだ、地図は人々の経験を伝えてきた。人間が描く絵画も、書き言葉の使用にくらべると、数千年も古くから行なわれてきた行為だが、その絵画とほとんど変わらないほど、地図は昔から存在した表現形式だった。地図を作り、それを理解することは、人間によって行使された最初のリテラシーだったのである。

洞窟の壁には大掛かりな狩猟の様子が描かれているが、それは明らかに「自分たちはあそこへ行って、こんなものを捕まえた」ということを示している。何千年も昔の地図には、大地と星の絵がいっしょに描かれていた。そしてそれが表わしているのは、「私がここにいることは、あの星々によって示されている」ということだった。われわれ人類が、野生の状態から抜け出たときから、場所を確定するために、人々は場所と結びつけるこの能力（地図を作成する能力）を行使してきた。

現代人がＧＰＳを使うように、昔の人々は地図を頼りに旅をした。そしてさまざまな資源を見つけては、それを地図に描き入れた。紀元前七世紀に、ギリシアのアナクシマンドロスが描いた創成期の地図では、文明世界（ギリシア）から危険を冒して遠くへ行けばいくほど、野生により近いものたちに遭遇しうることが示されている。アナクシマンドロスの地図の縁辺には、動物のような人々が描かれていた。そしてこの考え方は、ホメロスの二つの叙事詩『イリアス』と『オデュッセイア』でも踏襲されている。

この論理でいくと人々は、自分の故郷と考える場所を中心に地図を描くことになる。イギリス人は自分たちの帝国を、世界そのものだと見なしていたので、あらゆる地図の中心をグリニッジ天文台の入口を通過して（グリニッジ子午線を基準にして）描くようにと指示した。また中国では、三世紀の偉大な地理学者裴秀（はいしゅう）が地図を作成した際に、同じような手法を採用して、中国全土にグリッドを張り巡らせた。九世紀にはアラビアの地図が中心となる子午線を引いていたが、それはある場所（メッカ）ではなく、むしろある場所（メッカ）へ向かう方角（カーバに向かって礼拝する方角＝キブラ）を示していた。

地図を描く目的は、世界を縮小して理解することにあった。四〇〇〇年前、地図は三次元の世界を平面化し、二次元の世界として表現した。人間はまだ空を飛ぶことができなかったが、地図によって人々は鳥瞰図を手にした。二〇〇〇年のあいだ、ヨーロッパ、中国、インド、アフリカそして中東などで、地図はこの役割を果たしてきた。数学者が登場する以前に、地図製作者はすでに比例の課題を解き明かし、縮尺比によって世界を縮小している（たとえば一マイルを一インチで示すように）。世界を二次元で表現できたことで、地図を丸めて、抱えながら持ち歩くことが可能になった——この移転可能な知識（原理的には携帯図書館ということ）を人類が習得したのは、われわれがコンピュータを持つはるか以前の、今から二〇〇〇年も前のことである。

積み重ねられた知識は伝達することが可能になった。それは旅行のための指示（ここには峠や渡河場所がある）の役目を果たし、資源のありか（木材や鉱物や田畑）や、危険なケース（害を及ぼすもの、それに沼地）を教えてくれる。未知の場所や、敵方、植物、山々、川などが雑然と混在する世界へ入り込んでいくときに、地図は不確実なものへの不安に対して、心の準備をさせてくれた。

地図製作の技術は早い時期から確実に発展を遂げてきた。二五〇〇年前には、地球が丸いことをアリストテレスが証明してみせたが、これはきわめて重要な洞察だった。船が水平線上に上がって見えてくる。最初はマストの先端が、次にマスト全体が見え、最後に船の全体が現われる。ここで明らかになったことは、船が地球の湾曲に沿って上昇してきたことだった。このことから、世界を二次元で形作る方法が理解できるようになった。月食を見てみるとよい。太陽は明らかに丸い。月も同じように丸い。月食が起きると、太陽と月のあいだを横切る地球の丸い影が、月に映るのが見える。やがてアリストテレスは、天体の星の中には、地球上のある地点からしか見えないものがあることに気がついた――もし地球が平らだったら、天体は地上のすべての地点から同じように見えるだろう。そんなわけで世界を平坦に描くことで、世界の全体が理解されるようになった。つまり、丸い地球は平坦に描くことができる……。だが、地球はあくまでも丸いものとして理解された。

二世紀あとに登場したエラトステネスは、より正確な地図を作るために地球の円周を計算した（その正確さは五〇パーセントだったが）。彼はエジプトの別々の場所で、同じ高さの建物が作る影の長さを測った。ある場所で一〇〇フィート（約三〇・五メートル）の塔が、八〇フィート（約二四・四メートル）の影を作ったとすると、それとちょうど同じ時間に、同じ高さの建物が、違った場所では八一フィート（約二四・七メートル）の影を作っていた。この差異を生じさせたものは地球の湾曲だという。エラトステネスはまた、太陽が丸い地球の居住環境に及ぼす影響についても主張し続けた。地球上の中央の帯状部分では、太陽の熱を最大限に受けるので暖かいが、その上下の両側は気温が穏やかになるという。しかし、さらに北と南の両極部に近づくにつれて、気温は徐々に寒さを増してくる――「地理学」という言葉はエラトステネスが作り出したものだった。

だが、ヒマラヤ地方の地図については問題があった。イギリスが、インド亜大陸の地図を作成しはじめたのは二〇〇年前だ。インド洋沿岸から手はじめに、彼らは各所に塔を建て、塔から塔へ観測しては計測した。そして、土地や砂漠やジャングルの境界を定め、はては上ることのできない山々の頂上まで、その高さを推測した。ヒマラヤ山脈の計測は行なうことができたが、ヒマラヤ地方へ入ることは拒否された。そのために大三角測量部［インド亜大陸全土の測量を目的とした東インド会社のプロジェクト］はスパイを送り込んだ。マニ車〔おもにチベット仏教で用いられる仏具〕には羅針盤が仕込まれていて、この車にはまたお経ではなく、地図の下書きが入っている。お経のビーズのヒモには一〇〇個のビーズが通されていた（通常はブッダの尊称を唱えるために、一〇八個のビーズが付けられている）。スパイはこのビーズを、一歩進むごとに一個ずつはじいていく。そして一〇〇個のビーズをはじき終わると、そのつど、端に吊るしてある一〇個のビーズの一個がはじかれる。こうして谷から谷へと歩測され、地図が作られた。しかし、いかなるスパイといえども、バルン地方を歩測することはできなかった。

ここへやってくるまでに私は、できるかぎり多くの地図を見つけて、バルン渓谷のことを調べた。だがネパール国王を除くと、この渓谷の上を飛行機で飛んで、目にしたものから学んだという人を、誰一人見つけることができなかった。したがって、私が学んだバルン川の地図はすべて推測から作り上げたものだ。アルン川と合流しているこの地点の標高は、推測によると三七〇〇フィート（約一一三〇メートル）だった（渓谷へ入る前の時点では、私の推測による地図は、七つに一つがまちがっていたことが分かる）。また、マカルーの麓におけるバルン川の標高を推測したのだが、それも結局は、一五マイル（約二四・一キロ）離れた距離のあいだでバルン川が、一万一〇〇〇フィート（約三三五〇メートル）の標高差を生じさせていることが分かった。一つの支流が北から合流していることは、自明のこととして仮定されていたが、それが今、レンドープが私にいったように、マングルワ川と呼ばれる川だった。

しかし、渓谷内のジャングルは、二〇〇平方キロメートルにわたって広がっているにちがいないが、それについてはすべてがまったく未知の状態だ。川ははたして蛇行しているのだろうか？　おそらくそうかもしれない。だが、ここまで一五マイルのあいだに、標高を一万一〇〇〇フィートも失っている。川は驚くほど速い流れで下ってくるだろう。だとすると、たぶんそこに蛇行は見られないかもしれない。谷の入口に立っていたわれわれには、谷の中で待ち受けているものがどんなものなのか、それを知るすべはなかった——知ることができたのは深いジャングルと、地上でもっとも高い場所へと駆け上っていく山の斜面だけだった。

＊

イエティを探す方法については、それぞれが異なる方法を口にしていたが、たがいに共通して持っているのは、村人たちの感じ方に対する尊敬の気持ちだった。それは自らを科学的に無視されたグループと称している者たちが、未確認動物学的方法と名付けたやり方から生じている。それは伝統的な人々が知る動物について、現地の人々の知覚を学ぶ科学といってよいだろう。われわれが出発する前に、国際未確認動物学協会の事務長リチャード・グリーンウェルが、私にアドバイスしてくれた。「現地の知識にひそんでいる情報を掘り起こすことです。ときにその知識は、われわれのものと一致しているかもしれない……が、ときには異なっているかもしれない。未確認動物学のおもしろいところは、現地の人々が正しいのかまちがっているのかを、科学が受け入れるような方法で決定しようとしていることだ」

その夜、二人のハンターがキャンプへやってきた。そして、われわれのティーのもてなしを受けた。彼らはいつも二人で狩猟をしているという。ライフルを共有しているからだ。一一年前に、二人は河床でゴーラルを追いつめていた。川のせせらぎの音で自分たちの足音が消されていたのを幸いに、ゴーラルへなんとか近づきたいと思った。そのときに二人は、川の水辺でパシャパシャと水を掛け合っている、二匹のショクパの子を見たというのだ。灰色の毛皮が体の前とうしろを覆っていた。

「ショクパ」はイエティと推定される生物を、地元民が呼ぶときの名前だ。他にも見たという者たちがやってきた。そしてティーを飲みながら、ショクパの長い震えるような鳴き声を報告した。訪問者の中には、ポ・ガモやショクパの存在を否定する者もいる。ショクパは幽霊だといい張る者もいた。ジャングルの話をするためにキャンプへ来るのではなく、ただ好奇心からやってくる者もいる。そしてもちろん、ティーを目当てに来る者もいた。だが、ほとんどの者たちはジャングルを恐れているようだ。ジャングルの縁辺で生活している者でも、できるかぎりジャングルへは入りたくないという。

子供のショクパを二匹見たというハンターたちだけが、レンドープと同じような、ジャングルの情報通というオーラを持っていた。四日目の晩、二人はキャンプに戻ってきて、ショクパの話をするのでお金が欲しいという。話のこまごまとした点は、私が何年ものあいだ、耳にしてきたポ・ガモ＝ネーデーネのテーマに合致していた〔ネーデーネはショクパやポ・ガモと同様、人間のようなジャングルの霊を表わす地元での呼び名〕。二人のハンターたちが勧めてくれたのは、バルン川を隔てて向こう側の丘を上ることだった。そこは彼らの住む村の横にある丘で、シャクシラの方ではない。丘の尾根から彼らの村が望んでいるのはある山頂で、下にはバルン渓谷の入口となる狭い山あいが開けている。「その山頂がショクパ・サミットだ。そこにはたくさんのショクパが生息している。（ショクパを見かけた）川はその向かい側にある」と二人はいい張った。しかしそれなら、ショクパの子供が遊んでいた川に、われわれを連れていってくれるのかとたずねると、それはできないという。二人は二度とキャンプへやってくることはなかった。

これまでにわれわれが耳にした情報の中で、他の野生生物を見た者は何人かいるのに、二匹のショクパの話は、それを見た者が二人しかいない。ニックはその点を指摘した。バルン川の両側（シブルン村とシャクシラ村）からキャンプへやってくる人々が、一致して認めているのは、ショクパ・サミットが渓谷を守る山頂だということだった。

だが、レンドープだけは毎朝キャンプへやってくる。それに彼の話は首尾一貫していた。キャンプで起きていることについて話す様子からも、彼の観察力は証明ずみだった。われわれの事情を理解しはじめると率先して、手助けをしてもよいと協力を申し出てきた。二日目から彼に同行してキャンプへ来たのは、シャクシラ村の首長の一人であるミャンだ。四日ほど経っても、他には誰一人、われわれをジャングルへ連れていこうという者は現われない。案内人としてレンドープとミャンは、自分たちのテリトリーを確保していた。村のヒエラルキーの中で、どんな風にしてこの決定が下されたのか？　おそらくシャクシラの隣村のシブルンやシモントにもハンターはいるにちがいない——だが、そのハンターたちは、一度もキャンプのたき火へ現われることがなかった。

　われわれのテントは交易路の真ん中に張られている。この道は数千年以上ものあいだ、インドと中国を結んでいた。そしてこの場所は、バルン・バザールとして知られているが、土地はただの平らな裸地(らち)で、そこには、石でできたシェルターくらいしか建物と呼べるものがない。だが、ここでは地元の市が定期的に開かれ、バルン川の清流を祝うフェスティバルが一年に二度行なわれる、とみんなが教えてくれた。このルートを旅する人々は、実利的な使命を担ってアルン渓谷を往来し、あちらこちらの市へ顔を出しては、わずかな利益を手に入れるために故郷をあとにしている。われわれはここで四日間とどまり、地元の人々の話を聞いてはそれを集めているが、この渓谷を行き来する人々の生活には、われわれが経験しているような時間のゆとりはまったくない。

　数日間だけだったが、われわれのキャンプはこの道路をまたぐようにして設置されていた。道路をやってくるすべての交易人、巡礼者、使者たちには、たしかに情報を提供してくれる可能性があった。イエティの話に興味を持っていることを、われわれはことさら明かすことはしなかった。だが、キャンプの背後に広がる深いジャングルの渓谷について、彼らが語る情報が増えるにつれて、ジャングルのことを知っている者がほとんどいないことがますます明らかになっていった。ネパールの国王がいっていた通り、ネパールでもっとも荒々しいジャングルは、誰もがそこへ行くのを避ける場所のことのようだ。それはジャングルとの境に住む人々にとっても、近寄りがたい場所だった。ジャングルの中に畑を作って、そこに住めばいいのではと水を向けても、彼らは身震いをするばかりだった。ジャングルの縁辺へ行くのは、薬草や飼料用の草、竹、木材などを集めるためだけだったが、それもショクパ・サミットを越して行くことはめったになかった。

キャンプへやってくる人々は、その多くがわれわれに（とくに女性や子供に）興味を抱いている。旅行者のように、ちょっと足を止めて、すぐにいなくなるタイプではない。ほとんどが女性で、インド亜大陸の女性の特徴でもあるのだろうか、グループをなしてやってくる。それもある一つのものを見るためだ。五日目の朝だった。薄いテントの壁の向こう側で静かに囁く声がする。その音で私は目が覚めた。「ジェシー」「ジェシー」「どこにいるの？」「ジェシーは目を覚ましているの？」。女性たちは待ち構えていた。ジェシーはニックに押されるようにして、テントの外へ出ていった。テントの中でわれわれは耳を澄ませている。「これがジェシー」。外をのぞいてみると、ジェシーが女性たちの方へ歩いていく。そして、何かを見つけると、そのあとを追いかけていった。ひょいひょいと走っていくのだが、そのしぐさに女性たちは誰もがよろこびの声を上げているようだ。ジェシーは彼女たちの視線に抱きしめられていた。

「あの服を見てよ。あんな茶色や緑色、それに黄色を見たことがある？」
「見て、なんて大きいんでしょう。二歳だって聞いていたけど」
「黄色の髪が、収獲のあとの麦わらのように、陽の光を浴びて輝いている」

朝食のあとでジェシーは風呂に入る。これを彼は遠征中の日課にしていた。あちらこちらを見てまわったり、探検をしたりして、この二歳児はすぐに泥だらけになる。パサンは大きな鍋で湯を沸かした。小さなプラスチック製のたらいの中に座って、ジェシーはお湯をパシャパシャとはね飛ばしている。ジェニファーが最初の桶一杯分のお湯で、ジェシーの体中を石けんで洗い、二杯目のお湯で石けんを洗い落とした。こんなにたくさんのお湯や石けんを使うことが、まわりで見ていた女性たちには何より目新しかった。髪や服以上に、ジェシーの清潔さが彼をことのほか目立たせた。

ようやく今日になってわれわれは、難儀なジャングルへの旅に向けてスタートする心づもりができた。テントを畳んでいると、これまで見たこともなかった交易人がキャンプへやってきた。あたりを見まわして、たらいに入っているジェシーを見ると声をかけた。「あっ、ジェシーだね」。われわれにとってイエティがそうであるように、ジェシーは伝説的な地位を獲得していた。そしてそれはようやく、ジャングルへ向かうときが来たということでもあった。

2　イエティのジャングルにて

2.1　ドゥムジャニェ・ストーンに残されたイエティの足跡。

ジェシーを肩車にして担ぎ、私は一行とともにバルン渓谷を上りはじめた。ジェシーに両膝を私の顎に押しつけ、かじを取るようにして進路を指示する。前にはよく私の耳をひっぱっていたが、こちらの方がずっと指図しやすいのである。ジェシーの足が私の気管を圧迫するので、それをなんとかゆるめようとして、つい頭が前のめりになる。馬が調教されるときの気持ちが理解できた。親たちも調教されるものなのだ。

歩いているとき、ジェシーは肩の上で不安定に揺れるのだが、実は微妙にバランスを取っている。肩の座席ががっしりとしているのと、私の顎の下にぶら下がっている彼の膝が、しっかりとジェシーを支えているために、私はもはや彼の脚をつかんでいる必要がない。われわれ親子は子供のときからいろいろなスキルを身につけている。しばしば見過ごされがちだが、バランスもそのスキルの一つだ。ジェシーと私はアメリカにいたとき、子供を背負うのに使うキャリア・パックで何度も練習をしていた。パックは安全ベルトとクッションでできていて、背負うことで父親の負担をいくらか軽減することができた。しかし、ジェシーの頭は私の頭のすぐうしろにあるために、彼は自分たちがどこへ向かっているのか、その景色を見ることができない。それにどこへ行って欲しいのか、それを考える機会や、木立の中にいるリスを見分けるチャンスを失ってしまう。二歳児はリスが飛び跳ねるのを見て、強い興奮を覚えるのだが。

そんなわけで、今の私はこの世界をふたたび、二歳児の目を通して見ている。子供のときに見たインドのジャングルが——なおイギリスがインドを「支配していた」時代のものだったが——私の前に開かれていた。ジャングルは私たちのドアのすぐ外側にあった。それはエネルギーで満ちあふれていた私が日々駆け込んでいく世界だった。ジャングルが私に教えてくれたことは、A、B、Cと並ぶ直線性や、左右対称の木のブロックとはちがうパターンだ。ジャングルの中へ駆け込むことで私は、すべてが複雑さによって機能している世界へと入り込むことができた。その世界は私に、疑問と格闘することを教えてくれた。学校とはちがって、正しい答えがほとんど存在しない疑問を私はプレゼントされたのである。

ジェシーはこれから、ジャングルの入り方について学びはじめるだろう。そして、世界が直線的に答えを導き出してくれると信じ込むのではなく、むしろ、疑問と格闘することを学習しはじめるだろう。それはバランスを取りながら学ぶことだ。二つの眼は奥行きの知覚を与えるが、四つの眼（若者と年長者の眼だ）になると、ものの見方に遠近感が加わる。今日では、新たに人間が作り出した時代の変化がわれわれの上に課せられている。そして、その変化の中で行なう人間の旅は、新しい野生の中へと踏み込まざるをえない。そこでは生活がルールによってではなく、結びつきのバランスを取ることで営まれる。今日求められているのは危険防止の安全装置だが、それはさらに発展した形によって、今日だけではなく、明日においてもまた求められるだろう。この新しい時代に、「野生」が親しくなじみのあるものになると、そこで見い出されるのは、新たな時代に「生きるもの」の姿だ。幼い頃に言語が習得されるように、心が外界とどのようにしてつながりを持つのか、その仕方が形作られるのもまた幼年期にほかならない。そしてそれはまた、成長するにつれて、つねにわれわれのそばにある「自然」と、どのように折り合いをつけていくのか、そのことにきちんと価値を置く生き方でもある。

一時間ほど先を行っていたジェニファーに、ようやくわれわれ二人も追いついた。ジェシーは膝を私の顎の前に突き出した。止まれというシグナルだ。「ママ、地面を見て。棒が落ちてる。ちょうだい」。ジェニファーは、はいはいといわんばかりに、棒切れをひろい上げた。そうだ、私も表に出るときには、いつも棒を手にしていたっけ。そんな記憶が突然甦ってきた。われわれが住んでいたのはヒマラヤのバンガローだったが、ドアのそばにはいつも棒を立てかけていた。それを握ると、とたんに不思議な力を感じたものだ。棒には二つの機能が備わっていた。一つはただの棒だが、振り上げて肩にかければ、銃の代わりになった。私は外出から戻ってくると、そのたびに棒をドアのそばに、祖父の杖の近くに置いた。今はジェシーが、棒切れを振りまわしながら、行く先を指示している。

われわれがジャングルへ向かうのは、イエティを探そうという、通常では考えられないような目的だった。だが、それにしても、はたして二歳になる息子を、ジャングルへ連れていっていいものなのか？ 私の幼年時代を息子に、完全ではないにしても、ある程度まで伝えることはたしかに価値がある。だが、はたしてそれは安全なことなのだろうか？ 息子と私には共通のＤＮＡがあり、価値観も共有している。それが理由のすべてだった。しかし、だからといって、ジャングルへ連れていくのに危険はないのだろうか？ 私の父は、ガンジス川がヒマラヤから流れてくるジャングルの中で成長した。大学やメディカル・スクールへ通うためにアメリカへ渡るまでは、テントの中で暮らした。テントは毎週、牛車で新しいキャンプ地へと移動した。大きなテントの入口からは、ジャッカル、ヘビ、ウサギや、はてはベビーベッドから彼を連れ去ろうとする雌オオカミまで、さまざまなものが入ってきた。父は小鳥たちの鳴き声を識別したり、木立の中で道しるべを見つけることを学んだ。そして、家に戻るときも、登山道ではなく直感に頼って帰り道を知ることのできる能力を身につけた。私が二歳になると、父と母は私をインドのヒマラヤへ連れ出した。私もジェシーには、自然のリズムや音色を心に強く刻みつけて欲しいと思う。それと同時に、母国語を覚えるみたいに自己を確立して、つねに野生とともにいること、そしてそこで心地よく過ごすことを学んで欲しい。

だが、それにしても安全の問題はどうなのか？ この問題は、われわれが今追いかけているイエティの謎と同じように、すべてが終わった時点ではじめて、答えの出る問題なのだろう。探検がもたらす大きな恩恵は、何が起きるのか、それをあらかじめ事前に知ることではない。

道からそれて、険しい岩山へと歩きはじめたときに、ジェシーは私の肩から下りた。山あいでラングール（ヤセザル）を見つけたようだ。「たいていのサルは葉っぱを食べないんだ」と私は説明をした。「あの長いしっぽを見てごらん。おいしい葉っぱを探して木立の中を飛びまわるとき、バランスを取るのにあれが役に立つんだ」。ジェニファーとニックが追いついた。肩にライフルを下げたレンドープもいっしょだ。レンドープのあとに、ポーターが六人ついてきて、五〇ポンド（約二二・七キログラム）ほどの積み荷を運んでいる。

シャクシラの畑をあとにして、これからジャングルへ入ることになる。今ではレンドープが先頭を切って、われわれを道案内している。私はなんとかして追いつこうと歩幅を広げた。しかし、彼はさらにスピードを上げて、こちらを振り向いて叫んでいる。「道の状態はいい。こっちの方へ行くよ」。日ごとに私は、この男に魅力を感じるようになっていった。その日の朝、彼はこちらが予期していなかった二人のポーターを連れて現われた。軽い荷物を彼らに与えてくれとレンドープがいうので、私は冗談まじりにいった。「あんたのお隣りさんたちには、きちんと二人分の仕事を与えるよ」。すると彼は次のように答えた。「二人は俺の友達なんだ。ちょっと考えてくれるのが、あんたの仕事だろう」

われわれはようやく、バルン渓谷への道をふさいでいる崖の上まで登ってきた。頂上に沿って行けば、谷へ入る道がありそうだ。そうすれば次の崖は登らなくていいだろう。一〇フィート（約三メートル）ほどの草がわれわれを取り巻いている。かつてここにあった木立にいったい何があったのか？　畑を作ろうとした形跡は何一つない。斜面が平らになった所に、岩が隆起している。岩をぐるりとまわると、緑の狩猟服を着たレンドープは、岩の上に腰を下ろした。両腕を膝の上に乗せた様子は、岩に乗ったカエルのようだ。くたびれてしまったのか、カエルの鳴き声のような、低いしわがれ声で「この場所はキャンプに絶好だ。今日はここでやめよう」といった。

「だめだよ。まだ一日の予定の半分も行ってないじゃないか。あんたやポーターたちは、政府が決めたレートにくらべて、日当を五ルピーよけいに取っているんだから。それに荷物だって軽いだろう。どうしても、ジャングルの中までいかなくちゃならないんだ」

「ポーターたちなら行けるよ。しかし、子供はむりだろう。ここでキャンプを張ろう。キャンプを張れる場所はここが最後なんだから。ここを過ぎれば、一日中歩いてみても、平らな場所なんてもう見つからないよ」

夕闇が迫る頃、ジェニファーやニックと私がテントの外で座っていると、静けさがあたりを包んでいく。近くではパサンが料理用の火に薪をくべていて、ジェシーがその手伝いをしていた。一度火がついた薪は、引っぱり出してはいけないことを彼はよく知っていて、薪が燃えるのをじっと見ていた。そしてまだ燃えていない先の部分を火の中に押し込んでいる。カエルの鳴き声がポーターたちのキャンプから聞こえた。ニックはそれを確かめに彼らの所へ引き返したが、しかめっ面をして戻ってきた。「ポーターたちは、途中の小川でつかまえたカエルを、生きたままあぶり焼きしてるんだ」

夜のとばりが下りはじめると、テントは夕日の照り返しを受けてきらきらと輝いていた。テント地の上に降りた露のせいだ。風が吹いて木立が弓形にかしいでいる。あたりが暗くなると小鳥たちは、たがいにおやすみとさえずり合うが、ときどき、ホーホーとフクロウのような不思議な鳴き声が聞こえる。動物たちはねぐらへ向かい、一日が夜の到来を祝福する。下からはバルン川の水音がたえまなく響いていた。

＊

朝の光が向かい側の丘を照らしている。私は高倍率の望遠鏡を三脚付きの回転台に取りつけた。南面の丘の輪郭がはっきりと見渡せる。冬の夜のあとで、動物たちが暖かい日だまりに出てくるのを探していた。ゴーラルは出てくるだろう。おそらくヒマラヤカモシカも出てくるにちがいない。だが、昨日も今日も、目に映るのはラングールばかりだった。二七年前に、『ザ・ステイツマン』紙で、はじめてイエティの足跡の写真を見た。そこに書かれた記事によると、大英博物館のキュレーターの話では、ミステリアスな足跡を残したのは、おそらくラングールだろうという。だが、今バルンでは、唯一目に入る野生生物はラングールだけである。

私は子供の頃から、猟には夜明け前に出かけることや、キャンプの中では静かにしていることなどを訓練され教え込まれてきた。ところが今日は夜明けから、ポーターたちが騒がしい。キャンプへやってきてはお茶を飲み、いっこうに出発する気配がない。しかし、私はこのことにとやかく口は出さなかった。ポーターやレンドープたちとの仕事上の関係は、今日これから手にする成果にくらべてもはるかに重要だったからだ。ようやくレンドープは、空になったマグカップをパサンに手渡すと、ジャングルの縁へと歩き出した。他の者たちもそれぞれの荷物の置き場所へ急いだ。

統制の取れた朝の行動によって、この遠征を誰が統率するのかをレンドープは、メンバー全員に知らせることになった。チームのメンバーたちを叱咤激励して、それぞれが進んで探検に参加するように導いたのは彼だった。彼のリーダーシップなしでは、とてもわれわれはジャングルの中で、探し求める獲物を見つけることなどできないだろう。レンドープはククリ〔ネパールやインドで使われる短刀〕を振りまわして、竹を切り払っている。大きく曲がったネパールのナイフによって、竹の障害物が倒されていった。ククリが切り取った太さ一インチ（約二・五センチ）ほどの茎が、次から次へと積み重ねられていく。この竹薮をクマは、どんな風にして通り抜けてくるのだろう？　シャクシラの畑にも、クマが竹薮からやってきて急襲するとレンドープはいう。

一時間後、今まで上ってきた尾根をまたいで、今度は西向きの斜面を下りた。レンドープは巨木が林立するあいだを、先頭を切って進んでいく。木々の下には古い枯木や枯れ枝が転がっていて、それに腐敗した植物がこびりつき、地面はスポンジ状態の迷路と化していた。手にした棒を地面に突き刺してみると、スポンジは一フィート（約三〇・五センチ）ほどの深さがある。見上げた先には、歩きやすそうな道が上方に見えたので、あちらの道はどうなのかと持ちかけてみた。だが、「こっちだ」とレンドープは答える。「あの崖の下に沿って行けば、開けた場所があるかもしれない」と私がいっても「こっちだ」と彼はいうばかりだった。

ときにわれわれは、腐った地面の下で、ちょろちょろと流れる音を耳にしながら歩くことがあった。この時期のヒマラヤでは、斜面はたいてい乾燥している。しかし、ジャングルの湿った空気の中に足を踏み入れると、ジャングルの林床の下で、ごぼごぼという音が断続的にしていた。ジェシーもそれを聞いた。「パパ、水。水が飲みたいよ」。モンスーンの季節が過ぎてかなり経つのに、なぜ水が流れているのだろう？　これほど険しい斜面ならすぐに水が涸れてしまうはずだ。私はふたたび棒で地面を突き刺してみた。やはり腐植土には一フィートほどの深さがある――これほど深い森の腐植土を、私はこれまで見たことがなかった。もちろんそれは腐植土が雨水を吸い込み、そのあとで、徐々にそれを排出しているからだろう。

私は引き続き足跡を探していた。レンドープも何度か足跡を見つけた。一度はヒマラヤカモシカの足跡だと叫んだ。また他のときには、それがクマのものだと声を上げた。だが、足跡に結びつく証拠となる曲がった葉っぱや、折れた小枝を発見することはできなかった。このようなジャングルの中で、動物たちを見かけるのがどれほど難しいことなのか、それがますます明らかとなった。サルを除けば、どの動物も用心深いのだ。祖父は私に、野生動物の個体数を調査するには、河床を利用するのがいちばんだと教えてくれた。だが、ここでは見渡すかぎり、どこにも河床がない。したがって、その手法は不可能だ。足跡を見つけるためには、冬の大雪がどうしても必要だった。

しかし、ドゥムジャニェと呼ぶ場所（いくらか平たい地域だ）でレンドープがいった。「ここを見て。前にあんたは、イエティやショクパについて俺にきいたよね」。彼が「イエティ」という名前を使ったのを、はじめて耳にした。前に川の合流点でその名前を使ったときには、私がいっている意味を彼はまったく理解していないと思った。「ここを見てよ。イエティの足跡じゃないのか」

レンドープが指差した大きくて平らな岩を見た。たしかに石の上に大きな足跡が埋め込まれている。指が球根のようだ。一九五一年に、エリック・シプトンが撮影した足跡に非常によく似ている。足跡の他にもう一つ、人間の手に似たような跡があった。

「五日前に、あんたがイエティの足跡のことをきいただろう――今、見せているのがそれだよ」。ほほ笑みながらレンドープはいう。「ここでキャンプを張ろう」。彼は明らかに、この足跡が動物の足跡ではないと思っている。続いて彼はいった。「この跡は、俺たちにはとても思いつかないような場所に残されている。それに岩に足跡と手の跡を付けた力は、非常に強いものにちがいない」

＊

次の日、われわれはパイレーネ川を渡った。川に面している崖は、表面をごしごし削られたためなのか、地肌が露出していて草木がない。これは風雪にさらされた崖では、木々や低木さえ生えないことを示していた。水の轟音が少しずつ大きくなっていく。はじめは風が囁くような音がした。それが今、空気が冷たくなり、植物からは水滴がしたたっている。音がさらに大きくなった。ジェシーの膝が私の頭を締めつける。水気を帯びた竹の林をかき分けてみると、目の前には斜めに下りた岩があり、そこを猛スピードで滝が流れ落ちている。滝は岩場にできた深い淀みに激しく水を叩きつけていた。淀んだ滝壺では、水が静かに渦巻いている。そして水は外側の岩棚からこぼれ落ち、さらにもう一つ別の滝を作り出して、水煙を上げていた。

カリ川は流れを変えて崖の方へ曲がっていく。ジャングルで縁取られた川の両側のスロープを見上げると、青い空を背景にして虹が光っていた。最初に会ったときから、レンドープはこの淀みについて話をしていた。そこは狭い岩棚に水がこぼれおちていて、バルンの傾斜地では、カリ川を渡河できるただ一つの場所だという。私のブーツの先には、岩棚のへりが二〇ヤード（約一八・三メートル）しかない。この淀みにくるまでに、私は道と名のつくものを一つも見かけたことがなかった。レンドープが道案内するのはすべて、自然の中から作り上げたものばかりだ。そこには樹木に人間がつけた目印のようなものは一つもない。自然の深く入り

2.2　カリ川の滝

組んだ複雑さの中から、彼は言葉を読み取っていた。

レンドープが滝壺の中に立っている。そこへ行くためには、今立っている所から一歩踏み出して、岩棚の端に沿って渡らなくてはならない。私は最初の一歩を踏み出した。そして、壁から生え出ている低木のようなものをつかもうと左手を伸ばす。棒を握った右手は岩の上に置いている。ジェシーの腕が私の額をぎゅっと抱きしめ、膝が首を締めつける。われわれが踏み出したのを目にしたレンドープが叫び声を上げた。「だめだめ、来ちゃだめだ」といって、われわれをとがめた。

レンドープの叫び声を聞いたジェシーは、荒々しくうしろを向いた。それでもまだ、私の頭を抱きしめていたが、私のバランスはそのために崩れた。ジェシーの脚をつかむために、右手に持っていた棒を投げ捨てたときに、左足が岩棚の上で滑った。左足がつつっと滑ったが、右足はしっかりと踏ん張っている。左手も岩から生え出た低木を握っていた。私はくるりと半回転すると、竹林から飛びだしてきたジェニファーの姿が見えた。

ジェニファーの顔にはたくさんの表情があった――開いた口、息子を見たときの声にならない叫び。ジェシーは、私が倒れるのを感じて、しっかりと抱きつき、前にもましてきつく膝で首を締めつけた。そのあいだ中、カリ川は一時として、しぶきを上げることをやめない。すっかり水に濡れた岩に深く根を張った低木が、私を支えてくれた。滑りかけていた左足は、十分に持ちこたえることができた。

「危険だよ、まったく危ないんだから。俺がジェシーを運ぶよ」。レンドープは私のそばに立っている。アドレナリンが出て、私の心臓はバクバクしていた。岩棚を急いで渡った。私が渡るとき、場所をふさぐといけないので、レンドープは山岳ガイドの魔法によって、岩の中に溶け込んでしまった。滝と滝のあいだの滝壺で、私にジェニファーの方を振り返って見た。彼女の瞳は大きく見開かれたままだった。

＊

野生の中の安全について一言。ロッククライミングはロープがあるから安全だ。足場は滑るかもしれないし、手を掛ける所から手が離れてしまうかもしれない。だが、ロープを岩場に固定することさえできれば、安全は確保できる。野生の中の危険はほとんどの場合、転倒に関するものだ。感染症の危険にしても、人から人の接触によって起きる。したがって、人がほとんど住んでいない所では、病原菌の毒素もほとんどない。動物はたしかに攻撃を仕掛けてくるかもしれない――だが、それはほとんどが想像の世界の中で起きることだ。野生の中では、おもな危険といえば足を滑らすことくらいだった。これも、足場を確保すれば落下を防げるので、転倒を防ぐ道具として杖がある。杖を持つことで、ふだん二足歩行をしているヒト動物は、三足歩行へと進化の後退をする。そして、水に濡れた岩棚で起きたように、四つの足を持つことも可能となる。手を低木の茂みの中に入れて、四つの足をすべて使うことは、私がジャングルで過ごした幼年時代のはじめから、習得した反射運動だった。それに、私の肩の上に乗っているパートナーを信頼することもまた、習得したもう一つの技量だ。とはいってもそこには、非ジャングル人に対するレンドープの不信のような、驚きもつねにあった。

初期のヒト上科の動物が、四足から二足へ移行して、はじめて足を引きずって歩きはじめたとき、はたして動物たちは杖を使って歩いたのだろうか（アウストラロピテクス属の最初の数歩は、よろよろとしたものだったにちがいないし、おそらくは何らかの助けを必要としただろう）？　子供の頃、私は特殊な棒を持ち歩いていた。野生動物に襲われることがあれば、棒はこん棒の役割を果たすことができたし、棒の先がとがっていれば、槍の役目も果たしただろう。それならイエティははたして、どんな道具を使っていたのか？　私はしばしばそれを知りたいと思った。

＊

何時間か経って、険しいスロープを上ると、われわれはジャングルの中の空き地へ入った。そこはこの三日間で、もっとも平地に近い場所だった。二日目の夜にテントを張った所は、巨大なナラの根元のあいだに開けた窪地だったが、それにくらべるとこの場所は一〇〇倍も広い。標高は七二五〇フィート〔約二二一〇メートル〕。すばらしいクリの木のあいだで、われわれはマウンテンキャンプを設営した。ジェニファーはこのキャンプを「マカルー・ジャングリ・ホテル」〔ジャングリはジャングル居住者の意〕と命名した。

太陽がジャングルの林冠を通して差し込んでくる。ダニも出てきて、恐ろしい速さで動いている。キャンプの構想を練っていると、ダニが一匹、私の股ぐらに入り込んだ。また、ニックのやわらかな皮膚をダニどもが見つけたようだ。テントを立ち上げると、ジェシーは早速、その中へ逃げ込んだ。みんな靴下を二枚履いて、それをズボンの折り返しの上まで引っぱり上げた。防虫剤のスプレーをズボンの脚の部分や、テントのジッパーなどに、あたりかまわず散布した。ジェニファーとジェシーはテントの中で座って、『戻ってきた帽子ネコ』〔アメリカの人気絵本作家ドクター・スースの代表作〕を読んでいる。

夜の到来とともに、気温が落ちてきたので、ダニどもは地下へ潜って、暖かい腐植土の中で心地よげに落ち着いていた。料理用の火のまわりに、われわれはスツールを出して座った。スツールはポーターたちが運んでくれたもので、ジャングルでは贅沢品だ。パサンがいつもの米とレンティル豆という定番料理をやめて、今日はスパゲッティを出してくれた。また、カブと豆をとろ火で煮込んでいる。

上空からはびっくりするような、ホジソンムササビの鳴き声が聞こえる。原生林に棲むこの一メートルほどの動物は、黄色い縞模様のあるえび茶色の毛皮をまとっている。ムササビはキャンプの上を滑空するあいだ中、鳴き続けていて、夕食のために小さな果実、昆虫、キノコ類、それに死んだ動物までも探していた。くりかえし滑空しながら、いつものように下の斜面へと探索を続けていく。夜明けになると、ムササビは木に上ることによって、高い場所へと戻ってくる。それはこんな具合だ。別の高い木を見つけると、ほとんど水平に飛行してその木に上り、ふたたび丘へ向けて滑空する。そのたびごとに、前の木より、高い木へ向かって飛ぶ。こんなやり方で丘へ帰ってくる。地上へ降りることは最小限に抑える。地上では捕食動物がひそんでいるからだ。太陽が姿を見せる頃には、ホジソンムササビは、高い木の上に作られた穴蔵へと戻っているだろう。

寝袋の中で横になっていると、暗闇の中からフクロウの鳴き声が聞こえてきた。もっとも標高が高い地点に棲むヒマラヤモリフクロウだ。ミステリアスなフクロウで、そのホーホーという声（二度目のホーは音の高さが低くなる）が暗闇の中で反響している。一五〇〇フィート（約四五八メートル）下方では、バルン川が渓谷に水音を響かせていた。川は一マイル（約一・六キロ）下るごとにおよそ一〇〇〇フィート（約三〇五メートル）ずつ高度が下がっていく。世界の最高峰といわれる五つの山の三つに囲まれて、ジャングルの中で横になっていると、澄んで冷たい夜の空気が、マカルー、ローツェ、エベレストの氷河から降りてきた。

今、キャンプを設営している場所は、これまでにわれわれが、ぜひ来てみたいと心づもりをしていた所だ。ここは雪線〔高山の万年雪がある場所とない場所の境界線〕のすぐ下の中間地〔低地と高地のあいだ〕で、地図上では空白部のバルン・ジャングルである。今いる北の斜面からは、日の当たる南の斜面に現われる動物たちを、谷をはさんで観察することができるだろう。これこそわれわれの望んでいたことで、それは谷の向こうに出てくる、異常なまでに用心深い「何か」を目にすることだった。

あたりの森の中を歩くと、木々のあいだに、その「何か」が食べそうな食べ物がふんだんにある——それも「何か」が何を食べるのか知った上での話だが。しかし、ダニの存在が示しているのは、われわれが来ている所が、人間のいない世界ではないということだ。ヤギを連れたヤギ飼いたちが、この上の尾根に広がる高山の草原を目指してやってくる。その途中で一時ここにとどまる。そのためにダニがうようよいる。だが、ヤギ飼いのような人間を除けば、この渓谷は野生動物たちに占有されていた。

動物たちのナイトトークに耳を傾けていると、いつの間にか私は、ふたたび自分自身への問いかけをはじめていた。もしかするとここでは、ワイルドマンもまた、生きながらえていたのではないだろうか？この山々が海から隆起しはじめたのは、今から四〇〇〇万年も前のことだ。そのとき、ここにはいったいどんな動物がいたのか？——地球上のどこかに、ヒト上科の動物が現われるのが三七〇〇万年前のことである。それではこの場所に、前ヒト上科動物がいたということなのだろうか？　もちろん、ここには深いジャングルが生い茂っていた。だが、地面はほとんど平坦だった。ヒマラヤ山脈が隆起しはじめたのが四〇〇〇万年前だったから。知られているかぎりでは、はじめて人間がアルン渓谷へ歩み入ったのは、今から二五〇〇年前だ。それは、ヒマラヤ山脈より前から存在したこのアルン川を遡ってきたのである。この川は動物たちが川沿いに移動する回廊の役割を果たしていた。おそらく一群の前ヒト上科動物たちは、人間が外の世界で進化しているあいだに、現に今、われわれが眠りについている野生世界に守られながら、この辺鄙な渓谷で、他の動物と交わることなく生息するようになったのかもしれない。おそらくは、当時、アジア全域にいた前ヒト上科動物たちがこの地に入り、隔離状態の中で生き延びることができたのだろう。

目の前にある世界は、いやおうなくわれわれに視覚の重要性を実感させる。だが、ジャングルが扉を開くのは、匂いと音を通してだった。この二つは、視覚の届かない隅々まで浸透していく。視覚は場所を特定するために資料や情報を必要とするが、もっぱら化学作用による嗅覚機能は、鼻の受容器官へ情報を届ける。匂いは空気を媒介にしてやすやすと伝わる。そして音もまた、それを伝える媒体（空気か液体）を必要とするが、その伝達は媒体を圧縮した波動によって起こる。媒体が運搬の役割を果たすことで、匂いや音は媒体が広がる所へはどこにでも、隅々まで到達することができた。ジャングルでは、多感覚を使って周辺を把握することが役に立つ。とくに、暗闇や木立の中で、視覚の選択がおぼつかない場合には——というのも、夜間が肉食動物たちの活躍する時間であり、深く生い茂った草の中が彼らの活躍場所だからだ。

匂いは、われわれがつねに行なっている呼吸を通じて、情報を伝えてくれる。音は眠っているときでも意識の中に入り込む。耳にはまぶたのような蓋がないからだ。匂いと音の両方によって、動物たちは気配に気づくことができる。さらに視覚と音とが、そこで起きていることを語ってくれる。野生の中で生きるものたちは、都会慣れした人々が使わずにいる感覚を使って、睡眠中でもあたりの気配を感じ取っている。

このジャングルでわれわれに必要なのは、探索している動物の生息場所を知ることだ。レンドープは——今ではそこから遠く離れてしまったが——砂地に絵を描いてくれた。われわれは今、狩猟の場所をはっきりと確定しなくてはならない。そのためには展望のできる場所を見つけることが必要だ。だが、いちばん高い木から見渡すことは断念しなければならない。そんな巨大な木に上ること自体、不可能だからだ——それに、たとえ上ることができたとしても、すべての木が競って光を求めていて、基本的にはほぼすべての木が同じ高さに達しているので、見晴らしがきかない。見晴らしのいい場所を見つけることさえできれば、歩いて探検できるような、際立った特徴を持つ場所を探すことができる。それは冬のように寒い日々に、動物たちが、南向きの暖かな斜面の日の当たる場所へ出てきたときに、谷を隔ててそれを眺めることができるような地点だ。そんな展望の効く唯一の場所が上に見える尾根の頂だった。

キャンプの縁には低木や竹薮が迷路のように繁茂している。朝の光がジャングルを満たしはじめると、ミャン、ヌル、ニック、それに私は尾根を目指して上りはじめた。登攀は三〇〇〇フィート（約九一四メートル）ほどになるだろう。ミャンはククリを振るって低木の茂みや竹林に立ち向かう。レンドープはシャクシラへ向かって発っていった。彼がいっしょについていかないと、ポーターたちが戻ることができないからだ。ミャンははだしなので、雪がひどく積もっていれば、ヌルといっしょに戻っていかざるをえないだろう。そのときにはニックや私にとっても、ククリの名手はもはや必要がなくなるだろう。

標高九二〇〇フィート（約二八〇四メートル）の地点で竹林が終わって、ジャングルはナラとカエデの林に変わった。ほとんどが一〇〇フィート（約三〇・五メートル）ほどの高い樹木だ。光がほとんど差し込まないため、若い草木が育っていない。そのために歩くのは前より楽だ。さらに高く上るとナラの木々がまばらになり、カバノキの林に変化する。ジャングルはふたたび深くなり、カバノキと竹が入り交じってきた。気温がこの際立った植物帯や、林床の堆積土の層をもたらしたのだろうか？　ここでは竹が、幼稚園の大きな鉛筆のように太いが、高さは六フィート（約一・八メートル）しかない。さらに高く上ると、竹はふたたび高くなり、太さも一インチほどになった。だが、ここでは細い葉鞘（ようしょう）〔鞘状（さやじょう）になった葉の基部〕が幹を包み込んでいて、幹と幹のあいだも詰まっていた。細くて幹を包み込む葉が、寒さから竹を守っているのだろうか？

竹林には、動物の道がネットワークのように張り巡らされている。さらに四方へトンネルが掘られていた。あるトンネルにはレッサーパンダの糞が落ちていたし、別のトンネルにはヒマラヤカモシカの糞があった。トンネルの中には、あまりに大きくて、とてもレッサーパンダが作ったものとは思えないものもあった。これまで歩いてきたジャングルでは、明らかに獣道と思えるものに遭遇したことはなかった。なぜこの竹林では、これほど多くの道があるのだろう？　それは太くて短いタケノコが、すべてを説明してくれるのかもしれない——タケノコは食物源となる。これはジャコウジカのものかもしれない。格子状に走っている獣道の謎を解く鍵はそれだろう。道の脇で他とは異なる糞を見つけた。これはジャコウジカのものかもしれない。

植民地のハンターたちは剥製の頭部を集めるために、ヒマラヤに遠征した。そして、動物の頭部はイングランド中の領主の館を飾った。だが、狩られた動物たちの行動様式については、ほとんど収集された形跡がない。だがジャコウジカに関しては、それを理解することが重要だった。というのも、やがて絶滅する運命にあったからだ。このシカはまるで『クマのプーさん』に出てくるカンガルーのルーや、ロバのイーヨーの子孫みたいなシカである。ネパールのビジャヤ・カッテルはこの動物を研究していた。ここバルンでは、ジャコウジカはネズミのような茶色をしていて（生息範囲によって色が異なるが）、体長は三フィート（約九一センチ）で体重は三〇ポンド（約一三・六キログラム）ある。このシカは前方にくらべて、後四半身（うしろしはんしん）の背部が盛り上がっていて大きい。それはイーヨーによく似ている。シカの中では珍しく、枝角（えだつの）も枝分かれのしていない角も持っていない。その代わりに、雄にも雌にも二から五インチ（約五・三から一二・七センチ）ほどの牙があった。その牙で地面を引っ掻いては、若い芽ややわらかな葉、苔や草を探した。そして雪が地面を覆う季節には、小枝や地衣類を食べた。それはこのシカが木々に上ることができたからだ。

世間ではこのシカにほとんど注目していなかった（それはホエジカ、ゴーラル、ヒマラヤカモシカ、ヒマラヤタールのような、巨大な枝角を持っていない、ヒマラヤの有蹄動物が無視されているのと同じだ）。ただし、雄シカの腹部のうしろにある香嚢（こうのう）（ジャコウ腺）から分泌される、ろう質の香りのよいジャコウについては話が別だ。香料商人は（東方の製薬業者たちもそうだが）これを非常に価値の高いものと見なし、地元の禁制品市場でこの香嚢を五〇ドルで手に入れると、香港やパリでその一〇倍の価格で売り渡した。

かわいらしいジャコウジカは、性格からイーヨーを思い出させる。地元では狩猟に追われることもなく、二〇エーカー（約八万九四〇平方メートル）足らずの行動圏で生息して、人々には心地よげに近づいてくる。雄シカ同士はたがいに近づくと、くしゃみをしてその危険を自分の雌シカたちに知らせる。そして冬場の発情期には、勇敢に戦って自分たちのテリトリーを守り抜く。

密猟者たちがジャコウジカを殺すときは、まず蔓植物で投げ縄を作る。そして投げ縄に、滑って輪が縮まる結び目をこしらえる。輪の部分を地面の上に置いて、もう一方の端を折り曲げた若木に結びつける。体重の軽いシカは罠に捕らえられると、ぐいっと引っぱられて、足元から空中に吊るされた。そしてそのまま死ぬか、喉を切られる。このやり方は密猟者にとっては、手間がはぶけて魅力的だ――だが、罠には雌雄や老若の区別がつかないことを思うととりわけ悲しい。シカを殺すことで利益をもたらすのは、香嚢を持つ、二歳を過ぎた雄にかぎるからだ。そんな理由で、密猟者が一つの香嚢を手に入れるために、おおよそ三頭ほどのシカが死んでしまうことになる。

*

バルン渓谷を占領しているのは森林だった。典型的な原始状態の生息環境には、四段階の生物ピラミッドが見られる。(a)一次生産者――光合成作用によって成長する生物。(b)一次消費者――一次生産者を食べる生物形態。(c)二次消費者——典型的な大型草食動物。(d)三次消費者——草食動物を食べる典型的な肉食動物。バルンでは木々が一次生産者だという事実が、異例の特徴を生み出している。というのも、ふつうは草が生物ピラミッドのベースを構成しているからだ。

バルンでは樹木があまりに繁茂しすぎていて、林冠が光を完全にブロックしてしまうため、ほとんど草が育たない。それが、家畜を放牧させるために、牧人たちがバルンへやってこない理由となっている。そこには牛はもちろんのこと、ヒツジやヤギが食べる草がほとんどないからだ。それでもやってくる牧人たちは、家畜を連れてジャングルを通り抜け、ニックや私が目指している高い尾根へ向かった。人々を引きつけて、まずジャングルへ誘うもの——その草がここにはないのだ。木立が草を閉め出した。そして草の欠如が人々をこの場所から遠ざけた。

バルン渓谷で木が倒れると——おそらく樹齢のためだ——、空いたスペースに他の生命体（キノコ、苔、昆虫、小植物などの一次消費者）が入り込んで木を腐敗させる。木々の光合成作用によって成長した生物が、他の生物の食糧となる。通常の生物ピラミッドでは、生命体の大きさはそれぞれのステージへ行くに従って、大きくなる。だがバルンでは、大きな木々が最下層となり、消費者の最初のレベルは小さなキノコや苔、それに昆虫だった。この消費者たちはともに腐敗分解して、典型的なスポンジ状のバイオマス——エネルギーと水の貯留層——となり、足が沈むほどの深さになった。一次消費者の中には、二次消費者に食べられるものもあるだろう。

この場合、二次消費者とは、植物を食べるハツカネズミやミミズを食べる野ネズミなどだ。そしてミミズもまた腐敗した植物を食べる。ピラミッドはさらに、より大きな二次消費者たちとともに継続していく。それは鳥類、レッサーパンダ、リス——地上で暮らすものと滑空するもの——、サル、そしてゴーラル、ヒマラヤカモシカ、ホエジカなどの有蹄類だ。最後のステージにくるのはヒョウやクマである。

ここに生息していて、つい見過ごされてしまう動物にトガリネズミがいる。これは齧歯（げっし）類ではなく、ハツカネズミや野ネズミとも違う種類だ。トガリネズミの脳は、重さが体全体の一〇パーセントを占める――体重に占める脳の比率が、これほどまでに高い動物は、人間を含めても他に見当たらない。バルンに棲むトガリネズミは毒を持っていて、ハツカネズミをひと噛みで殺すことができた。トガリネズミの中には、ここに棲む種ではないが、コウモリのように反響定位（エコロケーション）（自分が発する音波の反響でまわりを探知すること）を使って、餌のありかを探ることのできるものもいる。そして、雄と雌のトガリネズミはけっしていっしょに暮らすことはない（暮らさなければならない時期を除くと）。このトガリネズミが、大きな体に成長した姿を想像してみるといい。それは途轍（とてつ）もなく憎むべき生き物になってしまうだろう。

バルンにはあらゆる種類の有蹄類がいるにはいる。しかし、草があまりに少なすぎるために、それぞれの頭数は少ない。このように、草食動物の頭数が少ないために、肉食動物がほとんどいない。たとえばヒョウも三種類（マダラヒョウ、ユキヒョウ、ウンピョウ）がいるにはいる。だが、その数はきわめて少ない。トラは広大な行動圏を必要とするので、今はバルンにはいない。隣接する渓谷では人々が居住しているが、バルンでは、トラの個体群を生息させることができなかった。オオカミやキツネもここでは発見されていない。このようなイヌ科の動物は森林種ではないからだ。

もしバルンに肉食動物がほとんどいないとすると、ヒト上科の動物としてイエティを見た場合、彼には捕食者がほとんどいなかったことになる。これは木々や竹林に覆われたバルンにイエティが生息していたと推測することができる、もう一つの理由かもしれない。野生の中で生き、用心深いヒト上科の動物には、この土地は理想的な生息環境だった。ここでは捕食者から生じる危険が少ない。だとすると、もしかしたらイエティは、ヒト上科の動物としてここに存在しているのかもしれない。この生息環境はジャイアントパンダやゴリラのそれによく似ている。彼らの生息環境にもまた、トラやライオンのような巨大な捕食者はほとんどいない。トラやライオンがいるのは鬱蒼としたジャングルの外だ。パンダやゴリラはともに二次消費者で、巧みに木に上って葉っぱを食べる。そして中には竹林で成長するものもいる。

もしイエティがこのような二次消費者だとすると、バルンはもってこいの生息環境といえるだろう。深い木立と険しい斜面は移動するときに、彼らの居場所を覆い隠してくれる。それに、季節ごとに山で生育する植物を採取することができる。その日に好きなものを摘み取ることさえできるだろう。ジャイアントパンダがいる中国西部や、ゴリラがいる中央アフリカのように、バルンもまた数マイルの内に、亜熱帯地方から山岳地方までを含んでいて、季節ごとにすみかを見つけることが可能な生息環境を与えてくれる。自然が変化したり、人間の侵入に遭遇したら、動物たちは尾根を越えて滑り降り、雪原を横切って、他の斜面に隠れることができた。

＊

われわれはさらに高く上る。雪は一フィート（約三〇・五センチ）の深さがある。三〇フィートほどのシャクナゲが、それより少し丈の低い竹やカバノキといっしょに生えている。日が明けはじめた頃暖温帯にいたわれわれは、真昼には雪の中にいた。ミャンとヌルは二〇〇〇フィート下のキャンプへ戻っていった。ニックと私はさらに上りつづけたが、雪はやがて膝より上の深さになり、腰から下が濡れてしまった。ブーツの中は雪が溶けて水がたまっている。さらに上り、息を切らせて、汗をかいてはまた息を切らせる。一歩一歩前へと進むが、一歩ごとにまるでコンクリートのブロックを、足で持ち上げるような感じがする。

風がマカルーから吹きつける。頂上は垂直と思えるほどの傾斜をなしていて、はるか三マイル（約四八二八メートル）の高さでそびえている。三日前にはわれわれもようやく三〇〇〇フィートの高さに慣れた。それが今は一万フィートに近い高度だ。血液細胞が酸素を求めて肺でうごめいている。

呼吸は空しく薄い空気を吸い込む。雪の中をわれわれは、身体を前に傾けながら上った。道を押し開き、眺望のきく開けた尾根を目指して進んだ。雪の中をわれわれは今しも、近づきつつあるという感じがした。スロープの傾斜はおそらく四〇度くらいはあっただろう。竹とシャクナゲが雪から顔を出し、しっかりと手でつかまるようにと準備してくれる。したがって、それが雪の中から身を起こす手助けをしてくれた。時刻はほぼ一時だ。キャンプを出たのが明け方の六時だった。

「おいニック、何か食べないか？」。二人は今朝、ピーナッツバターとジャムをたっぷり塗ったチャパティを五枚持ってきた。雪から這い出てニックはシャクナゲの木に上り、居心地のよさそうな枝に座った。私も近くの枝に腰掛けた。地面より少し上になるので風が強かったが、湿った雪から解放されるのは最高だ。チャパティとジャムとピーナッツバターが口の中で溶けていった。

チャパティを食べ終えたニックは、雪の中に降りて、また上りはじめた。私はもう一つチャパティを取り出した。この雪にはたして、何かそれを埋め合わせる利点があるのだろうか？　おそらくそれは、ネパールの植物学者ティルタ・シュレスタが提示した理論が説明してくれるだろう。彼の理論はこうだ。竹とシャクナゲの木々は葉を落とすことがない。春になって作物が育ちはじめるときに必要なのは水だ。モンスーンの雨がやってくるまでに、その水を木々が蓄える、いわば樹木は貯水池のような役割を果たす。ヒマラヤ地方の至る所で、この組み合わさった樹木のマットが、一一月から三月まで、何十億トンという冬の雪を蓄える。巨大な巨大な傘のような常緑の林冠が、雪の溶解を遅らせた。四月から五月にかけて気温が上昇するにつれて、インドの平原からこの尾根へと順次雪が溶けていき、それが地面に沁み込んで泉に水を補給し、土地をつねに湿潤に保っている。

ヒマラヤのエコロジーに関してシュレスタが説明した「トリクルダウン理論」は次のようなことだった。つまり、ますます多くの人々が、さらに高い山に上って、薪を探したり、トウモロコシやキビ（このあたりの高度では、もっともよく生育する穀物だ）を耕作しようとしたら、このシャクナゲや竹の林は早晩、消失してしまうだろう。またそれは森林破壊をもたらすだけではなく、水を供給するというこの貯水池の役割を奪いとってしまうにちがいない。六月にモンスーンの季節が到来したときには、勢いよく流れる水が表土を運び去り、植物もともに剝ぎとってしまう。また、水が山に浸透することがなくなると、数年を待たずして、泉は涸れてなくなり、斜面もまた崩れ落ちはじめるだろう。

だが今日は、この雪を高く評価することは難しい。こんなに深い雪の中では、動物たちも移動しないだろう。さて、私は四枚目のチャパティに挑戦すべきだろうか？　水筒には水がほんの少ししか残っていない。これで最後のチャパティを胃袋に流し込むことができるのだろうか？　また、足跡が見つかったときに、焼き石膏で型を取るのにこの水で足りるだろうか？

ニックが上の方から大声で叫んでいる。「ダニエル、ここに何かあるよ。あなたが見た方がいい」

私は木から雪の中に飛び降りた。空気を吸い込まなくてはいけない、などと考える余裕もない。すぐに気分はわくわくしはじめた。そして、少ない酸素も気にせずに上った。頂上に着くと、ニックがすぐに酸素マスクを顔にかけてくれた。これで毎分六リットルの酸素が補給される。ニックが私の足元の足跡を指差した。人間の親指のようなものが見える。足跡は苔で覆われた崖の頂から尾根へと続いている。左、右、左と規則正しく足跡が付いていて、二足歩行のはだしの人間がつけた足跡のようだ。巻き尺を取り出した。

歩幅は二八インチ（約七一・一センチ）、足跡の長さは七インチ（約一七・八センチ）ある。

「他に何か気づいたことでもありますか？」

「この歩幅を見てごらん。どんな二本足の動物がこのジャングルを歩いているのだろう？　こんな足跡は四つ足動物が付けたものではないよ。四つ足動物なら、後ろの足跡が前足の跡の上に重ね刷りのような形になって、それがときどきずれたりするんだが、それが見られない。この枝をまたいでいるのを見ても分かるだろう。足跡がしっかりとしている。俺はいつも他の人の解説を読んでいて不思議に思うことがあるんだ。足跡の筋はどうなっているんだろう。足跡は一つだけじゃないだろうってね。ここにもひと続きの跡があるだろう。すべての足跡がはっきりとしていて、シャープだよ。これは二足歩行だね」

「ちょっと完璧すぎませんか。どの足跡にも親指のようなしるしがついている」とニックはいう。「最初の日から、こんな発見に偶然出くわすなんてことがあるんでしょうか」

「『完璧すぎ』ってどういうこと？　生物学的におかしいものを探したいんだろう？　進行方向の逆を向いている足跡を見つけたいんだろう？　最初の日に発見したことに何か不都合でもあるの？　われわれは、いかにも探している生物がいそうな場所でこれまで二七年ものあいだ捜索してきたんだ。どうして今日にかぎって、石膏を持ってくるのを忘れちゃったんだろう？」。バックパックを引っかきまわして探したあとで、むかついた私は、雪の中をダッシュして写真を撮りはじめた。

崖の上の苔が少し乱れている。竹が岩肌のそばに生えていた。幹の中には、その根元に引っかき傷のあるものがあった。崖の端に覆い被さるように、竹の折れた幹が岩から突き出ている。この幹が動物を引っぱりあげるのに使われたようだ。よじ上るときに付いたものなのか、苔の壁に足跡がある。念入りで注意深い登攀者がこの岩肌を上ったのだろう。バランス感覚にすぐれた、かなり力の強い動物だ。

雪の中にひざまずいて、ニックと私は足跡を調べた。一見すると、規則正しく左、右、左と続いていて、それぞれに親指の跡が残っており、中には非常にはっきりそれと分かるものがある。「うしろ足と前足の足跡が重なっているという証拠を、何か見つけたかい？」と、私はニックの方を見てたずねた。

足跡は丘を上りながら、尾根の左側から右側へと移動し、そして中央へ戻ると、また右側へ向かった。雪の中に沈みながら、尾根を上方へと足跡をたどって進む。足跡を付けたものは、どうやら今朝早くにここを通過したようだ。雪の上を沈むことなく歩いている。この動物はまた、何らかの方法で、雪の下に木の枝がある場所を察知していた。枝が雪の中に沈むことを防いでいる。雪靴を履く代わりに枝の上を歩いていた。だが、ときおり足が雪の中に落ちている。

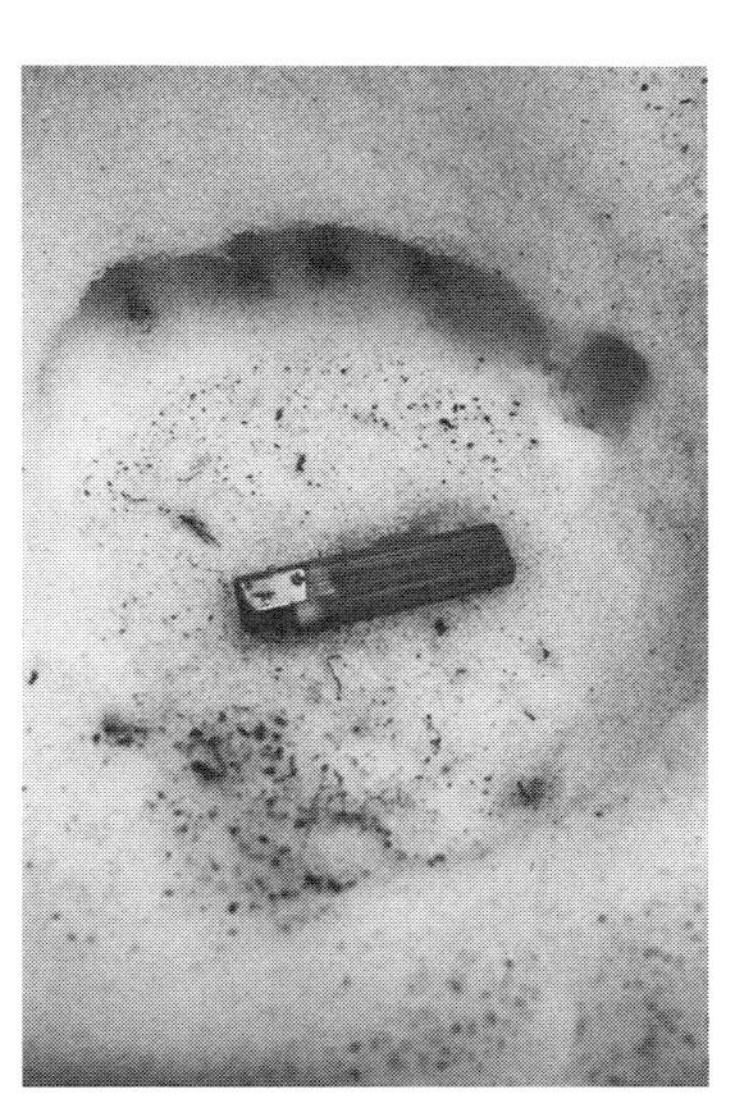

2.3　尾根で発見されたミステリアスな足跡。

足跡のほとんどは一インチ（約二・五センチ）以下の深さの所にあった。足跡の中には、不可解な黒い汚れが付いているものがある。おそらくそれは上の枝から、樹皮が剥がれ落ちたものだろう。木立の下に付けられた足跡は、木立の外に付いている足跡にくらべてはっきりとしている。時計を見ると、針は四時二二分を差していた。尾根に上るのに八時間を費やし、尾根で二時間とどまっていたことになる。日が沈むまでには二時間しか余裕がないので、全速力

でキャンプまで戻らなくてはならない。明日、この足跡がどんな変化を見せているのか、それを見ること
にしよう。足跡は尾根の彼方に消え去っていた。

3　クマのミステリー

3.1　イエティのジャングルへ入る渓谷。

「パパ、何して遊ぶ?」。ミルクで調理したお米を朝食で食べたあとで、ジェシーがいった。「雨降りだし、寒いよ」。ジェシーと私は、プラスチックの防水シートの下、料理用の火のそばに立っている。ジェニファーはニックといっしょに、今日は足跡をチェックするために上へ行った。外では、すっかりおなじみになったバルンのこぬか雨が降っている。

テントに戻ると、ジェニーと『クマのプーさん』を読んだ。そしてハチミツ探しの挑戦について話し合った。また、「一〇〇エーカーの森」の中には、もしかすると何か他のものが隠れているのではないかと思った。雨の切れ間にテントを出て、「フクロウのオウルの家」を探した——昨日の夜、フクロウの鳴き声が聞こえたことを、ジェシーが思い出させてくれた。外に出ると、雨に濡れた茂みの中で、二人は「ヘファランプの罠」をこしらえた〔ヘファランプは『クマのプーさん』に登場する謎の生き物〕。雨のしずくや寒さで感覚がなくなってしまったので、テントへ戻って、濡れた衣服を干した。ゆっくりとではあるが、人の体温で乾くだろう。そのあとでふたたび森へ戻ると、ジェシーと二人で、登山用のロープを木の枝に結びつけた。そして、想像上のイエティがするように、ロープにつかまって、爪先立ちでくるくるとまわりながら、木から木へ移動した。

自然の教室は、テストがもっとも頻繁に行なわれ、生きいきとした活気のある場所だ。そこでは興味が先走り、驚きを手に入れることができる。そんな教室で父と子の授業がはじまる——だが、そこでは教えられるということがない。ただ子供の頭に宿った質問に二人が遭遇するだけである。われわれは朽ちた丸太の下を探し、樹木にできた空洞を徹底的に調べる。そして自分たちの分類学をさらに充実したものにしていく。角のあるカブトムシ、青色に見えるカブトムシ。挟まれると痛いはさみを持つカブトムシ。羽根を持っていて飛んでいくカブトムシ。そこには生き物の発見がある。

「ダニエル、足跡はほとんど消えていたよ」と、ニックといっしょに戻ってきたジェニファーがいった。バックパックを下ろしながら、ニックが付け加える。「われわれが昨日付けた足跡だって消えてしまってます。昨日の足跡も溶けてしまうほどだとしたら、昨日見た足跡はとびきりはっきりとしていたから、おそらくわれわれが見た、ほんの数時間前に付けられたものにちがいない」

「あなた方が足跡を見つけたのはすばらしいことだよ。だけどほとんどそれは残っていなかった」。ジェニファーは、ドタッと腰を下ろしたスツールから見上げた。そして、パサンが差し出した甘いお茶の入ったマグカップと、フィグ・ニュートンズ〔ドライフルーツをクッキー生地で包んで焼いた菓子〕を受け取っていう。「ともかく一番よかったのは、あの高いジャングルの雰囲気を経験できたことよ。だけど、あなた方が見つけた足跡を、そのまま信用するわけにはいかないわよね」

私はニックに向かっていった。「昨日の足跡は、俺たちが行くどれくらい前に付けられたものだと思う？　シプトンも午後に出かけて見つけたんだそうだが、あの足跡も同じくらいの時間差だったのかな？」

「ダニエル、びっくりしたのですが、足跡は驚くほど早く溶けてしまうんです。私たちが見た足跡ははっきりとしていたし、指までくっきりとしていて、それと分かった。しかし、今日は太陽が隠れているのに、今ではもう、料理に使うボウルのようになってしまっています。ただ一つ前のよすがとして残っているのは、右、左の二足歩行を感じさせる痕跡だけです。たしかに私たちが見つけたときには、はっきりとしていたにちがいない。だけど、もしそうだとしても、樹皮の剥がれた断片がすばやく落ちてくる。それは何かの『もの』が歩いたときに、木の枝を揺すったためにちがいありません」

ジェニファーがジェシーを抱きながらいう。「足跡を追って尾根の上まで行ったんだけれど、竹薮の中に消えてしまった。追っている内に、雪の上に出ている枝を踏みつけたの。それはその動物が踏みつけていった枝だった。枝は私の一一〇ポンド（約五〇キログラム）の体重でしなったわ。ニックがその上を歩いたときには、枝が折れてしまった。本当に裂けてしまったの。彼の体重は一五〇ポンド（約六八キログラム）。バックパックを背負っていたので、おそらく一七〇ポンド（約七七キログラム）はあったでしょう」

「ということは、この動物は一七〇ポンド以下ということですね」とニックは誇らしげにいった。「他の枝も見はじめたんです。一本の枝が道を遮っているのを見つけました。四つ足の動物ならその下をくぐって歩くことができる。だが、二本足の動物はこの枝が道をふさいでいると感じる。そうしたら、私たちの探している動物なら、どんな風にしてその道を通るのだろうか？　雪の中には四つ足を示すしるしが、まったくありませんでした。四つの足に気がつかなかったということは、まず考えられない。しかし、枝の裏側と枝の先についた苔に、こすったような跡がありました。これは動物が枝を揺らして、その下を歩いたことを示しているようでした」

「こすった跡は崖の竹についていたものと似ていたよ」とジェニファーが付け加えた。

その夜には、やわらかな雪の薄片が落ちはじめた。雨といっしょに降る音ではなく、乾いた雪の音だった。目が覚めて、テントの壁が雪で押されているのに気がついた。柱が折れてしまうかもしれない。テントの上の雪をすくおうとして表に出ると、夜が広がっていた。視覚が閉ざされている世界では、音と匂いがジャングル中を満たしている。ネパールの国王が「国内でもっとも野生的な場所だ」と呼んだ渓谷だ。ここは、世界でもっとも高い山々に囲まれている真に野生状態の場所だった。ほんの数マイル離れたところには、四〇〇〇回も人々が訪れたエベレストの山頂があるが、それにもまして荒々しい場所だった。この野生の地に足を踏み入れた人々は、イエティとは、ここで身をもって体験する野生そのものだ、ということをはじめて発見するのではないのか？

＊

ピグレット〔『クマのプーさん』に登場するキャラクター。コブタのぬいぐるみ〕もまた、雪かきをしなければならなかったんだねと、次の日の朝、私はジェシーと話をしていた。ピグレットが雪を払いながら、ひょいと見上げると、そこにはクマのプーさんがいて、ぐるぐると歩きまわっていた。何か考えごとをしながら。ピグレットが呼びかけても、プーはどんどん歩いていく。

「やあ」とピグレット。「何をしているの？」

「猟だよ」とプー。

「何をとろうとしてるの？」

「何だか分からないけど追いかけているんだ」と、プーは意味ありげにいった。

「何を追いかけているの？」とピグレットは、そばまで行ってきいた。

「それは僕が自分にきいていることだよ。『何だろう』って自分にきいている」

「君はそれになんて答えようと思っているの？」

「それは追いついてみなくちゃ、分からないよ」とプーはいった。「そこを見てごらんよ」。彼は目の前の地面を指差した。「そこに何が見える？」

「足跡」とピグレット。「動物の足跡だ」。彼はわくわくしてキャッと小さく声を立てた。「ねえプー、こ、こ、これはヒ・イ・タ・チじゃ・ない？」

3.2 「マカルー・ジャングリ・ホテル」のテント。

「かもしれないね」とプーはいった。もしかしたら、そうだし、もしかしたら、そうじゃないかもね。足跡だけではとても分からないからな」

プーがこんな風に言葉少なく、追跡を続けていくと、それをしばらく見送っていたピグレットは、やがてすぐにそのあとを追いかけていった。プーは突然立ちどまると、ちょっと困った様子で、足跡の上にかがみ込んだ。

「どうしたの?」とピグレットがきいた。

「とてもおもしろいんだ」とプー。「だけど、動物が二匹になったみたいなんだ。この——何か分からない——動物のところにもう一匹やってきて、二匹が今度はいっしょになって歩いているんだ。ピグレット、僕といっしょに来てくれない? 万が一、こいつらが『こわい動物』だったらいけないからね」

＊

次の日、ニックと私はテントを出て、別々の方角へ向かった。その晩二人は戻ってきたが、二人とも何一つ発見することができなかった。新たに降った雪のために、動物たちは移動していない。キャンプへ戻ってわれわれが発見したのは、キャンプスリッパがずぶぬれになっていたことだ。昼間の雪が半溶けとなって、乾いたスリッパを履ける可能性はほとんどゼロになっていた。翌日はさらにひどい雪で、とても尾根へ上ることなどできない。一日休暇を取る絶好の言い訳ができた。昼に向かうにつれて、雪はこぬか雨に変わったが、夕方にはまたベタ雪に戻っていた。

突然、叫び声が斜面の下から聞こえてきた。ボブだ！ レンドープとラクパが彼を連れてきた。みんなで熱いティーの入ったマグカップを手に、防水シートの下に集まった。ボブが探索の様子をきいた。「雪の中で爪の跡を見たかい？ 本当に？ どんな具合だった？ 竹の上で、崖の上で、枝の上でも爪跡を見つけたのか？ ということは、崖の上で、あるいは枝をつかむときに爪を出す動物ということだな？ 歩くときにはネコのように爪を引っ込めるということかな？ もしそうだとしたら、それはかぎ爪で爪ではないね。重要なのは、それが霊長目の動物じゃないということだ。たしかにそれはヒト上科の動物ではなく、クマやパンダでさえあるかもしれない」

私の確信がくじかれてしまったのが今では問題だ。私より八歳年長のボブ・フレミングは、ジャングルについて私が学習する上で、信頼のおけるよき先輩だった。四歳のとき、銃をかついで出かけるボブについていき、私は鳥を手にして家に帰ってきた。動物や植物の知識はさておいて、彼はまたヒマラヤの言葉をいくつか完全にマスターしていた。

ボブは質問を続ける。「前足の足跡の上にうしろ足の跡が重なっていないといい張るのはどうして？ 写真だってたくさん撮ったんだろう？ 君の話では、もう疲れ果てて、くたくたの状態を通り越していたというけど、どうだったの？ 念願の足跡を見つけたのに、フィルムを丸ごと一本も使っていない——最初の一本に何か不都合が起こり、だめになってしまったことを想定して、もう一本フィルムを使い、バックアップしておくこともしなかったの？ それで、動物が枝をゆすり、歩くたびに樹皮が落ちてきたという考えを退けることができなかった——風の仕業かもしれなかったじゃないか。君がいるのはヒマラヤの尾根なんだから。足跡のルートが、雪の下に埋もれた枝の上を、わざわざ選んだものだと君はいうけど、それを証明する証拠がどこにあるの？　その写真を撮ってあるの？　イエティの話にいつも欠けているのは証拠で、仮説じゃないんだから」

「ボブ、われわれが見つけたのは謎めいた足跡だったんだ——それはテッド・クローンやジェフ・マクニーリー、それにまたN・A・トンバジが見たのと大きさが一致してる」

「もう一度いうけど」とボブは答えた。だが、彼の声にはまともな好奇心があふれていた。「どんなものがこのミステリーをこしらえ上げたのか、それについて鍵となるのは今のところ、われわれの手元には足跡しかないんだ」

次の朝、キャンプでの六日目の生活がはじまる。冷たい雨が岩の上に薄い氷を、そして足元には、歩くたびに砕けて、半溶けのぬかるみになる固い雪を残していた。ボブは、自分の楽観主義を支えてくれるプロジェクトを探している。そしていつものように、もし探検が村人たちの話を実際に聞いて行なわれさえすれば、足を骨折する可能性はさらに低くなるだろう、という提案を持ち出してきた。そこでわれわれは、いったん大きなテントまで退却して、ミャンやレンドープ、ラクパに疑問を投げかけてみることになった。

ボブは三人に動物たちのセックス・ライフについて、冗談をいうことからはじめた。クマがヤギとセックスすると、どんな子供ができるのか？　サルとクマネズミではどうか？　冗談はジャングルの動物をすべてリストアップすることにつながり、それらは二週間ほど前に、川の合流点で私が挙げたものと似ていた。しかし、三匹の動物については新しかった。それは野犬と二種類のジャコウネコの組み合わせだ。ボブは話を遠まわしにショクパへと移動させた。彼がもう一つの村から聞いた断片的な報告の、さらにその切れ端へと話を向けた。

それを聞いてレンドープが答えた。「俺はハンターとして、これまで数え切れないほど何度もジャングルへ入っている。だけどそんな動物がはたしてそこにいるのかな？　ジャングルの中では、その気配すら感じたことはなかったよ。だいたい何を食べているんだ？　どんな風にして移動するんだ？　村の人々からはたしかに、ショクパの話を聞いたことはある。だけど俺はそんなものを一度も見たことがない」

ボブはよく考えずに何げなくきいた。「レンドープ、もしショクパじゃないとしたら、ダニエルとニックが尾根で見つけたのは何だったのだろう？」

「俺は足跡を見ていないが、おそらくそれは『ルク・バル』じゃないかな」

「ルク・バル？」ボブはぶっきらぼうにたずねた。

「ジャングルには二種類のクマがいるんだ。一つは『ブイ・バル』。黒くて強い。非常に攻撃的だ。死んだブイ・バルを運ぶのに、五人の大人が必要となるくらい大きい。もう一つはルク・バル。これも色は黒い。だが、サルのように樹木の中を移動する。このクマは用心深い。死んだルク・バルを運ぶのには大人が二人もいればこと足りる」

ボブは慎重に話す。「一方のクマは地上で生息し、もう一方のクマは木々のあいだで生息する。大きさも異なる。棲んでいる場所も違っている。一方は攻撃的だが、もう一方は用心深い。他に違っている点が何かある？」

「ちょっと奇妙だけど」とレンドープは答えた。「ルク・バルの前脚の手が人間の手のようなんだ。この手を雪の中で二人のだんなが目にしたんだと思うよ。ルク・バルはものをつかむとき、親指で片側を、他の指のかぎ爪で反対側を握ることができるんだ」。レンドープは手で、親指と他の指とを対置させて握っ

3.3　テントでチームの面々にインタビューをするボブ（右端）。

てみせた。

ボブと私は黙ってしまった。こんな前足を持ったクマが木の中に棲んでいて、人間の手のような跡を残す。クマを追いかける者たちは地面を見てきた。それもそのはずで、地面に残された足跡こそが獣の特徴を示しているからだ。したがって、このような足跡をしるしたクマはおそらく、数多く目にされたにちがいない。だが、遠く離れた樹木の中では、その足跡も他と異なったものとは認識されず、あまりに他のものと似ているために、往々にしてその身元を誤ってとらえられてしまう。探検家や科学者たちが下を通り過ぎていくあいだ、黒くて小さいクマ――ルク・バル――は、木立の中でひっそりと身をひそめている。この小さなクマを目にしても、彼らはおそらくそれを、分類学上のリストで彼らがよく知る、ツキノワグマ（*Selenarctos thibetanus*）の幼獣と思うのがせいぜいだろう。探検家たちが探しているのは人間だった。ヒマラヤの雪男だったのである。

レンドープは話を続ける。「夏の終わりだったが、ルク・バルがトウモロコシを食べに畑へやってきたんだ。

そのときにはわれわれも見た。五カ月前だった。その際にこのクマを仕留めたので、頭蓋骨なら今、シャクシラの村にあるよ」

ラクパが口をはさんだ。自分の穀物部屋にもルク・バルの頭蓋骨と乾燥した前足やうしろ足があるという。彼はそれをネズミや悪霊を追い払うために置いていた。

*

料理の火のそばにわれわれは座っていた。村の人々はイエティを、はたしてどんなものだと思っているのだろう？　火のそばに座っている者たちは、イエティを「イエティ」という名では知らなかった。ネパール中でほとんど一般的になっている「ブン・マンチ」（森男）という名前さえ使っていない（だが、レンドープが石の上に残された足跡について説明したときに、この名前を出すと、それは聞いたことがあるという）。彼らが口にする不可思議なジャングルの人間は、ショクパとポ・ガモだった。そのことは、われわれがバルン渓谷へ入るときに耳にした、ショクパ・サミットという山の名前にもなっている。

ポ・ガモは物の形状をした霊のことのようだ。それは夜分、道を歩いている人を襲ったり、家にいる人々を脅かしたり、家畜を殺したりする。それが霊だということは、ナイフや銃で立ち向かおうとしてもまったく歯が立たないことから分かる。霊を防ぐには、コスミック・パワーを持つ物質でなくてはだめのようだ。それはおそらく紙に火薬を入れて、折り畳んだようなものだろう。ミャンは使えなくなった電池を持ち出した。そのパワーがポ・ガモを撃退する助けになるという。

ほとんどすべての文化にいえることだが、そこでは、霊的な世界の端で身をひそめている生命体が信仰されてきた。聞き覚えのある名前としては、幽霊、天使、亡霊などがある。このような言葉を使いながら、われわれ人間はいにしえより、感覚を持つ存在として、はっきりと知ることができないものを、魂によって感じてきた。そこではわれわれも、知覚によってその存在に接するのだが、それはとても認識とは呼べないものだった。科学は幽霊などの存在を否定するかもしれない。だが、このような信仰がさまざまな文化を横断していた(ただし、超自然的な幻は足跡を残さない)。火のそばに座っていたわれわれに、パサンがもう一つの獣「ネーデーネ」について語りはじめた。

びっくりするようなことだが、このネーデーネ——雌しか存在しない動物——は三〇センチほどの長く垂れた乳房を持っている。走るときには、長い乳房がぴしゃりぴしゃりと胸を打って邪魔になるので、肩越しにうしろへ投げ上げていた。子供を見つけては誘拐しようとして、手で子供に触れる。すると、子供はとたんに口がきけなくなった。ネーデーネは子供を自分の洞窟に連れ去る。ネーデーネが食べ物を探しにいったり、さらに子供たちをさらいに出かけると、口がきけなくなった子供たちは洞窟をこっそりと抜け出し、悲しげな声を出して泣いた。親たちはその泣き声を下の渓谷で耳にした。ネーデーネは誘拐した子供たちに昆虫を運んでくる。だが、ネーデーネが食べ物を探しに出かけてすぐに戻ってこないときには、子供たちは洞窟から出てさまよい歩いた。シャクナゲの木立の中をよろめきながら歩いているのを、親たちが見つけることもあった。子供たちにアッシュ・スープ〔ヌードル、ヨーグルト、インゲン豆、ひよこ豆などを煮込み、ディル、ターメリック、ミントなどで味付けしたスープ〕をゆっくりと飲ませると、回復して口がきけるようになった。

このようなリアリティーが、信じられていたことは確かだ。そして、このリアリティーが存在する現実の中では、物質的な存在と超自然的な存在の境目はぼやけて不鮮明だった。人間はこの現実の中では、物質的な現実と超自然的な認識をたがい違いに、あるいは同時に、また、たった一つの状態として持つことが許される。火のそばで話しながらわれわれは思った。おそらくこれは、彼らの仏教徒としての考え方から来るもので、生き物が完全に理解しがたい世界に生きていることを強調しているのだろう。その世界では実体があるように見えるものが、幻想となりうるし、幻想がまた現実の本性を覆い隠すことにもなりかねない。

ジャングルの中で、キャンプファイアのそばの生活にのめり込んで夢中になると、街や時刻表や都市などの世界は、一方の側に追いやられてしまう。ジャングルの生活では当然のことながら、原因がそのまま結果へと直線的につながるわけにはいかない。そこではまた異なった認識が開かれる。ジャングルの現実は自然が作り上げたもので、人間の手になるものではない。したがって異なった理解に耳を傾けたときに、われわれが理解するのは、存在そのものに由来する浸透作用といってよい。ものに対する概念（コンセプト）が成長し、真実味がゆらぎ変化する。この世界について、われわれのほとんどが知っているのが物語だ。そしてそれは、たしかに魅力あふれたものだが、実用主義（プラグマティズム）がその真実を否定する。しかし、ジャングルのキャンプファイアはこのような意識に火をつける。ここで学ぶことは、測定されうるものを越えてやってくるし、音や匂いも越えてくる。そこには触れることも、匂いを嗅ぐことも、見ることも、あるいは理解することもできない感覚が存在する。村人たちは出来事を経験し、そして、彼らの生活の中で深く心に刻みこまれた、このようなリアリティーを説明する。だが、野生から何かが彼らの生活に入り込んでいた。そのために「こんなことがあった」と言葉で表現しても、それはなお不十分だ。というのも、現実の生活はより乱雑で混沌としたものだったからである。

文化圏に住む人々の大半は、野生から離れて住むことを選択する。シャクシラの村でさえ、ジャングルの外側のスロープにしがみついている。村人たちはたしかにジャングルへ出向くかもしれない。だが、そこに住むことはしない。人類（ホモ・サピエンス）は、自身が作り出した環境を求めているようだ。住環境について、富裕な人々と村人たちのあいだには大きな違いがある。村人たちは建材を地元から調達して家を建てるが、富裕な人々はそれを遠くから持ちきたり、しかも自分の手で建てることをしない。家を建てるという目的は同じだが、野生からはるか遠くに離れてしまう。

火という文明の証しを取り囲んで座り、今なおジャングルに取り巻かれているワイルドマンについて質問を投げかけたとき、そこで返ってくる答えは、やはり環境によって特徴づけられている。したがってそれは、疲れ果てた登山家たちの、イエティ観察を形成する文脈には、ほとんどかかわりのないものとなる。概してわれわれの分別や気分が、われわれの持つ客観性の幅を決める。同様にして、証拠を科学の世界の中で解釈しようとすると、それは往々にしてイエティを、本来持っていたものとは違う定義へ追いやることになる。孤独な登山家は足跡を見つけると、すぐに「ワイルドマン」だと思う。あるいは、「あっ、前に誰かここへやってきたかな?」などと考える。村人でも、疲れた登山家でも、あるいは科学者でも、それぞれの個人はただ単に、彼らの世界の中で考えるだけではなく、ある特定の時点で考える。村人たちにとって、イエティの説明は簡単だ。それは野生から来る亡霊のしるしだった。そして彼や彼女はそのまま歩き続けていく。地元の生き物に対する彼らの関係には、すでに答えが出ている。けっして動植物の分類法を説明しようとするつもりなどない。

この説明はネパール人にとっても、はたして本当に真実なのだろうか?　ボブと私は、これまで数十年間、山々を歩いたときのことを思い出そうとした。イエティの説明でわれわれが気づいたことは一つに、今となっては広範囲に及んでいるイエティの言い伝えが、西洋人の関心によって、さらに拡大され誇張されているということだ。そこで次のようなことが起きている。つまり、シェルパたちが目にして、単にそのままに歩き続けていることを、西洋人たちはことさら取り上げて増幅している。外の者たちが渓谷へやってくる。しかもエベレストだけでは満足しない。さらにカトマンズへ戻ると、彼らは「ヤク&イエティ」のバーへ行って、さんざんおしゃべりをする。そしてあらゆるワイルドマンたちを目にする。ネパール人たちは、イエティを描いたTシャツで金儲けをすることを思いつく。ボブはタンカ〔仏教に関する人物や曼荼羅などを題材に描いた掛け軸〕に描かれた絵の変化に気づいた。古いタンカには悪魔や霊が描かれていて、イエティなどはその姿も見られない。それが今日の新しいタンカを見ると、ブッダの背後からイエティがこっそり盗み見ている姿を見ることができる。イエティがタンカに描かれているのはおそらく、誰もがそれを見てみたいと思っているからかもしれない。

だが、実際のところ、ネパール人は何を見ているのだろう？　ふたたびいうが、それは足跡なのである。しかし、ネパール人によって見つけられた足跡はあと戻りしていて、指は動物が歩いている方角の逆を向いている。ニックは不思議に思った。はたして指が一八〇度逆を向くという証拠があるのだろうか？　ボブはイエティを見たというシェルパたちのところへ出向いた。そして、この指のことについて答えて欲しいと急かした。「俺は自分で見たわけじゃないんだ。おやじが子供の頃に、ヤクの群れを引き連れて、高原へ行ったときに見たといっていた」。エベレストに史上はじめて登頂したテンジン・ノルゲイが、ボブにいったのはそれだけだった。結論からいうと、いつも見つかるのは足跡だけで、その他に証拠は何もない。イエティがどちらへ向けて行ったのか、その方向さえ今では明らかではない。

ニックは、指の方向が逆を向いていることに興味をかき立てられた。足が、逆行しようとする（指の）骨や筋肉組織と結びつきながら、前のめりになること（歩行）を、どのようにしてコントロールできるのか、生理学的にもそれを知りたいと思った。ヒト上科の動物には二つの際立った身体能力がある。発話と歩行だ。この二つの身体能力は特殊な身体構造から生み出される。歩行についてはただ足だけではなく、バランスをもたらす耳毛、複雑な神経筋肉などが関与している。このような複雑さを、逆向きの進化によって方向転換することはまず不可能だ（何百万年も前に、進化が二つの方向に分かれたというのなら話は別だが）。

コスミック・パワーの証拠として、イエティは指を進行方向からそらすことができる——これが村人たちの考えだ。足跡を残したイエティが、クマやサルだとすると、それた指はクマやサルをスーパーヒーローにしてしまう。不可解なことが起これば、今はその説明がつくことになる。もはやバランス系統から指先への複雑な結合や、食糧がほとんどなく、障害ばかりが多い世界での生息も簡単に見過ごされ、見て見ぬふりをされてしまう。このような世界については、宗教同様にヒロイックな、生息状況の有意性を追求する答えが用意されている。それは科学と同じように現実的な答えで、異なった現実から生じた進化にすぎないという。

「イエティ」がシェルパ族に特有の言葉だというのは、当を得ている。シェルパ族の言葉はチベット語から派生しているが、チベット語では「イエティ」という言葉は使われていない。ネパール語で「ブン・マンチ」というように、この獣に対して、チベット語では「メ・タイ」という言葉が使われている。だが、チベットでメ・タイというと、人間から遠く離れた存在となる。それは岩場の多い山々に生息する（岩だらけの土地には食べ物が多くないし、隠れて棲むことを好む動物は、かえって人目につきすぎるので、これは不可解な生息環境だ）。しかも、メ・タイは現実としても論理性に乏しい。その大好物の食べ物は報告によるとカエルということになっているが、ヒマラヤの標高一万フィート（三〇四八メートル）の所では、両生類はめったに見られないし、とりわけ岩場では目につくことが珍しい。ともかく、川を横切り、泥や環境が撹乱されているのを目にすると、メ・タイが川の上流に棲みついているという言い伝えは、とても疑わしい。

メ・タイは一〇フィート（約三メートル）ほどの高さに成長し、ヤクの群れへやってくると、二〇〇ポンド（約九一キログラム）のヤクの子を背中に背負って、歩き去っていくという。だが、その足跡は一度として発見されたことがない。死骸が見つけられたこともない。これについてニックは、次のようなことではないかという。「メ・タイはヤクの密猟者たちによって広められた物語かもしれません。夜分、彼らはじりじりとヤクの群れに近づく。そして一頭のヤクを引っつかむとそれをみんなで運び去る。足跡を残すが、出ていくときの足跡は消して、やってくるときのものだけが残るようにする。おそらくヤクの出所を隠すために、毛皮の色を染めるかもしれません。突然、密猟者の一団のもとに一頭のヤクが現われることになります」

しかし、筋の通った説明はヤク追いの望むところではない。ヤク追いは、飼い主が所有するヤクの群れの面倒を見ていた。彼にとって大問題は、ヤクが一頭いなくなったことだ。その場合、もっともありそうな説明は、ヤク追いがちょっと目を放したすきに、ヤクがどこかへ行って、崖から落ちてしまったというものだろう。しかし、ヤクの飼い主に報告をしなければならないヤク追いは、不注意だったという糾弾を避けるために、追跡されることのない説明をしなければならない。ヤクの飼い主がはたして、いなくなったヤクを探しに山々へ出向いていくだろうか？

しかし、はたして人は謎めいた気持ちを抱いて、足跡やその連なりを見つめるだろうか？　何かストーリーめいたものが足跡の連なりにあれば、足跡に注目することもありうるだろう。だが、ネパール人にとってイエティが差し出すものは、ミステリーではなく説明だった。事実のあいだに不具合を見つける科学者にとって、イエティは見せかけにすぎない。だが、あらゆる文化を通して、またこの一世紀にわたって、ある者にとっては足跡は意味を持ち、他の者にとってはまったく意味を持たない。そして、関心の方向がどうであれ、山腹に残された足跡は、人々の心にその意味を強く刻みつけている。

ある意味でそれは、同じ山腹に姿を見せる日の出のようなものかもしれない。物理的に起きることをはるかに超えて、何か受け入れざるをえない魔法について語っているからだ。日の出を見る者は、それを目にしているあいだ、実際のところ光の屈折について考えたいなどと思わないのではないか？　だが、何度も蒸し返される足跡は、科学的に考える傾向の人にとっては、分類法の解答を要求するものだ。また、霊的な思考をする人には、そこで与えられたものは、生命の躍動する世界にうごめく生気のようなものだろう。だが、このような議論が、さまざまな形で行なわれているあいだにも、つねにそこに否定しがたい現実として存在するのは、足跡だった。特定の足跡がひと揃い、付けられているのを見た者はいない。そこで目にするのは、あくまでも、見られたいものとして定義された足跡なのである。

*

翌朝ボブは、妻のリンダが待つ川の合流点まで戻るために出かけた。出発するとき、ボブは私に、尾根で見つけた足跡には本当に爪跡がなかったのかと確かめた。というのも、クマには（たしかに木に上るクマにも）爪があるからだ。それにクマは二本足では歩かない。ボブが指摘するのは、飼いネコのような多くの動物と同じで、クマも前足の跡に、正確にうしろ足を置いて歩くということだ。したがって、足跡は二足歩行のように見える。

その朝、ニックとジェニファーはキャンプを出発して、誰もが狂気じみていると思うような計画を実行に移した。というのも、ここではぜひ、われわれの動物を呼び出して、それが足跡をつける現場を目にする必要があったからだ。しかし、それはイエティをおびき出して、罠に掛けようとするものではない。われわれが思いついたのは、木に匂いをつけることだった。足跡を残すミステリアスな動物（今のところ、おそらくそれはトゥリーベアだろう）を引きつけること、そして匂いでおびき寄せることだった。足跡が残るように、木の周辺には雪を積もらせておく。空中に匂いを振りまく作戦だった。おびき寄せる餌となるのはピーナッツバターで、それを缶に入れて、あたり一帯の木の枝に吊るしておく。缶には穴が空けられているので、ピーナッツの匂いが空中に漂い出る。四つ足のクマは地面の上からそれを見上げるだろう。そして、背伸びをするにちがいない。木に上ることのできるクマは、よじ上りはじめるだろう。何年も前のことだが、グランドティトン山でガイドをしていたときのことだ。テントの中で寝転んで本を読んでいた。するとツキノワグマが入ってきて、私の目の前までやってきた。頭の横に置いていた缶から、私はピーナッツをつまんでいたのだが、その匂いをかぎつけて入ってきたのである。

ジェニファーとニックは、タケノコのたくさん生えている竹林で、ピーナッツの匂いのする罠をそこら中に設置した。風が吹けば、ピーナッツの香りは尾根のあたりへ漂い出ていくだろう。祖父の報告によると、ヒマラヤのツキノワグマは一五マイル（約二四・一キロ）も離れた所にある、腐乱した動物の匂いを嗅ぎ分けることができるという。明日になれば、われわれも木の所へ戻って、そこで何が起きたかを見届けることになるだろう。ジェニファーとニックが出かけると、ジェシーと私はキャンプに居残って、また二人で物語を読んだ。

＊

クマのプーさんは木の根元に腰をおろすと、前足の間に顔を埋めて考えごとをはじめた。まずはこんなことを考えた。「あのブンブンいう音は何だろう。なぜあんな音がするのだろう。ただのブンブンする音にわけがないなんてことはない。ブンブンする音があるっていうことは、誰かがあの音を立てているからなんだ。そしてなぜブンブンと音がするのかといえば、それはミツバチが立てているに決まっている」

それから、プーさんはしばらく考えたあとでいった。「なぜミツバチがいるのかっていえば、それはミツをこしらえるために決まっているよ」

プーさんは立ち上がるといった。「それで、なぜミツを作るかといえば、それは僕が食べるためさ」。そういって、プーさんは木に上りはじめた。

＊

次の日、ニックと私はキャンプを出て、それぞれが違った場所へ向かった。私の仕事は隣りの渓谷で、何か動物の残したしるしを探すことだった。ニックはピーナッツバターの缶をチェックする。東に面した斜面で、私は新しいヒョウの糞を見つけた。茶色の毛や大きな骨の破片がたくさん混じっている。ふつうのヒョウの糞だろうか？　あるいはもしかすると、深くて高温のジャングルに棲む、珍しいウンピョウの糞かもしれない。ユキヒョウにしては標高が低くすぎる。大きなカエデの木立のあいだから、ゴーラルが私を見つめていた。倒木越しにのぞいていたが、すぐに走り去っていった。頭だけが見えていて、そこだけが影になっていたので、それが本当にゴーラルだったのか、あるいは若いヒマラヤカモシカだったのか分からない。写真を撮ったので、それが明らかにしてくれるだろう。

深い竹林の中に入って、二フィート（約六一センチ）ほどの高さのトンネルの中を這いながら進んでいくと、まだ落ちて間のないレッサーパンダの糞に遭遇した。前方では、他の動物の尻がすっと消えていくのが見えた。白い脚が……ヒマラヤカモシカかな？　あるいは光の加減で色が変わってしまったのか？　ジャコウジカかもしれない。そのとき突然、竹林からクマが突進してきたらどうすればいいのか。私はポケットから、コショウ油を混入した催涙スプレーを取り出した。これをヒマラヤのクマに使った者はいない。だが、イエローストーンに住む人の中には、今もこれを携帯する人たちがいる。水筒の蓋を開けて、バンダナを水で湿らせた。そしてそれを首に巻いて、催涙スプレーを使わなくてはいけなくなったら、いつでもバンダナを引き上げて、鼻と口をふさぐ準備をした。

竹が林立する所から出て、目の前に広がっていたのは、風か雪によって一面に倒された竹林の敷物だった。もともとは二〇フィート（約六・一メートル）もあった竹が打ち倒され、幹は押し固められ、竹には蔓が絡みついていた。全体が密生した下生えの薮のようになっている。手元にククリがないので、地面にとどまり、道を切り開いていくことができない。私は竹林の敷物の先を目指して、ずるずると滑るように進んだ。どうしてこれほどまでに、竹林が打ち倒れてしまったのか分からなかった。威勢よく前へ進もうとした瞬間、竹の敷物がトランポリンのように持ち上がったのだ。そのために、三分の二ほど進んだ所だったが、私は足を滑らせ、敷物のあいだに落ちてしまった。バックパックのストラップが竹に引っかかり、地面に届かず、私は宙づり状態になった。

むりをして地面に飛び降りようとしたら、パックが竹にぶら下がったままになってしまう。私は右手を少しずつ動かして、パラシュート・コード［パラシュートに使用されているナイロン製の紐］が入っているポケットへ探りを入れた。そしてコードを引き出すと、口の前まで持ってきた。顔の前方数インチの所にあるコードは、赤や黒や黄色の美しいダイヤモンドの模様を作っていて、それが緑の竹を背景に映えて美しい。手と歯を使って、コードをもやい結びした。まず小さな輪を作る。そして輪からウサギが出てきて、木のまわりを一周すると、また輪の中に潜る（ボーイスカウトで覚えた通りに）〔ボーイスカウトでは、輪を穴に、ロープの先端をウサギにたとえ、韻を踏んで子供が覚えやすい文句を作っている。木はロープの固定端のこと〕。私はこのウサギを強く引いて、輪をブーツのあぶみにするために下に投げ下ろした。

さて今度はコードのもう一方の端を使って結び目を作る――端をまげて輪をこしらえ、顔の近くにあった大きな竹のまわりに巻き付け、輪にコードを通す。そしてそれを二度くりかえす。これがプルージック結びという結び方だ。投げ下ろしたあぶみを揺らして、それがうまくブーツに納まるようにする。そうすれば、体重を十分に掛けることができる。プルージック結びのすばらしい点は、重さが掛けられていないときには、結び目はコードや竹の幹を自由に移動するが、そこに重さが加わると、結び目がしっかりとロックされることだ。私は前に体を乗り出し、結び目をゆるめてコードを引いてスライドさせた。そしてあぶみを一歩踏んだ。四インチ（約一〇・二センチ）ほど体が高く浮いた。足をあぶみから持ち上げて、コードをゆるめ、もう一度引っぱる。そして再度あぶみを踏んで、さらに四インチ浮上した。そしてやがて、私はふたたび竹の敷物の先端部に立ち戻ることができた。

バックパックから、ぺしゃんこになったチャパティを取り出し、空を見上げた。ヒゲワシが円を描いている。周回しては方向を変える。特徴のある長い尾でヒゲワシだと識別できた。このあたりの山岳地帯ではもっとも大きな鳥で、ハゲワシの仲間だ。九フィート（約二・七メートル）もの翼を広げて、尾根伝いに空中をやすやすと飛翔している。ヒマラヤハゲワシのように翼を広げたままで飛び、イヌワシのようなV字型に翼をして飛ぶことはない。ヒゲワシはおそらく腐肉を探しているのだろう。片方の翼で大きく周回し、もう一方の翼で逆方向へ向きを変える。ピッツスペシャル〔曲技飛行の競技会で多く使われる複葉機〕のパイロットがアクロバット飛行をするように、ヒゲワシは何の苦もなく曲技飛行を見せていた。下から見上げると、ヒマラヤハゲワシもヒゲワシもともに下面は白い色をしているが、ヒゲワシのすばらしい反転を見ると、それをヒマラヤハゲワシと見まちがうことはまずない。ヒゲワシは非常に攻撃的で、それよりわずかに一フィートほど短い、八フィート（約二・四メートル）の翼を持つヒマラヤハゲワシを、ときどき追いかけているのを目にする。見たところ、ヒマラヤハゲワシにくらべると、ヒゲワシの方が創造力に富んでいるようだ。死肉を見つけると、その骨をくわえて、岩の上に落とし、砕けた破片の中から骨髄をひろい上げる。私が見上げていると、もう一羽のヒゲワシがやってきた。最初のワシが旋回することで、二番目のワシを呼び込み、おそらく、下の竹に横たわっている、動きのない死体について伝言したのだろう――だが、しかし、それは違っているようだ。私が目にしているのは求愛の飛行だった。最初のワシはさっと急降下すると、彼が誘った彼女の前で、みごとな腕前を見せた。まっすぐに落ちたワシは、長い尾を沈めると、今度は一気に上昇して、ピッツスペシャルのパイロットもかなわないほどスムーズに正宙返り（インサイド・ループ）をして見せた。

そのとき私が思い出したのは、ある下手くそな詩だった。それはムスーリー・ヒルズのウッドストック・スクールで、われわれに英語を教えてくれた、大好きなハイミスのマーリー先生が作った詩である。

翼を休めて、考え、
じっと見つめて、悪臭を放っている
何の教養もない
ハゲワシは何を考えているのか……？

この鳥を見た者なら誰しも、こんな大空を滑空する鳥に教養などあるわけがないと思うだろう。実際、ハゲワシ（けっして他の生物を殺すことはせず、ただ他の動物が仕留めた獲物を持ち去るだけだ）はすべて、自分たちの生態学上の役割にしっかりと耳を傾けて、効率のよい飛翔を心がけている。それに身繕いをしているので清潔だ。マーリー先生は詩を作るときに、生徒のボビー・フレミングの話をもっと聞くべきだったかもしれない。というのも、このヒマラヤ最大の鳥の行動パターンを、私に説明してくれたのがボブだったからだ。ヒゲワシのつがいが繰り広げる空中ダンスは、たがいに絡み合い、突如シャンデル〔水平飛行から四五度近く傾き、斜め上方向に宙返りする〕を行なう。やがて一羽が飛び去っていくと、もう一羽がそのあとを追って、尾根の彼方へ飛んでいった。今はどちらもハイミスではない。

夕食のあとで、ニックの報告があった。高地で新しく雪が降ったために足跡を見失ったという。それでピーナッツバターの入った缶を置いた場所も分からなくなった。したがって「何ものか」がそれを見つけたかどうかも分からない。しかし、竹の茂みの中で、折られた竹の束を見つけたという。四〇本ほどの竹が根元から三フィート（約九一センチ）の高さの所で折られていた。竹の幹は直径が一インチ（約二・五センチ）ほどのもので、丈は高い。とても彼の力では折れそうもない。しかし、この竹はいったん折られて、別の場所で巣のようなものを作るのに使われていた。

次の日、ニックと私はその竹を折ってみようとした。五フィート（約一・五メートル）幅の巣を作った動物は、竹の幹を適当な所で、思いのままに折っているようだ。竹の束を使ってかごのような形に作られていた。これは、びしょびしょになった雪の上に寝場所を作ろうとした、トゥリーベアの仕業なのだろうか？　鳥が巣を作ったり、またリスが作ったりしたのはよく見かけた。だが、ここでは、大きな動物が明らかに、かごのような手作りの巣を作っている。

最初に見つけた巣より六フィート（約一・八メートル）上方で、第二の巣を発見した。これもまた竹を折って作られている。動物はおそらく近くのシャクナゲの木に上って座り、手を伸ばして竹を取っては、その幹を曲げて木の股に巣を作ったのだろう。そこからさらに一〇フィート（約三メートル）離れた所に第三の巣があった。最初の巣より小さいが、作りはよく似ている。大きな巣は母親の巣で、それより上方にあって、さらに小さな二つの巣は子供の巣なのだろうか？　それぞれの動物が自分の巣を作ったのか？あるいは、（むりやり説明をつけると）母親が三つの巣をすべて作ったのだろうか？　彼らはここに一晩だけ泊まったのだろうか？　あるいはこの巣を幾晩か続けて使用したのだろうか？

ニックと二人で、巣の中に動物の毛がないかどうか調べた。しかし、雪が三〇分ほど降り続いている。ニックの唇が青くなり、話すのももどかしくなりはじめた。私は彼に、オレンジジュースの残りをむりやり飲ませた。ジュースはパックの中で、ダウンベストにくるまれていたのでまだ温かい。ニックはやっと元気になり、話す言葉もはっきりとしてきた。私はベストと、濡れていないスキー帽を彼に与えた。ようやくふだんの状態を取り戻したニックは、最後となった二つのチョコバーを食べながら、キャンプを目指して戻っていった。低体温症で重要なのは、体温が下がりはじめる前にそれと気づくことだ。来たときの足跡が残っていたので、ニックはそれをたどって帰ることができた。

私は調査に戻った。第二の巣の上方、一ヤード（約九一センチ）にすぎない所で木の幹に残された爪痕が見つかった。竹の幹でこしらえたかごには、さらに多くの爪痕が残されている。堅くて黒い毛が三本、二インチ（約五センチ）ほどの長さのものが樹皮に埋め込まれていた。木の上にあった巣の中にも、さらに二本の毛があり、その堅くて黒い毛は明らかにクマの毛に似たものだった。

3.4　ニックがシャクナゲの木に掛けられた竹の巣を見上げている。

キャンプへ下っていく道すがら、私は木々の中をくわしく調べた。そこで見つけたのは、二つの大きな枝のかたまりだ。それは隣り合って立つ二本のナラの上にあった。二つはともに差し渡しが五から六フィート（約一・五から一・八メートル）、地面から六〇フィート（約一八・三メートル）の高さの所にある。双眼鏡でのぞいて分かったのだが、枝は竹のようにきちんと積み重ねられていた。木には対角線上に引っ掻いたような跡がある。動物が木を上り下りするときの角度からしても、なぜ引っ掻いた跡が、まっすぐではないのだろうか？　そのときに私は、この動物がネコのように樹皮を爪で掻きながら、よじ上っていったのではないことに気づいた。ナラの木には、幹のまわりを蔓がびっしりと繁茂していて、その裏側には爪痕が見られた。動物はおそらく蔓を前足でつかみ、うしろへのけぞって、蔓を引っぱったのだろう。うしろ足は幹に掛けて、サルのようにして木をよじ上っていった。レンドープが「ハク・バル」（トゥリーベア）と呼んだ動物は、たしかにサルのような動きをしていたのかもしれない。

＊

〔プーさんの友達のクリストファー・ロビンが長靴を履こうとするが、なかなか履けない。すまないけど僕に寄りかかってくれないか、靴を引っぱるとひっくり返ってしまうから、とプーさんに頼む〕。プーさんは腰を下ろして、足を地面につけて踏ん張った。そしてロビンの背中を押した。ロビンもプーさんの背中を押して、長靴を引っぱったので、やっと履くことができた。

「さて、これはすんだ」とプー。「次に何をするの？」

「みんなで探検（Expedition）に行くんだよ」とクリストファー・ロビンは立ち上がって、泥を払いながらいった。「どうもありがとう、プー」

「タンケン〔Expotition〕に行くの?」とプーはにやる気持ちでいった。「僕は今まで、そんなものに乗ったことがないと思うよ。タンケンに乗ってどこへいくの?」

「ばかだな、プー。探検だよ。『x』の字が付いているだろう」

「ああ!」とプー。「分かってるよ」。しかし、本当はまるで分かっていなかった。

「北極を見つけに行くんだ」

「ああ!」とまたプーさんはいって、「北極って何?」とたずねた。

「君が発見するものだよ」と、自分でもまったく自信がないクリストファー・ロビンは、ぞんざいにいった。

「ああ、分かった」とプー。「でも、だいたいクマが、そんなものをうまく発見できるのかな?」

＊

「パパ」とジェシーがいう。「僕も探検をしているよね……クリストファー・ロビンみたいに」

みんながキャンプファイアのまわりに座っていた。ちょうど夕食を食べ終わったところで、私はジェシーに読み聞かせをしていた。

レンドープが戻ってきた。ボブに付き添っていき、彼にクマの頭蓋骨を見せたという。レンドープはしきりに、われわれをシャクシラ村へ連れていきたいという。ほんの一日で行くことができる。だがそのためには、明朝出発しなければならない。一日で行くことはむりだろうといって、われわれは彼をからかった。だいいち、ポーターたちの足でも三日かかるのだから。するとレンドープはぼろ切れをわれわれに向かって投げて、「ジェシーのおっかさんはネパールの女たちのように歩くんだ。おまけに重い荷物を背負ってだよ」。私は笑った。「彼女はともかく、雨ばかり降るこのジャングルを抜け出したいんだよ。そのために二倍の力が出るんだ。バルン・ジャングルから出て、二つの川の合流点に行けば、陽だまりの中でゆっくり座っていられるからね。そこはジェシーが『プー棒投げ橋』〔プー棒投げは『プー横丁にたった家』に出てくる棒切れを使った遊び〕と呼んでいる場所の近くなんだ」

昨夜、マカルー・ジャングリ・ホテルで、寝袋に横になっていた私は、聞こえてくる物音に耳を傾けていた。それは夜の情景を描き出す音だった。もう一日ここにいたら、ピーナッツバターの缶を見つけることができるだろうか？　あと一日あれば、もっとたくさんの巣やそれを調べるチャンスがあるのだろうか？　やがてまた別の探検を計画することになるだろう——だが、ジェシーとともにこのジャングルで行なった探検を通して、私は祖父や父と過ごしたジャングルの歳月を、ふたたび経験することができた。大きなムササビが立てるピーッという音が、夜のしじまから聞こえてくる。見えないものに耳を傾けていると、生命がじつにさまざまな形で、野生の世界を形作っていることが分かる。

夜明け前にジェニファーが起こしてくれた。彼女はつとめて静かに荷造りをしている。外ではパサンとヌルが料理の場所を取り壊していた。ポット類がかたかたと音を立てる。パサンがレンドープにテントを取り払って欲しいと呼びかけた。夜明けが朝へと移行する前に、片付けはすべて終わっていた。そして八時には朝食も食べ終えた。シャクシラから四人のポーターたちがやってくる予定だったが、まだ到着していない。だが、みんなにはもう彼らを待つ気はなかった。それぞれが二倍の荷物を積み重ねた。六〇ポンド（約二七キログラム）はあるにちがいない荷物を、ジェニファーがしっかりと背負っている姿を見て、レンドープはほほ笑んでいた。

われわれは出発した。誰かが滑ると、他の者が支える。泥の道を下っていきながら、冗談を叩くと、それが次から次へとメンバーに伝わっていく。たがいに手を差し伸べ合うので、それがグループの中に、たくさんの足を持つムカデのような一体感を作り出した。パサンのバスケットには、その上に、もう一つバスケットが載っている。それが耳障りな金属音を出していた。パサンのバスケットの中には大きなポットが入っていて、その中にまた小さなポットが入れてあり、そこにスプーンや皿が入っていて、それが不快な音を立てている。イエティ、クマ、ヒオドシジュケイなどが、われわれが通り過ぎて出ていく音を聞いているのだろう。そして、ジャングルはふたたび彼らのものとなる。

四人のポーターたちはパイレーネ川で待っていた。土砂崩れがはじまったためにストップせざるをえなくなり、仕方なくそこで朝食をとっていた。われわれが明日出発する予定だったので、むりをして急ぐこともないと考えていたのである。彼らの燃やす火からは、蒸気と煙が、近くの滝が立てる霧と入り交じって立ち上っていた。

甘いホットティーを飲んでいるあいだに、荷物が再分配された。そして改めて自分の荷物を背に負うと、懐かしいわが家への思いが、ジャングルの中央から流れてくるバルン川の急流のように、一路故郷へとわれわれを運んでくれる。

次の朝、レンドープとラクパがテントの外で待っていた。私は二人が、クマの頭蓋骨を持ってきてくれるものと期待した。昨日から膝がひりひりと痛んだ。だが、頭蓋骨は彼らの優先事項ではなかった。二人はわれわれを自分の家に招いて、接待をしたいというのだ。パサンは料理をしながら、シャクシラのことをたくさん聞いていたので、この村をぜひ自分も見てみたいという。われわれが最初に立ち寄って、ティーを飲ませてもらったのはラクパの家だった。次にミャンの家でゆで卵を食べさせてもらった。ミャンの奥さんは、ジェニファーとジェシーから目を離すことができない。ジェニファーが彼女に話しかけると、顔を真っ赤にして返事をすることができなかった。だが、くりかえし何度も、彼女はわれわれのキャンプにやってきた。彼女の二人の子供たちも、奥の部屋から出てきた。われわれは彼女に、ジェシーのTシャツを何枚か譲った。

レンドープの家では、中に入る前に、彼は中庭にある大きな丸い石について説明をした。それは家の半分ほどもある大きな石だった。去年の秋のこと。モンスーンの雨で地盤がゆるみ、この石が転げ落ちてきたという。そして、家の前にテラスを作っていたので、その前で石は止まった。「俺も家族の者たちもラッキーだったよ」と彼はいう。「いつも災難は俺を見逃してくれるんだ」

幸運なのは明らかだった。家ほどもあるこの石の落ちてくる道が少しでもずれていたら、家族も家もぺちゃんこになっていただろう。家の中には、切り倒された木が床に敷き詰められていて、その上に光が差し込んでいた。木材は自分の腕前に自信のある、工芸愛好家の手おのの跡をとどめていた。何年もその上を歩きまわったために、木は磨き立てられて古いつやを出している。レンドープの仕留めたグラウンドベアの毛皮の上にわれわれは腰を下ろした。これは彼の狩猟がもたらしたトロフィーといったところだろう。奥さんが食べ物を持ってきてくれた。そしてレンドープもまた、クマの頭蓋骨を見せてくれた。しかし、私はすでにラクパの頭蓋骨を買い取っていたし、それと同時にクマの前足とうしろ足もまた手に入れていた。クマの頭蓋骨は私に、トゥリーベアが分類学上、種としてどこに生息しているのか、それを究明するチャンスを与えてくれた。

4　はじめてのイエティ

4.1　1万7600フィート（約5364メートル）から南へヒマラヤ全景を遠望。重要なイエティ目撃地点の大半を望むことができる。

一九五六年七月。バルンの尾根で足跡を見つける二七年前、すでに私はイエティの足跡を横切っている。当時一一歳だった。住んでいたのはインド・ヒマラヤのムスーリーの町で、丘の上にあったバンガローにいた。そこへ行くには、車で走行可能な道路が途切れてから、さらに一時間ほど歩かなくてはならない。バンガローの敷地は広大で、まわりは当時、高いヒマラヤスギが林立するジャングルだった。

この山の家を祖父が購入したのは一九二〇年である。驚くほど安い価格で買い取り、代金は現金で支払われた。第一次世界大戦が終わって、インドが貧窮している時代だったし、その土地は、当時流行していたスペインかぜ〔一九一八年、世界中で一億近い人々の命を奪った史上最悪のインフルエンザ〕からぎりぎりで逃れていた。一九二〇年に、現在の五分の一だったインドの人口は、一九五六年には三分の一になっていたが、私が生活していたのはやはりジャングルの中だった。子供の頃の私にさまざまな技術を教えてくれたのもインドである。毎朝起きたときに、まず私が考えなくてはならないのは、バスルームの配水管を伝って、ヘビが侵入していないかどうか確かめること。そして忘れてならないのは、靴の中にサソリが入っていないかどうか、靴を逆さにして振ってみることだった。

ジャングルに足を踏み入れるのは、家を裏口から出るようなもので、日々の生活で身につけた一つの技術以外の何ものでもない――都会に住む子供が、歩道を縁石から下りて、車が激しく往来する道路を横切る技術を身につけるようなものだ。あるいはそれはまた、農場にいる子供が、動いているトラクターに乗り込むこつを学ぶことや、どんな場所にいようと、子供たちが親のかんしゃくをなんとかやり過ごす方法を学ぶのと同じだった。子供たちがどんな所で成長するにしても、彼らにとって一般的なのは、つねに自分が育った世界だ。この世界がふつうではないと気がつくのは、彼らが新しい世界へ入っていったときである。それはちょうど、自分の母語が、誰にでも通じるわけではないのを知ったときのようだ。

その日、バンガローの外では、モンスーンの雨が激しく降り注いでいた。祖母がうたた寝をしていたので、私はそっとキッチンへ滑り込んだ。網戸のついたキャビネットには、ティータイムのためのケーキが入っている。私が狙っているのはケーキの上のアイシングだ。一一歳の指は注意深く、誰にも気づかれないようにそっとそれをなでて、すくいとることができる。盗みの冒険で手に入るのは甘い砂糖の衣だが、それと同じくらい多くのスリルを味わうことができた。だが、食卓の脇を通り抜けようとした私は、そこに置かれていた新聞の写真を見て思わず足を止めた。そこにあったのが足跡だった。私は一一歳のときに、はじめてイエティに遭遇した。

雨が窓を打つ。二世代にわたって、祖父母、おじ、おば、いとこたちが、インドの夏を逃れてこのヒル・ステーション〔アジアの南部植民地にイギリスが設けていた避暑地。役人やその家族が利用した〕へやってきていた。イギリスの統治時代にはじまった習慣は、今では変化しつつあった。身に付けるもの（玄関ホールには、シカの枝角にピス・ヘルメット〔探検帽〕が掛けられていたが、これももはやめったに使われない）から、ジャングルに対する見方（かつては何も気にせず動物を殺していたが、はたしてそれは正しいことなのかと疑問に思いはじめた）まで。新たに独立して誕生したインドに、われわれが住んでいたのはまだほんの数年にすぎなかったが、インドはたしかに変わりつつあった。

新しい国では昔ながらの慣習と、至る所で起きている変化が混じり合っていたが、その枠組みの中で、私は楽観的な日々を過ごして成長した。「白人の」子供である私の生活は、今までと変わりがなく、依然としてジャングルの周辺をまわっていた。廊下の先では、壁の下でニシキヘビの抜け殻が、とぐろを巻いた形を残して落ちていたし、近くに貼ってあったポスターには、マラリアを媒介する蚊のライフサイクルとともに、さまざまな蚊が描かれていた。またドアの隅には、歩行用の杖が準備よく立てかけてある。このようなもののすべてから物語が紡ぎ出された。だが、ときにはしばしば、ベランダの大きなブランコから語りかけられることもある（たとえば、おばのマーガレットがティーンエイジャーだった二〇年も前のこと、彼女はベランダからヒョウを撃ったことがあった）。ブランコからはまた、すばらしいヒマラヤスギを眺めることができた。工芸品や物語などはすべて、外国からやってきた大家族が、インドで理解を深めようとした努力の一部だった。だが、そのインドも、われわれが自分たちの故郷に仕立て上げたインドだったのである。

今まで三週間というもの、モンスーンの雨がブリキの屋根を叩き続け、雲は家を包み込んでいた。家の中では、モンスーンのおかげで白カビの臭いが蔓延し、それがなおこの先、二カ月は続くことになる。今日は土曜日で学校がないので、いつもだったら外の世界へと入り込むところだ。だが、今は雨で閉じ込められているし、おまけにこれ以上、祖母に気づかれることなくケーキのアイシングをなめることもできない。私は新聞を手にリビングルームへ行った。ピアノを覆っているのはトラの皮だ。皮には頭がついている。古い肘掛け椅子に腰をかけると、私はやおら新聞を読みはじめた。

新聞に掲載されていた写真は、一九五一年のエベレスト偵察遠征の際に撮られたものだ。この遠征は、これまでにネパール人以外には閉ざされていた地域を押し開いた。ネパールに私は興味を抱いた。それはこの偵察遠征からちょうど二年前、外国人によるはじめての遠征に父が医師として参加していたからだ。この遠征ではネパールの中心部に入っていったのだが、その地域は、チベットよりさらに知られることの少ない土地だった。一九五一年の遠征で、エベレスト地方を探検したときに、エリック・シプトンとマイケル・ウォードが、メンルン氷河の高地でこの足跡を発見した。

そして一九五六年の今、インドの英字新聞『ザ・ステイツマン』は、他にも人間のような足跡が発見されたと報じている。五年の歳月をはさんで別個に撮影された写真は、イエティが奇想天外な変種から、実際の動物へと変化したことを示すものだと記事は書く。五年の歳月をおいて撮られた写真は、一九五一年の足跡が基準からはずれた人間のものだとする主張を、とてもありえないことにしてしまった。このミステリアスな動物は、雪の上を歩いていたにちがいない。ただの伝説が足跡をつけることはない。その形は明らかにヒト上科動物のものだった。

シプトンとウォードが撮った足跡は、長さが一二インチ（約三〇・五センチ）以上あり、超人間的な大きさだ。それにくらべると、新たに発見された足跡は、最初のものより小さくて、七インチ（約一七・八センチ）ほどだと新聞が報じている。そこにあるのは、足跡をつけたミステリアスな動物というだけではない。新たなミステリーとして足のサイズの問題があった。新しい足跡は幼な子のものだろうか？　最初の足跡の写真を撮影した二人の登山家シプトンとウォードは、ともにそれがイエティのものだとは主張していない。彼らはただ、見つけたものの写真を撮影しただけだという。しかし、その後、さらに加えられた発見によって、イエティだとする主張は広く提唱されることになった。

そんなわけで一九五六年七月に、私のイエティ探索がはじまった。

＊

大英博物館のキュレーターが新聞の写真に記事を添えている。足跡が「雪男」のものだとする見方はあやまりで、それはラングール（ヤセザル）のものだという。ラングールは四六時中、われわれのバンガローにやってきた。そして屋根の上で走りまわって、大きな音を立てた。泥の上にはサルたちの小さな丸い足跡が残されていた。私はこの数年間、自分の関心の範囲からラングールを追い払ってしまっている。

たとえ溶け出した雪が足跡の形を変えたといっても、写真の足跡がラングールが付けたものだということを、博物館のキュレーターは誰一人として、私に納得させることはできないだろう。

ヒマラヤに生息する他の動物たちと違って、ラングールは人間が観察することをほとんど気にしない。たびたび私は、サルたちがクリの木の上で、葉っぱを食べているのを見かけたことがある。ラングールは葉っぱを主食にしているために、四六時中、木の周辺で見かける。そんなラングールが、雪の中ではたして何を食べるというのだろう？ ラングールは社会的な動物でもある。したがってこの動物が、性格からしても、生活環境からしても、雪の中や氷河を一匹だけで歩いているとはとても考えられない。しかも、ユキヒョウの危険にさらされながら。あの博物館のキュレーターが研究しているのは、死んだ動物ばかりだということを忘れないように。彼が知らなければならないのは、何よりも生きたラングールの行動なのだから。

ラングールが、社会的動物だと知ることは重要だ。サルの一団は群れに属する個々のサルの面倒を見る。大人のサルは代わるがわる、おたがいの身繕いをする。それも何時間ものあいだ行なう。赤ちゃんのサルは母親以外の雌ザルとも、いっしょに時間を過ごす。寒い夜など、幼いラングールは自分より大きなサルにすり寄っていく。年寄りと遊ぶときにも、彼らに対する敬意を失わない。若いサルはときにうれしそうに、年上のサルの背中に飛び乗っては、噛みつくふりをする。また飛び降りては走りまわって、年寄りの首めがけて駆けていく。そしてキーッと声を上げては、走り去っていく前に年寄りをハグする。

猟に出かける前に、いつも祖父が教えてくれたのは、その動物が何を必要としているのか、そして、他の動物たちがその動物を何のために必要としているのかを、考えるようにということだった。動物の心の中に入り込めと祖父はいう。そして、つねに食べ物について考えるようにと。動物たちは日々、それを必要とするからだ。また防御についても考えるようにという。動物たちにとって身を守ることは、どんなときでも必要だった。そしてときどき、セックスについても考えるように。セックスについて動物は、明らかにそれほど四六時中考えてはいない。少年の私がこのようなことを知っているのなら、博物館のキュレーターもまた、とりわけ有名な大英博物館のキュレーターなら、当然知っていなくてはならない。

次の月曜日、ウッドストック・スクールの図書館で、私はイエティについて書かれた本で、見つけられるものはすべて読んだ。その週の土曜日、下へ降りて、ムスーリーの英国図書館へ行ってもいいかと母親にきいた。下から丘の上のバンガローまでは、車で戻ることができない。歩いて上らなくてはならない。それも一時間ほどかかる。読書の先生役の母親でさえ、本のためとはいえ、一一歳の少年がそれほど遠くまで、はたして行くことができるかどうか、おぼつかない気持ちでいっぱいだった。

手がかりになるようなものを、図書館で見つけることはできなかった。だが、その帰り道、マリンガー・ヒルにあった本屋の前を通り過ぎたときに、ウインドウにシプトンの『一九五一年のエベレスト偵察遠征』(*The Mount Everest Reconnaissance Expedition 1951*)という本があるのを見かけた。私は店の主人に、あとで代金を持ってくるからといって、その本を家に持ち帰った。午後の残りの時間を使って、丘を歩いて上ってきたのだが、そのあいだに本を読み終えていた。そして、次のようなシプトンの報告に好奇心をそそられた。

それはメンルン盆地の氷河に行ったときのことだった。標高が一万九〇〇〇フィート(約五七九〇メートル)の地点だ。ある日の遅い午後、雪の中でこの奇妙な足跡に遭遇した。それを報告すると、この国では一部の人々の関心を呼んだ。われわれはこの足跡を、必要以上には追いかけなかった。追いかにたのに、せいぜい一マイル〔約一・六キロ〕かそこいらだ。というのも、そのときわれわれは重い荷物を背負っていたからだ。それに盆地の探検の最中で、それも、とりわけ興味深い段階にさしかかっていた。この種の奇妙な足跡には、これまでにも何度か行き当たっている。だがそれはいつも、氷河の脇の氷堆石〔氷河が運んできた砂礫や岩塊〕や岩に打ち当たっては、そこで消えていた。この足跡は付けられてから、それほど時間が経っていないように見えた。おそらく二四時間以上経過したものではないだろう[1]。

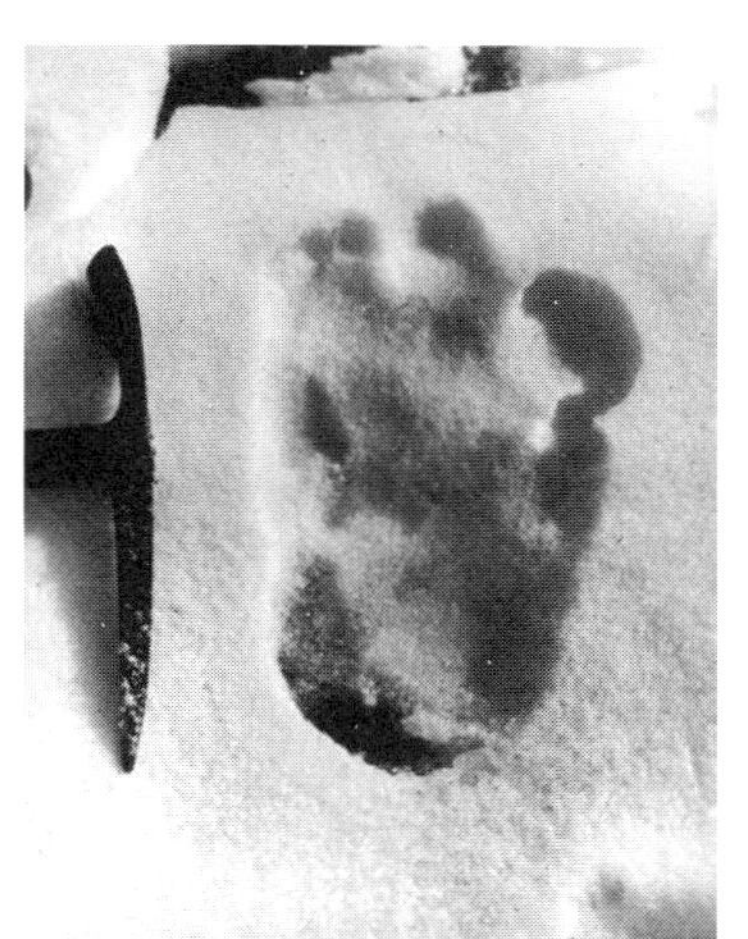

4.2　1951年にエリック・シプトンが撮影した有名なイエティの足跡写真［王立地理学協会提供］

次の土曜日、私は書店にふたたび立ち寄った。店主が私の家族の友達だったと知ったのは、そのときだった——はじめて書店に来たにもかかわらず、お金は今度来たときでいいよ、と主人がいってくれたのはそのせいだった。それから何度か訪れている内に、店の主人もまたイエティに興味を持つようになった。その結果、新しい本が入ったときには教えてくれ、私のイエティ探しを助けてくれた。店主と私は、ときにヒンディー語を交えながら、おおむね英語でおしゃべりをした。これがムスーリーに住む白人たちのやり方だった。年老いた店主は、私の父が子供の頃に、この店へやってきたことを覚えていた。彼はカーストの最高位であるバラモン（ブラフミン）に属していて、他のバラモンと同じように、血統をたいへん気にしていた。イエティに対する興味が徐々に増していくに従って店主は、私にはとても売れるとは思えないようなタイトルの本を注文しはじめた。「心配しなくていいよ、ダニエル。こんな本はみんないつだって、山登りの本だといって売ることができるんだから」といって、くすくすと笑った。「ヒル・ステーションで休暇を過ごす白人たちは、快挙を達成した話が大好きなんだ」。これは本当だった。本を借りて、読んだ形跡を残さないように注意して、本を書店に戻すと、次に書店のウインドウを見たときには、「最新の探検」という宣伝文句とともに、ちゃんとそこで本が飾られていた。

今、振り返ってみると、年老いたバラモンの中に私は、イエティ探しを手助けしてくれる、自分用の図書館員を見ていたような気がする。はじめて私に援助の手を差し伸べてくれてから数年後に、彼は亡くなった。四半世紀後にあのバルン渓谷の尾根で、私が足跡を見つけたことを知ったら、さぞかし彼は関心を示してくれたことだろう。

家に持ち帰った数々の本には、たくさんの足跡を発見した探検家の話が書かれていた。一九五二年には、スイスのエベレスト遠征隊（間一髪のところでエベレスト初登頂の快挙を逃した）が足跡を見つけている。この年、ベルギーの動物学者バーナード・フーベルマンがある論文を発表した。その中で彼は、イエティの正体を論じて、前ヒト上科の巨大類人猿ギガントピテクスの生き残りだとした。フーベルマンによると、先史時代の霊長類の生き残りは、われわれ人類の数が増えはじめるにつれて、インドや中国のホモ・サピエンスの集団を逃れて、おそらくヒマラヤへと後退して引きこもったにちがいないという。多くの人々がフーベルマンの仮説を受け入れた。ヒマラヤは謎に包まれた地域だったし、シャングリラ〔ジェームズ・ヒルトンの小説に登場するチベットの架空の楽園〕の故郷でもあった。そして山々には、失われた人々が住むともいわれていたからだ。フーベルマンの仮説は、いくつかの真実めいたものに基づいている。中国やインドの人口に、当時、たしかに増加しつつあった。また、その仮説はいかにも筋の通った推測を可能にした――もしヒマラヤの高所がそのときまでに、人跡が未踏の状態だったとしたら、この山脈の渓谷は自由な空間として残されていたにちがいない。さらにフーベルマンは化石証拠を持ち出した。それが示していたのは、ギガントピテクスが五万年前、実際に存在していたという事実だった。この化石証拠に基づいた彼の提言によって、イエティの仮説はどこだか知れない高地で、ふわりふわりと浮揚しているたぐいの暴論ではもはやなくなった。雪の中で見つかった足跡に、この動物の血統が付け加えられたのである。それは人類の系統樹に基づいた血統だった。

しかしそれにしても、このような渓谷のいったいどこにイエティは隠れていたというのだろう？　雑誌各誌は、イエティの物語が読者を引きつけたことに気づいていた。アベ・ボルデは一万二三五〇フィート（約三七六四メートル）の地点で足跡を見つけた。A・J・M・スミスは一万二三七五フィート（約三七七一メートル）、L・W・デービスは一万二〇〇〇フィート（約三六五七メートル）の所で発見した。チャールズ・エバンスは一万フィート（三〇四八メートル）の地点でやはり足跡を見つけていて、彼のシェルパがその足跡をイエティのものだと主張した――しかし、おもしろいことにエバンスは、彼の発見を他の者たちとは違った目で見ていた。足跡はクマのもので、ヒト上科のものではないというのだ。私のスクラップブックには、イエティを巡るたくさんの物語が集められている。証拠は千差万別でごた混ぜの状態だが、そのすべてがイギリス人特有の抑制された調子で、イエティが現実の動物として、何らかの形をとりながら存在していると推測していた。

ロンドンの『デイリー・メール』紙は、一年前の一九五五年一一月にイエティ捕獲遠征隊を派遣した。これが当時、最初に行なわれたイエティ調査のための探検だったようだ。この遠征隊には数多くの西洋の科学者と三〇〇人のポーターたちが参加した。ネパールの東側を探しまわって、六組のイエティの足跡と排泄物を発見した。足跡はほとんどが長さ六インチ（約一五・二センチ）、幅が四インチ（約一〇・二センチ）ほどのものだった。また糞の中からは、ネズミの毛や動物（その種類は特定できない）の毛皮、羽毛、昆虫の爪、植物の生成物などが出てきた。その結果、遠征隊が結論づけたのは、イエティはおそらく雑食性で、糞を残しているからにはもちろん、現実に存在する何らかの動物だろうということだった。ミステリーの背後に、現実の動物が存在することを事実が裏付けたことで、これまでの不確かな情報による、さまざまな臆測は砕け散った。

臆測には、他の国々で語られていた寓話と関連づけたものや、空想上の怪物に結びつけられたものがあった。だが、こうしたセンセーショナルな臆測はすべて、動物の足跡という否定しがたい真実に向かい合うことで終わりを告げた。しかし、一一歳だった私の心の中では、今もなお超常的な側面を持ち続けるイエティが現実に存在するという説明が、新たな不安を呼び起こしていた。もしかすると、ジャングルのはずれに立つわれわれの家まで、イエティがさまよい出てくるのではないか？　私の部屋の外に猿人がいたのだろうか？　もしラングールやアカゲザル（ともにイエティのような霊長類だ）がやってくるとしたら、ワイルドマンもまた来るかもしれない。おばのマーガレットがベランダからヒョウを撃ったということは、人間を食べるかもしれない動物が、実際にドアの外側にいるということだった。

イエティを探しにジャングルへ行きたいのだが、行ってもいいかと母にきいてみた。インドの暑い平原で医師として働いていた父が、休暇を取って、家族と過ごしたのが一カ月前だった。そのとき父は私をジャングルに連れていってくれた。今は父が不在だったが、母はチルダーズの下に続く尾根の洞窟で、猟師（シカリ）と一晩過ごすことを許してくれた。この猟師は母が信頼していた人物で、ゴーラル狩りに行くときには、ときどき父と連れ立って出かけていた。

土曜日の昼近くに、猟師のラム・ラルと私は出発した。モンスーンの雨が降り注いでいる。洞窟に着いたときには、二人ともずぶぬれになっていた。ヒルが出ている。ティーを沸かすために、ラム・ラルが火を焚きはじめたので、私は洞窟の奥へと入ってみた。靴を脱いではじめて気がついたのだが、血を吸って親指ほどの大きさにふくれたヒルが、左脚の太ももの内側に吸いついていた。もう一匹、まだ血を吸っていない痩せたヒルが、右膝のうしろにぶら下がっている。私はヒルを地面に落とすと、塩をひとつまみして、両方のヒルに振りかけた。そして、懐中電灯の光の中で、塩にまみれて身悶えするヒルを、さらには塩が彼らの敏感な皮膚に、大惨事を引き起こすのをじっと眺めていた。そのあとで、おもむろにヒルたちを踏みつけた。乾いた服を身につけたあとで気がついたのだが、復讐に燃えてヒルを踏みつぶしたのはいいが、その結果、洞窟にあったかもしれない足跡まで消し去ってしまった。それでも私は、懐中電灯であちらこちらを照らし出し、糞が落ちていないかどうか調べた。

父もまたヒルに魅せられた。彼がいうには、ヒルは雌雄同体で、一匹のヒルに一対の卵巣と九対の睾丸があるという。しかし、一匹がそれ自体で交尾することはできない。生殖するためには二匹のヒルが必要だ。どちらかがもう一方をかき抱く――かき抱くのがどちらなのかは問題ではない――のだが、抱くといっても、一匹目のヒルの前部が二匹目の後部につくように並列する。そして、たがいの後部から精子が他方の口中に注入される。卵は、母親役のヒルによって産み出され、繭にくるまれて育つ。誕生した瞬間から、幼虫のヒルは血を求める（もちろん、これは血を吸うグループの話で、無脊椎動物を食べるヒルは除く）。父と私は顕微鏡でヒルをのぞいてみた。ヒルの口には顎が二つではなく三つあった。この顎で人間の皮膚をY字に噛み開く。そして皮膚に穴を開けると、小さな傷口から血が流れ出る。ヒルは流れる血を口で受け、巨大な消化管（ヒルの体全体が消化管だ）がその血をすする。

たらふく血を吸って、膨れ上がったヒルは噛むのをやめる。そして身をよじって悶え、吸い取った血の濃度を上げることにつとめる。透明液を皮膚の粘膜を通して絞り出すのである。こうして血を消化すると、ヒルは絞り出した透明液のたまりに横たわる。ヒルの腹の中には、他の動物たちが持つような、消化を促進する消化酵素がない。吸い取った血液を必死になって濃度の高い、べとべとした液体にしようとしている、まだ幼いヒルを捕まえて、その特徴を確かめてみる。そこで明らかになるのは、消化管の中のペプチドが、血液中のアミノ酸を分離させはじめていることだ（これはヒルの体に血の最初の一滴が入るとすぐにはじまる）。この急速な消化システムが活発になると（たいていの動物は酵素を使うのだが、この酵素は動物の大きさの五倍にも達する血液を分解する。だが、それはあまりに多くのスペースを体腔内で占めることになる）、ペプチドが血液を解体する――ヒルは酵素によらない消化機能を持つ、典型的な生物なのである。

人間にとってヒルは、地面の上で身悶えしながら生きているちっぽけな虫にすぎないように見える。ヒルはミミズのような蠕虫と同じで、地面の穴の中に引きこもっているとばかり私は思っていた。しかし、ヒルは自分なりに生き方を決めている。彼らがひそんでいるのは、岩や木の根のうしろにできた、湿った空洞の土の上だった。細い髪の毛のようにヒルはどこにでも入り込む。湿ったくぼみに隠れてひっそりと生きている。血を腹一杯吸い込むと、それだけで数カ月生きることができる。燃えることさえなければ、どんな暑さにでも耐えうる。凍りつくことさえなければ、どんな寒さも耐え忍ぶ。光がなくても大丈夫。暗闇はまったく問題ない。ただし、ヒルが生き延びることができないのはただ一つ、乾燥状態だ。ヒルは吸血動物のグループに属していて、つねに血を吸う用意ができている。そして、血液で満たすことで消化器官を強化して、交尾期に、雌雄どちらかの役割を果たすタイミングを待つことになる。

若かった私の心の中には、一つだけ心配なことがあった。それは血を吸い取られることではなく、ヒルが湿った空洞でさかんに増え続けると知ったときの恐怖だ。無防備で疑うことを知らない人々や動物は、往々にして川の水を飲んで、水の中で泳いでいる小さなヒルまでもいっしょに、口から取り込んでしまいがちだ。最初に呑み込まれた胃の中では、胃酸があるためにヒルは居心地が悪い。それでヒルは胃からさらに上へ、喉のあたりまで這い上り、気管を横断する。ここでは湿った空気のおかげでヒルは幸せだ。そこでヒルは気管にへばりつく。そうなると、気道（しけっていて温かく、しかも暗い洞穴は完璧な生息環境だ）は、血を吸って、徐々にまるまると太っていくヒルによってふさがれてしまう。喉の内部で膨れ上がって、人間の親指ほどに太くなったヒルによって、それより数百万倍も大きな牛でさえ窒息させられてしまう。父からこの話を聞いた私は、川から直接水を飲んでいいかな、と父にきくことは二度となかった。

その晩、洞窟の入口で焚いた火のそばで、私はラム・ラルとしゃがんで腰を下しながら、雨のあとではどんな動物が出てくるのだろうと話していた。日没に向けて雨はやみ、波状雲の下で、アグラル川の上のヒマラヤ渓谷には、一面、黄金色の光線が広がっていた。米とレンティル豆はラム・ラルに見ていてもらって、私は外へ出た。雨のあとだったので、足跡を見つけるチャンスはあまりない。だが、私はつねに希望を抱いていた。

ハナドリが頭上を勢いよく飛び去っていく。雨で羽がきらめき、一日の終わりに、斜めに差し込む陽光を浴びて玉虫色に光っていた。青緑色の胸では赤い点が、クリスマスツリーの灯りのように燃えている。小鳥は丘を下って、ヤドリギの茂みに落ち着いた。ヤドリギの果実が熟れると、ハナドリはそれを食べる。そして宿主（ヤドリギ）と共有する特別な循環をくりかえし永続させている。植物学者はヤドリギを*Loranthus viscum*〔*viscum*はヤドリギを表わす古いラテン語だが、その実で作ったとりもちの意味もある〕と名付けた。というのも、ハナドリがヤドリギのそばを通り抜けると、ねばねばした形をした果実の種が、ハナドリの羽にくっついて運ばれる。小鳥はそれをはずそうとして、樹皮にお尻をしきりにこすりつけた。だが、地面に落ちた種子は発芽しない。というのも、寄生性のヤドリギの種が発芽するためには、広葉樹の樹皮が必要になるからだ。それもより望ましいのは、湿気をたっぷり含んだ苔のついた樹皮だ。そこに根付いたヤドリギの種は発育して、また次のハナドリや、まれにはセアカハナドリに餌を供給する。

＊

ある日、本屋の店主と、ジャングルのキャベツやジャングルの王たちについて、また、ブタには翼があるかどうかについておしゃべりをしたあとで、家へ向かって帰る道すがら、遠くまで見渡せる、見晴らしのいい場所で立ち止まった。ムスーリーの峰に白い小別荘が立ち並んでいる。それは枝のようなヒマラヤの峰々に、まるで小鳥がとまっているようだ。私の祖父母の一世代前、イギリス人たちはこの町を、クーリー〔中国やインドの下層労働者。一九世紀、インドなどアジアの植民地で酷使された〕たちを使役して建てさせた。そして女や子供たちをインドの暑熱から逃れさせるために、この町へ送り込んだ。

私が見つめていると、雲が下の平原から上ってきた。そしてその合間から一羽の鳥が立ち現われた。翼の裏側に白い縞が走っている。ヒマラヤハゲワシだ。無反応に飛び続け、向きを変えると、上昇して尾根をかすめて飛んでいく。そして、下に広がる渓谷をのぞき込んでいる。谷の中で何かを探しているようだ。だが、動物の死骸らしきものを見つけても、賢明なことに降りていかない。というのも狭い谷では、カラスのような小さな死骸のために下降することはしない。おそらく、翼に白い縞模様がまだ出ていない若いハゲワシなら、下へ降りていくだろう。だが、やがては若いワシも、格好の斜面がないと、谷底から上へ飛び立つことができないことを学ぶだろう。おまけにお腹の中には、食べたばかりの数ポンドの肉が詰まっている。谷にはまり込んで抜け出せないワシは、捕食動物に襲われかねない。食べられるのを避けるために、丘を両脚でピョンピョン跳んで上がる。滑空するのに必要なある程度の高さを手に入れるためには、斜面を五〇フィート（約一五・二メートル）以上上らなくてはならない。そして今度は丘を駆け下りて、尾根の彼方へとワシを運んでくれる上昇気流を探さなくてはならなかった。

その日、本屋の店主と私がおしゃべりをしたのは、もっぱら、ラドヤード・キプリング（『ジャングル・ブック』『その通り物語』『少年キム』の著者）とエドガー・ライス・バローズ（『類人猿ターザン』の著者）の物語を巡る話だった。たいていの子供たちにとって、このような本は、ただのフィクションにすぎなかっただろう。だが、私にとってはどの物語も、自分の生活をそのまま描いたもののように思えた。そして、店主も改めてそのことを知ったようだ。モーグリ（『ジャングル・ブック』の主人公）やターザンは、どちらもジャングルの中で孤児として成長した。そのジャングルは、私の家族が三世代にわたって住んでいた場所だったし、われわれが肉を手に入れるために向かう場所でもあった。他の者たちにとっては書物の中だけの世界が、私には学校へ向かって駆けていく、日常生活のかたわらに位置する世界だった。

そんなジャングルの世界で、モーグリは動物の友達を見つけていた。モーグリは疑問に思う。はたして自分は野生の動物なのだろうか？　それとも人間なのだろうか？　人間だとしても、自分は動物と人間の橋渡しをする者なのか？　あるいはどちらにも属していないのか？　昨夜の夕食の会話もまた、ジャングルで子供が生きていくことがはたしてできるのだろうか、という話題を巡って繰りひろげられた。だが、これは現実に起こりえたことだった。というのも、モーグリのように私の父も、生後三カ月の幼児だったときに、雌のオオカミにさらわれたことがあったという。オオカミは揺りかごから父をくわえ上げた。その後、村人たちがオオカミのねぐらへ行ってみると、そこで村人たちは、雌オオカミの子供たちが死んでいるのを見つけた。

私の祖父たちは、アメリカのカンザス州からやってきた。もともとはカウボーイをしていたが、のちに医師へ転身した。毎年半年間、家族はジャングルを牛車に乗って旅をした。医療を施しながらテント暮らしをする。ジャングルのキャンプは野生との橋渡しになったが、それだけではない。キム少年のようにキャンプ暮らしは、白い肌と褐色の肌とのアイデンティティーの仲立ちもした。若いキムが私に教えてくれたのは、言葉が肌の色の境界線を突破する手助けをしてくれるということ。そしてそれはまた、褐色の肌の人々と交わりたいと思うわれわれ白人の子供たちが、もしこのインドの地に引っ越してきたければ、言葉を正しく発音することはもちろん、インドの人々の行動パターンも学ばなければならないということだった。別の日の夕食では、モーグリが言葉を持たない動物とどんな風にして、コミュニケーションをとることができたのだろうという話になった。私が本屋の主人と話をしていたときにも、彼が私に思い出させてくれたのは、話し言葉が書き言葉より重要だということだ。したがって、話し言葉を習得するためには何よりもまず、話をしている相手を尊敬することが大切だった。とりわけ店主はバラモンだったので、まずはじめに、私が店主にそれを示さなくてはいけない。そして店主が私に教えてくれたのは、インドに対する尊敬の念で、それを作家のキプリングは持っていたというのだ。キプリングの言葉に対する感受性は、二つの言語の橋渡しをする人々が使う言葉によって示されている。キプリングの詩に「ガンガ・ディン」〔短編集『兵営詩集』に収められた詩で、戦場で水運びをするインド人を描いている〕がある。この詩の中に出てくる「Hi Slippy, hitherao! Water get it !」（おい、さっさとここへ、水を持って来い）というフレーズにも、それをかいま見ることができる（「here（ここへ）」はヒンディー語で「idhar（イッダー）」というが、この言葉の品格を少し下げて hitherao とすることで、乱暴な「水を持って来い」という言葉にうまくつなげている。hitherao は英語の hither「こちらへ」とヒンディー語の ao の合成語）。

私もそうだが、ターザンは特権階級の両親をもつ子供だった。だが、誰がいったい彼に教育を施したのか、それを人々は推し測ることができない。彼を育てたのは、その両親を殺した類人猿たちだった。これは興味をそそる発想だ。木の蔓から蔓へとぶら下がって移動すること、そして類人猿の家族から、その一員となることなどを学んだ。だが、つねに用心を怠らないことも知っていた。のちにジャングルの中で、ターザンは両親の住んでいた山小屋を見つけ、父親が使っていたナイフを発見する。成長するに従って彼は、自分が人間なのか、野生の生き物なのかを、必死になって理解しようとした。

子供にとって、自分がその中で生きている世界は、さまざまなこと――現実のものや書物で読んだものなど――が層をなして積み重なっている世界だ。それなら本から読み取ったものの中で、いったい何が真実なのだろうか？　他の子供と同じように、私も自分が読んだ物語に自分を合わせようと努力した。アメリカの少年たちはカウボーイやインディアンになって遊んでいた。カウボーイは祖父たちがしていたことだったし、インディアンは私がいっしょに遊んだ子供たちで、祖父や父は診療所で、インディアンたちの面倒を見ていた。私は橋渡しをしている世界にいたし、自分の生活が、野生をともなった人間へと向かって邁進していることを感じていた。キプリングの詩［「もしも」というタイトル］を引用してみる。

もしも、夢見ることができて、夢に束縛されることがなければ、
もしも、考えることができて、それにとらわれることがなければ、
もしも、勝利と災厄に遭遇したとして、この二つのなりすましに同じ対応ができるなら、

この世とそこにあるものは、すべてあなたのものだ。

それにさらに重要なのは、若者よ、あなたが必ず立派な人間になることだ。


ヒマラヤハゲワシが上昇気流に乗って滑空していく姿を見つめながら、私は祖父たちが過ごした青年時代に思いを馳せていた。ジョージ五世が統治していた頃のインドは、どんな風だったのだろう？

インドへやってきた宣教師たちは、そのほとんどが大学や病院、それに教会に天職を見つけた――現地の者たちの忠誠心を変化させることがその天職だった。当時、アメリカの故郷から遠く離れて、その仕事に従事することは孤独な生活だ。ジャングルの中で過ごす生活は、とりわけ寂しいものだったにちがいない。だが、それはまた、われわれの心に平安を与えるものでもあった。それにこの生活は、この土地や地元の人々に、われわれをより近づけてくれるものでもあった。だが、その年月の多くは、いわゆる世界大恐慌の時代である。アメリカから送られてくるはずのお金が、ときにこちらへ届かないこともあった。そんな時代には銃が役に立つ。それに私の家族は村人たちから、施した医療のお返しとして、感謝のしるしに、畑でとれた食べ物を分けてもらうことができたので、それを食べて暮らしていた。

カンザス州の兄弟やオハイオ州シンシナティに住む姉妹へ手紙を出しても、それが郵便会社、鉄道、蒸気船などを経て先方へ届くまでには五カ月もかかった。そして返事がジャングルへ戻ってくるまでにはさらに多くの月日を要する。一九五六年当時は、ペンシルベニア州の祖父母に電報を打つことはできたが、手紙に関してはあまり状況は変わっていない。電報を受け取ったペンシルベニアの町では、電話の交換台が農場の祖父母に電報を伝えるのだが、電話が共同の親子電話のために、近隣の人々がインドからきたニュースに熱心に耳を傾けることになる。

ヒマラヤハゲワシが他の峰々へと滑空していくと、私は家を目指して丘を歩いて上った。青年期に差しかかると、もっぱら天職にすべてを捧げている家族の中で、私は褐色の肌の中に、白い肌でいることの意味、つまり自分のアイデンティティーについて悩みはじめた。それが青年期特有の嵐となって私を襲った。バラモンの店主はまた、キプリングの詩〔タイトルは「戦いの墓碑銘」〕の一行を口にした。「なぜ死んだのかと問われたら、父親たちが嘘をついたからだと答えるがいい」。渓谷の中から抜け出せなくなることは、往々にして起こりがちだ。ぴょんぴょん跳んで、なんとか飛び立とうと努力する。そして他の動物の腐肉を食べる。自分の先祖たちが真心を込めて伝えた言葉は、それが嘘でも信じた。私はのちに思い至ることになるのだが、アメリカで、同世代の若者の大半にとって問題となっているのは、人種的なアイデンティティーではなく、スポーツや女の子のことだった。だが、私は自分のものではない文化と、自分のもののような気がするジャングルとのあいだで、身動きがとれなくなっていた。

五年生のときである。学年の半ばを過ぎた頃に大きな課題が出された。自分が一番関心のある話題について、レポートを書いてこいという。とっさに思いついたのはトラのことだった――トラはテイラー家の少年たちにとっては究極の源泉だったからだ。だが、私はイエティについて書くことにした。レポートの末尾を飾ったのは次の一文だった。「わずかに一組の足跡が見つけ出される必要がある。一〇〇〇のイエティを見つけ出す必要はない。われわれが必要とするのはただ一組の足跡だけだ」。このレポートが私の生涯にわたる研究プロジェクトのスタートとなった。

＊

イエティがはじめて公の場に姿を現わしたのは一八八九年だった。その年、イギリスのエネルギッシュな軍医L・A・ウォーデル大佐が、狩猟に出かけていたヒマラヤの大氷河から戻った。ビッグホーンやクマを探しに行ったのだが、それ以上にすばらしい戦利品を持ち帰ってきて、世間をあっといわせた。ヒマラヤからウォーデルが持ってきたのは、足跡の目撃情報だった。それは氷河を上り、尾根の彼方に消えていた――ヒト上科動物の足跡のようだった。この足跡によって、イエティははじめて西洋人の意識の中へと歩み入った。

一九世紀末はまた科学の君臨する時代のはじまりであり、ヴィクトリア女王が統治しはじめた時代でもあった。この時代、紳士風な探検家たちがこぞって地球上の至る所に出かけた。未開の土地が「発見」された。科学と探検は手を携えて移動した。そして新たな地域のあらゆる場所で、ミステリーが明るみにされた。チャールズ・ダーウィンの『種の起源』が、生物に多様な種が生じる原因について論じ、その理解に大きな革命をもたらした。この本が刊行されてからというもの、年ごとに信頼度が増していき、ヴィクトリア朝の人々にとって、この本の知見は決定的なものとなった。そのために、ウォーデルがミステリアスな足跡のレポートをもたらしたときには、すでに「失われた環」を見つけようとする地球規模の探索が進行中だった。だが、これはサルがどのようにして人間に進化したのかという、あまりにも単純化しすぎた時代の見識でもあった。しかし、ミッシング・リンクはもっとも離れた高所の雪の中に隠れているという考えを、時代の人々は適切で妥当な意見だと感じたのである。

自然との関係についても、新しい真実が明確に述べられつつあった。「新種の人々」が「文明化した」世界へともたらされた。仮説に基づいた空想的な予想は、証拠によって真実であることが示されていった。実際、サイエンス・フィクションは一つの文学形式として立派に社会的地位を獲得しつつあった。もはやどのようなことでも、ありうるように思えた。どのようなものでも、フィクションに留らないかもしれない――当初は進化と相反するように思えた聖書でさえ、特定の人々は、その不一致を考古学がもたらす決定的な事実によって、新たに理解し直した。博識な人々は、従来の偏見に対して、その見方を変える方法を習得しつつあった。進取の気に富む人々にとっては、宗教でさえ、先人たちの誤解を理解し直すべきものとされ、科学時代に参加すべきものとしてとらえられた。このようにさまざまな発見が続く世界では、ミッシング・リンクも、たとえ今は発見されていないとはいえ、ますますありそうな、まことしやかなものに思われていたのである。

ヴィクトリア朝に生きた科学の人にふさわしい注意深さと、イギリス陸軍の一将校としての立場を越えないようにという気配りのために、ウォーデルは足跡を範疇分けすることを差し控えた。その代わりに、もう一つ別の事実として彼が持ち出したものがあった――それはある伝説である。「毛が生えたワイルドマンの伝説で、それは神秘的なホワイト・ライオンとともに、万年雪の中で生存していると信じられている。そのうなり声は嵐の中でも聞こえるといわれていた。このような生物に対する信仰はあらゆる場所で見られる……」[2]。ほとんど無名の人物が植民地を探検して残した言葉で、イエティはさらに一歩前へと進むことになる。

一九一五年、このような問題に取り組んでいた王立地理学協会に、一通の手紙が舞い込んだ。送り主は森林管理に当たっていた将校のJ・R・P・ジェント。そこには次のようなものの存在について書かれていた。

……もう一頭の動物。だが、それが何かは分からない。おそらく大きなサルか、あるいは類人猿かもしれない……。非常に高い土地に棲む動物で、寒い気候のときだけパルートへ下りてくる。長い毛に覆われていて、顔にも毛が生えている。体の色はベンガルのサルのように目立たない、黄色味を帯びた褐色をしていた。体長は四フィート（約一二二センチ）ほどあり、立って歩く。おもに地上で生活をしている……。[3]

これまで説明されることのなかった事実も、次々と新たに理解されるようになった。真偽を明らかにする証拠も、思いつきから生み出された。そして、レポートが自明のこととして仮定し続けるのは、雪の中のあちらこちらで、人間に近い生き物がうろついていたことだ。提出されたレポートの中には、紳士連中がクラブで意見を交わした結果、明らかに作り物だと判断されたものもある。また彼らはたがいに考え込んだ様子で、たしかに認識違いで、まちがっていると言明したものもあった。紳士連中は学会を作って、このような問題を一手に引き受けて検討した。だが、あらゆるレポートに共通する性格は、そのどれもがただのレポートにすぎないということだった。しかし、にもかかわらず、レポートは次から次へと積み重ねられていく。十分な教育を受けた、信頼に足る紳士たちから出てきたレポートなのに、そこにまちがいがはたしてありうるのだろうか？　渓谷に住み、忠誠心に篤い村人たちが嘘をついていたのだろうか？

雪男（アボーミナブル・スノーマン）という名前が作られたのは一九二一年のことだった。その年、王立地理学協会がエベレスト山の登山ルートを偵察するために、準備を万端に整えて遠征隊を派遣した。遠征隊を率いたのはC・K・ハワード＝ベリー。一隊はダージリンからエベレストに近づいた。そしてチョ・ラ（「ラ」はネパール語で峠の意）を越えて、壮大なカマ渓谷に入った。峠の頂上に到達したとき、もう一つの雪原を奇妙な黒い姿のものが、よぎっていくのを彼らは目にした。そのあとに雪の中で遭遇したのが、人間が付けたような細長い足跡だった。遠征隊についてきたポーターたちは、遠くに見たものを「メト・

4.3　1990 年にチョ・ラを越えていくヤクのキャラバン。この場所で 1921 年にエベレスト偵察隊はメト・カンミ（雪男）を見た。

カンミ」だといい、新たに発見された足跡はこの「雪男」がつけたものだと主張した。

遠征隊がイギリスへ帰ってきて、『ザ・ステイツマン』紙（三五年後に私が足跡を見たのがこの新聞だ）のために公開インタビューが行なわれた。新聞社のライターだったビル・ニューハウス（キムというペンネームを使っていた）は、エベレスト探索に加えて、この発見の中に一つの物語を見た。そして彼は「メト」（正確には「クマ」を意味する）をはじめは「汚い（フィルシー）」と訳して、その後、それとは似ても似つかない「憎むべき（アボーミナブル）」と訳し直した（カンミはそのまま「雪男（スノーマン）」の意）。さらにニューハウスはのちに次のような告白をしている。「物語全体が非常に楽しい創作のように思えたので、私はそれを二、三の新聞に送った[4]」

一九二一年から、三二年後にエベレストが登頂されるまで、エベレスト山の征服はイギリス人にとって脅迫観念となっていた。そして、それにともなってイエティの発見が頻繁に報告された。とくに一九三〇年代に行なわれて、失敗に終わった遠征ではそうだった。父は前に冗談まじりにいっていた。「遠征隊が目指す山頂を忌まわしいもの(アボーミナブル)と思ったら、そのときにはイエティに照準を定めるのがいい」。父は科学者だった。彼が私に注意を向けるようにといったのは、初期に提出された証拠の一つで、科学者によって報告された唯一の目撃情報だ。それは一九二五年、王立地理学協会のメンバーによって目撃された動物である。シッキム州のゼム氷河で、N・A・トンバジはポーターたちが興奮しているのに気がついた。「キャンプから東の方角に、谷を下って二、三〇〇ヤード（約一八〇から二七〇メートル）行った所で、明らかに人間のような人影が見えた。直立して歩行していて、ときおり止まっては丈の低いシャクナゲの薮から、枝を引っぱったり、根っこから木を引き抜いたりしていた。雪を背景に黒い姿で現われていたが、私が識別できたかぎりでは、何一つ衣服をまとっていなかった」[5]

トンバジは、新たに発達を遂げつつあった写真術の道具を使用していた。だが、写真機に望遠レンズをつけているあいだに（こんな風に「あと少しで」ということで、どれほど多くの発見がだめにされてしまったことか）、動物はカメラの視界から歩き出て、シャクナゲの薮の中へと立ち去ってしまった。落胆したトンバジは急いで、動物がいた場所へと向かった。そしてそこで、彼は……

……足跡を調べた。雪の表面にくっきりと残されている。形は人間の足跡に似ているが、長さはわずかに六から七インチ（約一五・二から一七・八センチ）で、幅はもっとも広いところでも四インチ（約一〇・二センチ）しかない。五本の指がはっきりと見える……。二足歩行の動物のものであることは疑いようがない。足跡の痕跡を追っても、そこには考えうる四足動物の特徴はまったく見られない。[6]

それから数年間というもの、この足のサイズが、シプトンによって発見されたもう一つの足のサイズ、長さ一フィート（一二インチ）とともに、もっとも一般的なものとされた。

一九三〇年代には、空軍中佐のE・B・ボーマンが、ヒト上科動物の足跡とおぼしきものを、一万四〇〇〇フィート（約四二六七メートル）の氷河の雪原で見つけている。また、ロナルド・カウルバックは、一万六〇〇〇フィート（約四八七七メートル）の地点で足跡に遭遇した。ヒマラヤ東部の氷河では、シプトンがはじめて足跡に行き当たった。一九三七年には、イエティの発見が次々に行なわれた。H・W・ティルマンは、ネパールの立ち入り禁止区域の真東にそびえるゼム氷河（とバルン渓谷）で、足跡に遭遇している。さらにふたたびゼム氷河では、一万九〇〇〇フィート（約五七九一メートル）の雪原で、ジョン・ハント（一九五三年のエベレスト登頂を率いて、成功に導いた人物）がイエティの足跡を発見した。これはトンバジの見つけたものとよく似ていた。

一九三七年の登山シーズンが終わりを告げる頃、二つの遠征隊がイエティを見つけたと主張した。七人がその足跡を見つけたという。地元のハンターやガイドたちの報告に基づいて、さらに多くの詳細なイエティ情報が現われた。レポートの多くは、チベットの僧院にあるイエティの手や頭蓋骨について言及している。そして、エベレストのチベット側を、西洋人とともに上ったシェルパたちは、とりわけイエティの遺骸や、ネパールの東側渓谷で、生きたイエティを見たという目撃情報について語った。しかし、一九三〇年代には誰一人、西洋人はネパールに入ることが許されなかった。

チベットの南縁から上がってくるレポートは、人間のような動物が竹の中に生息しているという、チベットの東側からくる情報が真実であることを裏付けた。中国の「ワイルドマン」が、このミステリアスで柔らかな皮膚を持つ動物と同じものなのだろうか？　それは体全体がほぼ白い毛で覆われているが、ところどころに黒い斑点があり、一八六九年以来、中国で姿を見せるようになった。白と黒の毛皮をまとったこの動物が、チベット高原をうろついていた。動物の正体がはじめて暴かれたのは、セオドア・ルーズベルトが大統領の職を辞したあとで、息子のカーミット・ルーズベルトといっしょに大々的な遠征に出かけ、そこでこの動物を撃ったことによる――それは結局、ジャイアントパンダだった。だが、中国の山岳地帯に住む人々は、パンダはワイルドマンではないという。ワイルドマンは今なお捕獲されていない。それは毛皮をまとった動物ではなく、皮膚を持つ人間だからと彼らはいう。一九二〇年代を通して、チベットの両側ではなお、引き続いて探索が継続されていた。

香港の裏通りで、これまでの謎を説明するような一つの発見がなされた。一九三四年、オランダの古人類学者ラルフ・フォン・ケーニヒスワルトは薬剤師の店に立ち寄った。探しているのは「龍の歯」として売られていた化石だ。それが入っている壺をひっくり返して、中の化石をすべてカウンターにバラまいた。バラまかれた化石の中には、人間のものと思われる下顎の大臼歯があった。だがそれは、科学が記録していたどの人間の歯にも似ていない――五倍から六倍の長さがあり、人間の歯にしてはあまりに大きすぎる。すでに絶滅した巨人の歯のように思えた。それから五年間、フォン・ケーニヒスワルトは中国の海岸を探した。一九三六年にもう一つの大臼歯を見つけ、一九三九年には三本目を発見した。大臼歯は動かしがたい厳然たる事実だった。この大臼歯をもとに、フォン・ケーニヒスワルトは、その頭蓋骨を描き出し、歯から類推したギガントピテクス（前ヒト上科の巨大類人猿）という説を提案した。一一から一三フィート（約三・四から四メートル）の背丈を持つ巨人だ。この巨大類人猿は風変わりな雑食性動物で、サーベル状の犬歯を持つトラや、毛に覆われたマンモスなどのエコシステムの中で、自分の地位を保っていた。ケーニヒスワルトの歯は、バーナード・フーベルマンの仮説のベースとなっている。

その後まもなくして、フランク・スマイスがある発見をする。標高二万フィート（六〇九六メートル）の雪原でイエティの足跡を見つけたスマイスは、それを追跡した。フィルムは高価だったが、彼は広範囲にわたって足跡をカメラの収めた。高地から家に戻ると、フィールドノートや他の比較サンプルを使って足跡の分析をした。

水平の地面では、足の痕跡は平均して一二から一三インチ（約三〇・五から三三センチ）の長さがあり、幅は六インチ（約一五・二センチ）だった。だが、下り坂のときには、足跡は平均して八インチ（約二〇・三センチ）の長さしかない。歩幅は水平面で一・五から二フィート（約四六から六一センチ）ほどだ。しかし、上り坂になるとこれよりかなり短くなる。さらに足跡は人間とほぼ同じくらいの角度で、外側に向いていた。そこには五本の指の跡がはっきりと残されていた。[7]

高地にいたときには、この足跡があまりに人間のものに似ていたので、スマイスはてっきりイエティによってつけられたものだと結論づけた。だが、疲労と酸素欠乏から解放されて、改めて分析をしてみると、この足跡がツキノワグマのものだということに気づいた。その後、彼は科学的な研究に基づいて、次のような選択肢を提案している。四足動物のクマなら、うしろ足を前足の足跡に重ねて、大きさの違った、二足歩行のような足跡を作り出すことができる――つまり、クマが上り坂を行くときには、うしろ足の位置が少しうしろにくるので、大きな足跡ができる。そして平らな地面ではあまり起きないが、クマが坂を下るときにはおおむね、足が前へつんのめる形で重なっていく。そのためにより小さな足跡が残されることになる。大きな足跡はシプトンやウォードの発見に合致するし、小さな足跡はトンバジの発見に合致する。

5　イエティ探検隊

5.1　著者の道案内をして標高 1 万 7000 フィート（約 5182 メートル）の峠を行くヤク追い。前方にエベレストの裏側が迫っている。

一九五〇年二月、私は五歳だった。ある朝、祖父が私を狩りに連れ出した。いつもは裏口を出た所で狩りをしていたのだが、その日はジャングルの奥深くへ入った。第二次世界大戦のときに祖父が使っていたジープに乗ってガンジス川を渡り、ハルドワールを通り過ぎた。祖父と私は寝袋で夜を過ごし、夜明け前の薄暗がりの中で目を覚ました。干上がった川床が見渡せる土手を目指して、祖父は静かに足を運ぶ。私はそのあとを追った。彼は小枝をニット帽に数本差し込んで、頭を薮の先端のように見せかけた。

私は薮の中に座って、自分の役目を果たした。祖父が作ってくれたのぞき穴から川床をのぞきながら、祖父の粗いウール地のジャケットに寄り添っていた。「じっと見つめて、耳を澄ましてごらん」が祖父の指示だ。「グラスで水を飲み干すように、ジャングルを体の中に取り込むんだ。体中をジャングルが流れるようにしてごらん」。ヒョウが川床の縁へ、獲物を求めて忍び寄る様子を学んだのは、その朝のことだった。「ヒョウをお前の一部のように感じるんだ。けっして恐れてはいけない」と祖父は囁く。「ヒョウは美しい。ヒョウが勇敢に、しかも狡猾に歩いていく姿を胸いっぱいに吸い込むんだ」

ヒョウは夜の動物だった。太陽が上りはじめるのは、ヒョウが姿を消したあとだ。ヒョウは川床へ下りて、三頭のアクシスジカとイノシシを追っていった。やがてわれわれは、バラ色のレースで覆ったようなインドの夜明けが、静かに後退していくのを見守っていた。川の土手へ場所を移すと、砂地の土手に座って、両脚を堤から垂らした。祖父は魔法びんを取り出すと、蓋をあけて甘いホットミルクを入れてくれた。ミルクが体の中に染みわたる。帽子に枝を差し込んだままで祖父は私に、数年前に出会った雌の人食いトラの話をしてくれた。

このトラはヤマアラシを食べようとしたようだ。だが、ヤマアラシの針毛にしたたか刺されてしまった。三回ほど刺された傷が化膿して、歩行が困難になった。そのために仕方がないので、人間を食べることにした。腕に覚えのある男たちがやってきて、雌トラを撃った。散弾銃のペレットがトラの尻に、また弾丸が肩に打ち込まれた。ヤマアラシの針で負った傷に加えてこの弾傷を受けたため、トラはいっそう肢体が不自由になって、動きも慎重にならざるをえなかった。

ある午後のこと、二人の少女――その内の一人は陽気な花嫁で、羽目をはずしてはしゃぎがちだったと誰もがいう――が水牛にやる飼い葉を採っていた。友達がしきりに人食いトラを怖がっているのを見て、花嫁はばかにして笑っていた。彼女が上っていた木から這うようにして下りたときだった。突如、トラが薮の茂みから現われるて彼女を捕らえ、ジャングルの中へと消えてしまった。手足をばたつかせ、金切り声を立てる少女の胸に牙を差し込むと、イヌが骨をくわえるようにして、トラは少女を横向きに口でくわえて運び去っていった。

われわれ(祖父たち)はトゲのある木々や下生えのトンネルを、這うようにして進み、トラのあとを追った。追跡はたやすいことだった。道々に切り裂かれた衣服の断片があったし、激しく暴れる少女を引きずった跡がたくさんあった。それにおびただしい血の跡も。お前の父親やおじは、憑かれたようになって探した。毎日、トラの跡をたどって、何か新しいしるしを残していないかどうか確かめた。そして毎晩、花嫁の髪の毛や骨を見つけた場所へ立ち戻っては様子をうかがった。私は彼らにいった。「トラが今までいた場所を探してもだめだ。やつがこれからやってきそうな所を見定め、そこで待つことだ」

遅かれ早かれ、いずれ必ずトラはやってくる。ここぞと思った通り道で、私は木の上に仮の小屋を作り、そこで眠って待った。自分の感覚を信用していた。四日目の朝、今にもトラがやってきそうな感じがして目が覚めた。聞こえてくるのは朝の音だ。だが、第六感のために、私の感覚はいっそう研ぎ澄まされた。小鳥の鳴き声が聞こえない。感覚は第六感よりさらに鋭くなっていた。それはこれまで何度も経験した覚えのある、高度にとぎ澄まされた感覚だった。この感覚が起こるとき、私はそれを匂いや音のように確かなものとして感じ取ることができた。太陽が地平線上にゆっくりと姿を見せるまで、ジャングルの夜から生じた冷たい光の中で、一日が一歩ずつ前へ進みはじめる。それは川床をイノシシたちが渡っている今朝のような瞬間だった。夜から朝へと移り変わるこのときに、トラは足を引きずりながら小道をやってきた。朝の太陽が黄金色をしたトラの脇腹に、はじめての光を強く当てる。そのために、黒い筋がいっそう黒々として見えた。私は一発でトラを仕留めた――使った銃は口径〇・四〇五インチのマグナム銃。テディー・ルーズベルトのお気に入りの銃だった。トラは花嫁を襲ったばかりに死を招いた。

こうした数々の経験が、私が子供時代に受けたトレーニングの一部をなしていた。「じっと見つめて耳を澄まし、胸いっぱいに吸い込むこと」。ジャングルへ出かけたのは肉を手に入れるためだったが、それだけではない。それ以上にむしろそれは、ジャングルの中にいるためでもあった。しばしばそこにいることで、ひたすら深くジャングルを飲み干した。ジャングルは複雑な世界で、それを理解するためには、ジャングルとともに暮らすことが必要だった。

祖父と過ごしたあの朝から六年半が過ぎ、私のイエティ探索がはじまった。新聞で足跡の写真を目にした数週間のち、他の動物の狩りに出かけるときにいつもしていたことをふと思いついた。人々にたずねてみることだ。シプトンの書いた本を手に、私はシスターズ・バザールの下にある、クーリーたちのたまり場へ出かけていった。そこには、話を聞いてもらえそうなクーリーたちがたくさん腰をかけていた。彼らは私が住む丘の村々からやってきた者たちで、一年中、ヒマラヤの道を旅している。遠い昔の旅人と同じように、彼らは地図やガイドブックを持たずに移動する。道路の状況は休憩場所で共有される。道路の曲がり角、大雨による決壊、予期せぬ突然の変化、危険などさまざまな情報をおたがいに交換し合う。頭の中で描いた地図は、つねに更新された最新のものだった。

シプトンの写真を一人のクーリーに見せた。このクーリーは山脈の裏側から来ているようだ。ジュート（黄麻）で織られたマントをはおっているが、それは一五〇ポンド（約六八キログラム）の炭を運ぶために黒い筋で汚れていた。

「ああ、何がこの足跡を付けたか知ってるよ。人間だよ。丸い指の跡や、指全体の丸さにまごついちゃだめだよ。雪の中だと人の指は丸い跡が付くんだ。土や泥のように長い形にはならない」

「でも足跡は人間のものではありえないんだ」と私はいった。「この写真は雪原で撮られたものなんだけど、そこには何カ月ものあいだ、誰一人旅した者などいないんだもの」

「あんたは子供だから知らないけど、この山々では、どんなに高い所へでも、人はいつも出かけてるんだ。誰も行っていないなんて、とても思えないよ。おそらく足跡を付けたのは、巡礼をしていた聖職者だろう——俺たちの山にはいつも巡礼者たちがうろついているんだ。たまにはひそかに隠れてやってくる連中もいる。やつらは、他の者に見つかるとまずいものを運んでるのさ。たぶん政府に頼まれてやってるんだろうが、北へ向かってチベットを目指して行くのかもしれない。この山々では、まだ誰にも知られていない足跡がいくつも見つけられているよ」

「だけど、見てごらん。この足跡は大きいよ。隣りに写っているピッケルの頭からすると、足跡は長さが一二インチ（約三〇・五センチ）以上あるもの」

「ああそうだな。足跡がこれほど大きいとは知らなかった。だとすると、これはふつうの男ではないな。ふつうでない男が、とてもふつうでない場所を歩いているということか」

「あなたはイエティの足跡の写真を見たことがあるの？　これはイエティの足跡かな？」

「イエティって何?」とクーリーはたずねた。

「イエティは高山に住んでいるワイルドマンのことだよ」と私は答えた。「髪の毛が長くて、とがった頭をしているんだ」

「こんな人間はわれわれの山には住んでいないよ」。木炭の運び人と話していると、他の者たちが集まってきた。そして写真をしきりに調べはじめた。運び人の意見に同意して、みんな次々にうなずいている。それがイエティについて、私が村人たちに質問をしたはじめての日だった。みんなはそろって「見たことがない」という。なぜ彼らは、それを知っていることを認めないのだろう? この認めない態度は、悪霊についてたずねたときに、彼らが見せた態度に似ている。村人たちは悪霊の存在を信じているのに、それについて語ることをしない。それは私も知っていた。だが、彼らはイエティを本当に知らない。自分が住むヒマラヤがイエティのいる土地ではないことを、私はその日はじめて知った。ムスーリーはヒマラヤのインド側にある。イエティがいる土地は、ネパール東部の一〇〇〇ほどもあるヒマラヤの峠を越えた、六〇〇マイル(約九六六キロ)も彼方にあった。

木炭の運び人たちとシスターズ・バザールで話をしたのは、私がバルンの雪の中で足跡を見つける二七年も前のことだ。だが、その頃、私はすでに渓谷を探検しはじめていたし、いろんな知識を学びはじめていた。祖父は、狩りには辛抱強さがいることを教えてくれた。それに、狩りの技術を習得することも必要だという。われわれのジャングルのもっとも偉大なハンターといえば、それはジム・コーベットだった。彼が書いた本を私の家族は、教科書として使っていたが、それは単に胸躍らせる物語というだけではない。彼の行動範囲が、私の家族が散策する所に隣接していたからだ。「第六感」について話をするとき、祖父はきまってコーベットの本から引用した。ここで引用するのは、彼の『クマオンの人食い動物』(*Man-*

Eaters of Kumaon）からである。

警告を発して、身に迫る危険を知らせる感覚については、他の所で言及した。そしてこのテーマに関して、次に述べること以上に詳細に論じるつもりはない。つまり、まずこの感覚がリアルなものであること、そして何がそれを作動させているのか、私には分からないし、それゆえに説明することもできないこと。今回も私は雌のトラの動きを耳にしたわけではないし、姿を目にしたわけでもない。それなのに私は、トラが岩陰に隠れて私を待ち受けていることを、何の疑いもなく知っていた。その日、鳥や獣からトラの存在について、何かそれを知らせる兆しのようなものを受けたわけでもない。それなのに私は何時間ものあいだ外にいた。それにたえず注意をしながら、ジャングルの中を長時間にわたって歩いた。だが、心にはほんのわずかの不安も抱いていない。そして尾根の頂上へとたどりつき、岩が見えてくると、その岩に何か私にとって危険となるものがひそんでいるのを感じた。そしてこの直感は数分のちに確認された。カカル族の者たちがジャングルにいる人々に、警戒を呼びかける声が聞こえてきたからだ。それに私も、人食い動物の足跡が、私の足跡の上に重ね合わされているのを発見した。(1)

第六感についてもう一つ、同じテクストから引用してみよう。

岩が何一つない場所に足を踏み入れたときだった。振り返って、右の肩越しに背後を見た私の目は、トラの顔をまともにとらえた。

この場のイメージを、はっきりと思い描いてもらえるといいのだが。

ライフルは右手で握って、胸の前に対角線上に抱いていた。安全装置ははずされている。銃をトラの方へ向けるには、それを振って四分の三ほど回転させなければならない。

銃の向きを片手で、ぐるりと変える動きがはじまった……。今ではほんの少しばかり銃口が動き、トラ——一度もその目が私からそれたことはない——はなお私を見上げている。その顔にはむしろ満足げな表情もうかがえる。

ライフルを四分の三回転させるのに、どれくらい時間がかかったのか、私はとてもそれをいえる立場ではない。トラの目をじっと見つめ、そのために、ライフルの銃身を移動させることができない。私は、まるで腕がしびれてしまったような気がしたし、ライフルを振りまわすことが金輪際できないように思えた。そんなときに私の耳に報告が届いた……。ほんのわずかのあいだ、トラは完全に静止

5.2　1923年、祖父は飛びかかってきたヒョウを撃ち倒した。そのヒョウとともに［テイラー家のファミリー・アーカイブより］

したままだった。そして非常にゆっくりと、精一杯伸ばされた前脚のあいだに、トラの頭が沈んでいった。(2)

＊

新聞でイエティの足跡の写真を見つけてから数カ月が経ったとき、父がアップジョン製薬会社から、「ヌシャ・ボータ」(「幽霊の髪の毛」という意の草花)を探してよいという許可を受け取った。モンスーンの季節にクル渓谷で、この花が咲く頃、ヤギ飼いたちは高原を横切るのにとりわけ注意をした。というのもこの時期、ヌシャ・ボータの花は蒸気を発散させるからだ。伝えられるところによると、この蒸気が近くを通る旅人を眠らせ、そのために旅人は昏倒するという。アップジョン製薬は、この草花を新しい麻薬として使えると考えた。ゴードンおじはこの見方に懐疑的だった。ある晩、夕食のテーブルでおじは次のようにいった。おそらく旅人は強い日差しの中を、重い荷物を背負って歩いたあとだったので、ほんのつかのま、暖かい草原で腰を下ろしたら心地がよくなったにちがいない。そしてモンスーンの雲が吹き寄せ、雨が旅人の頬を叩いたときになって、やっと眠っていた目を覚ましたのだろう。

私はむりをいって、この遠征に連れていってもらった。というのも、以前、ゴードンおじが父に真顔でいっていたのを耳にしたからだ。「カール、しっかりと目を見開いておけよ。モンスーンの時期には、あの高原はイエティの生息場所になりうるからな。運がよければ、ヌシャ・ボータではなく、イエティを見つけることができるかもしれない」。ジャングルの情報通のゴードンが、クル渓谷をイエティの生息地だと考えていたのなら、私は何としてもそこへ行きたいと思った。

ヒマラヤの別の地域にあるこの高原に着いたときに、そこでわれわれが見つけたものは雨だった。風に吹きつけられた雨が、横なぐりに激しく打ちつける。高く上ればのぼるほど、雨は小やみになってきた。だが、雨がやむことはなかった。どれほど高く上っても——一万フィート（三〇四八メートル）、さらに一万二〇〇〇フィート（約三六五七メートル）——雨から逃れることはできない。夕方、しけって気持ちが悪い服を着たまま突っ立っていた。煙を出すたき火のそばで、乾かそうとしたからだ。さもなければ、テントの中で、びしょ濡れの寝袋に入って横にならなくてはならない。息を吐くとその湿気が、アルパインテントの冷たい繊維に当たって凝結し、それがテントの中で雨を降らせた。

科学者たちが立ち去るまでは、毎朝、味のないオートミールと甘いティーを、みんなでたき火を囲みながら飲み食いしていた。彼らが行ってしまうと、私はケージをきれいに掃除して、白いマウスやモルモットに餌をやった。これは草花を採っては、その麻酔効果を調べるために飼っていた。それをし終えると、もうする仕事がほとんど残っていない。ある朝、料理用のたき火のそばで傘の下に座っていると、煙が渦を巻きはじめた。それは尾根の上にかかっている雲に似ていた。煙は渦を巻き、くるくると回転しながら、尾根を目指して上っていった。

変化の少ない草原の生活は、山の上へ行くとその形を変える。そこでは大地と雲が、たがいに上になったり下になったりして折り重なっている。ときに空は大地の下方に位置して、大地が空の上にある。このような世界の中ではわれわれも、雲を眼下に見たり、上に見ながら立つことになる。だが、われわれが大地の上に立っていることに変わりはない。そこでは広々とした空間が開け、山並みの風景が見える。そして侵入してくる雲が、視界を大地に非常に接近したものにする。そこに立っていると、まるで大空に浮かぶ島にいるような気分になる。アイディアが雲のように湧いてきて、われわれの理解を確固としたものにしてくれる。アイディアは小刻みに踊り出す。大空とダンスをするアイディア。雲とダンスをする大地。その立ち込めたガスの中で、私の心に何かが生じる。とりわけこの高地で。世界と大気がパートナーとなってダンスをし、それは大地と大空のようにぴったりと寄り添って踊る。山肌はその荒々しさを失う。賢者たちが山へやってくるのは、異質なものとつながりを持つ、このような一体感を探し求めるためだ。そしてそれは、若い少年たちにとっても同じことだった。

その朝、チベットのヤギ飼いがキャンプに立ち寄った。重い袋を二つ運んでいる。到着するとすぐに背負っていた荷物を下ろした。そして口笛を吹いた。さらにオイルドキャンバスで荷物を覆って、雨に濡れるのを防いだ。

「ラハウル渓谷へ必需品を届けにいくところなんだ」と、彼は私の質問に答えた。だが、バッグの中身を問いただすと黙ってしまった。われわれの料理人が彼に、甘くて熱いティーの入ったマグカップを手渡した。

私はマウスとモルモットを指差していった。「僕の仕事はこの動物たちの面倒を見ることなんだ。この山には、僕の動物たちを襲うような危険な動物がいるのかな？」

「いるよ。ヒョウがやってくるし、クマだって来る。モンスーンの季節が終わると、クマは穴を掘って野ネズミをつかまえるんだ。クマも小さい動物を追いかけて、この土地にちょっと立ち寄る。やつらは君の動物たちの臭いをかぎつけてくるよ」

「他にもいるの？」

ヤギ飼いは、私のマウスを襲うような捕食動物には関心がない。だが、彼のマグカップに料理人がティーをさらに注ぎ入れると、それが彼に道のりより、むしろわれわれのキャンプに対する興味を思い出させたようだった。「テンとイタチかな。またワシにも十分に気をつけた方がいいよ。ワシにケージの網越しに中にいるものを見通すことができるからね。ケージには布をかぶせていた方がいい」

「人間に似たような動物はいないの？　野生のジャングルマンのような」

「何なのそれは。ジャングルマンって何？　こんな何一つない尾根で、人間のような動物がいったい何を食べるの？」

「おそらく、ここのような草原で草を食べるんだと思う。たぶん、僕のマウスのような動物も食べるかもしれない。あなたはイエティを知ってますか？」

「そんな人間は聞いたことがない。このあたりにはいないよ。したがって、ワイルドマンを怖がることはないけど、クマはいつも監視していなくちゃいけない」

そんなわけで、ヒマラヤの二番目の地域でも、この探検で私がたずねた人々と同じように、誰一人としてイエティを知る者はいなかった。それではなぜ、登山家や探検家たちはイエティを見つけていたのだろう？　私は食べ物の疑問に思いを巡らせた。イエティは、はたして草を食べていたのだろうか？　高地の斜面は半年間、雪で覆われてしまう。その時期にイエティはどんなものを食べているのだろう？

その晩、父がキャンプに帰ってきたとき、不思議そうにこういった。「今日、渓谷でローズピンクのサクラソウを見たんだ。しかし、昨日、私がいたのはそれより東の渓谷だった。そこではサクラソウが濃い紫色をしていた。二つの色の違いは、おそらく二つの花の品種の違いを示しているのだと思う。というのも、濃い紫色のサクラソウは、花の表面に粉が付着しているが、ローズピンクのサクラソウには白い粉末がない。それにしても、なぜ隣り合った渓谷で咲いているのに、二つの種は別個に存在していて、混ざり合うことがないのだろう？　二つの渓谷はともに標高が一万三〇〇〇フィート（約三九六二メートル）で、土壌も同じようだし、北面していて湿度も似ている。それなのになぜ、一方の渓谷がピンクの花を咲かせ、もう一方の渓谷が濃い紫色の花を咲かせるのか？　そしてたがいの谷には、なぜ隣りの谷で見られる色のサクラソウが一本もないのだろう？」

考えられる説明は、われわれがカレーの味付けをしたニンジンやキャベツを食べているのと同じ理屈だ。毎晩、夕食の席に一番最後にやってくるのが、植物学者のヴァイドだった。彼は次の日に予定していた草花の探索を、中止しなければならなかった。

「カール、ローズピンクのサクラソウには『*Primula rosea*』、濃い紫色のサクラソウには『*Primula macrophylla*』という学名がついている。私もこの二つのサクラソウを見た。なぜ、君がそこでモノカルチャーを見つけたのか、それを説明するものとしては、ヒマラヤの極東部で研究を続けるキングドン・ウォードが立てた理論があるよ。彼は渓谷を歩き、ある色の花々を見つけた。そして君のように、次の日、もう一つの渓谷を歩いて、同じ花で第二の色をしたものを発見した。ウォードはこの現象を説明するのに、土壌のタイプやスロープの方位の違いに求めることをしなかった。そこに現われている二つの特徴に気がついたんだ。一つは色が違うこと。もう一つは最初の場所で、花々がふんだんに咲き乱れていたことだ。というのも、誰も足を踏み入れていない草原で比較的花の数が少ないのは、草が生い茂っているために、花々の生長が押さえつけられてしまうからなのさ。つまり、渓谷に花々が咲き乱れているのは、家畜が草を食べているからなんだ。私たちが探し求めて歩いている草原はすべて、そこに生えている草が動物によって食べられているので、そのことには、きっと君も気づいていると思うよ。

そんなわけで、君が花々の絨毯を敷き詰めた渓谷を目にしたときには、このシーズンに、君がそこを一番に訪問したんじゃないことを知るべきなんだ。花々の茎は草にくらべて生長が速い。そのために花々が咲き誇る草原は、数週間前に訪れたヤギ飼いたちによって準備がされていた。つまり、ヤギに野草を食べさせることで、君の鑑賞に耐えうるような花々が十分に咲くことのできる素地を作っていたんだ。家畜が草を食むことが結果として、咲き誇る花々をもたらすことを悟ったキングドン・ウォードは、これを色の差異に結びつけたんだ。早い時期に草が家畜によって食べられると、ある色が優位に立つ。しかし、食べられる時期が遅くなると、別の色の花が支配的になる。もちろんこれはまだ仮説の段階にある考え方だ。だがそれにしても、すばらしい説明だと思うがね」

私は野生に対して、ほとんど崇拝に近い熱い気持ちを持っていた。そのために、人間が「自然」を、原始の時代の姿にもまして、さらに美しくできるなどとは思ってもみなかった。飽くことを知らず、貪欲に食べてばかりいる動物と思っていた家畜のヤギが、実際には、すばらしい野花が咲き乱れるきっかけを作っていたとは。

ここで私の頭に、あるアイディアがひらめいた。これまで私は、科学者や村人たちのあいだで育ってきたのだが、ある者とは英語で、また別の者とはヒンディー語で話をしてきた。そこでさまざまな疑問が、私の心に洪水のように押し寄せてきた。英語は私の母語だが、その英語に――私たちの文化は、英語がより文明化された言語だといっている――なぜ敬語がないのだろう？　それに対してヒンディー語（われわれが宣教師として教えている人々の言語）には、なぜ複雑に入り組んだ敬語があるのだろう？　それはかりではない。なぜ飾り立てた挨拶の言葉まであるのだろう？　数カ月前のことだった。高齢の女性に向かって、私がなれなれしく「トゥム（Tum）」（あなた）と話しかけたら、父に叱られた［ヒンディー語の「トゥム」は砕けた用語で、もっともフォーマルな「あなた」は「アープ（Aap）」である］。これまでに、あまり叱られたことがなかった私は、腹立ちまぎれにいい返した。「それなら道から逃げていくヘビに向かって、どんな尊敬語を使えばいいのですか？」

次の日、人々が野生をさらに美しくすることができると知ったあとで、ヴァイドと私はおしゃべりをしていた。「ヴァイド、僕たちが集めている草は価値のあるものだよね。それは見つけるのが難しいからなの？」

「人々は何世紀もの間、新しいことをいろいろ試してきたんだ。そして、これまでに取り組んできた成果がこの植物で、それをわれわれはみんなで探そうということなんだ。君はコーヒーの木に似た植物を知ってるかい。それを君も、ムスーリーのあたりで見かけたことがあると思うよ。それは『インドジャボク』と呼ばれている常緑の低木だ。光沢のある暗緑色の葉っぱをしていて、赤い花を咲かせる。森林に覆われた砂混じりの小石の多い土地に生えているんだ。根や地下茎から粉が取れる。地元の人々はこの粉を挽いて、それをペースト状にするんだ」

「どんなことに使うの？」

「気がおかしくなった者に与えたり、ヘビに咬まれたとき傷口に塗ったりする。お産のときの痛みや、人の死に立ち会った悲しみを和らげるのに使うんだ。科学的なテストで明らかになったのは、それが過度の緊張にすばらしく効果があるということだった。あまりに効力があるものだから、製薬会社が野生のインドジャボクを買い上げはじめた。それで、多くの渓谷でも、農閑期の息抜きに、みんながこの低木を掘るようになったんだ。そこらじゅうでこの木を掘っていれば当然、野生のインドジャボクは絶滅してしまうかもしれない」

「それならなぜ製薬会社は、畑でこの木を栽培しないの？」

「一本の低木を育てるのに、何年も年月がかかるんだ。もし木を育てることができたとしても、その根っこや茎から粉を採取するのは命がけの作業になる。結局、手慣れた村人たちにお金を払って、インドジャボクの茂みを刈り取ってもらう方が安上がりなんだ」

「そう、村の人々にとっても、この仕事はお金になるからね。あの人々は貧しいから」

「どれくらいのお金になると思う？　村の人々がまる一日畑で働いて、手にするお金の三倍ものお金が手に入るかもしれない。けれど、この茂みがなくなってしまうと、これまで何世代にもわたって知識を積み上げてきた村人たちは、一気に暮らし向きが悪くなってしまう。収入が、インドジャボクとともに消え去ってしまうんだ。それこそが、われわれがここにいる理由なんだよ。君のお父さんは、ヌシャ・ボータが薬として栽培できるかもしれない、と製薬会社を説得してるんだ」

二週間後、われわれの遠征隊は手に入れたヌシャ・ボータの低木を手に出発した。この木の発する蒸気でモルモットが一匹、そして白いマウスが三匹死んだ。アップジョン製薬会社といえども、ヌシャ・ボータだけは、ミシガン州の温室で栽培することができなかった。学校で勉強する生物学は、野外で過ごした土曜日や休日の旅行にくらべると、まったくおもしろくなかった。そして私が、もっぱら時間を費やして読んだものはジム・コーベットの書いた本だった。それが私に野生の言語を教えてくれた。それは興味のある動物を学名で暗記するための本ではなかった。


トラは、人間に鋭い嗅覚がないことを知らない。トラが人食い動物となるとき、トラは他の動物とまったく同じように人間を扱う。餌食と定めた対象を風上にして、風下から近づく。あるいは餌食を待ち伏せするのも、風下で身をひそめている。

この重要性が明らかになるのは、次のようなときだ。狩人がトラに目星をつけようとする一方で、トラの方もおそらく狩人にこっそり追跡して忍び寄る。あるいは狩人を身を低くして待ち伏せする。この争いは、トラの身の丈、体の色、それに音を立てずに移動できる能力などから、もし風の要因が狩人に味方をしないとなれば、まったく互角というわけにはいかないだろう……。

たとえば、狩人が地の利を頼んで、風が吹いてくる方向（風上）に向かって進むものと仮定すると、危険は彼の後方に存在することになるだろう。背後では、迫り来る危険にほとんど彼は対処することができないからだ。しかし、吹いてくる風を横切るように、しばしば進路を変更することで、狩人は危険を彼の右と左に、交互に振り分けることができる。このやり方を文字で表わしても、それほど魅力的なものとは感じられないが、実際の現場ではきわめて効果的だ。飢えた人食い動物が、どこにひそんでいるのか分からない密生した草原の中を、風上へ向かって進んでいくとき、後方へ引き下がることを除けば、この方法よりすぐれて安全な方法を私は知らない[3]。

＊

インドを離れた私は、ティーンエイジャーの時期を通して、アメリカ発のイエティ情報を追いかけた。アメリカではイエティの情報が、物語の形をとったコラムとして新聞の中央を飾った。またレポートも、登山家による単なる偶然の発見のものから、大掛かりで金をかけた、科学的なイエティ遠征隊によるものへと変化した。

一九五七年、一九五八年、そして一九五九年に、テキサスの百万長者トム・スリックは、これまで長いあいだ外部の者に閉ざされていたネパール東部の渓谷（とくにアルン渓谷及びエベレストの南側）へ足を踏み入れた。スリックの最初の遠征隊は、足跡、毛髪、排泄物の三点セットを見つけた。二度目の遠征隊はブルーティック・ブラッドハウンドを連れていった。アリゾナでピューマやクマを相手に訓練を重ねた猟犬たちだ。ヒマラヤの寒さから守るために猟犬にはジャケットを着せ、モンスーンの季節には肉球がひび割れるので、毎日、そこに擦り込むラノリン（羊毛脂）が必要だった。また、外来病を防ぐためにアメリカの薬を飲ませることも日課となった。第二の遠征隊は野外で四カ月間を過ごしたわけだが、そのあいだにまたイエティの足跡をいくつか見つけた。そして修道院を四つほど訪ねて、イエティの頭蓋骨とされるものを二つと、ミイラ化したイエティの手などを調査した。そして、スリックは今しも、大きな発見をしかけていると発表していた。

三度目の遠征を終えて彼は戻ってきたのだが、今回の遠征では、九カ月にわたって、一〇〇〇マイル（約一六〇九キロ）の距離を踏破したという。この遠征で隊員たちは二頭のクマとヒョウを一匹捕まえた。またイエティの足跡を多数発見し、村人たちからもそれがイエティのものだとくりかえし確認してもらった。アメリカに戻ったスリックは、おそらくイエティは三つの形で存在したのだろう、とほのめかしている。一つは超自然のもの、あとの二つは現実のものだ。二つの現実のイエティの内、一つはトンバジの報告に合致している。そして大きな足跡を持つもう一つのイエティは、シプトンやウォードによって目撃された足跡のものに合致する。スリックは金持ちで、資金提供者や博物館に対して何一つ気がねをすることがなかった。そのために彼は、自分が手にした証拠を公表しなかった。そして、三回にわたった遠征の資料を比較検討しなければならないと語るばかりだった。だが、比較の結果が公にされる前に、彼は飛行機事故で死んでしまった。ここで引用するのは、遠征隊が発見した中の一つについて、ピーター・バーンが行なった説明だ。

アジェーバが先頭に立って道を切り開いていた。われわれがいたのは、ひん曲がったシャクナゲの木が生い茂る森の奥だ。突然、アジェーバが足を止めた。そして、目の前の雪を指差した。足跡だ！人間の足跡に似ている。われわれの他には、誰一人人間などいない場所に足跡がある。

雪の中に深く踏み入れた一組の足跡が、われわれの行く手を斜めに横切っている……。私は急いでアン・ダーワやギャルゼンといっしょに近づいた。一目見て、すぐにそれが人間の足跡ではなく、そのときとっさに感じたのだが、これこそがイエティのものではないかと思った……。

足跡は付けられてから、まだそれほど時間が経っていない。その日の朝、おそらくわれわれが到着する一時間ほど前のものだろう。私はすぐにでも足跡を追っていきたかったのだが、ひとまずここはワルン村の人々が到着するのを待って、彼らの反応を見てみることにした。

村人たちは次々にやってきて荷物を下ろした。それぞれが近づいてきて、足跡を指差しては「見てみろよ、『トム』がここへやってきたんだ」といった。「トム」というのはシェルパの言葉でクマを意味する。しかし、村人たちはひとかたまりになって、足跡をあれこれ調べた結果、みんなが例外なしに次のような主張をくりかえした。「いや違うぜ、だんな、これはトムなんかじゃありません。足跡を付けたのはイエティですぜ。ごらんください。爪の痕がないでしょう。もしトムが付けたんだとしたら、爪痕がなくっちゃならないですから」[4]

イエティの捕獲は、ネパール政府によってさえ注目されるようになっていた。このワイルドマンを求めて、遠征隊が次々にネパールの渓谷を探しまわるようになると、政府もその倫理上、経済上、及び国家上の問題を口にしはじめた。ネパール政府がそこで打ち出したのがイエティの捕獲規則といったものだった。アメリカ大使館もまた、このイエティ捕獲の問題を真剣に取り上げて、以下のような規則を正式に公表した。

1　「イエティ」の探索隊を派遣する許可を得るためには、国王陛下のネパール政府にロイヤルティー（実施料）として、インド通貨で五〇〇〇ルピーを支払わなくてはならない。

2　万が一、「イエティ」を突きとめた場合、写真に撮ったり、生け捕りにしたりするだろうが、自分の身を守るために発生した緊急事態を除いては、それを殺したり、銃で撃ったりしてはいけない。撮影したイエティ（生きて捕らえたり、死んでいても）の写真はすべて、できるだけ早い時期に、ネパール政府へ提出しなければならない。

3　イエティの謎を解明するヒントになるニュース及びレポートは、入手した時点で、まずはじめにネパール政府に差し出さなくてはならない。そして、ネパール政府の許可なしには、けっしてそれを報道機関やレポーターへ手渡して、公にしてはならない。(5)

この規則で注目すべき点は、イエティが実在していたかどうか、ネパール政府もはっきりとした考えを持っていなかったことだ。それは、彼らの民族の一部（失われた部族）なのだろうか？　だが、言外に示した意味合いははっきりしている。ネパールとアメリカ双方の政府は、イエティが実在しているかもしれないということは認めていた。ある意味では、政府が公にしたこの規則によって、イエティは市民権を獲得したということがいえる。各探検隊は証拠を持って帰還していたのだが、同時にまた大きな問題をも持ちきたっていたのである。

そしてここで、これまでにもっとも大きく報道されたイエティ探検隊が出発することになる。それは一九六一年に、『ワールド・ブック・エンサイクロペディア』がエドモンド・ヒラリー卿に資金を提供した探検隊（イエティ捕獲遠征隊）のことで、多くの専門分野の者たちで結成されたこのチームは、高地の探索に一年の歳月を費やした。『ナショナル・ジオグラフィック』は遠征にバリー・ビショップを送り込んだ。『ワールド・ブック・エンサイクロペディア』によって資金提供を受けた試み――『ナショナル・ジオグラフィック』のスタッフを巻き込み、エドモンド・ヒラリー卿を隊長とした――が私に語りかけたのは、私の探索が、けっして「つまらない」企てではなかったということだ。探検隊の探求はイエティにとどまることなく、それをはるかに越えるものだったし、とくにメンバーたちはイエティの側面を軽く見ていた。だが、この新しい物語に火をつけた（そしてそれこそが資金の提供を『ワールド・ブック・エンサイクロペディア』に思いつかせたように見えた）のは、他でもない、もしかしたらイエティを発見できるかもしれない、という可能性だったのである。『ワールド・ブック・エンサイクロペディア』はその時点では、はるか遠い世界の果てにある渓谷へ、探検隊を送り込んだことなど一度もなかった――それに、現場で一年ものあいだ任務に励むという計画には、探検への高い信頼の兆しが現われていた。とりわけイエティを発見したいという意気込みは、メンバーの一人に、以前シプトンのパートナーを務めたマイケル・ウォードが加わっていることでも分かる。ヒラリー自身はこの点について次のように述べている。

イエティの捜索は、アメリカ国内でとてつもないほど大きな関心を引き起こした。想像上の生き物については、ほとんど何も分かっていないということを、誰もが承知していた。だが、それが半分動物で、半分は人間だとする噂がいくつも流れた。シカゴのある新聞はユーモラスに次のような記事を書いている。もしイエティがシカゴに連れてこられたら、それをリンカーン・パーク動物園に入れるのか、それとも、ヒルトンホテルにチェックインさせるのかを決定しなければならない[6]。

しかし、探検隊が持ち帰った証拠では、この決定を手助けすることができなかった。探検隊は、クムジュン修道院で崇拝されていた頭皮を借りて持ち帰り、それをフィールド自然史博物館へ送って、分析調査をしてもらった。調査の結果分かったのは、それがヒマラヤカモシカの頭頂部から伸びている表皮の一部だということだった。探検隊は、何一つ物的な証拠を持ち帰ってこなかったが、そのことから、おそらく文化調査もまた、破滅的な結果とならざるをえなかっただろう。イエティに対する誤解は、シェルパたちがイエティをどのように見たのか、それを西洋人が正しく認識しなかったことに起因していると調査は主張した。探検隊の下したイエティ却下の判断に対して、疑い深い人々は、遠征隊のチームが行なった調査の仕方が、不適切なものだったのではないかと応じた。それはまず、チームに人類学者が一人もいないこと、そして研究者の中に、誰一人としてシェルパの言語を話せるものがいなかったことなどを挙げている。しかし、ヒラリーは彼の本の中で、じかに文化的な要因に言及していた。

シェルパにとって、自由自在に姿を隠すことができるイエティの能力は、そのまことしやかな形や大きさについて述べられていることと、同じくらい重要なことだった……。われわれはイエティの存在を信じることが、楽しいと感じていたが……、私の探検隊のメンバーたち——医師、科学者、動物学者、それに登山家も——は、イエティを魅力的なおとぎ話以上のもの（霊的なもの）として、見ることがまったくできなかった……。それは迷信によって作られ、西側の探検隊によって熱狂的に助長されたものでしかなかった。(7)

ヒラリーの結論は私の関心を引いた。多くの登山家たちのように、イエティの存在に対する確信は、スタートの時点からすでに彼の頭の中にあった。一九五三年に、テンジン・ノルゲイとともにエベレストに登頂したあとで、ヒラリーはメディアに、雪の中で「ミステリアスで大きな足跡」を見つけたと述べている。テンジンはそれに付け加えて、報道陣やのちにはボブ・フレミングと話している中で、彼の父親がヤクの世話をしているときに、二度イエティを見たときの様子を述べていた。しかし今は、ヒラリーもかなり控えめになっているが、それはテンジンも同じで、少し編集し直し、新版として再発行した彼の自伝『雪のトラ』（*Tiger of the Snows*）の中では慎重になっていた。

しかし、エベレストの登頂に成功したヒラリーが示したためらいがちな態度も、なお期待を寄せていた世界を説き伏せることはできなかった。ロンドン動物学協会の霊長類学者ウィリアム・C・オスマン・ヒルは、そのとき、霊長類の比較解剖学や分類学に関するシリーズを刊行した。これは数巻立ての権威あるものだった。ヒルはそこでヒラリーの躊躇しがちな否認を、「やや急ぎ気味」だといい、それに代わるものとして、イエティは「二足歩行ができる蹠行性（しょこうせい）〔足裏を全部地につけて歩く歩き方〕の哺乳類」だという意見を提案した。そしてふたたびイエティの探索を、高地の雪の中から外へ抜け出すようにと仕向けた。ヒルによると、「雪男を探索する者たちは今まで、まったくまちがった場所で探していた……。［イエティの」永遠のすみかは明らかに、渓谷の低い場所で生い茂るシャクナゲの茂みだ。そして将来の探索が目指すべき場所もここだ(8)」

＊

一九六一年、私はふたたびヒマラヤへ戻ってきた。そしてついにイエティの故郷であるネパールへやってきた。母がネパールの女性たちを映画に撮っていた。私の仕事はサウンドトラックの録音だった。われわれがいたのはネパールの中央部で、現地の言葉を話すことができない、ヒマラヤではじめての土地だ。やっとのことで私は、ヒンディー語が話せる学校の教師を見つけた。彼は自分がイエティを知ったいきさつを話してくれた。旅行者向けに書かれたネパールの案内書を取り上げて、それを読んでいたという。そのときに不思議に思ったことには、著者がいっている意味が分からない。彼が住んでいるネパールには、そこに書かれているような動物がいないからだ。彼が私に説明してくれた。「イエティはわれわれの言葉では『ブン・マンチ』（ジャングルマン）という」

翌週、私がいたティー・ストール〔紅茶を飲ませる露店〕に、ヒンディー語を話す交易商人の一団が入ってきた。彼らの故郷は、アンナプルナ山の北側を流れるマルシャンディ川の上流にあった。インドで警備員として働いていて、今は故郷へ帰る途中だった。彼らの村にブン・マンチはいるのかときいてみた。すると、彼らはいるよという。ブン・マンチは村の下方に広がるジャングルにいて、ちょいちょい、村に出てくるが、たいていはジャングルの中にいるらしい。

私はさらにつっこんで彼らの話をきいた。言葉を知ることは重要だ。そして文化について知ることも、また大切なことだった。ヒラリーのチームが通訳を使っていたことを、私は思い出していた。そのときには、私はまだネパール語が話せない。だが、ヒンディー語を使って、情報を手に入れることはできた。マルシャンディの男たちに、ジャングルマンはいったい、どんななりをしていたのかとたずねた。男たちが描いたジャングルマンは完璧だった。成人のブン・マンチは毛がたくさん生えていて、男たちより背丈が低い。そして、昼日中に歩きまわることはけっしてない。好んでやってくるのはトウモロコシ畑だった。やってくると、しばしば聞こえてくるのは、彼らが立てる金切り声だ。それは一瞬、ワシの鳴き声かと思われるような、甲高くて長い声だった。しかし、交易商人の中には、誰もこのブン・マンチを見た者がいない。だが、彼らはブン・マンチをそっとそのままにしておくことがベストだ、といって譲らない。というのも、もしブン・マンチに対して、思い迷わすようなことをしたら、子供たちをさらわれてしまうからだ。

*

ネパールは当時もなお、いくぶん閉鎖的なところの残る国だった。イエティが発見されたとされる渓谷は、中国との国境沿いに位置している。外国人たちはエベレストに上ることはできるが、それに隣接する渓谷に入ることはできなかった。それは、冷戦の戦況に起因する恐怖のためだった。国境沿いではアメリカＣＩＡの諜報員たちが活動していたし、インドのＣＩＤ（犯罪調査部門）もいた。彼らが支援しているのは、反政府運動を展開するダライ・ラマだった。この中国に対する抵抗運動のあおりを受けて、ヒルがイエティ探索の場所として、集中すべきだとした高地のジャングルは、何年ものあいだ閉ざされてしまった。そして閉鎖され、新たな発見もなかったために、エドモンド卿の結論は、引き続いてパズルの謎を解き明かそうとした努力をくじく結果となった。

しかし、一九六九年に私は、アメリカの海外援助計画の一員としてネパールへ戻ってきて、立ち入りが禁止されていた渓谷にも自由に出入りができるようになった。私の仕事は家族計画プログラムを広く知ってもらうために、国内を縦横に駆けまわることだった。ネパールの七五の地区すべてを訪ねてよい、という許可を手にしていた。公務となればヘリコプターを使うことさえできるため、遠方の場所へも難なく出入りすることができた。人々が住んでいればどんな渓谷でも、そこには家族計画の潜在的な必要性がある――その必要性がそこへ侵入する許可を私に与えてくれた。

ここでふたたび私が思い知ったのは、イエティを探索するのに、言葉がいかに重要な道具となるかということだった。ネパールに住んでいるあいだに、私はネパール語を学んだ。ふだん私がイエティの謎について人々に話しかけると、彼らは「ええ、イエティはここにいますよ」と答えた。だが、イエティのことをいわずに、ネパールに生息する動物についてききだすと、村人たちはけっして、私が期待する名前をいってくれない。リストに入っているのはブン・マンチという名前だった。このある「もの」が彼らの現実の畑で、現実の穀物を食べていた。夜間に出没するこの動物が、とりわけ好んでやってくるのがトウモロコシ畑だ。

ゴサイン・クンド・リッジは、ネパールの首都カトマンズから簡単にアクセスできる。徒歩で行くと片道で五日ほどかかるが、ヘリコプターに乗れば二〇分もあれば到達する。これは短い距離の飛行だったので、私の給料でなんとか許される範囲の浪費だった。ネパールの定期的な休日と西側のウィークエンドを合わせて四日と五晩の休暇を使い、私はどこかある渓谷にヘリコプターで下ろしてもらい、隣りの谷へ横断することにした。早朝に迎えに来てもらい、手早くシャワーを浴びて、二時間遅れで机に向かった。高度の日の出を眺め、フレッシュな気分になったあとで、人々にコンドームの使用やパイプカットをどのように勧めることができるのか、その方法を考えていた。

あるとき、私は一万六〇〇〇フィート（約四八八〇メートル）の地点で野営していた。テントはかさばるので、ナイロン製のビビィーバッグを使うことにする。それに毎晩、寝袋、ブーツ、水筒、懐中電灯を詰め込んだ。そして私自身も。その夜は劇的なまでに張り出した岩の下で野営し、バックパックは外に出しておいた。

夜のあいだに雪が降りはじめた。ヒマラヤのこのあたりでは、一〇月はじめに雪が降ることはめったにない。次の朝には、おそらく一インチ（約二・五センチ）ほどの雪が谷をまぶす程度だろう、これは動物を追跡するには理想的だと思っていた。しかし、雪は夜通し降り続いた。夜明けに目を覚ますと、地面から岩の天井まで雪が積もり、不気味に迫っていた。積もった雪に穴を開けて出てみると、すでに弱まりつつあったとはいえ外は猛吹雪だった。腕時計の針は一〇時を差している。雪かきをして、バックパックを置いたと思われる場所を探した。あちらこちら、行ったり来たりして手探りで探す。棒でつついて探しもした。もしかして、イエティが持っていってしまったのだろうか？　パックの中には何百ドルもするニコンのカメラやレンズが入っていた。

翌日の夜明け直後に、ヘリコプターがやってくることになっていた。その場所へ急がなければならない。峠のこちら側では、ヘリコプターが私を見つけることができないからだ。寝袋、ビビィーバッグ、空の水筒、それに料理用のコンロなどを枕カバーに詰め込み、ポケットから出したパラシュート・コードで縛って、出発した。雪が溶けたらまた戻ってきて、カメラを見つけなくてはと思っていた。だが、二歩ほど歩きだしたら、バックパックにつまづいた。イワシのマスタードソース浸けの缶詰を開け、それをつまみながら道を急いだ。

三時に峠の頂上に着いた。もう一つの沢に下りて、上が平べったく背丈の高い岩を見つけて、そこでビヴィーバッグを広げ、日に当てて乾かした。そしてコンロを取り出した。岩に腰を下ろしてホットティーをかき混ぜながら、雪の下にはさまざまな動物のすみかがあるんだなと思った。動物たちにとって雪は、捕食者から身を隠すブランケットの役割をしてくれる。彼らが掘った穴では、地上で氷点下の寒さのときでも、温度計は華氏六〇度（摂氏約一六度）を指している。雪の下の世界は生命で満ちあふれていた――虫、とくにクモ、それに昆虫を追いかける野ネズミ。ハツカネズミは草木を食べる。ナキウサギは地下世界では大きな動物で、長い時間地下で眠る。だが、雪の中の世界で食べ物に窮すると、タカの探索する目から隠していた食べ物を探し出す。

イエティは食糧があるジャングルで生息したにちがいない、と主張したウィリアム・C・オスマン・ヒルは、もしかするとまちがっていたかもしれない。彼が活動していたのは高温多湿のセイロンだった。イエティは、このように雪の中で生きる動物たちを知っていたのだろうか？　ホッキョクグマは雪や氷の中で生息している。イエティは、ナキウサギが隠した食糧を集める（おそらくはナキウサギを食べる）方法を、はたして見つけることができたのだろうか？　それにヒマラヤの渓谷ではまた、マーモットが棲む谷もある。

地下には、さらに小さな世界がもう一つある。ミミズが身をくねらせて穴を掘る。カブトムシはせっせと噛み、アリはちょこちょこと走る。日々の食糧を求めている彼らは、誰も地上の動物については知らない。それぞれの現実は、目の先に広がる世界だけだ。それぞれ――カブトムシ、ミミズ、アリ――の中では、さらにまた小さな生態系があり、バクテリアが細胞の組織を突き破って進むように、生命はさらに小さくなっていく。微生物は一見して大きさがないほど、小さな組織の中で増殖する。さらに微細なＤＮＡ

でさえそれぞれに特性を持っている。このような生命体について、われわれは知らないという。だが、それは単に、まだ知らされていないということだろう。

　われわれよりも小さなものの世界があり、それらが積み重ねられた上にわれわれの住む世界があることは歴然としている。それならなぜ、この先、さらに上へと世界が伸び広がっていかないのだろう？　あるいは、現実の先にはどんな世界が見えるのだろう？　そこに何もないと考えるのは傲慢であり、うぬぼれだ。人々は生活の積み重ねを通して、巣穴を作り、トンネルを掘っている。われわれはつい今あるこの世界が全世界だと思い、他の世界に気がつかない。だが、場合によっては、そうした（他の世界に思いを馳せる）意識が存在していることを知っている。たとえばゾウとその世代間の心配りを考えてみるとよい。ゾウは哺乳類で、われわれとそれほど似ていないこともない――ただ次の点だけは異なる。つまり、ゾウは鼻をもっぱら日常の生活に使っているが、それを使って、地球を作り直そうなどとはしないことだ。

　われわれの世界の上には、さらに他の世界がいくつもあるにちがいない。というのも、もし小さな世界があるとしたら、なぜ、それより大きな世界がないといえるのだろう。われわれが自分の無知さ加減を認めれば、おのずからそこに、世界が見えてくるのは自明の理だ。パウル・ティリッヒは「全存在の根底にあるもの」について語っている。それは、われわれにくらべて、はるかに大きな偉大なものを自覚しているということだろう。しかしそれは、内なる存在のダイナミクス（原動力）によって、はじめて感じられるものなのだろうか？　自らをもっとも賢明な者と思い込んでいるわれわれ人間は、ナキウサギのはらわたに棲む寄生虫と同じように限りある存在なのではないのか？　たしかにわれわれは、より大きな存在から影響を受けるかもしれない。だが、その存在を正しく理解することはできない。それではそこに、はたして全存在の根底となるものが存在しているのだろうか？　その名前として一つ挙げられるのが無限性だ

――このようなものが存在することをわれわれは、誰しも知っている。だが、それを定義することはできない。われわれの住む宇宙（森羅万象）は、どこまでも拡大していく。しかし、それがどこへ向かって行くのか、われわれには分からない。ただわれわれに分かるのは、それが拡大しつつあることだけだ。ただし、われわれが知らないということが、外の世界にそれがないということにはならない。生命のミステリーはこれから先、いや現に今しているように、はたして何に生気を与えていくのだろうか？

生命のミステリーが活気づけているものを、推し測るパラメーターの一つは、もちろん野生――われわれが飼いならすことのできない世界――である。私は一五年のあいだ、野生の中の人間を探し求めてきた。そしてその歳月はまた、私がバルンで足跡、巣、それに二頭のクマを見つける前の一五年ということになる。しかし、イエティは、それがたとえワイルドマンでなかったとしても、それを越えたものであることはすでに明らかだ。イエティはまた「呼び声」でもある。かつてわれわれの種が、そこから出てきた場所から呼びかける野生の声だ。その野生とのつながりを探し求める人々の心に、はたしてどれほどの野生があるのだろうか？　イエティを西洋人が作り上げたものだとするヒラリーの主張に対しては、この問いかけこそが、より前向きな答えとなるにちがいない。われわれを探索に駆り立てているものは、われわれを超越したあの大いなるものを理解しようとする探求の心だ。

＊

次の日の朝、私はタマザキサクラソウ――高高度の中、紫や薄紫色の花々が咲き広がっている――の草原にいた。シリアル用のミルクをコンロで温めていると、フランス製のヘリコプターの回転翼の音が突然近づいてきた。それから一時間後には、私はデスクに座り、ワシントンから届いていた週末の電報を読んでいた。外交文書のメール・パウチといっしょに、新刊書が一冊来ていた。一九七〇年のその晩、私はカトマンズの家でこの本を読みはじめた。エリック・シプトンがふたたび、イエティの議論に参加している。一九五一年に、マイケル・ウォードとともにした発見について、これまで未公開にしていたディテールが付け加えられていた。

四時だった。一組の足跡がわれわれの進む方向へ近づいてくるのを見て驚いた。明らかにそれは、氷河の最上部の鞍部からやってきて、また、鞍部に向かっている……。足跡に近づいてみると、それは付けられてあまり時が経っていない。おそらく数時間以上は経過していないだろう……。

セン・テンシンは、われわれの中で、ミステリアスな足跡の正体について、何一つ疑問に思わなかった唯一の人物だった。まったく自信ありげに、それがイエティ（アボーミナブル・スノーマン）によって付けられたものだといった。彼はまた二年前に、この生き物を二五ヤード（約二二・九メートル）ほど離れた所から見たことがあるという。彼の話によると、その生き物は背丈がふつうの男性ほどで、尾はついていない。長い先のとがった頭をしていて、赤茶けた髪の毛で覆われていたという。ただし、顔には毛が生えていなかった……。

われわれは足跡を追って氷河の下まで行った。下っていくに従って、徐々に雪の深さが浅くなる。そして最後は氷河の氷を覆っている雪は、せいぜい一インチ（約二・五センチ）ほどしかなくなった。今までは個々の足跡がむしろ形がぼやけていたが、ここでは輪郭のはっきりとした足跡が多くあり、ロウにでも押さないかぎり、これ以上に明確な足跡を付けることは不可能だろう。他の足跡とくらべてみても、くっきりとした輪郭をしていて、そこには雪解けによるゆがみがまったく見られない。そのことから、足跡がごく最近付けられたという十分な証拠を、ふたたび提示することができた……。

この生き物が、小さなクレヴァスを飛び越えていたという現場をいくつか見つけた。そこではっきりと目にしたのは、生き物たちが雪を足指で掘って、うしろへスリップするのを防いでいたことだ……。

氷河の端のモレーン（氷堆石）に着いたときには、夜の帳が下りていた。そこでわれわれはキャンプを張った。空気の澄んだ静かな夜だった。寝袋に入って横になると、夜のしじまを破るのは、氷河が動いてたまに聞こえるギシギシという音だけだ。われわれに先だって氷河を下りた奇妙な生き物が、月明かりのしじまの中、どこかにひそんでいると思うと、さすがに背筋の寒くなる気持ちを抑えることができなかった。隣りで横になっているセン・テンシンも、私と同じことを考えていたようだが、そのことを知っても、ことさら驚く気にはなれなかった。

「だんな、イエティのやつも、きっと今夜はひどくおびえていますよ」とテンシンがいった。

「なぜだ?」と私はきいた。

「だってこれまでここには、誰一人やってきた者なんていないんですぜ。まちがいなくわれわれが、イエティたちを怖がらせていますよ」(9)

本を脇へ置くと、私は外へ出た。深夜だった。家々や店が戸を締めているカトマンズの通りを歩いた。通りがかりにただ一つ開いていたのは寺院だった。明かりが灯っていて中の偶像やランプを照らしている――そういえばイエティは一つの偶像（アイドル）だと気づいた。霊が具現化して、形あるものになったと考えてよいだろう。イエティという偶像は、仏教の故郷だと思われていたこの土地をやすやすと越えてしまった。私はカトマンズの通りを歩いているが、この都市にイエティは今、他のどこよりも（ヒマラヤ高地の雪の中よりも）大きなバイタリティーを抱いて住んでいる。現にそれはTシャツにイラストとして定着し、石けんのブランドになっていた。もちろんそれはビールやウイスキーのブランドにもなっている。もっとも遠くの山々で生息する動物が、今ではもっとも活気のある都市に生活の場を見い出しているのは、とても興味深いことだった——この都市でイエティは偶像となり、お金を生み出していたのである。

シプトンの新しいレポートを見てみると、事実という点では、最初の本と一九六九年に書かれたこの本とで変わりがない。しかし数年のあいだに、シプトンの発見がきっかけとなり、多くの探検隊によって捜索が行なわれた。その結果シプトンは、今やより多くのものを発見したことになった。それは、店先に置かれた身のまわりの品々に見られるシンボルの数々だ。中でももっとも興味深いのは次の点だろう。つまり、イエティを探索していた者たちは、それがどんな風貌をしているのかまったく分からない。彼らが手にしているのは足跡がすべてだった。それなのに、バザーで売り買いする者たちのあいだでは、イエティの容貌について意見の不一致がまったくなかった。同じようにおもしろいのは、市場ではイエティの足跡を再現する商品がまったくないことだ。

しかし、なお探索を続けているわれわれにとって、そこで説明を待っているのは象徴と化した足跡だけだ。そしてその周辺には今や希望が育ちはじめている。それはシプトンの新しい本の中で奇怪な姿に変貌しつつあるイエティである。氷河の麓で寝袋に横になりながら、彼らが以前目にした発見を思い出して、繰りひろげた想像の中で、イエティは新たな姿となって登場する。それはわれわれの野生的な祖先が、雪の中にその形を刻み込んだというものだった。私はカトマンズの通りを歩きながら、シプトンの書いていた新たなシーンを、高地の雪の中で過ごした一日に重ね合わせていた——それはセン・テンシンが暗闇で語った、生きいきとした話によって、さらにふくらんで大きくなっていった。テンシンの非科学的な心が足跡に動画を加えることで、恐怖を具体的なものにした。このようにしてイエティは、身体的な特徴を獲得し、それは多くの点で、バザールでパッケージとしてデザイン化されたものより、はるかに活気のある姿で描かれた動物となっていた——言葉による説明は事実として提供されるわけではない。だがそれは現地の人によって語られるために、いっそう妥当性を持つことになった。

シプトン自身はしっかりと事実をつかんでいた。しかし、彼が提供したものは今では、当初の一枚の写真や、登山家のルート探索という話をはるかに越えて、抑制されたイギリスの報道の中でも、はなばなしい民間伝承となっていった。実際それは地味な報道ではあったが、地元の文化から発進したものだけに、それなりに生気のあふれた豊かな話になった。

5.3　カトマンズの寺院の祭壇に置かれたランプ。

＊

一九七一年、クローニンとマクニーリーの探検隊は、バルンを目指した。その年、私はアメリカに戻っていた。マクニーリーとクローニンの二人は、遠征の資金を得ようとして、イエティを探索する意図を公にした。だが書類上ではネパール東部の生態系を調べることが目的だった。

しかし、ネパール全土を研究地域にすることができたので、彼らはトム・スリックの第二次探検隊が、もっとも刺激的な発見をした場所へと足を運んだ。イエティが一番生息していそうだとされた国の、それも中心部にベースを置き、そこから二年のあいだ調査を続けた。生息環境について学んだ二人は、イエティが自分たちを見つけてくれることを期待した。一九七三年、アメリカのＡＰ通信社は、二人の探検隊が高い尾根の雪の中で、足跡を発見したと報じた。石膏で型取りもされたという。『ボルチモア・サン』に掲載された三段分の記事（『ニューヨーク・タイムズ』の記事はそこまで大きくない）を読んで、彼らが発見した足跡は、Ｎ・Ａ・トンバジのパターンと一致していると私は思った。

祖父は、六〇年のあいだ住みなれたインドのジャングルをあとにして、当時、私の両親といっしょに住んでいた。というのも、ジョンズ・ホプキンス大学が国際保健学部を新たに設立したために、父がそこで教壇に立つことになったからである。私が今住んでいるのはウェストバージニア州（マウンテン・ホーム）の山の中だが、そこへ行く道すがら、ボルチモアに立ち寄ったときに、祖父と二人で話をしたことがあった。ある日、祖父が恥ずかしそうにきいた。私にショックを与えるのを恐れるかのように。「ダニエル、イエティについて考えたことがあるだろう？　ジャングルには、われわれの理解できないようなことがあるんだ。だけどクローニンとマクニーリーは、何かをつかんでいるかもしれないね」。二人の作戦のどこが改善できるか、祖父と私は夜中まで話し合った。

「彼らは基本的なことを正しく行なっているんだ」と祖父はいう。「二人は知っているかぎりで、もっともよい場所に腰を落ち着けて、イエティがやってくるのを待っている。分かるだろう。イエティの存在を証拠立てるためには、わずかに一頭の動物が必要なだけなんだ」

「足跡全体は、いったいどんな風だったのだろう？」と私は答えた。「二人は実際、何を見つけたのかな？　いつの日にか、私も出かけてこの目で確かめてみるよ」。祖父は一九七三年一二月一三日に死んだ。彼も私も、型取りした石膏や写真を見るチャンスを失った。だが、私はある考えだけは今も持ち続けている――探求者たちはそれぞれが足跡を報告し続ける。だが、足跡の中にはたして何か答えがあるのだろうか？

その後、ジョン・ハント卿は、一九七九年にヒマラヤ地方を小旅行中に、シプトンが見つけた足跡よりほぼ二インチ（約五・一センチ）長い、驚くべき足跡を見つけた。ハント卿は一九五二年にイギリス探検隊を率いてエベレストの登頂に成功していて、この発見は、彼がはじめてイエティを発見してから四二年後のことだった。ロンドンに帰ってくると、程度の差こそあれ興味を失っている世界に向かって、彼は次のような宣言をした。今、本当に問題なのはイエティが存在するかどうかではなく、イエティがそれを発見しようとする試みを、いかにして逃れ続けているのかということだ。

同じ年にジョン・ホワイトはＢＢＣ（イギリス放送協会）で、ハント卿のものより小さな足跡の写真を見せながら報告を行なった。この足跡はおよそ八×四インチ（約二〇・三×一〇・二センチ）で、トンバジのものと寸法が一致する。四本の指と親指のような内向きの指がついていた。トム・スリックが正しかったのか？　あるいはイエティは二頭いたのか？　またホワイトの足跡は幼獣のものなのだろうか？　ホワイトは音の特徴についても述べている。足跡の写真を撮っていたとき、探検隊のメンバーたちは、崖の上から耳をつんざくような叫び声が聞こえたという。それは一〇秒間ほど続いた。その金切り声はイエティのものだとシェルパたちはいった。

テレビで放映されたホワイトの足跡とハント卿の断言は、イエティに対するイギリス人の関心にふたたび火を点けた。そしてほぼ何もなかった一〇年の歳月を経て、突如、発見が相次いで起きた。一九八〇年には、ポーランドのエベレスト探検隊が足跡を見つけた――それは大きな新種で長さが一四インチ（約三五・六センチ）あった。その後、一九八六年にもインドのヒマラヤ地方（私の故郷の渓谷の近く）で、イギリスの旅行家アンソニー・B・ウルドリッジが、岩山のあいだの狭い溝に立っていたイエティに遭遇した。ウルドリッジは親切心から写真のコピーを送ってくれた。ウォーデルが目撃してから八七年にわたって探索をしたあとで、イエティがどんな風貌をしているのか、やっとのことでわれわれは知ることができた。研究機関ともっとも保守的な動物学者たちが、ウルドリッジの写真をダブルチェックした。そこには作り話めいたところは何一つなかった。ここに、彼が『国際未知動物学会学術誌』の一九八六年版に載せたレポートがある。

一組の足跡が背後のスロープを横切って、ひょろっとした低木の茂みの先へと向かっていく。その地点に……おそらくは二メートルほどの背丈の、大きなものが立っていた。……目の前にいるのに、ごくわずかでも似ているものはと考えて、ただ一つ思い浮かんだのがイエティだと気づいたとき、私は自分の興奮を抑えるのが難しかった。……それは足を左右に開いて立っていた。頭は大きくてほぼ四角形。一見すると、右肩を私の方に向けて、スロープを見下ろしているようだった。体全体が黒い毛で覆われているようだが、二の腕だけは毛の色がいくらか明るい。……私はおびただしい数の写真を撮った。[10]

ウルドリッジが発見したとき、私は手紙を書いて、彼に完全なレポートを送ってもらった。そのある部分がとりわけ私をまごつかせた。彼が見た動物は空いたスペースに、四五分ものあいだ立っていたという

——だが、他のすべてのレポートは、イエティがきわめてシャイだと報告している。ウルドリッジは、その動物が落下したために放心状態だったと考えた。だが、ショックにより放心状態に陥った哺乳動物は、私の知るかぎりでは、血液の循環をよくするために、頭を心臓の下まで下げるという。全体的に見て、他のものと違ったふるまいをするその動物は、おそらく、実際は動物ではないかもしれないと私は思った。

もちろん、他の説明をすることも可能だろう。ウルドリッジは肉体的な奮闘と高度のために、低酸素の状態になっていたのかもしれない。湿った雪の中を歩いていた、と彼が報告していたことから考えると、おそらく少し低体温気味だったのではないだろうか。イエティに見える影以外に根拠がないことから、私の推測では、彼が写真を撮ったのは岩か木の切り株ではないかと思う。私はそんなことを書いて、ウルドリッジに手紙を出した。彼は返事をくれ、のちに同じことを公にした。発見した場所へふたたび訪れてみて、彼は岩を生き物と見まちがえていたことに気がついたという。

6　川の中に消える足跡

6.1　ナンチェ・バルワ渓谷のポ・ツァンポ川上流。川は野生地域のまっただ中を流れている。

イエティが正真正銘の動物だという証拠は、すべてが雪の中で見つかっている。中には、バルン渓谷の深いジャングルの入口で発見された石の上の奇妙な足跡や、エベレスト地方の全域で目にする、それに似た他の暗号めいた跡もあるにはあった。しかし、雪が消えてしまうと、証拠も消えてなくなってしまう。ヒマラヤの雪は高く、はるか彼方まで積もっていて、いつまでも溶けることがないようだ。そして氷河もまた何世紀ものあいだ変わることなく、一見、外部のスペースとは、はっきりと切り離されているように見える。雪や氷に残された足跡は、永遠に消えることなく保存されているようだった。しかし現実には、足跡は付けられるとその先からすぐに消えはじめる。氷河のある高地では、気圧が海水位の半分ほどしかないのに、そこに降り注ぐ太陽の熱は二倍の強さだ。そのために足跡は、すぐに空気中に昇華されてしまう。

ネパール東部にそびえる氷河から溶け出した水を（したがってイエティの証拠を）、すべて集めて流しているのがスンコシ川だ。エベレスト、マカルー、ローツェ、チョーオユー、シシャパンマ、その他二万フィート（六〇九六メートル）を越す山々の雪、そして氷河のしずくなどが各川に注ぎ、それが集まってスンコシ川の濁流に流れ込む。一九七〇年、われわれ四人（テリー、チェリー、カール、私）はこのヒマラヤの川を下った。

他の者たちが命を落としている川下りで、われわれははじめて成功を収めた。一年前、エドモンド・ヒラリー卿はこの川をジェットボートで上ろうとした（最初の試みだったので、彼は方向を逆にして、むしろ上流へ向かう方が安全だと考えた）。以前にしてないことをするとき、そこには独特な強い衝動がともなうものだが、とりわけ荒々しい自然と出会うことで、原始の活力が動きはじめる。「はじめて」の試みという何ともいえない誘惑は、直接生命の現場に立ち会うことによって、ますます増幅された。そしてどの瞬間においても、はたしてふたたび家に戻れるのだろうかと感じた。

それは人を挑発させるようなことを何か、してみようと思わせる試みだった。というのも、これから起こるまったく未知の出来事が、自分自身にも、知ることのなかった能力とつながっているからだ。ヒラリーとテンジンが偉大な登頂をなし遂げてから数年後、ヒラリー自身が私に伝えてくれたように、それは征服ではなく、可能性への問いかけだった。以前、誰一人訪れたことのない場所で付けられた足跡は、それを見つけた者の中へと向かう道を開く。そこへ出入りすることで人生が開かれ、今度は自分の内側へと探索をしはじめる。

スンコシ川を押し開いたわれわれの探検（それはヒマラヤの大河を川下りしたはじめての成功でもあった）は、四〇年後の現在、「リバー・ランニング」と呼ばれている、新しいヒマラヤのスポーツのさきがけとなった。それまでにヒマラヤで行なわれていた冒険といえば、もっぱら高い山に上ることだった。それが今では、下ることへの挑戦が行なわれる。何千という人々がヒマラヤの河川を下る。それはちょうど、テンジンとヒラリーがヒマラヤの高峰を押し開いてから、毎年、何百人という人々が、エベレストに上るようになったのと同じだ。そんなわけで、とても制御しきれないヒマラヤの急流を発見するために、われわれ四人はスンコシ川の流れに身を投じた。

＊

ヒマラヤほど険しくない山々では、川岸沿いに人々がつけた道はしばしば先へと伸び、土手には草花が植えられ、舗装はされないものの土を固めた道路が作られる。そしてやがては、車が通れるような道路ができあがる。渓谷を通って行くことができれば、それが山を手なずけたはじまりといってよいだろう。

しかし世界でもっとも高い山々となると話が違う。河川のグレード（難易度）が低い穏やかな川といっても、そういったチャンスをなかなか与えてくれない。ヒマラヤでは、至る所で川から急斜面の断崖がそびえ立っている。旅をする者にとっては、川が障害となっていた。ふつうに川岸とされている所がすべて崖なのだ。人々が川の難易度を頼りにつけた道が、次の洪水によってたちまち消し去られてしまう。このような垂直の崖を持つ渓谷では、集まった水が激しい勢いで流れ落ちる。水の勢いは増幅し、高所の岩は変形を余儀なくされる。

高い滝から激流となって落ちてくる川に沿って、震える岩がこの土地の内深部からそそり立っている。われわれの地球は一見すると、いかにも岩が強固なように見える。だが、地球は自らをひどく圧迫するために、内部の岩は泡立ち沸騰する。そしてそれを立て直すために、地球内の岩は動いて川へと出ようとする。今から一〇〇万年前、その溶解した動きが始原大陸のゴンドワナを作り上げた。これは藻類の時代で、原始の生命が水から陸地へと移動しはじめた頃だった。ゴンドワナの片割れがさらに移動して、新たな大陸を作った――それがアフリカ、南極、オーストラリア、アメリカの各大陸である。だが、その一つであるインド亜大陸はテチス海へと北東に横滑りして、もう一つの始原大陸ユーラシアとの合一に向かう。もしヒマラヤが今日でも、なお震動し、山々が上へと隆起しているのなら、それは地球のプレートが動いていると考えるべきなのだろう。プレートは地球の深部で沸騰する岩によって突き動かされ、テチス海の下を、人間の指の爪が伸びる四倍ほどの速さで、そして世界を揺るがすスピードで移動している。

こうしてインド亜大陸がユーラシア大陸と衝突し、当時はまだ平坦だったテチス海岸に、ヒマラヤ山脈が隆起しはじめた。地球は自らを材料にして自分を生み出す。海底を空中へと押し上げ、一八〇〇マイル（約二九〇〇キロ）にわたって帯状の岩を隆起させた。われわれの地球が生み落とした、この上なく大きな難破船のようなこの漂流物が今日もなお活動を継続している。ゴンドワナの片割れは今も、一〇マイル（約一六キロ）地下の沸騰するマグマの中に入り込んでいるために、内部の岩の流れは、引き続いてチベット高原（西方のヨーロッパとほぼ同じ広さがある）を隆起させ、すでにそれを海面から四マイル（約六・四キロ）も持ち上げていた。そしてこの隆起のもう一方の側に、深い裂け目を作った。これが世界で最深のバイカル湖である。

地球上で起きた二つの大陸の衝突。それによって生じた一八〇〇マイルに及ぶ山脈の両端を二つの川が取り巻いている――インダス川とブラマプトラ川だ。この二つが巨大な大陸の創造物を取り囲む。両河川はともに、チベットの聖山カイラス山の雪からしたたり落ちる水を水源にしている。インダス川は北に流れたのちに西へ曲がり、ヒマラヤ山脈の北西端を巻くようにして南へ進路を取る。一方、同じ山から流れ出したブラマプトラ川は、東へ流れてのちに南へ向きを変え、やはりヒマラヤ山脈のもう一方の側を巻くように流れている。さらにカイラス山の麓近くで、もう一つのガンジス川が源を発していた。この川はヒマラヤ山脈を突っ切って南に下り、山脈の南側の土地を排水している。

ガンジス川は山脈南面を流れる川の水を集めるが、それにスンコシ川も勢いよく流れ込む。この水はインドの平原を横切って流れ続け、インドの肥沃な土地に栄養分を与えた。そしてついには注目すべきことが起きる。ガンジス川（女性とされる）とブラマプトラ川（男性とされる）がふたたび合流する――同じ山で別々の方角へスタートした両河川が、一方は東に、もう一方は南に流れて、最後にいっしょになる。両河川は最後の数マイルをともに旅して、太古のテチス海であるインド洋へ流れ込んだ。一つの山から流れ出した水が、地球上でもっとも巨大な壁を周回してふたたび合流した。

このような川の流れとともに、もう一つヒマラヤ山脈を周回しているものがある。それは地上を横切っているのではなく、川が山脈のまわりを取り巻いているように、空中を周回している。川の水は下流へと流れていくが、蒸発した湿気は上へと上っていく。海から空へと上昇した蒸気は、空気中で雪へと変わる(「ヒマラヤ」はサンスクリット語で「雪のすみか」を意味する)。地上へと引き戻された雪は圧縮されて氷河となる。そして地下の岩が動くと、固い氷も滑り落ちる。この移動する氷河の上に、ミステリーに満ちた動物の足跡が残される。足跡をともなった雪が旅の最後に行きつくとき、雪は溶けて、足跡のミステリーもいっしょに流れ去ってしまう。

世界で一四番目の高峰シシャパンマの氷河から、スンコシ川(黄金の川)が流れる。中国を横切りネパールへと入る。スンコシ川に他の川が合流する。タンバコシ(銅の川)、ボテコシ(チベットの川)、ドゥドコシ(ミルクのような川)、アルン川、タムル川。このような川の水源は、世界で六番目、七番目、四番目、三番目、そして世界最高峰の山々だ。幾多の川の合流によって、パワーアップされたスンコシ川は、最後にヒマラヤの障害物を突破する。それは高峰マハバーラトレク山脈のチョトラ峡谷だ。

6.2　アルン川とバルン川の水源の雪原に立つリンガ〔ヒンドゥー教のシバ神の象徴として崇拝される男根の形をした石〕

＊

われわれ四人(テリー、チェリー、カール、それに私)は川へ行った。自分たちには二つほど強みがあると思っていた。一つは、私が川の上をヘリコプターで飛んだ経験があったことだ。そのことで川には、ひとまず大きな滝がないことを確認できた。エドモンド卿はチームのメンバーを一人亡くしていたので、カトマンズにいたわれわれのあいだでも、はたして川にボートを浮かべることができるだろうか、という疑問は残っていた。二つ目の強み。それはわれわれには特別なボートがあることだ。以前、使われていたボートはパドルで漕いだ。だが、われわれが手に入れたものはオールを使う。船尾に舵取りオールがあり、ボートの中央には前進とターン用に一対のオールがある――さらにパドルも二対あるので、ゴムボートを回転させることもできる。加えて三つ目の特徴として、われわれにあるのは恐れを知らない大胆な心意気だった――四人の年齢はすべて一六歳から二六歳のあいだである。

川の流れから離れて堤へ上がれば、われわれの生活は周囲の全景のどまん中で営まれることになる。注意はあてもなく、自分のまわりを四六時中うろつかざるをえない。そしてそれは、三六〇度の感覚を通してすべてを選択することになる。ところがいったん川の上に浮かぶと、われわれを支配するのは川で、われわれは川の力のなすがままだ。振動する線（流れ）を下っていく。陸の上では選択肢に囲まれていたものが、川に入ると一本線となり、もはや選択の余地はない。われわれは線の上を、むりやり走らされていく。われわれが知っているのは、これまで下ってきた上流のことだけであり、これから知るのも、ただひたすら先にある一つの未来だけだ。これまで知ることのなかったことについて、人生の疑問を投げかけながら下流へと向かう。だが、やめようと思えばどんなところでも、ボートを止めることはできる。しかしそれは、今までに解決が不可能だった疑問へ向かって、飛び込んでいった流れの中で、わずかに持ちえたつかのまの休息でしかない。

われわれはボートを、チベットの国境の真南を流れるタンバコシ川に浮かべた。川下りは四日四晩続いた。スンコシ川の河系は、中国の国境の北から南へ、ネパールを横切って流れ、ガンジス川へと合流する──ガンジス川はインドをほぼ横半分に、西から東へと横切り、インドの水量の三分の一を運んでいる。目の前にあるのは二〇〇マイル（約三二二キロ）という距離だ。一日目には、みるみる高度を失っていった。八分ごとに急流にさしかかる。苦労したのは二日目だった。二つの急流を今まさに越えようとしていた──一つ目の急流は、川の端へボートを寄せることで何とかしのいだ。ぎざぎざの岩で、ゴムのチューブを引き裂かれることだけは避けることができた。二つ目の急流では、水圧でできた中が空洞の穴を横に見て通り抜けた。川の水が渦を巻きながら、穴に流れ込んでいる。三日目。三〇分ほどだったが、あぶくの中でボートを漕いだことは忘れられない。

川を下ったのは、モンスーンの季節が終わりかけている頃だった。水流はかさを増していたが、ようやくそれも引きはじめていた。大きな水量は、川の中に散在する大きな石を隠してくれる。旅を計画していたときに心配だったのがこの石で、そのためにボートが転覆するのではないかと恐れた。したがって、われわれが出発の時期として選択したのは、水量の大きなモンスーンのあとだった。ヒラリー卿チームの一人が陥った運命のように、ボートから投げ出されるかもしれないことを、われわれは知っていた。大きな石の上にボートを持ち上げるためには、たしかに大きな水量を必要とする。だが、その一方で、かさの増した水は水圧によってさらに大きな穴を作る（急流や大きな石のあることが分かっている今、川下りをするためには、あまりに大きな水量の時期は避けるのが賢明だろう）。

水かさが増すことで感じられるのは、爽快なスピード感だ。目の前に、木が一本浮かんでいたことがあった。それは大きなただの幹だが、枝はすべて上流の早瀬で剥ぎとられていた。木の幹自体が上流のジャングルで、スロープから根こそぎ引き剥がされたものだ。それが流れの中央に浮かんでいるので、われわれは流れがそれほど激しくない川の縁に避難していた。丸太はしばらくのあいだ、ひょいと顔を出してはまた潜り、すばやく上下しながらボートと平行して流れていた。そして突然、水流が作り出す穴に突き刺さると、次の瞬間、勢いよく穴から飛び出した。われわれは丸太を先行させることにした。空気を目一杯入れたボートは立ち直る力を持っていたが、丸太にはそれがない。それにボートはまた、水圧による穴の縁を巧みにまわって、よけることのできるオールを備えていた。人生で大切なのは、ときどきそれをやり過ごすことだ。

今日、スンコシ川はよく知られていて、ガイド付きの川下りをする旅行者たちはしばしば、川のそばの森でイエティを探しながら下るようにとガイドから案内される。川を下る旅は何度くりかえしても、そのどれもがそのつどユニークな船旅となる。すべての川が日々目新しいからだ。このように野生がくりかえし新しく発見される中で、われわれもまたそれぞれが、道中で未知のものを発見する。そして同時に、自分の中の未知を見つけ出すことになるが、その衝動はそれなりに意義がある。

われわれ人類は現在、気候の変動、種の多様性の減少という、自らが招いた瀑布の中をどたどたと歩いている。われわれの旅がもたらすものは、かつて野生だったものの終焉だ。われわれは最高峰の頂上を極め、あらゆる土地を探検し、数多くの危険を手なずけてきた。したがって「最初」と名付けうるものは、もはやほとんど残されていない――わずかに残っているのは、不透明な未来へと突き進むことくらいだ。人々が乗っているのは変化を余儀なくされた地球だ。だが変化したのは地球ではなく、むしろそれは、地球に対するわれわれの理解の仕方だった。「人新世」(アントロポセン)〔人間が地球の生態や気候に大きな影響を与えるようになった産業革命以降の時代〕という言葉は、今ではこの人間が作り出した新時代を記述するために使われている。われわれが形成してきたものは、より温暖な気候や種の喪失などをはるかに越えた、より古い自然の流れの再調整である。その結果の一つが、今や自然は、われわれを強力に支配するものではないという傲慢さであり、その力でわれわれをおびえさせるものではない、という思い上がりだった。

多くのエネルギー源を人間が使ったことで、地球の容貌に新たな変化が生じたにもかかわらず、われわれはこの新しい時代をコントロールすることができていない。時は刻々と流れ去っていく。われわれが学ばなくてはならないのは、川のような時の流れの中をうまく漕ぎ進んでいくことだ（大変動によってではなく、自ら進んで目を覚ますことで）。この船旅へ参加するつもりが十分にあるかどうかについては、もはや選択の余地はない。われわれはすでに自分の形成の力に依存し、それに支えられている。われわれが穴に巻き込まれないようにするために、テクノロジーを利用すること――衛星あるいはヘリコプターから見たり、強力なオールを備えた乗り物を使用したり――は、いくらか助けになるかもしれない。しかし、われわれはすでに新たな、はじめての川下りを創造して、それをはじめている。それがわれわれを連れ出すのは、地球上の川下りではなく、実は地球の、そして存在のシステムを再形成する旅へと誘う川下りなのである。

「人生」という大きな川をわれわれはあまり知らない。地球規模の変更を行なったとする以前のうぬぼれは、今や理解できないような流れの中を走り続けている。われわれを未知へと運ぶものは、もはやあと戻りができない。時間はあらゆる川のように、一方向へ向かって走り続ける。たとえばそこには、川の流れを押し戻す潮があるかもしれない。にもかかわらず川は前へ前へと流れていく。

今回のスンコシ川探検で、われわれはさまざまな形で自由となった――探索という仕事からの自由、そして四人が土手に立って、おしゃべりをしていたときには、川から自由になっていた。川は人生のように大きな探検の場だと思う。自分自身を分析するために、われわれは川下りを試みた。しかしひとたびボートに乗ってみると、もはやそこに自由はない。われわれは捕らえられてただ運ばれる。流れの中で生きなければ流れに乗ることはできないということを学んだ。滝のように下っていくが、向きを変えることはできない。われわれはこの流れに、丸太のようにして押さえ込まれてしまった。

スンコシ川のような川では、大きな石もわれわれ同様、激流とともに流されていく。石は川底で移動する。だがそれでもなお、われわれのように、下降してくる流れに押される。大きな石はわれわれが通過する急流を作り出す。ときには家ほどもある巨大な石が転がって、急流の場所を変える――そして、モンスーンの終わりには、大きな石もごろごろと回転していた。水中の石がボートのゴムチューブに当たって、どすんどすんと音を響かせた。それをわれわれはじかに感じた。川は山を動かす。そして川に挟まれた山々も動く。

急流の音を前方で耳にすると、オールを握る手に思わず力が入る。一瞬、姿勢を正して身構える。急流が近づくにつれて川は流れが速くなり、前方で急降下する。急流に入ると、船首を回転させ、オールで望ましい流れの方向にボートを向かわせる。ボートは加速する流れの中で、いちだんとスピードアップした。しぶきを上げて、急流はわれわれをさらに前へと進ませる。

渦、岩、畑、ジャングル、霊、それに人々。生活のモンタージュが通り過ぎていく。川がすべてをいっしょに結びつける――急流のリズムが生活に句読点を打つ。前方と下方で、川は雨と溶けた雪によって水かさを増す。われわれの運命はなすがままに流れていく。海から来た水に押されて戻るかと思えば、それが引く波に乗って海の方へと戻っていく。水は循環して空へと向かい、今は故郷を目指している。われわれには方向を選択することができず、そのつど、こまごまとスピードを調整するだけだ。この動きの中にいると、変化しつつある地球の動脈の中にいるような気になる。

われわれの未来は、疑問をはらんで不気味な姿で現われる。だが、現在は急流に何度も打たれながら、答えを携えて滝のように落ちていく。答えは次にやってきた淀んだ流れの場所で、記憶の中へと流れ込む。そしてわれわれの指を抜けて滑り落ち、オールを握って漕いでいると、それは指を濡れたままに残した。われわれの行為は、一つの出来事から、もう一つの出来事へと移る。そしてわれわれは、下流へと突進することを賛美し、それを楽しんだ。飛び散ったしぶきはその一つ一つが、次の企てへ向かう道の刺激となった。

二日目の朝早くわれわれは、以前、ある友達が探検をして、中断せざるを得なくなった最果ての地点を通り過ぎた。旅行をする前に、最善をつくして学んだところによると、スンコシ川を完全に航行する試みは、現在までに四回行なわれている。その中の一つがこの友人によるものだった。チームのボートを失った彼は、急流のまん中を走りぬけようとして、水圧の穴につかまり、回転しながら渦の中に巻き込まれたと述べている。われわれはその轍を踏むことなく、ルートを左へずらしてことなきを得た。このような急流を巡る騒ぎのあとで、友人のチームは川から引き揚げ、ひどくのろのろと歩いて、カトマンズまで戻ったという。生きて帰れたのは幸運だった(彼らが失敗したもう一つの原因は、ボートがあまりに小さすぎたことにあった)。

四回の試みの詳細を知っていた私たちは、それからというもの、この新たな姿を見せる川を今はじめて下っているのだ、という思いを強くした。急流はそのどれもが、新たな不確実さを見せていたし、さらに大きな未知のものが徐々に近づいていた。それは謎に満ちたチョトラ峡谷だ。ヒマラヤ最後の山峡を通り抜けている川は、いったいどれほど大きな川幅になっているのだろう？　たしかに川は今ではたくましく強力になっていた（われわれのスンコシ川には、タンバコシ川、ボテコシ川、ドゥドコシ川が合流している）。チョトラ峡谷へ入ったとき、すでに大きな激流となっていた川には、さらに、ヒマラヤでもっとも古いアルン川が加わり、タムル川も合流した。そのときには六つの川が一つになって流れていたのである。

永遠の確実性を抱いて川は流れ続け、われわれの現在には未知のものなどまだ何もなかった。流れは、われわれが通り過ぎた川と合流することでたえず成長を続けていた。流れが大きな石の方へわれわれを引きつけようとするが、われわれは流れの中で旋回を続け、さらに前へと進む。静かな時間がやってくると、われわれは自分たちの生活を特徴づけている美しさの中を漂った。それは強烈な青い空であり、生長する緑の稲に激しい暑さで照りつける太陽だった。川がやがて低い標高へと流れてくると、そこで通り過ぎるのは、たわわに実った稲の生えた畑で、そこでは、稲の穂を収獲している人々を見かけた。背後には高くそびえる崖が迫り、川は人々が住む土地へと入っていく。誰もが働いている。彼らは手を振り、ときに近くの人に叫んでは、われわれに向かって指を差していた。

太陽が肌を焦がす。じりじりと焼かれて、われわれはたまらずにボートの縁から川へと滑り出た。ひりひりと痛む皮膚は、ひんやりとした水に浸っていくらか痛みが消えた。ボートは相変わらず下っていくが、今はときおり、オールで漕ぐことをやめて流れにまかせ、川のはずれで浮かんでいた。流れの一粒子となって身をまかせている。あるいはときおり、ボートの中でじっと座って、川からなるべく離れているようにした。ただ待ち続けている状態だ。

急流はまず音でその到来を教えてくれる。うなり声……そしてそれが徐々に大きくなる。早瀬は最初、川をよぎるような一本の横線として見えてくる。下っていく川のラインが突然、その横線を突破する。うなり声は騒々しい音へと変わる。川の下顎が大きく開く。その中にゴムボートが引き込まれていく。ボートはその重さを川底へ投げかけ、船首を高く上げる。落下する川の歯に食べられてしまわないように、さらには逆流にさらわれるのを防いで、ボートを前へと進めるために、リズムを取りながらオールで必死に漕いだ。

ネパールの中心をなす丘から、住む人もまばらな山麓の丘へとボートは流れ込んでいく。カーブを曲がって、四方が崖によって断ち切られた、緑あふれるポケットのような場所に入った。オールで漕いで着いた所は、太古の時代の土手だった。野生そのままのジャングルがそこにはあり、一見するとまったく人のいない、岸壁に守られた谷のようだ。だが実際にはそこに切り株が残っていて、遠い昔に人々がここへ来ていたことが分かり、われわれをほっとさせた。木の茂みの中にバナナの木が一対あった。いつどのようにして生えたものなのか分からないが、それが今は食べ頃のバナナを実らせていた。われわれにとってそれは新鮮な果物で、一時の安らぎを体に与えてくれる。一同は、湿ってひんやりとした苔の上に身を横たえた。

ボートに戻ってみると、頭の毛が白いシロボウシカワビタキが、ボートの前の岩にとまっていて、尾っぽを上下に振っていた。くちばしを水に浸しては、甲高い声で「シュリー」〔ヒンドゥー教の女神で、美と富と豊穣と幸運を司る。別名ラクシュミー〕とさえずっていた。次のカーブのあたりで、川幅をよぎるようにしてクモが巣を張っている。その糸が織りなす格子模様がしずくに濡れ、しかもそれが揺れることで、光をまき散らして虹を作り出していた。ボートが揺れながら岸に近づくと、たくさんの飛沫がクモの巣を濡らした。そして青い空を背景にして、しずくがきらきらと輝いた。しかし、流れは相変わらずわれわれにぶち当たり、先へ先へと追い立てた。

ヒマラヤで昔から行なわれていた河川の航行は、急流と急流のあいだの淀んだ所を、丸木舟で横切ることだった。丸木舟は、流れの速い上流まで綱で引っぱり上げられた。利用者たち、それにおそらくはヤギが一四、ニワトリが数羽寄り添って乗る。舟の漕ぎ手や利用者はたいてい泳ぐことができない。水より数インチ上の舟縁を利用者はしっかりとつかみ、漕ぎ手の一人が船首に、もう一人が船尾に座って、対岸まで精力的にパドルで漕ぐ。下流に行くに従って近づいてくる急流に、利用者たちが呑み込まれないようにと必死でパドルを漕いだ。

ネパール人が一人手を振って、岸へ来るようにと招いている。岸へ寄って彼と話をした。彼もわれわれのように、川を使って旅をしたという。娘の婚礼に費用がかかるので、貴重な籐を収獲した。長さ一〇フィート(約三メートル)ほどに切りそろえた籐を束ねて、巨大な人工の浮き島を作った。われわれが川を下っていったようにこの浮き島は、流れ落ちたり回転しながら——いったんは沈んでも、つねに水面へ浮き上がってくる——川を下った。ネパール人は籐の束を、チョトラ峡谷を通って国境を越え、インドまで流していった。「金は手に入ったが、二度とやる気はない」と彼は明言する。「こんなことはもう二度としたくない」。われわれは笑いながらボートへ戻っていった。少なくともこれから先はわれわれも、はじめての川下りという名誉を手に入れることはできない。

波、滝、岩。われわれは心にそれぞれが、個人的な思いをたくさん抱いていた。川下りの計画はみんなの心に記憶された。そしてそれは、これから先の人生に向かって、それぞれの希望をさらに再確認するようにと促した。この探検では当初、われわれはたがいに、あまり近寄りすぎないようにとわが身を守った。そして四人が相手の手助けをするときにも、ある一定の距離を保とうとした。そこにあったのは、以前、けっしてしなかったことを、何か試みてみたいというプライドだった。グループを一つに団結させたのもそのプライドである。だが、そこにはまた四人をばらばらにしてしまう問題も起きた。しかし、みごとに成就した挑戦が改めてグループを一つにさせた。というのも、テリー、チェリー、カール、それに私の四人が、それぞれ単独では、とてもボートを回転させたり、加速させることなどできなかったからだ。四人でいっしょに作業をしていても、一人のまちがった動きが、往々にしてボートを転覆させ、残りの者たちを沈めることになりかねない。ただし、オールを漕ぐときには近くにかたまった。この探検をはじめるに際して、われわれは自分の人生を進んで、他の者たちに委ねた。ともに先へ進む中で、ひとたび私がボートの外へ投げ出されたときには、残りの友達の手が私の手首を握り、引っぱり上げてくれた。腕の腱は膨れ上がってしまったが、私は黒いゴムのチューブを越えて、共有する輪の中へと引き上げられた。

そののちも、ボートは流れつづけていたが旅は終わりを迎えた。六つの川が合流して流れるチョトラ峡谷の渓流は、これまでの舟旅を考えると、スピードが速く、しかもなだらかな流れだったことが分かる。峡谷を出ると、インドの国境が目の前に迫っているようだ。川にはもちろんパスポートはいらない。だが、人間には必要だ。今われわれが立っているのは、これまでとは違ったタイプの川岸だった。そこはインドの平原の上にあり、川には土手があった。川幅は広く、川はゆったりと流れている。それはもちろん同じ川だったが、われわれが到着した川岸は完成されたものだった。もはやわれわれは、自分の人生の一部だった川とともに走ることはしない。川は今、われわれの心の中で流れている。そしてこの急流下りから、われわれが知るようになったのは、尾根の背後に隠れて、そこから聞こえてくる、はやく山へ戻ってこいという呼び声だった。

7

バルン・ジャングルへ

7.1 ［アメリカの漫画家ダン・ピラーロ画］

一九七九年五月。われわれがバルン渓谷へ入るまでには、まだ三年の歳月があった。それに私のイエティ探索もすでに二三年ものあいだ続いていた。この日、私は学生時代の友達のダン・テリーとランチの場所へ向かっていたのだが、ネパール国王からバルンを探検してみては、とアドバイスを受けたのも同じ日で、ランチのあとのことだった。われわれはボブとリンダのフレミング夫妻が住む、カトマンズの小さなバンガローへ向かう道を歩いて上っていた。テリーと私は振り向いた。するとそのとき……

「キーッ」という鳴き声。

れんがの壁を背景にして、なかばシダの蔭に体をかくしながら、六フィート（約一・八メートル）もあろうかという、灰色のナンダ（ナミヘビ科ナンダ属）がいた。ヘビの口がくわえていたのはふつうのカエル（アカガエル科アカガエル属）だ。鋭いヘビの歯がカエルの胴体を貫いている。一瞬前まで近くの水田にいたカエルだ。今は足をばたつかせている。キーッという金切り声は、ボブがバンガローのドアを開くまで続いていた。コーヒーテーブルでは、ティーカップのセット、ティーポット、ストレーナー、ミルク、砂糖、ビスケットなどが待っていた。

ボブがバッファロークリームを少し加えて、ティーカップをくれたので、それを受け取った私は、ついこのあいだ、テリーといっしょに行ってきたばかりの、マルシャンディ峡谷のことを話しはじめた。とくにアンナプルナ山脈とマナスル山塊のあいだで狭まっている峡谷のジャングルについて話した。このジャングルのことを聞いたのは交易商人たちからで、一八年前にはじめて彼らとブン・マンチの名前を共有した。そんなわけで今回、医学研究の遠征に参加して、マナン渓谷へ向かった旅では、私はある村に立ち寄ったのだった。それで今ボブに次のような話をした。村人たちは、夜な夜な彼らの畑にやってくるのがジャングルマンだと信じていたこと、そして、それを何とか防ぐために、彼らは畑のまわりにフェンスを作ったことなどである。

ボブはその道が、峡谷の脇まで続いていたことを知っていた。そして、そこには黒い崖がそびえていて、道が続くかぎり、ジャングルも続いていたという。その場所がとりわけ湿度が高い理由についても話した。大気がアンナプルナとマナスルの山塊のあいだを通り抜けてくるので、湿気をともなうのだという。ボブはたしかにそこが、生物学的には非常の豊かな土地だということに同意した。だが、ジャングルに地域を限定したとしても、そこで未知の動物を見つける可能性については、かなり否定的だった。そして、畑へ侵入してきたのは、きっとサルかクマにちがいないという。

私は納得できなかった。ただ想像しただけで、はたして人々はフェンスを作ったりするだろうか？　竹のフェンスではクマの侵入を阻止することなどできないし、サルだって簡単に飛び越えてくる。

テリーはここで、ごくまっとうな事実を指摘した。だいたい村人たちはサルやクマをよく知っていた。クマやサルの残した証拠についても気づいている。それなのになぜわざわざ、ブン・マンチの話をでっち上げなければならないのだろう？　しかし、テリーも私もここではちょっと控えめだった。というのも、われわれの学校時代を通して、ヒマラヤの自然史については、ボブの知識にわれわれは畏敬の念を抱いていたからだ。博士号を取得するとボブは、これまでの一五年を、ほとんどフルタイムでヒマラヤ探検に費やしてきた。

ボブはここで、たえまなく続くわれわれのこだわりをちょっと微調整した。「君たち二人は車の中でさえ、イエティを探していたよね」。彼が思い出していたのは一九六八年のわれわれだった。テリーと二人でフォルクスワーゲンのヴァンに乗って、ドイツからインドへ向かった。そのとき、このバス仕様の車を「イエティ・カ・バイ」（イエティの兄弟）と二人で名付けた。

それは大学院で最初の一年を過ごしたあとの夏のことだった。われわれが旅に出る三日前に、テリーがハーバードの郵便ポストにメッセージを送ってきた。「お前がフォルクスワーゲンのヴァンをドイツで買う。六月一日にスイスで合流。俺はインドまでのガソリン代を払う」。一九六八年は、ビートルズがイエロー・サブマリンを歌い、ヒッピーはハシーシュやインドの宗教へと向かった。そんな時代には、イエティの探索が意味を持ったのだ。しかし、テリーの謎めいたメッセージは、スイスのどこの空港へ行けばいいのか伝えていない。そこで六月一日、四〇〇ドルでフォルクスワーゲンのヴァンを手に入れた私は、チューリッヒでアメリカから来る便をことごとくチェックし、長距離電話でジュネーブに到着する便をすべて調べた。テリーがガソリン代はもとより、電話代も支払った。

途中で会ったヒッピーを乗せては、距離に応じてお金を取った。トルコのアンカラでイエティ・カ・バイのクラッチを調整したが、そのとき、ロバート・ケネディが暗殺されたことを知った。アララト山の南で、山賊に出くわしたが、これも巧みに避けて逃れた。アフガニスタンのバルーチスターン砂漠では、日蔭にいても気温が華氏一二一度（摂氏約四九・四度）もあって、うだるような暑さだった。

車のクランクシャフト・ベアリングが焼け付いてしまった。仕方がないので、スパム缶やハーバードの文房具などで応急処置をした。だが、すぐにまたベアリングがパンクして、今度はエンジンの中身がクランクケースを破って飛び出してしまった。インドにたどりついたとき、ボブは青と白のイエティ・カ・バイを見て、大笑いをしていた。それからというもの、会う人がみんなそれを、「お粗末な(アボーミナブル)バス」と呼ぶようになった。

ボブがさらに何か冗談をいってくれるかな、と私は半ば期待していた。ボブはティーカップをテーブルに置くと、こちらに身を寄せてきて、低い声で囁いた。「君たちのやる気を削ごうというわけじゃないんだが、私はイエティがブン・マンチやヒト上科の動物だとは思わないよ。六年ほど前だっただろうか、マクニーリーとクローニンが、彼らの見つけた足跡の石膏型を見せてくれたんだ。それは、私が知っているヒマラヤの動物のものではなかった。むしろ霊長類のような親指をしたゴリラに似ていたんだ。マクニーリーとクローニンは他にも足跡を見つけているんだが、それはハニーガイド〔熱帯アフリカやアジア産のキツツキ科の鳥〕のようなものだった。つまりネパールにとっては、これまでに知られていない鳥だった。したがってこれは、単なるでっち上げの作り話ではないと思うよ」

こちらに身を寄せていたボブは、自分の椅子へ戻った。そして気まずい空気が流れる中で、ランチ・テーブルへ行こうかと誘って促してくれた。われわれはスパゲッティが載った皿の周辺に座ったものの、相変わらず誰もしゃべらない。証拠は目の前にあるのに。たとえイエティの信者でなくても、少なくともボブは謎を解こうとしている人に見えた。そして、自分の態度を明らかにすることを決断できずに迷っているようだった。そのあとで、われわれすべてが知っていることを話した――何ものかが足跡を残しているのだが、それを誰も説明することができない。

われわれは二人とも、ボブの言葉に応じることができなかった。ボブはテーブルの端に座っていて、リンダがもう一方の端にいる。テリーと私が黙々とスパゲッティを食べているのを、微笑みながら見ていた。ボブには問題をさらに深く掘り下げて欲しいと、われわれは思った。だが、ボブは写真に撮られた足跡について、説明することをしないで、彼が手に入れた石膏型に戸惑い困惑している。

ボブは慎重にこの問題を遠ざけていた。彼はブン・マンチの申し立てを横へずらして考えないようにしている。足跡はヒト上科動物のようだったけど、ブン・マンチはおそらくサルかクマだろうとボブは思っていた。クローニンとマクニーリーの発見を、科学者たちが発見したものとして、ボブは信頼に足るものと信じている。何か現実に存在する動物が、標高一万二〇〇〇フィート（約三六六〇メートル）のバルンの尾根に設営した彼らのテントを訪れた。テントの外には、ボブが知っているどの動物にも属していない、あるものの足跡が付けられていた。

長いあいだ秘密をひそかに抱えていたスパイのように、ボブは語り続けた。テリーと私は、スパゲッティの皿に身をかがめて聞いていた。クローニンとマクニーリーの見つけた証拠は、けっしてニュースではない。だが、われわれの学校時代からの、自然史の権威であるボブが、二人の証拠を受け入れたという事実は十分にニュースだった。ボブは結論を持ち出すことはせず、彼だけではなくジョージ・シャラーをも途方にくれさせた疑念を表に出した。ジョージとボブは、このテーブルで夕食をともにしたことがある。ジョージは足跡が、マウンテンゴリラのものに似ているという。ジョージは大型哺乳類に通じていて、マウンテンゴリラやライオン、トラなどについて、きっちりとした調査書を次々に書いていたが、今、それを中断したところだった。彼がネパールにやってきたのは、そのリストにユキヒョウの探索を付け加えるためだった。

食事のあとで、テーブルにはデザートが運ばれた。冷えたライチの果実。熱帯地方の人々が食べるいわば通のフルーツだ。ごつごつとして茶色の薄い皮の下には、ジューシーな果肉があり、ビー玉大の固い種を包み込んでいる。皮を指でつまんで強く押すと、中の果肉が飛びだす。私は次々とライチをつまんでは、口の中に果肉を放り込んだ。果肉はデリケートでしっとりとしていて、舌の上で溶けていくようだった。それは朝方に出た霧が、夜明けとともに消えていくような感じだ。テリーと私は口の中をライチでいっぱいにしながら、もっぱらボブの話を聞くモードになっていた。

リビングルームへ戻ると、またティーを飲んだ。話題になっている何かの「もの」が、とりあえずどんなものであっても、その証拠の発見場所とされる雪の中に棲んでいることは、まずありえないとボブは考えていた。そしてウィリアム・C・オスマン・ヒルの意見に同意した。動物はおそらく草食動物にちがいない。ボブは草食動物が人里離れた場所に棲んでいる可能性について、興味深い理由を挙げた。肉食動物はより大きな行動圏を持っている。そのために肉食動物たちは、より発見しやすい獲物を仕留めることで自分の存在感を示そうとする。イエティやゴリラやパンダなどの大型の草食動物は、その大きな体を維持するために、大量の草や竹を必要とする。そしてそれは、この雪男が、草や竹がふんだんに生えている場所で、生息しているにちがいないことを意味していた。

足跡に関して、まともに新しい動物を提起するという、心をそそる領域へ踏み込むことのないように、ボブは十分に気をつけていた。彼はこのミステリーが、新たなやり方（それは既知の動物の足跡を研究すること）によって説明されうると心から確信していた。テリーもまた竹については、竹林が大きな隠れ家になることに気がつき、なるほどと納得していた（テリーと私は前に、クル渓谷の竹林の中に迷い込み、ほとんど丸一日悲惨な目にあったことがある）。テリーが思ったのは、その動物はたしかに竹を食べるかもしれない、だが、竹林に棲みはしないだろうということだ。そして、むしろわれわれは洞窟を調べるべきだと提案した。

そのあとでボブは、これまで話題に上ったことがないような論点を持ち出した。それはイエティを探索する時期についてだ。足跡はたいてい春か、ときには秋に発見された。春と秋には動物たちが移動する。足跡が高い氷河で見つかるのはおそらくそのためだろう。その「もの」は冬の前後に、深い生息環境から出て、渓谷から渓谷へと移動するからだ。だが、動物を見つけるのに一番いい時期はいったいいつなんだろう、それをボブは知りたいと思った。

三人の意見が一致したのは、モンスーンとヒルの大発生のために、夏は探索には向いていないということだ。テリーは春がいいという。その季節はジャングルでは、遠くまで見晴らしがきくからだ。私は秋がいいといった。食糧が豊富になるのと、動物たちが性的に活発になるからだ――願わくは声を出してくれるといいのだが。洞窟は私には期待ができないように感じた。というのも、何年ものあいだそれを試してきたからだ。

ボブはわれわれに、冬のことを思い出させてくれた。これはテリーも私も、とても思いつかないことだった。二人はジャングルで冬場に、低く積もった雪と冬の雨のために、とんでもない不愉快な日々を過ごしたことがあったからだ。しかしボブがいうには、冬は動物たちが低地へ下りてくるし、雪がミステリアスな足跡を残す媒体となってくれるという。その上、謎がどんなものでどこにあっても、われわれは個々の動物がそれほど多くないと想定すべきだという。そしてヒマラヤの低地には、現在、原始状態の生息環境がほとんどない。そのために冬になると、数少ない動物たちが、わずかに残っているジャングルに集まってくる。雪が降ることで、動物たちは彼らの名刺を置いていくことになる。そして望むべくは、名刺の中に特色を示すしるしのあるものがあればいいのだが。

バンガローを出て、テリーと私はれんが壁の方を見た。すると今はシダのあいだから一匹ではなく、二匹のナンダが太い蔓草のように、たがいに絡み合っていた。テリトリーを求めて争っているのだ。われわれの前で二匹のナンダは、まるで一匹のようになって揺れていて、それはときにコブラ――地下世界の支配者の生まれ変わり――と見まごうほどだった。われわれがじっと見つめていると、小さな方のヘビが勝利を得て、もう一方のヘビは上腹部が腫れ上がっているように見えた。負けたヘビはそのまま、壁の下へ滑り込んでしまった。

次の日の夕方、カトマンズを出発して、私はロイヤル・ネパール航空のジェット機に搭乗し、右側の席に座っていた。飛行機は波状雲を突き抜けて上昇した。その日の早朝、私は国王に会った。ネパールを訪れたときにはいつでも、出発の日に王に会うのを習慣にしていた。そのときの訪問で、私が見つけたものを王と共有するためだ。その日もマナン渓谷で調査した結果を報告したあとで、われわれは私のこれからの計画について話し合った。それは足跡をつけたものを探しに、ふたたび出かける計画だった。シャハ・デーブ〔ネパールの第一〇代君主ビレンドラ・ビール・ビクラム・シャハ・デーブ〕は、彼が前にいったことをくりかえした。「バルンは私の国で一番密生したジャングルだ」

飛行機が雲の合間を抜けてその上へ出ると、窓の外にはさらに高くそびえるヒマラヤの雪と氷が見えた。人が住む土地でさえ雲の中にある。ジェット機はマルシャンディ渓谷の上を通過した。そこでは村人たちが、ブン・マンチのことをしきりに気にしていた。巨大なマナスルの山塊を通りすぎて背後にすると、今度はアンナプルナの山群が見えてきた——窓から雲のあいだに氷と岩が見えた。

飛行機が水平飛行に移ると、雪の色が変化しはじめた。太陽が地平線へと沈んでいく。徐々に沈んでいくにつれて、太陽は赤い玉のようになり、ほんの数分前には白い色をしていた雲を、真っ赤に染めた。さらに沈むと、少し前まで真っ白だった雪がラヴェンダー色になり、太陽は雲の隙間を見つけると、すかさずフラッシュをたくように、赤い閃光を投げかけた。飛行機は飛び続け、山の頂はピンク色へと変化する。太陽は今では地球の裏側へ沈んでいるが、外圏の大気から山顚へ光を反射させていた。ロイヤル・ネパール航空は定刻にカトマンズを飛び立ったが、カトマンズ・デリー間のイブニング・フライトは、地球を経巡(へめぐ)る飛行機の旅でも、もっともすばらしいものの一つだ。

＊

一年後、私はまた山の上の家に帰っていた。暖炉では火が燃えている。私は座って、刊行されたばかりのエドワード・W・クローニン著『アルン川――世界でもっとも深い渓谷の博物誌』（*The Arun : A Natural History of the World's Deepest Valley*）を読んでいた。書かれているのは、クローニンとマクニーリーの発見についてだ。タイで平和部隊のボランティアとして働いていたときに、二人はイエティに興味を持った。だが、彼らがもくろんだ遠征には、広範な生態学上の領域も含まれていた。しかし、その行き先をアルン渓谷にしたということは、そこに何らかの意図があったことも確かだ。アルン渓谷では、トム・スリックがすでに謎めいたイエティの姿を目撃していた。場所はバルン川のすぐ南の渓谷だった。

クローニンの本は、ベースキャンプへ向かうトレッキングの描写からはじまる。スタートはトゥムリンタールからだ。そこはネパールの東西と南北を結ぶ各道が交差する地点で、短い離着陸用の滑走路が作られていた。クローニンがトゥムリンタールについて書いているのを読むと、ネパールで家族計画のプログラムを展開していた頃の年月が甦ってきた。それは一九六九年にトゥムリンタールで、パイプカットの宣伝をしていたキャンプでの出来事である。ある若い医者が、パイプカットを実地にやってみようと思った。それも近づきつつあった活動のためで、地元の人々の恐怖心を和らげたい一心からだった。それが不幸なことに、輸精管を切って結紮（けっさつ）しなければいけなかったのを、代わりに睾丸静脈にメスを入れてしまった。手術を施された村人は歩いて家へ戻っていったが、明くる日、男は痛みに泣き叫びながら運ばれてきた。陰嚢がバレーボルほどの大きさに腫れ上がっていた。このニュースはまたたくまに、トゥムリンタールから広がった。ポーターからポーターへ、そして紅茶を飲ませる露店のティー・ストールからティー・ストールへと。中には大げさに誇張して、去勢だと吹聴した所もあった。ネパール中の強い男たちは恐怖に震えた。

カンドバリ・バザールは、トゥムリンタールへ向かう途中の大きな町だ。そこで家族計画の事務所を作る手助けをした。水曜日は週に一度の市が立つ日で、近隣の村からたくさんの人々が集まりひしめき合う――この地方の女性は、とりわけ明るい色の服をまとっている。市場でダージリンを五〇ポンド（約二二・七キログラム）、七〇ルピーという安い値段で手に入れると、それをバスケットに放り込んで、ヘリコプターの外にぶら下げて、カトマンズまで戻ってきた。これはみごとに成功を収めた急流下りのために、スンコシ川を調査したときの話である。

バルンの南のジャングルで、クローニンの生態学上の物語が繰り広げられる。クローニンは、あるベテランハンターの話を紹介している。「ああ、そう。この森にはいろんな野生動物がいるよ。クマもいれば、ジャコウジカ、それにイエティ、パンダ、ヒョウ、ジャコウネコ、そしてサルなど。他にもたくさんいる」(1)

それは事実を、そのままに述べた言葉だった。そこでは、イエティは動物の一種だった。シカリ（猟師）は興味深い権威だ。おそらくは仕事もまちがいがないだろう。村のハンターたちの暮らしは、もっぱらジャングルに関する知識に依存している――それはどこで戦利品（シカの角や獣の頭など）を手に入れるかということではなく、どんな動物をどこでいつ見つけることができるかを知ること、つまり、食糧を供給してくれる特別な知識を得ることだ。この知識は父親から、そしてしばしばその父親から教えられる。それは家族の輪の中で語り継がれる秘伝だった――木についての物語、川の流れの変化、鳥の数など。ほとんどの村で、ほんのわずかの家族だけがハンターを仕事にしていた。

すべてのシカリが共通して持っているのが、ストーリーテリングの技量だった。ハンターたちは、自分たちのしたことを誇示し自慢する。だが、次に行なう狩猟については一言も彼らは共有しない。それぞれのハンターは、それぞれのスタイルを持っている。ひどく誇張して話す者もいれば、控えめにいう者もいる。そして雇用ということになると、どちらのスタイルも信頼を得ることはできない。クローニンのハンターは自分の物語を楽しんでいるようだ。私には、仕事を手に入れようとしているように見える。

しかし、このハンターは以後、クローニンの本でふたたび登場することはなかった。イエティの新事実が暴露されたときに、もしこの情報が章のタイトルになるほど信頼に足りるものだったのなら、なぜこの男をキャンプから連れ出して、イエティを見かけた現場へ案内させなかったのだろう？　なぜ彼に金を支払って、イエティの生息環境を教えてくれといわなかったのだろう？　彼についてはそれ以上のことは何一つ書かれていない。ハンターたちは西洋人の探検隊に加わったときなど、しばしばポーターの役割を兼ねて、高い報酬を受け取っている。この探検隊の領域はマカルーへの道をまたいでいた。ハンターは登山家たちのために働いていたので、当然、西洋人がイエティに関心を持っていることを知ることができただろう。彼はもしかしたら、一五年前のトム・スリックの探検隊に参加していたかもしれない。そのとき探検隊は、地元の人々を何百人も雇っていたからだ。

あるいはクローニンはおそらく、ハンターのいうことがまったく理解できなかったのかもしれない。彼の本には、誰かチームのメンバーがネパール語を流暢に話すという記述は一度も出てこない。ボブがいっていたが、自分はタイ出身の元平和部隊の一員だったので、ここでの仕事はネパール語で、何とかやっていくことができたという。しかし、この本の中では、二つの言葉を流暢に話せるシェルパの案内人たちがいたと記されている。おそらくここで使われた「イエティ」という言葉は、シェルパから出たものだろう。

地元の村人がブン・マンチといったとしたら、それをシェルパが「イエティ」と訳したのではないだろうか？　このときよりわずか二年ほど前、私がトゥムリンタールやカトマンズにいた頃には、「イエティ」という言葉はまだ、アルン渓谷では使われていなかったように思う。

かさねていうと、イエティ探しをするためには足跡を見つけることは重要だが、それと同じくらい言葉を追いかけることが必要となる。クローニンはイエティを追うつもりなら、言語は欠くことのできないスキルだ。これは明らかだった。イエティ探しをするためには足跡を見つけることは重要だが、それと同じくらい言葉を追いかけることが必要となる。クローニンはイエティという言葉を使った。読者の大半はこれをネパール語だと思っているが、実はこれはシェルパの言葉で、それが今は英語にもなっている。この渓谷のハンターが当たり前のようにして使った言葉は、おそらく「ショクパ」や「ポ・ガモ」で、「ブン・マンチ」でさえあったかもしれない。だが、私はここでこれを証明することはやめる。今は自分の目的のために、クローニンの本に登場する写真や、ボブが手にしていた足跡の石膏型に集中したいと思う。

暖炉の火が弱まってきた。さらに本を読み続けたいと思ったので、薪を少し運んでこようと外へ出た。夜は鋭いほど澄み切っている。私ははるか彼方の星々を眺めていた。ここでは人間だけが唯一の存在なのだろうか？　何か他の種類のものが、あちらこちらに隠れているかもしれない？　霊は星々によって生気を与えられているのだろうか？　われわれの祖先は、言葉を運ぶ予言者の存在を信じていた。今ではたくさんの人々が信頼しているのはテレビで、それがメッセージをもたらしてくれると思っている——しかも、テレビは本当の姿（実像）を見せてくれる。だが、謎についてはどうなのか。今日、はたして誰がわれわれに、その情報を教えてくれるのだろう？　そしてもしその情報が信用できるものだとしたら、それをどのようにして、われわれは知ることができるのだろう？

新しい丸太を火にくべた。真っ黒に焦げて堅くなった木の表面が、古い丸太から剥がれ落ちた。火は堅

7.2　クローニンやマクリーニーが足跡を見つけた所とよく似たバルンの尾根。

くなった古い命を炎に変える。酸素、このあらゆる命のもとともいえる息吹が、命の遺物である丸太と混じり合い、そこから新たな命が吹き出てくるようだ。命は踊りながら、ふたたび生きいきとして活気づく。だが、この踊るメッセージは、異なった形をとった命といっていいだろう。それは自分の思いを指のような動きで、前面に持ち出してくる。私はクローニンの本をふたたび手に取った。そこではハンターを紹介したあとで、すでになじみとなっているイエティの発見がリストアップされていて、そのあとに次の文章が続いていた。

次の日の朝、夜明け直前にハワードはテントから抜け出た。その直後、彼は興奮して叫んだ。われわれがテントへ向かうまでに作った道のかたわらに、新しい一組の足跡があるという。寝ているあいだに、何か生き物がキャンプに近づき、テントのあいだをじかに歩きまわっていた。まちがいなくイエティの足跡だとシェルパたちはいう。われわれは、一も二もなくただびっくりしてしまった……。

足跡の寸法は長さがおおよそ九インチ（約二二・九センチ）、幅が四と四分の三インチ（約一二センチ）ある。歩幅、つまり足跡と足跡の距離が驚くほど短い。それはしばしば一フィート（約三〇・五センチ）以下だ。生き物がキャンプの中をゆっくりと、注意をしながら歩いている様子がうかがえる。足跡の親指は短くて太く、他の指と対置が可能なことを示していた。足の指の並びは不均衡で、かかとは広くて丸かった。……もっとも印象的だったのは、シプトンが見つけた足跡とそれが、きわめて近い関係にあることが、どこから見ても明白だったことだ。[2]

一九八一年二月、私は国連からネパールでコンサルタントの仕事を与えられた。だが、私の生活はすでに拡大していた――ジェニーと私には当時、六カ月になる息子のジェシー・オークがいた。赤ん坊をジャングルへ連れていくことは、私が育った生活のパターンでもあった――父は私の前でそれをしてみせたし、それは世界中で多くの家族が、現に行ない続けている生活方法でもあった。だが、はたしてわれわれの家族が、ぶじにジャングルへ入っていけるのだろうか？　パンアメリカン航空は、ジェニーとジェシーの追加運賃を四〇〇ドル以下にしてくれた。そのおかげで、赤ん坊をつれてジャングルを旅行することがはたして可能かどうか、それを試してみるチャンスを得ることができた。コンサルトタント業務を終えたあとで、われわれは丸木舟を川に浮かべて、ネパールとインドの国境を目指して川を下った。流れはゆるやかだったが、土砂降りの雨の中で舟を漕ぎ、舟を下りてからは、鬱蒼とした木々や蔓の中を歩いて、「廃墟と化した」神殿へ行った。そこには八角形をした泉があり、言い伝えによると、ここで『ラーマーヤナ』の主人公ラーマ王子と妃のシータが愛を育んだという。ジャングルでどうしても必要となる赤ちゃんの世話や、路上で起きる予期せぬ出来事などに対応するために、旅はゆっくりとしたペースで行なわれた。それにわれわれは家族で休暇を取っていたので、ジェシーは終始元気に過ごすことができた。

一九八二年一〇月、もう一つのコンサルタント仕事が、一つの思いがけない大きな収入をもたらしてくれた。フレミング夫妻とティーを楽しんでから数年のあいだに、私は医学研究の遠征隊を率いたり、コンサルタント仕事でカトマンズへ旅をしたりした。そしてその機会を利用して、イエティを追跡するために必要な品々を運び入れた。近々、バルン渓谷へ出発する探検隊には、われわれに加えて、ボブとリンダ夫妻が参加することになる。だが、ダン・テリーは加わることができないだろう。彼は今、家族とともにアフガニスタンにいて、そこで働いている。アフガニスタンは現在、ソヴィエトの占領下にあり、そこでは、自分がやりたい仕事をすることは、ほとんどできない状況だった。

アメリカを離れて、バルンへ向かう前に、私はふたたびイエティへの言及資料を調査した。二三件ほどの主張には、ある程度の信憑性があった。だが、そのほとんどが楽観的すぎて、中には、見当違いの情報をつなぎ合わせて、何とかイエティに結びつけているものもあった。したがって、そのような申し立てが描いた動物の容貌はごたまぜの様相を呈していた。袋のようにだぶだぶな尻、毛むくじゃらだが、顔だけには毛が生えていないという村人の話、長くてぶらぶらとした腕、体の色も赤、黒、茶色とさまざまだ。とがった頭と長く傾斜した額、出っ張った眉毛、うしろ向きの足。引きずり歩行、それに乳房が垂れ下がっていて、走るときにはそれを肩越しにうしろへ放り投げる、という途方もない主張もあった。

三一年も経っているのに、なお国際的な注目がこのごちゃ混ぜの申し立てに集まっているのは、一九五一年に公にされたシプトンの写真のためだった。しかしそれにしても、なぜシプトンとウォードはあの日、もっと多くの写真を撮影しなかったのだろう？　二人にとってイエティは、ひょっとして存在しうるものだったのではないのか。実際、シプトンは前にも、このような足跡に遭遇していた。もし他の足跡のクローズアップを撮っていたら、さらに多くのことが推測され得たかもしれない。それに、なぜ歩幅の長さを示す写真がないのだろう？　足の写真が他にもっとあれば、彼らが選んだ写真が溶解した雪によって、どのように変化したのか、それを見ることができただろう。私はふたたびシプトンの説明を読みくらべてみた。最初の説明は一九五一年のもので、イエティについてぶっきらぼうな思いつきの意見を述べている。もう一つは一九六九年のもので、彼は思い出せるかぎりの詳細な描写をしている。そして著しく人目を引いているのは、ウォードの書いたものの中に、この発見に関して触れたものがいっさいないことで、それは彼が医学者だったためだろう。

だが、さらに深く考えてみると、次のような疑問が湧く。深い雪の中からレポートされ、公にされたこの二三の主張が、なぜすべての人によって自動的に、野生的なヒト上科動物を指すように解釈されてしまうのだろうか？　私もまたそれをした一人だった。既知の動物がその足跡を残したかもしれない、と疑問を持ちはじめる者はほとんどいない。間近にせまった探検では、もっぱら、信頼できる唯一の証拠である足跡だけに注意を集中し続けなければならない、と私は自分にいい聞かせていた。

少しずつ分かりかけているのだが、ヒト上科の動物と見なすことに何とかつなげたい、とする衝動がどこからくるのかと考えてみると、それは「ミッシング・リンク」への渇望だった（という言葉ではまだ足りないくらいだ）。われわれの中で生きている野生への願望なのだ。私の目の前で燃えている丸太にたとえることができるかもしれない。ひとたび火がつけば、それは見る者を謎めいた炎で引きつけて、われわれの想像力を燃え立たせる。かつて生きていたもの（森の木々）によって口火が切られる。ヒト上科動物のような足跡は、われわれの進化への道を伝え、深い渓谷でひそかに生きていた生き物が、もしかしたら今もなお生きながらえているかもしれない、という希望を投げかけた。足跡は現に地上に影のようにして存在する。だが、それが動きだすのは、期待を寄せる人々の願望のなせるわざだった。ヒト上科の動物が隠れて生きることができるためには、人間の知恵に近いものを持っていなくてはならない。それに高地の湿潤で寒冷な気候に耐えるためには、十分な毛皮に覆われていなければならないだろう。そこには毛の生えていない人間はとても行くことすらできない。体つきや食べ物から判断すると、その動物はゴリラかパンダかもしれないが、隠れる能力を可能にするためにも、かなりの知力を持っていなければならない。

火の中には、あるメタファー（隠喩）が含まれている。火は実際は生き物ではない。だがそれが踊り、炎の指が人々の心にある考えを指し示すとき、おそらくそれは語り出しさえするだろう。これが、今は生きていないが、かつて生きていたものから生じたという経験だ。だからといって、足跡や火をあまりに深読みをしすぎるのはよくない。二つはそれぞれが違った方法で、過去に生きていたものについて、そしてわれわれが「見過ごして」きたものについて語っている。

もしイエティが実際にヒト上科の動物だとしたら、そして、違うとされた足跡を持つ既知の動物でな

7.3　チベットスタイルの宗教画「タンカ」。右端の山の上にイエティが立っている〔タシ・ラマ画。タンカ絵師のタシは、のちに本書の中でパサンの息子として取り上げられる〕

かったとしたら、どうなるのか。そのときに、よりふさわしい説明となるのは、新たなヒト上科動物を考える代わりに、野生の中で生きている、半ば平静を取り乱した人間だと考えることだろう。おそらくそれは服を着ている。したがって、ことさら雪の中に足跡を探さなくても、目撃されたときには、それはふつうの人間に見えたにちがいない。イエティは半ば気が狂って、村から放逐されたか、あるいは単に自分から村を出て、ジャングルに住みついたのけ者かもしれない。おそらくそれは今もなお、家族の者たちから支援を受けているのだろう。皮膚が硬くなった大きな足を持つのけ者は、高地の雪の中にアイデンティティーを問いかけるような、印象的な足跡を残すことになるのだろう。

四半世紀にわたり探索を続け、ヒマラヤの大半の地域を探し歩いたあとで、今、私は、世界で最大の山岳地帯が必ずしも無制約でないことを知っている――私はほとんどすべての渓谷系に潜入したが、個人的に行くことができなかった所もある。だがそこには、ボブ・フレミングが向かっている。これは確かなことだ。それに野生動物については、彼は私よりはるかに観察眼が鋭い。今ではヒマラヤの渓谷も、現代の人間たちでいっぱいだ。インドや中国の肥沃な平原から、人口増加の波が押し寄せてきている。インドと中国の人口は、地球上の人口の四〇パーセントを占めていた。

しかし、足跡はなお、説明されないままの状態で残されている。ボブは足跡の石膏型を見ていた。この足跡については、われわれもこれからバルン渓谷で探し求めなければならない。足跡はけっしてまがい物ではない。それはボブやジョージ・シャラーが説明するものとは、似ても似つかないものとなるだろう。ボブもジョージも、足跡が人間のものだとは考えていない。したがって私も、気が違った世捨て人という選択は捨てなければならなかった。ボブとジョージはそれが、人間ではないものが付けた足跡に似ていると見ている。しかしこの謎は今もなお、説明されないままで残されていた。足跡は、いわば影のように、生き物の外貌をぼんやりと示しているだけだ。たしかにそれはリアルだが、根本的にはリアルな存在ではない。ハンターは影を撃つことはできる。だが、それは動物の実体を撃つことにはならないからだ。われわれの家族は、イエティの捕獲に出かけようとしているわけではない——足跡の捕獲に出かけようとしている。

*

われわれはバルン川へ近づいた。だが、川に着くのはまだ一日先の話だ。尾根で足跡を発見するのも二週間先で、足跡を付けたのはルク・バル——つまりトゥリーベア——だとレンドープが提案するのも三週間先だ。

7.4　出発の支度をするジェシー。

トゥムリンタールの滑走路にいたのは三日前で、飛行機の窓からアルン渓谷を見渡した。ヌムの村が下方の尾根に横たわっている。そしてヘダンナが反対側の尾根に見えた。渓谷の上方にはマカルーがそびえていて、雪がこの世界で五番目の高峰から吹雪いていた。頂の下には一群の雲がかかり、それがやがてわれわれが経験する、バルン川で出会う雨を予告しているようだった。マカルーは気候の変化で悪名が高い。一九八三年までで、登頂に成功した遠征隊はわずかに四隊だけである。マカルーの先にそびえているのがロッツェで、これは世界で四番目の高峰だ。その背後にエベレストが控えている。「空にそびえる地球の姉妹」。チベットの詩人ラークパ・プントショクは三つの山をこんな風に呼んだ。

われわれの前にはすばらしい眺望が開けている。私は肩車をしていたジェシーを下ろした。ジェシーは蝶の一群を追って駆け出した。羽に黒い線の入った黄色の蝶だ。突然、あたりの空気に甘い匂いがただよった。私はトーストと一杯のコーヒーが欲しくなった。ちょうどそのときに、一人のポーターが道を上ってきた。階段のような岩場を慎重にゆっくりと、足場を確かめながら一歩一歩踏みしめてやってくる。二つの巨大な包みを額にかけた革（タイプライン）で背負いながら、体を前屈みにして歩いてきた。

空中に漂っていた匂いはシナモンだった！　ポーターはわれわれが座っていた石壁の前で立ち止まると、積み荷を負い革からはずした。そして長い口笛を吹いた――これは荷物が重いことを伝える、ネパール中で共通の合図だった。

「カハン・ジャネ・ホ?」（どこへ行くんですか?）と私はたずねた。これは道で出会ったときに、誰もがする挨拶である。

「ヒレまで……だけど、ヒレで値があんまり安かったら、大きなトラックでダーランまで行くよ」

「シナモンを自分で切ったの?　それとも誰か他の者のために運んでるの?」

「これは俺のだよ。俺が知っているジャングルの木から切ったものだ。それをゆっくりとかき集めたんだ。一本の木からあんまり切りすぎると、次の年にはもう元に戻ることができなくなるからね。この節、やたらに切る者がいるんだ。そんなに切ったら、木が死んじゃうよ」

「たいへんな荷物だね。きっと二人分くらいあるよ」と私はいう。

「三人分の荷物だ」

今度は私が口笛を吹く番だ――なんと一八〇ポンド（約八一・六キログラム）もある！

「何で子供たちに手伝ってもらわないの？　三人分の荷物は年老いた者にはあまりに重すぎるよ。じきに膝がいかれてしまうよ。錆びたちょうつがいのついたドアを、勢いよくバタンと閉めたときのように。それに膝がいかれたら、丘の途中で歩けなくなっちゃうよ。荷物が三人分なんてむちゃだ」

「去年、また息子が一人死んでしまった。たくさん子供たちが死んだ。それで、子供たちを残してきたんだ――もし子供たちに荷物を運ばせたら、おそらくまた死んでしまうだろう。年老いた男には、他に何かすることなんてあるんだろうか？　だけど子供たちは、俺が死んだあとも、歩き続けなくちゃならないからね。それで俺は子供たちにいってやったよ。俺が道を歩いているあいだ、お前たちは学校へ行くんだぞってね。子供たちがちゃんと毎日、学校へ行ってるかどうか、うちの女房がしっかりと見てる。この荷物を売ったお金で、制服や靴や鉛筆を買うんだ」

「去年、お子さんたちに何があったんですか？」とジェニファーがきいた。

「去年、病いがやってきたんだ。六年のあいだ来たことがなかったんだがね。それが去年戻ってきた。ほら、あの『子供たちの病気』で、熱が出るやつさ」

「何のこと？」とジェニファーが私に囁いた。

「はしかだ」と私はそっと答えた。「村人たちの中には、それを『子供たちの病気』と呼ぶ者がいる。このあたりの村々を五年か六年ごとに襲うんだ。そして、これまでに罹ったことのない者すべてに感染する。免疫のない新たな子供のグループが登場すると、はしかはまた戻ってくるんだ」

「息子が一人と娘が一人残っている」とポーターは続ける。「俺は息子を死なせないでくれって、神に祈ったよ。それというのも、去年、病いが戻ってきたからね。息子はほとんど死にかけたし、娘も同じように危なかった」

「もし息子さんが『子供たちの病気』に、一度でも罹ったことがあれば、これから先、二度とその病いに罹ることはないよ」と私は答えた。

「そうなんだ。だけどやっぱり、女房も俺も心配だよ……。それに息子は他の病気に罹るかもしれないからね。今年は息子が死ななかったので、とてもありがたかった。だけど、俺たちは今まで三人の娘を亡くしてる。けど、女房はまだ丈夫なので、じきに赤ん坊ができるだろう。あそこで駆けっているのは、あんた方の息子さんかね？」

「そう、われわれの息子だ」と私は答えた。「家に帰ったら、息子さんと娘さんを町に連れていきなさい。町には医者がいるから、彼なら二人を『子供たちの病気』や他の病いからも、守ることができる。子供に注射をしてくれるだろう――注射は学校の制服よりずっと、あんたの子供たちを助けてくれるはずだ」

「分かった。でも子供たちには制服が必要なんだ。うちの家族がみんなから尊敬されるようにね。あんたの息子さんも大切にしてくださいよ。それにしても、こんな小さな子供をなんでまた、こんな所へ連れてくるんだ？　俺の子供たちのように、家に置いてくればいいのに」

「息子には、あんたの美しい故郷を見せたかったんだ。こんな美しい山々の中で人々がどんな風に暮らしているのか、それを知ってほしかったんだ」と私は答えた。

探検隊のチームの者たちが谷を見渡しているあいだ、ポーターは黙って静かにしていた。「この山々を美しいと思うのは」と彼はいう。「それはいいことだ。でも俺にとっては、山はただ暮らしをつらくするばかりだよ。あんた方は、畑で岩を掘り起こすなんてことはしなくていいからね。うちの畑はジャングルのすぐそばなんだ。トウモロコシが育ちはじめると、クマがやってくるんだ。それを何とかして防がなくてはならないが、そんなことをあんた方は考えたこともないでしょう」

「三人の娘さんが亡くなられたといってらしたけど、どうされたのですか？」とジェニファーがネパール語でやさしくたずねた。

「末っ子の娘は去年死んだ。まだ名前もつけていなかった。ただサヌ（一番若い）と呼ばれていた。サヌと息子は熱に襲われたんだ。サヌは二歳で息子は七歳だった」

ニックが年数を数えていた。「六年前に『子供たちの病気』がやってきたときに、なぜあなたの息子さんは、熱病で倒れなかったのですか？」

「どうしてなのか、女房も俺も分からなかったよ。もう一人の娘は死んだ。しかし、息子は助かったんだ。おそらくそれは、ニワトリを神殿に捧げたからだろう。あんた方も心配事があるときには、ニワトリを神々に捧げるに越したことはない」

「子供は当時一歳だった。おそらくまだ、お母さんのおっぱいを飲んでいたんだろう。そのために、お母さんの免疫によって守られていたんだ」と私は静かに口をはさんだ。「また、彼は男の子だったので、おそらくことさら、手厚く面倒を見てもらえたのかもしれない。二人の子供が病気になった今回も、女の子はたぶんあとまわしにされたんだと思う」

ジェニファーが小声で囁いた。「ダニエル、彼の家族は何かまちがった処置をしているかもしれない。彼に何か助言をしてあげるべきなんじゃないかしら？」

「だんなさん、そろそろおいとましたいのですが」。ポーターは少し居心地が悪いようだった。それはあんまり私が多く質問しすぎたせいかもしれない。あるいはまた、ヒレやダーランで荷物を下ろすまでに、どれほど長い距離を歩かなくてはいけないのか、それを彼は知っているからだろうか？

「そうだね。じゃあビスタレ・ジャノス（ゆっくりと歩いて）。大きな荷物を背負っているから、下り坂を行くときには杖を使いなさいよ。きっと膝が楽だから。カンドバリ・バザールを通り抜けるときには、ゴム底のサンダルを買いなさい。これも膝を楽にしてくれるから――そして、次のときに子供たちがまた熱を出したら、水をたくさん飲ませること。まず水を沸騰させて、それに塩を少し加え、さらに小麦粉をほんの少し入れる。それをできるだけたくさん子供たちに飲ませなさい」

「ありがとう、だんな。ダーランに着いたら、運んだものを売りますよ。そしてお金を手に入れるよ。今手元にあるお金では、ほとんど食べ物も買えずに、歩かなくちゃならないからね」。彼は肩から負い革を持ち上げると、それを眉毛のところに置いて、一八〇ポンド（約八一・六キログラム）の荷物を背負った。年老いた二本の脚が上下に動いて、丘を上っていく。これまで長い年月、彼を支え続けてきた二本の脚だ。シナモンの束が自分の重みを調整して、きしんだ音を立てた。すると甘い香りが漂い、ふたたび朝食のトーストと心に残る記憶を私に思い起こさせた。ポーターがヒレに到着するまでには、あと一週間はかかるだろう。もしかしたら、それからダーランへ、おそらくはインドへさえ、行かなければならないかもしれない。途中のどこかで食べ物を買えば、手持ちのお金はなくなってしまうだろう。川の水を飲んで、その力によって歩くことになる。願わくは、国境の町で一夜、「友達」が彼に酒を勧めて酔わせることがないように。そんなことになれば、朝方までにはシナモンの束は消え失せてしまうかもしれないからだ。

二日後、われわれはバルン川に着いた。そしてレンドープとミャンに会った。そのあとでジャングルに入って、尾根で足跡を発見することになる。さらには、トゥリーベアに関する科学的説明という謎の発見もある。

8 証拠が科学に出会う

8.1　マカルー背面の雪の中を捜索したときのヤクのキャラバン。

一九八三年三月。そしてそのあと、すでに述べたように、足跡とトゥリーベアの発見が続いた。一〇年前のクローニンとマクニーリーの足跡や、それよりさらに二〇年前のシプトンとウォードのものにくらべてみると、われわれの見つけた足跡は、それを付けたものに関してある説明をともなっていた。クマについては、数十年も前にエバンスとスミスによって提案がされている。しかし今、一世紀ものあいだ隠されていた足跡の謎——このような足跡がどんな風にして、解き明かされずに隠されてきたのか——が、一つの答えを見つけていた。それは雪男が木々の中に住んでいたこと。そして未知の動物が既知の動物のように見えることだ。

＊

ジェニファー、ジェシー、私の三人は、トゥムリンタール空港で飛行機の到着を待っていた。ツイン・オッター〔デ・ハビラント・カナダ社が開発した小型コミューター機〕が飛んできた。タッチダウンすると、長い脚（車輪）が、フィールドにできた動物が泥遊びをする池の上を、どさどさと歩くようにバウンドし、飛行機は向きを変えると、ヤギや水牛によって短く噛み取られた草地へと入ってきた。しかし、すすり泣くようなタービンの音は、一七人の乗客が降り、われわれ一七人の客が搭乗してもやむことはなかった。タービンはふたたびうなり声を上げ、車輪もまたがたがたと音を立てはじめた。とりわけ重い荷物を運ぶために作られているこの飛行機は、やがて空中へと浮遊した。

手荷物が通路をふさいでいる。そしてそれが飛行機の重量を最大にしていた（たとえ大まかに計算されたものだとしても）。飛行機が上昇をはじめると、トゥムリンタールの尾根が前面に立ち現われてきて、あたかも通路からコックピットへと尾根が見下ろしているようだった。パイロットははたしてこの尾根を周回するのだろうか？　いや違った。尾根に近づくと彼は操縦かんを引いた。飛行機は機首を上げた。この突然の上昇によって、コックピットの計器パネルから無線機が滑り落ちた。パイロットは操縦かんを左手で握りながら、右手で無線機をキャッチした。そのときに分かったのだが、パイロットは何もかも知っていた——尾根のこちら側ではつねに上昇気流が起こり、それがわれわれをぐいと持ち上げる。それを彼は承知していた。副操縦士は満面に笑みをたたえて、こちらを振り向いた。そして、通路をちらりと見ると、われわれと目が会った。どうやら彼もパイロットも明らかに、飛行機がダンスをするのを楽しんでいるようだ。副操縦士はドアのチェーンをはずすと、コックピットのドアを閉めた。

山の頂が通り過ぎていく。プラスチックの窓にできたかすり傷から差し込む光が、虹の格子模様を作り出している。それが山頂の雪をきらきらと輝かせていた。カトマンズでのカクテルパーティーでは、パイロットたちが、「スコッチのオンザロック」を航行しながら、次の日に彼らといっしょに搭乗するかもしれない人々と、ヒマラヤの空域における「農業」について冗談をいい合うのだろう——山々にかかる雲から、岩やジャガイモが生えてくるといって。

飛行機の運行は世界中どこでも、一定の規則に従って行なわれる。それはニューヨークの空域でも異なるし、戦闘機を飛ばすときにでも、その空域のルールに従う。土地が大気の上にあるというこの山岳地帯では、もしかすると、ただの大気ではないかもしれない雲の中へ、突入してしまうことを防ぐために、一定のルールが要求するのは、雲を周回して、インドへと向かうことだった。今、この上昇気流にあおられて、嶺から嶺へと飛行を続けるアルミニウムのチューブに乗っていると、まるで川の急流を下っているような気分になる。急激にがたがたと揺さぶられるために、機内へ持ち込み用のバッグは通路をつつっと走り、オレンジが詰め込まれた袋のところでようやく止まった。

カトマンズ空港へわれわれが入っていくと、ニックが柱のうしろから飛び出てきた。「動物園にトゥリーベアがいるんですよ！」と彼がいった。われわれがアルン渓谷の別の場所でフィールドワークをしているあいだ、ニックはそれより前にわれわれと別れて、ネパールの別の場所を見に出かけていた。四七日間、野外で過ごしたあとだったので、ジェニファーと私は、何はさておき熱いシャワーをどこで浴びることができるのか、そのニュースを待ちわびていた。ニックが続ける。「動物園へ戻ったんです。われわれが見たクマを覚えてるでしょう？　それがトゥリーベアじゃないかと思うんです。飼育係もクマがやってきたのは二年前で、それからまったく成長していないという。もしこれ以上成長しないのなら、それはトゥリーベアかもしれません」

「ねえニック」と私は答えた「しかし成長しないことは、何の証明にもならないよ。おそらくそのクマは一番ちっちゃなクマなのかもしれない。結局、動物園で出される餌の味がまずいにちがいない」

次の日動物園へ出向いた私は、ピーナッツをクマの檻の格子越しに投げ込んだ。クマは数インチ離れた所で口を開けている。押しつぶされたピーナッツと唾のあいだから、大臼歯のすり切れぐあいをうかがって、何とかクマの年齢を推し測ろうとしていた。クマは肉と同じくらいピーナッツが大好物だし、その殻も食べる。このクマがはたして、風に乗ったピーナッツバターの匂いに誘われて、山までやってくるものなのか？　私は棒切れを格子のあいだから突き出して、クマの歯を磨いてあげようとした。そうすれば歯の先の部分や顎のスナップを撮ることもできる。さらにもう一本の棒を差し入れて操作をしていると、クマが前足で檻の格子をつかもうとしていた。内側に曲げられた前足の指は、はたしてそれで親指のような足跡をつけることができるのだろうか？　だが、感心させられたのは、その指が他の指と対置して、格子をつかんでいるのが見えたことだ。クマの吐く息は煮込んだカブのような匂いがした。

飼育係が過去に遡ってクマの年齢を推測する。「とてもよい子でした。この二年のあいだ、けっしてひねくれることもありませんでした。動物園に着いたときから、ずっと成長はしていません。おそらく今は五歳だと思います」

体重は見たところ一五〇ポンド（約六八キログラム）以下だろう。五歳のツキノワグマにしては小さすぎるようだ。だが、五歳のツキノワグマはどれくらいの体重なのだろう？　カトマンズのここでは、それを確かめる資料がない。次の日、われわれはアメリカへ向けて出発した。バルーチスターン砂漠の上を飛びながら私は、一四年前、フォルクスワーゲンのヴァン（イエティの兄弟）のクランクシャフト・ベアリングを焼いてしまった、あのアフガニスタンの砂漠を見下ろしていた。

二日後、私はスミソニアン国立自然史博物館に出向き、真ちゅうのドアハンドルを手前に引いて扉を開けた。ドアは何千人という観光客の手で磨かれていた。私にとっては少年時代の夢が、この博物館にさらに何かを付け加えているようだ。今はジェシーやジェニーといっしょに、訪問者たちを恐竜へと導いているロープを横切り、目的のコレクションの方へと向かった。哺乳類のキュレーター、リチャード・ソリントンは外出中だった。

ソリントンの助手のグラッド・ビルが案内してくれた。標本箱が入ったケースが次々と並び、壁に巨大な白いブロックが積み重ねられている。そんな迷宮のようなホールを通っていった。これらのブロックの中にスライドトレーの上に載せられて、世界の哺乳類が休んでいた。動物たちはいつの日にか、自分の存在が毛の生えていない哺乳類（人間）の口の端に上ることを心待ちしている。他の哺乳類を箱に入れる以外に、この哺乳類を決定づけるもう一つの特徴は、直立して二足歩行することだった。赤いナイロン袋に自分の標本を入れて持ち歩き、床で紙のボールを蹴って遊ぶ二歳児を連れている私は、どう見ても科学者には見えない。だが、小さな子供を連れて標本を見にきて、どこが悪いのだろう？　もし私が持ってきた頭蓋骨がこのコレクションに加えられるようになれば、それは私の手柄でもあるし、同じくらいこの二歳児の手柄でもあるのだから。

＊

博物館は現在と未来に役立つために、過去を保持してとどめおく。今はすでに過ぎ去った生活から、博物館は美的な人工物やさまざまな歴史的遺産を寄せ集めた。時はどんどん先へさきへと進んでいく。だが、博物館によってわれわれは時を遡り、異なった時を呼び集めることができる。

博物館のはじまりはミューズ神を奉る神殿だった。そこは人々に霊感やひらめきを与える場所となり、そこには人生で経験した不思議なものが集められた。エンニガルディ・ナンナの博物館（現在のイラクにあった）が、一般の人々に展示をするために人工物を集めた世界で最初の博物館だった。エンニガルディ・ナンナは、新バビロニア王国の最後の王ナボニドゥスの娘である。おそらく彼女は、文化的な遺産が消滅しかけていることを知っていた。そのために自らの手で、バビロニアの奇跡を物語るものなら破片に至るまで、掘り起こしてかき集めた。そして、祖先のネブカドネザル二世にはじまる物語を記録しようと努めた。未来が過去へと立ち戻ることができるように、彼女はコレクションを三つの言語を使って記録した。

しかし、過去の人工物をとどめ置く場所を作るより前に、人々は生きているものを集めた。動物園は博物館より一〇〇〇年ほど先行している。王女エンニガルディの祖先ネブカドネザル王は、バビロンの空中庭園を作り、そこで野生の動物や鳥たちを飼った。だが、それより三〇〇〇年も前に、エジプト人たちはカバ、ゾウ、ヒヒ、ヤマネコなどを檻に入れて人々に見せている。

それから数世紀が経過したあとで、財政的に余裕があり、せっせと収集に精を出した個人的収集家たちが、「驚嘆すべき部屋」を作った。だが、このコレクションの多くは、収集家たちが死んだあとには、一般大衆のもとへと散逸してしまう。それで世界中から集めた品々を、一つの場所に集めて、過去の世界へ立ち戻ろうという考えがより一般的なものとなった。しかし、大英博物館の設立目的は、あくまでも過去の人工遺物を研究することで、そのために帝国中から「興味深いもの」が集められた。学者以外の者がこの博物館へ入りたいと思ったら、まず手紙を書いて入館の許可を願い出なくてはならない。そしてイギリスでも、やはり生きたものを集めることが、過去の遺物の収集に先んじてはじめられている。大英博物館が作られる一世紀前から、ヘンリー一世はせっせとラクダやライオンやヒョウなどを集め、イギリスで最初の動物園を作った。

一般の人々が博物館を訪ねるようになると、ときには守るべき礼節の最後の一線を越すことがあった。文明化へ突き進んだ都市においても、たとえばロンドン動物園では二〇〇五年に、イチジクの葉を身につけた人間を展示した（地球の生態系におけるヒトの重要性を伝えるのが展示目的だと動物園側ではいう）。一九〇六年には、ニューヨークのブロンクス動物園が、コンゴ人のピグミー――われわれの種族の生きたメンバー――を「ミッシング・リンク」として展示した。オタ・ベンガがその当人で、コンゴ自由国で「見本」として「収集」された。『ニューヨーク・タイムズ』はベンガが、チンパンジーやオウムといっしょの檻の中で展示されていたと報じている。一九〇六年九月一六日だけで、四万人の人々が彼をぽかんと眺めていた。ニューヨークの黒人聖職者が、これに抗議の声を上げた。「われわれの仲間を類人猿と並べて展示することで、われわれの人種をさらに憂鬱な気持ちにさせる必要はない」。だが、『ニューヨーク・タイムズ』は社説で次のように書いた。「ベンガ自身については、彼の国にいるときと同じように、おそらく楽しんでいると思われる。そのため、ベンガが被っているという屈辱や不名誉を想像して、それを嘆くのはばかげている[1]」

ここ何年か、私が足跡を探しに探検隊を組んで出かけるたびに、一つの疑問が湧いてきた――イエティを見つけたら、それをどうしようというのだろう？　私が対応を指示したところで、すぐに私の手の届かないところへ行ってしまうだろう。私が発見したヒト上科動物のイエティは、はたして社会の一メンバーとして迎え入れられるのだろうか？　それとも動物として動物園に入れられるのだろうか？　あるいは、単体しか発見されなかったとしたら、ホルマリンに漬けられて、博物館へと送られるのだろうか？　ともかく私はイエティの探索を続行したのだが、しばしば自問せざるをえなかった――私は本当に、生きたイエティを見つけたいと思っているのだろうか？

＊

ビルは、雪男のものと仮定された頭蓋骨が収められている引き出しの前に立った。ビルが取り出した頭蓋骨は、細心の注意を払って洗われていて、きれいに消毒された白い骨の上に黒いインクで、それぞれ番号がしるされていた。ここではクマもテリトリーを争う必要はない。人類種は別個に、それぞれ小さな箱に割り当てられているからだ。小さな箱はさらに大きな箱の引き出しに入っていて、その大きな箱は、ラテン語で名前がつけられたベニア板の箱の中にあり、そのベニア箱はジャングルのように立ち並べられていた。私は持参した赤いビニール袋から、詰め物の新聞紙を剥がして、黄色くなった頭蓋骨、乾燥した筋肉、それに付着していた数本の腱を取り出した。

左手にはこの不可解な頭蓋骨があり、右手にはその身元が明らかな頭蓋骨が一つある。身元の明らかな頭蓋骨の骨張った顔や、大きな眼窩（がんか）をのぞき込んで調べた。筋肉があり、呼吸さえしていれば、この頭蓋骨ももう一度、肉付けされて再現されるのだが、と思った。頭蓋骨には穴が開いている。それは出入り口のチャンネルで、そこからかつては神経や血管が出入りして、それぞれ決められた仕事をしていた。私は指で頭蓋骨の頭頂部、くぼんだ箇所や出っぱった部分など、石灰化した骨の凹凸をなぞった。生きているときには獰猛だったクマである。そのクマの頭をなでて、もてあそぶのはかなり無礼なことだった。われわれが持ってきた頭蓋骨のぽっかりと開いた、大きな鼻の穴を調べた。博物館ではこの穴のことを「ノストラム」〔秘薬の意があり〕と呼んでいる。そこはクマにとってもっとも重要な感覚器官だ。生きていたクマの器官に、そんな名前がついていたのかどうかは疑わしい。ピーナッツバターの情報がはじめて、この穴を通して伝わったときに、はたしてクマは何を考えるのだろう（そもそもクマはどんな風にして考えるのだろうか）？

われわれが「野生的」と呼ぶ獣類と、「野生的でない」ものとのあいだに、どんな特徴の違いがあるのだろう？　分類学者はジャングルに棲むクマと、動物園にいるクマとの間で、どのような識別をしているのだろう？（まったく同じものだと認識している。）この二頭は動物園の中で、どのようにしておたがいを認識し合っているのだろうか？（二頭をいっしょに暮らすようにさせるのは、あくまでも人間の調整によるものだ。）白いベニアの箱は、たしかに価値のあるものかもしれない。しかし、動物を集めて檻に入れることでわれわれはわざわざ、生き物の理解を妨げるフェンスを作っているのではないのか？　このような箱の中に収められているものを集めながら、それがはたして、自分たちの望ましい価値基準に――あるいはこのような生物の価値基準に――合致しているのかどうか、それをわれわれは問いただしているのではないのか？

　私は頭蓋骨をいくつか引き出した。そして、いったい何について思いを巡らせばいいのかと自分に問いかけた。ビルは次のようにいっていい逃れをする。「クマについてはほとんど分からないんです。私の専門はトガリネズミですから。科や属ごとに、鍵となる特徴が頭蓋骨にはあります。ところがクマにとって何が重要な意味を持つのか、それが私には分からないんです」

　もちろん、専門外の彼には分からないだろうと思った。今まで知られていなかったクマの頭蓋骨を手に、最後に人がスミソニアンを訪れたのは一世紀前のことだった。それはコディアックヒグマが「発見された」ときだ。私がしつこくトレーを調べているあいだ、ジェニーとジェシーは辛抱強く待っていた。頭蓋骨の中には、眼窩のうしろに穴が開いているものもあるが、同じような穴が他の場所にあるものもあった。そしてある頭蓋骨には、それに該当する穴がなかった。この穴のない頭蓋骨のクマは、もしかして心に何か、トラブルを抱えていたのではないだろうか？　頭蓋骨の頭頂の下に突起部があるのだが、これについてはそれぞれに大きな差異が見られる。他のものは半インチ（約一・三センチ）ほど突き出ているのだが、まったく突起がなく平らでなだらかなものもある。突起とその半分ほどの突起があるものもあった。イエティはとがった頭をしていたとシェルパはいう。それはもしかすると、頭頂部にきわめて高い突起を持っているということなのか？

　ビルは、ヒマラヤに生息する他のクマの頭蓋骨が入ったトレーを引き出している。ナマケグマとヒマラヤヒグマの頭蓋骨。この二つの頭蓋骨は、われわれが持ってきた鼻の穴が小さく、目が大きなクマにくらべると横幅が広い。ただ一つ、われわれのものにもっとも近いのはツキノワグマ属チベット種だった。だとすると、われわれの頭蓋骨は確実にツキノワグマ属に属しているが、その中には、チベット種しかないということを、この白い箱が立証していた。

頭蓋骨の身元を証す決め手は、おそらく歯ではないだろうかとビルはいう。われわれが持ってきた頭蓋骨は、大臼歯、小臼歯、犬歯、門歯などを見てみると、ツキノワグマ属の歯の形状をしている。歯はかなり摩滅していたので、たぶんわれわれのクマは十分に成長したクマだろう。だが、スミソニアンにある頭蓋骨にくらべると、二〇パーセントほどわれわれのものは小さい。それに大臼歯も小さめだ。この事実がトゥリーベアの仮説を裏付けている。同じ年齢のクマのくらべて、二〇パーセント小さい頭蓋骨は、体の大きさが半分のクマとの相互関係を証明する。われわれのクマの歯は、イランや日本の生息域で発見されたツキノワグマ属の種と同じ大きさをしていた。おそらくわれわれのクマは、ツキノワグマ属の成獣にちがいない。だが、なぜこんなに小さいのだろう？ 栄養の摂取に起因しているのか？ バルンにおけるクマの過密生息が、発育不全のクマを生み出したのだろうか？ あるいはわれわれのクマが異常な個体なのか？ そこには遺伝的な差異があるのだろうか？ スミソニアンのコレクションの中には、ネパールの頭蓋骨が一つもないため、直接比較することは不可能だ。

翌日、スミソニアンの哺乳類図書館でツキノワグマ属チベット種の資料を調べたが、ほとんどめぼしいものはなかった。ただ、ツキノワグマの生息域はイランから日本まで五〇〇〇マイル（約八〇五〇キロ）に及び、寒冷なロシアとともに温暖なインドでもこの動物が生息しうる、という事実だけは知ることができた。私はすべての参考文献を一枚の紙にリストアップして、五時間かけてその全部を読み終えた。ただし、スミソニアンにない四つの資料だけは読むことができなかった。

文書には、成獣の体重が二〇〇ポンドから四〇〇ポンド（約九一から一八一キログラム）だと書かれている。しかし二〇〇ポンドでさえ、レンドープがいっていた「運ぶには二人」必要だという体重より重い。

われわれが推測したところでは、動物園にいた五歳のクマの体重は一五〇ポンド（約六八キログラム）ほどだった。それは日本や台湾やイランのツキノワグマ属にくらべて、二五パーセントほど軽い。二〇〇から四〇〇ポンドの体重というと、地上で活動するグラウンドベア（これを運ぶのに五、六人が必要となる）の条件に合致する。しかし資料はまた、クマにとって通常体重は、ほとんど重要ではないといっていた。ハイイログマ（グリズリーベア）の成獣は、三〇〇から一〇〇〇ポンド（約一三六から四五三・六キログラム）の範囲内だ。小さなクマは、生後一年のあいだの栄養不足を示しているだけだという。

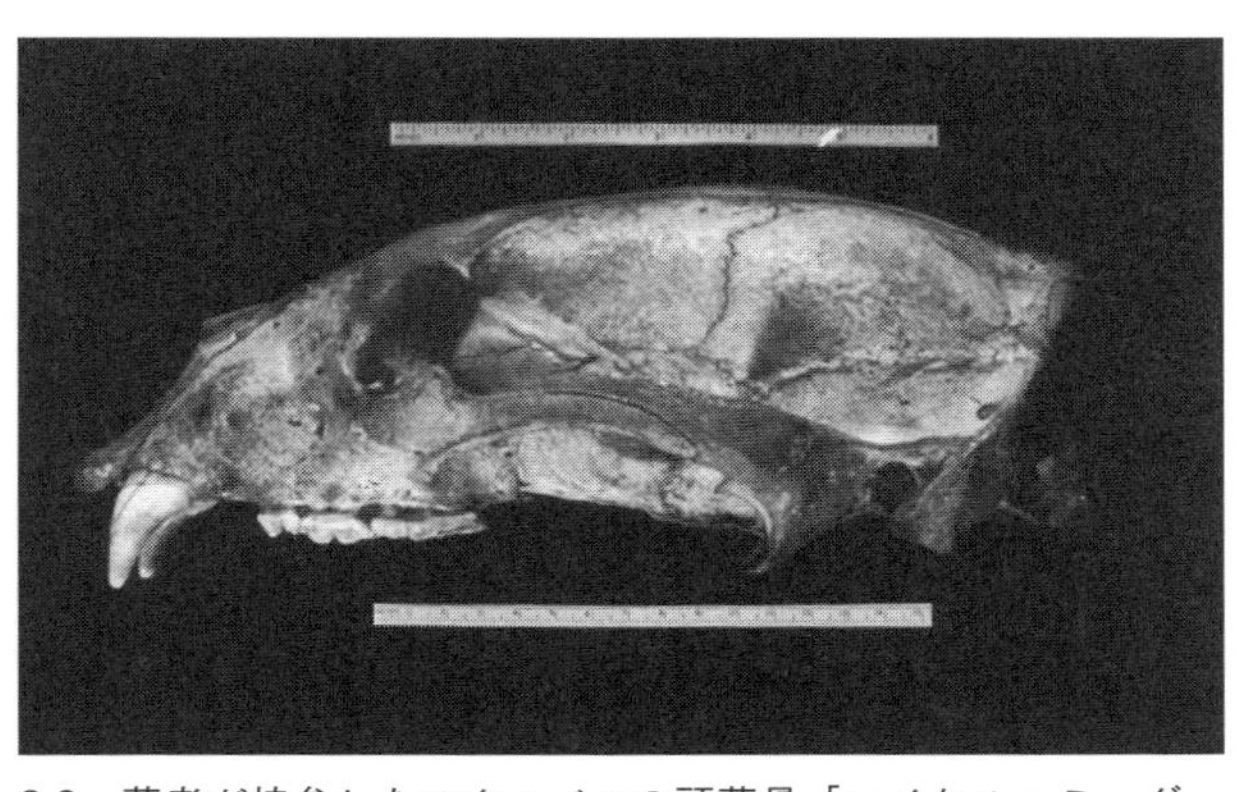

8.2　著者が持参したルク・バルの頭蓋骨［マイケル・ミーダー提供］

問題がもう一つ浮上した。資料によるとツキノワグマ属は一般的に、攻撃的な性格をしているという（私もそのことは知っていた。ジョンおじから、この属のクマが仲間の顔を引き裂いたことがあったという話を聞いたことがある。おじはジャングルの中で、血だらけになって横たわっていた仲間を見つけ、携帯していた手術用の縫合セットで傷口を縫い合わせた）。だが、伝えられるところによると、トゥリーベアは攻撃的ではない。ということは、頭蓋骨が示しているように、トゥリーベアはツキノワグマ属ではあるが、この属のクマがおおむね帯びている性格を、まだ所有していないということなのだろうか？

その後、R・I・ポコックが書いた『英領インドの動物相』（*Fauna of British India*）の脚注に、思いがけない形で「ツキノワグマ属キノボリ種」（*Selenarctos arboreus*）という記述が現われる。そこで述べられていたのは、チャールズ・A・オールダムによって提出された標本のことだった。ポコックは大英博物館で哺乳類のキュレーターをしていたが、その前任者のJ・E・グレイが、一八六〇年にオールダム（彼はダージリンを拠点に仕事をしている博物学者だ）が送りつけてきた標本を調べて、このクマを分類した。木に棲む小さなクマ、その名前はトゥリーベアだ！　この脚注の中でポコックはグレイの考えのあらましを述べている。一八六〇年の時点では、グレイもまた、「ツキノワグマ属キノボリ種」に戸惑っていた。

オールダムが大英博物館に、頭蓋骨を持ち込んでから七二年が経っていたが、ポコックはそれを、他の博物館が所蔵している頭蓋骨とくらべてみた。そして、オールダムの頭蓋骨を別種、あるいは別亜種に分類することが、正当だとする証拠を何一つ見つけることができなかった。しかし、その数年のあいだに、頭蓋骨とともにオールダムによってもたらされた、フィールドノートやクマの皮膚が消失してしまったのである。ノートや皮膚がないとなると、ポコックの手元にあるのは、オールダムの主張と、グレイによる「キノボリ種」という分類、それに頭蓋骨が一つだけだ。その頭蓋骨も他のものにくらべて、ひどく異なっているわけではない。ただ小さいだけだ。そこでポコックは「キノボリ種」という種の指定を取り下げてしまった。しかしそれでもなお、グレイとオールダムが正しくて、ポコックがまちがっていたということなのか？

キノボリ種（*arboreus*）という名前は「樹木の」を意味する。オールダムは木々の中にいるクマを見たのだろうか？　彼は単に「ルク・バル」を翻訳していたのだろうか？　ダージリンはバルン渓谷から六五航空マイル（約一二〇・四キロ）の所にあり、標高や生息環境もバルンに似ている。一〇〇年前には切れ目のないジャングルと、バルンによく似た深い森の生息環境が、ダージリンからバルンへと広がっていたのだろう。

もしかしたらこのスミソニアンに、グレイの書いた記事があるのではないだろうか？　すぐれた図書館は本当にすばらしい。目立たないデータも、ほこりにまみれてはいるが、人々に読まれるのをひたすら待っている。イギリスでは頭蓋骨が七二年ものあいだ待っていた。ポコックがそれを目にした。そしてそれが専門誌の一ページに登場するまでには、さらに四一年間待つことになる。このわずか一ページを待っていた場所が、この部屋の中にある。それはオールダムが大英博物館に頭蓋骨を送付してから、何と一一四年が経過したことになる。データは世界中の図書館にあって、一世紀ものあいだ待機している（陶器の破片となれば、待機期間はおそらく一〇〇〇年にも及ぶだろう）。それも知識を築き上げるためであり、われわれのあらゆる種を知ろうとする欲求を、さらに前へと進めるためだ。

灰色をした金属製の棚の高い所で、王立動物協会の年報を見つけた。黒革で装丁が施されて、金文字で箔押しがされている。一〇〇冊以上の巻が並んでいた。私はそこから一八六九年版を引き抜いた。そしてそこには思った通り、実地調査をした研究者が集めた独自の証拠があった。研究者はトゥリーベアについて報告し、大英博物館にその標本を送っていた――一八六九年はイエティの話題が公になる二〇年も前のことである。

今や私の目は、黄色いページの上を走っていた。ページ上では「キノボリ種」に関する議論はほとんどされていない。見つけることができたのは、すべて脚注の中だった。オールダムは小さなクマを見つけた。そしてそれが他のクマと違っていると思った。だが、どれくらい小さかったのだろう？　その点についてオールダムは語っていいない。なぜ彼はそれを、他のクマと違うと思ったのだろう？　オールダムはそれについても語らない。彼は頭蓋骨と皮膚を集めて、イギリスへ送った。そしてグレイは、他の異なる頭蓋骨の大きさや毛皮が重要だと判断した。しかし、ポコックはそれに同意を示さなかった。彼はもっぱら頭蓋骨に調査を集中したために、取り立てて他と異なる特徴をそこに見い出すことはなかった。王立動物協会の年報は、オールダムとグレイがなぜこのクマを「キノボリ種」と呼んだのかについては語っていない。皮膚とともに、おそらくは理解の助けになると思われたフィールドノートも散逸していた。

しかし、それでもなお私のフィールドワークとのつながりはあった。おおまかだが、ほぼヒマラヤと同じような地域から、その生活がもっぱら木々の中で営まれているという、クマの報告がそこにはあったからだ。木々の中の行動。トゥリーベアの特徴はその多くが行動にある。村人たちは頭蓋骨の差異について、言いたてることはなかった。博物館のキュレーターたちはそのことで思いなやんだ。村人たちは、属や種が異なっていると提言することはない。村の生活に影響を及ぼすのはクマの行動だった——一夜の内に穀物を食べつくしてしまったり、足跡を残すのもクマの行動である。

灰色のウォーター・クーラーのそばで、肘掛け椅子に腰をかけながら、私はツキノワグマについて書かれた論文をふたたびくまなく読んだ。図書館員が二度目にやってきて、一度目と同じことをいった。まもなく閉館になりますよ。だが、今はすでに閉館されている。私は引き続きメモをした。情報の大半はヒマラヤ北部からのものだ。ロシアからのレポートの中では、雪の中を歩くとき、ツキノワグマはときに自分を支えるために、水に濡れた枝を使っているというメモを見つけた。また、他のクマとくらべてこの属のクマは、うしろ足を前足の足跡に、ずれることなく一貫して置く傾向にあることを発見した。ヒマラヤの極東部からは、ツキノワグマが敏捷で繊細な木登りの上手な動物だ、という報告が上がっている。

窓から見下ろすと、コンスティテューション・アベニューを行き来する人や車の流れが見える。じっと見ていると、新しい事実や古い考えが往来する人や車のように頭の中を出入りする。だが、廊下の端に立っている人が、何分かするとガードマンがこちらへやってきますよと私に告げた。ナショナル・モールの近くでは、ホットドックを売るトラックが、アルミニウムの側板を引き下ろしながら、歩道の縁石から離れていった。私の家族も、なだらかな丘に立つわが家から離れて、すでに二カ月が経つ。そろそろ帰る時期が近づいたのかもしれない。

＊

一九八三年四月四日。郵便配達人が、わが家の赤い大きなメールボックスに、コダック社から送られてきたスライド入りの二七個の箱を投げ入れていった。もしかすると、遠征のはじめに砂ぼこりがカメラに入ったかもしれない。そしてフィルム押さえローラーに入り込み、すべてのフィルムに傷をつけているのではないか？　あるいは、ひびの入った露出計のために、ロールフィルムがすべてまっ黒になっているのではないか？　終日、スライドの入った箱は私の机の上にあった。頭の中で次から次へと災難が思い浮かぶ。夜になって、ジェニファーとジェシーが寝たあとで、私は新しい薪を火にくべて、ホットチョコレートを作った。

写真を見るといっても、ただそれだけではない——自分の旅を追体験したいと思っているからだ。今日のようにデジタル写真の時代だと、自分が撮ったものはその場ですぐに見ることができる。したがって、撮影した写真の仕上がりが分からない、以前の感じに立ち戻ることは難しい。しかし、たしかに以前は、シャッターを押した時点では、何が写ったのかまったく分からなかった。一九四九年に父が許可を得て、はじめてネパールの中央部へ遠征したことがあった。遠征期間が三カ月だったのだが、持っていったフィルムはロールフィルムが四本だけだった（デリーのフォトショップで、リストにあったコダックのカラーフィルムをすべて買った。インドのフィルムには、めったにお目にかかれなかった）。そして、現像された写真を見るには、遠征後四カ月も待たなければならなかった。

これから開けようとする各箱のスライドには、一から三七まで番号がつけられている。そして、ある箱を選んだとしても、それが旅の一日目のものなのか、あるいは一九日目、二七日目のものなのか分からない。日ごとに展開される探検は、今夜ふたたび、はじめから組み立て直されることになるだろう。スライドをスクリーンに映写しはじめた。スライドはフィルムの露出時間が適切だったのか、きわめて鮮明だ。一三番目の箱の、ロールフィルムの真ん中辺に足跡が写っていて、それが高い所にあった竹林の中から、さらに上へと上っている。次のスライドでは、崖の岩に生えた苔に、かすかではあるが乱れが見て取れた。

次のスライドには、親指の跡がはっきりと写っている！　その次のスライドにはふたたび足跡が写っていた。親指もまた、他の四本の指とは明らかに異なっている。二カ月前、この特徴のある指はイエティのまぎれもない証拠だった。霊長類だけが親指を持つ。私はこのボックスのスライドをはじめから、もう一度スクリーンに映し出してみた。そして、注意深く見てみると、そこには爪を押しつけた痕跡がある。二カ月前には――実際この同じスライドではほんの数分前のことだ――これをすっかり見落としていた。ブにも爪痕はなかったと断言した。もちろんその日は、頭が酸素不足に陥っていたし、深い雪の中を上っていたために、体も完全に疲れ果ててしまっていた。他の者にはその状況を説明したものの、なぜ私はそのときに爪痕を見逃してしまったのだろう？

今になって私は、これまでに見たものについて疑問に思いはじめた。もしかしたら、私は爪の跡のないものを選んで見ていたのではないのか？　私は、今していることをともかくストップした。もし今自分がそんなことをしているとしたら、シプトンもまた（無意識の内に）爪痕のない写真を選んでいたのではないのか？　新たな考えがこれまでの考えとぶつかり合う。トゥリーベアの仮説がイエティと衝突する。だが、スクリーンでは、足跡がみずからの物語を語っていた。明らかに私の撮影した足跡には爪がある。そしてさらにまた明らかなのは次のことだ。つまり、シプトンによって撮られた他の写真（そして、写真に写る足跡を見つめているマイケル・ウォードの写真）は、イエティの探索熱を世界規模に打ち上げることになった一枚の写真が、他の写真をどれほど代表しているかを示していない。

私はまたスライドに戻った。そして今はこの特徴をさらに探求すべきだと思った。この特徴がはたして、私が持っている他の証拠と合致するのだろうか？　ラクパから買い取ったクマの足を、屋根裏から持ち出してきた。そして、小さな緑のビックライターを取り出した。これは以前、足跡の写真を撮影したときに、その大きさを示すために足跡の横に置いたものだ。私はプロジェクターを移動させて、スクリーン上に映し出された足跡を、ライターの大きさに合わせるように調整した。四フィート（約一・二メートル）ほどスクリーンから離れたときに、スクリーン上のライターが、私が手にしていたライターと同じ大きさになった。

左の足をスクリーン上の足跡に合わせてみると、ぴたりと一致した。雪の中の足跡は、私の手の中にある足に合致したのである。足の爪もまた雪の中に残された爪痕にフィットした。ただ一つ違っていたのは、雪の中の足跡の方がいくらか長かったことだ。スクリーンに映し出された写真を見つめていると、雪の中に点々と残された足跡のずっと向こうは、その三分の二ほどが一本のかすかな線のようになっているのが分かった。私はもう一つの足、うしろ足を取り上げた。それもまたスクリーン上の後部の足跡に合致している。前足とうしろ足をいっしょに手にすると、それがスクリーン上の足跡に、完璧なまでに重なり合っているのに気がついた。

私はトゥリーベアが雪の中で、足跡を付けているのを見たわけではない。だが、乾燥した足をスクリーン上の足跡に合わせてみると、雪の中に足跡を残したものが何ものなのか、そこには疑いの余地がまったくなかった。スクリーン上には、私が情熱を込めて、それこそがイエティの正体だと断定した生物が映っていた。私の両手には二本のトゥリーベアの足があった。

それではクローニンやマクニーリーの足跡や、シプトンが撮影した足跡もまた、同じようにして、私の手にある足を重ねることで、合致するかどうか調べることができるのだろうか？　彼らの足跡の写真は、ここから一マイル（約一・六キロ）離れた事務所にある。私は古ぼけたフォルクスワーゲンのヴァンに飛び乗って、泥道をがたごとと飛び跳ねながら事務所へ向かった。ところが帰り道でタイヤがパンクし、興奮は一気に冷めてしまった。ヴァンから外へ出てみると、夜空では星が輝いていた。家まではまだ半マイルもある。風力発電機は回転して、われわれの電気を作り出してくれている。その発電機が山頂の牧草地を越えて、やさしい音をここへ送り届けてくれる。私がタイヤを交換していると、トウヒの木が囁き、錆のように赤茶けたラグナットをまわすたびに、枯れかけてもろくなった草がカサカサと音を立てた。

クマの足跡がスクリーンに映し出されてから、ほぼ一時間後にふたたびスクリーン上に足跡が現われた。その足跡とシプトンの写真を私は見くらべてみた。シプトンの写真と手元の乾燥した足とは即座に一致するわけではない。写真の足跡には明らかな爪の跡が見当たらないからだ。それにまた、指の並びは手元の足の親指とは違っていて、写真の親指は異なった方向を向いていた。しかし、足跡の前の部分ではなく、むしろ中央部により注意を集中して、乾燥した足と重ねながら見てみると、見えてくるものに変化が生じる。そこには真ん中に爪の跡があるようだ。足跡の左側に明らかに深い隙間があり、右端には手元の足の爪が、雪の中に付けたもう一つの跡のようなくぼみが見える。それに私の手にある足とみごとに合致している――そして、乾燥したうしろ足をさらに少しうしろにずらしてみると、足跡の長さがほぼ近くに接近する。長いあいだ、謎めいたものとされていたシプトンの足跡の写真も、前足の爪痕の問題をひとまず取り去ってみると、おそらくはクマ説によって解決されるだろう。それにもし、クマの体重がそれほどはげしく押し付けられていない場合には、前足の爪痕はもしかしたら付かないかもしれない。その代わりに、うしろ足の二つの爪痕がはっきりと残されているのだから。

それから私はクローニンの写真を取り上げた。それはわれわれの足跡が発見された所から、数マイル離れた場所で撮影されたものだ。大きさはほぼ、われわれのものと一致している。われわれの足跡は長さが六・七インチ（約一七センチ）、幅が四・八インチ（約一二・二センチ）あるが、クローニンたちのものは長さが九インチ（約二二・九センチ）で幅が四・八インチだ。長さが異なっているが、これを説明するには、シプトンの足跡のときと同じように、うしろ足を少し動かすことで数値を合わせることができる。そうすると、ほぼわれわれの足跡と同じ大きさになる。親指のような内側の指については、クローニンの足跡もわれわれのものと同じ位置にあった。おそらくクローニンの足跡は、雪がやわらかなときにつけられたものだろう。そのために爪の跡が消えてしまっている。足跡から取った石膏の型をボブが前に持っていたが、私はそれを見てみたいとしきりに思った。

新しい薪を火にくべて、ソファーに腰を下ろした――スクリーンにはまだスライドが映っている。そしてふたたびクローニンとマクニーリーの書いたものを読みはじめた。

次の日の朝、夜明け直前にハワードはテントから抜け出た。その直後、彼は興奮して叫んだ。われわれがテントへ向かうまでに作った道のかたわらに、新しい一組の足跡があるという。寝ているあいだに、何か生き物がキャンプに近づき、テントのあいだをじかに歩きまわっていた。まちがいなく、イエティの足跡だとシェルパたちはいう。われわれは一も二もなく、ただびっくりしてしまった。(2)

これが二人が記したすべてだ。だが、なぜそこには証拠について話し合って、肯定したり否定するという行為がなかったのだろう？　二人はイエティの足跡の写真を手にした。そして事実だけを公にして、その生き物のように、さっさと歩き去ってしまった。話の中で残されているのはこの疑問である。だが、もちろん答えは明確だった。少なくとも科学者なら、とりわけ売り出し中の科学者だったら、イエティのようなものについて、まじめな議論をするわけにはいかない。そこには当然用心深い、慎重な心遣いが求められた。クローニンもマクニーリーも科学者である。マクニーリーは現在、ジュネーブに拠点を置く国際自然保護連合の本部で、重きをなす人物となっていた。

*

一週間後にはニックがネパールから戻ってくる。電話から伝わる声の調子から判断すると、一カ月前にジャングルで過ごした思い出以上にたくさんの情報を、今、彼が抱え持っていることは明らかだった。だが、彼はスミソニアンの頭蓋骨については、何一つ知らない。またそれは「キノボリ種」やスライドについても同様だった。家に足を踏み入れるとニックはすぐに話しはじめた。

「ランタン渓谷で見つけた足跡は、前にわれわれが尾根で見つけたものによく似ていました——親指のようなへこみもそこにはありました。タルケガオンではツキノワグマの皮膚を発見しましたが、これは動物園のクマとほぼ同じ大きさでした。この皮膚を持っていた男はクマを殺したというんです。それで私は彼に質問をしました。すると彼は私が何もいわないのに、勝手に『ルク・バル』という言葉を使ったんです。そうルク・バルです。驚いたことに村人たちもまた、大きなクマ（ブィ・バル）がいたというんです。もう一人の村人は私に、グラウンドベアの皮膚を見せてくれました。私はどれもこれも、そのすべての写真をカメラに収めました」

二頭のクマはバルンだけでなく、ヒマラヤ東部の全域にわたって存在しているのだろうか？　そこにはどれくらい多くの渓谷があるのだろうか？　ニックの報告が信頼できるほど、彼が出会ったネパール人は頼みになる人々なのだろうか？　二カ月後にボブから手紙が届いた。「二月にわれわれが顔を合わせてから、三回ほど難儀な旅行をしたのだが、そこで私はトゥリーベアとグラウンドベアに関する村の情報を手に入れた——その場所はヒマルチュリ山の南面、ロワリン渓谷、それにシッキムだ」。私はさまざまな情報をつなぎ合わせて整理しようと思った。そこで二度ほどクローニンに手紙を書いて、彼とマクニーリーが見つけた二頭のクマについてたずねた。だが、クローニンは返事をくれない。そこで彼に直接電話をしてみた。私はまたスイスにいるマクニーリーにも手紙を書いた。だが、彼からもやはり返答がない——彼らはトゥリーベアとグラウンドベアに関するレポートを見つけたのだろうか？

ともかく私はフィールド・ノートを取り出し、これまでに知ることのできた情報をまとめて整理した。

1　トゥリーベアの報告は現在までのところ、バルンとその他に四つの地域から上がっている（フレミングがこの内の三つを見つけた）。報告はそれぞれの民族の枠を越えていた。そしてその民族はたがいにほとんど接触がない。しかし、民族同士の差異があるにもかかわらず、トゥリーベアとグラウンドベアの記述には一貫性が見られる。

2　体の小さなクマは現に生息していて（カトマンズ動物園では二年間生息している）、それ以上成長していない。そのことはトゥリーベアの説明に合致している。この動物園のクマについて、とりわけ興味深いのは、内側に折り曲げられた前足の指だ。

3　われわれの手には、一見して体の小さなクマ（それも成獣）のもののような頭蓋骨と二本の足がある。これはラクパから買い取ったバルンのクマだ。

4　一八六九年にオールダムは、バルン渓谷から六五航空マイル離れたダージリンで、よく似たクマを見かけたことを報告している。彼はそれを「キノボリ種」と呼んだ。

5　ニックはヘランブ渓谷でトゥリーベアの皮膚を撮影した。そしてグラウンドベアといわれている、さらに大きなクマの皮膚も目にしていた。

6　われわれがバルンで撮った写真は、このトゥリーベアが霊長類のような足跡を付けていたことを示している。それは親指を持っていて、二足歩行ができたようだ。そしてこれは、いかにもイエティの物語に合致しているように思えた——だが、この足跡がクマによって付けられたものだということを、われわれは知っている。

7　爪痕と毛がほのめかしているのは（寝床から集めた毛のサンプルはスミソニアンにあったツキノワグマ属の毛と一致した）、このクマが巧みに木に上ることができ、直径一インチ（約二・五センチ）の竹を折って、一定の高さの所に寝床（巣）を作っていたことだ。寝床はナラの木の上にも作っていて、これはきわめてすぐれた木登りの能力を示すものだ。

8　上に述べた特徴の中には、ツキノワグマのものと合致するものもあるが、すべてが合致しているわけではない。だが、ツキノワグマがこれまでけっして科学的に説明されてこなかったことは、十分に留意しておく必要がある。ツキノワグマに関する証拠は、そのほとんどが、第二次世界大戦以前のハンターたちから集められたものだ。まだ十分に研究されていないが、ロシアの証拠はさらに科学的なもののように思われる。

トゥリーベアはツキノワグマの亜種なのだろうか？　頭蓋骨では分からない遺伝的な差異がそこにはあるのか？　トゥリーベアとグラウンドベアは同じものなのか？　あるいはトゥリーベアが幼獣で、グラウンドベアが成獣なのか？　またトゥリーベアが発育不良で、グラウンドベアが正常なのか？

クローニンやマクニーリーが挙げている証拠で、とくに不可解なのは、彼らがクマの攻撃的な行動を書いていることだ（クローニンはこの点について、電話で三〇分も私に話していたし、同じことをフレミングにも話していた）。この報告から感じられるのは、そのクマがグラウンドベアだということだ。二年間のあいだ、クローニンとマクニーリーは、ジャングルの中でどんな過ごし方をしていたのだろう。彼らはクマの寝床を一度も見つけたことがなかったのだろうか？　彼らがトゥリーベアを見逃したことについては、それほど驚くべきことではないのかもしれない。私も見逃していたからだ。われわれがそれを見つけたのも、何が問題なのか、それを知ってはじめて可能になった。クマが長いあいだ、科学的に検討されないままになっていたのは、信じがたいことのように思われる。だがそれはおそらく、信じがたいことではないだろう。というのも、科学者たちが新しい動物を探し求めていた時代は、すでに二〇世紀の半ばで終わっていたからだ。それに当時、ネパールは閉ざされていた。

＊

動物園は多種多様な生き物を集めていたし、博物館も同様に多種多様な死せるものたちを集めている。同じように、山々は多様な自然を集めていた。動植物が生息する地上の平坦地は、全域にわたって徐々に変化する。赤道からの距離が増すに従って寒くなる。だが、地球の曲面から生じるゆるやかな生態系の変化にくらべると、山々の温度変化は急激だ。一〇〇〇フィート（約三〇五メートル）上昇するごとに、気温は通常、華氏三度（摂氏約〇・一六度）ずつ下がっていく（湿度によって変化はするが）。

ウッタラーカンド州のウッドストック・スクールに通っていた頃、学校から丘の頂上の家まで一〇〇〇フィートの道のりを上ってくるあいだに、花々が時を異にして咲くことに私は気づいた。のちに、アメリカで過ごした大学時代、美しい紅葉を見るために、わざわざニューイングランドまで行く必要がないことに、やはり気がついていた。近くのアパラチア山脈まで車を飛ばせば、それを見ることができたからである。生物学の教科書に、何かが欠けているとも思いはじめていた。教科書には熱帯地方が、生命のもっともたくましい姿が見られる場所だと書かれている。多様な種が生命の強さを作り出していたからだが、私が山々を、どんどん高くまで上っていったとき、そこではまた違った形で、生命がたくさくましさを見せている。私にはそのことがはっきりと分かった。

種の豊かさという点では、山々の麓の生命はたしかにたくましい。だが、より少ない種が生息している山の頂上でも、やはり生命はたくましい。高い山の上の生命体は、厳しい、そしてつねに変化してやまない条件に、耐えることができる強い能力を持っている。二つのタイプのたくましさに共通なのは、強さということだろう。だが、この強さは同じものではない。種の豊かさは山々の麓で、遺伝的多様性によって強さを与えられたものだ。それに対して、ほんのわずかしかない種は、高い山の、変動する多様な気候をなんとかしのぐ能力を持っていた。このような少数の種にはすぐれた耐寒性があった（雪を突き破って花を咲かせるリンドウは、この強さを遺憾なく示している——ほとんどの花々は、雪が凍結しはじめると花を咲かせる能力を失ってしまう）。

さらにその上、山々で変化をもたらしているのは気温がただ一つの要素ではない。高い場所に行くほど生命体はまた、食べ物、湿度、酸素、土壌などに適応していかなくてはならない。尾根に目を向けると、太陽のエネルギーは尾根の斜面では減少する。おそらく尾根の半分ほどになる。湿度の変化はほぼ同じくらいだが、降水量は尾根では激しく変化する。山脈では太陽、湿度、酸素、それに土壌、そして斜面の安定性さえ流動的になる。しかし、それでも生物は生き残るだけではなく、その上に繁殖さえする。生物学の教科書には、この力強さを表わす専門用語が見つからない。そこで私は「バイオレジリエンス」（生命復元力）という新語を提案し、一九九五年にこの言葉を発表した[3]。

バイオレジリエンスは、変化に対する種の適応能力のことで、この変化（それは気温、湿度、太陽エネルギー、土壌の変化かもしれない）に種はライフサイクル（生活環）の過程で遭遇する。大きな変化に耐えうる種は、より大きなバイオレジリエンスを持っている（種の中には、新たなニッチ［生態的地位］のために突然変異をして、新たな種となり、生き残るものある。また他の種は、すでに突然変異を起こして耐寒性を身につけ、そのために、多種多様な生活環境の中で存続することができた）。「バイオダイヴァーシティー」（生物多様性）ということでいえば、たくさんのより糸で網を作り、あちらこちらで生命の網に強さを与えるのは種の数であり、遺伝的な多様性だ。しかし、バイオレジリエンスでは、これとは違う力が強調される。それはより糸の数にではなく、特別な遺伝子のより糸が持つ生命の強さの中に存在する――つまりそれは、多くの脆弱なより糸のために強い網と、その強さが一本のより糸の中にあるロープとの違いだった。

　バイオダイヴァーシティーにはたくさんの種があり、それぞれの種が一つのニッチを満たしている。バイオレジリエンスはどうかというと、そこには多くのニッチを満たす一つの種があり、それがいくつもの生態的ニッチを横断する能力の典型的な例となっていた。バイオダイヴァーシティーの強さは遺伝的な複雑性、つまり多数のＤＮＡグループから来る。だが、バイオレジリエンスの強さは、一つのＤＮＡを持つ種の能力から来ていて、その能力は生活環境における変化に適応できた。

　バイオダイヴァーシティーを生み出すためには、気候が安定している必要がある。その一方で気候や他の特性が変動すると、その結果、バイオレジリエンスが促進されることになる。山脈で生物が持たざるをえない順応性を考えてみるとよい。山脈ではたかだか一時間の内に、氷点から沸点に近い温度まで変化する（標高が高い所では、薄い大気の層を太陽が通り抜けるために、熱量がいちだんと急速に増加するだけではなく、気圧の低下によって沸点もまた下がる）。熱帯地方では、一つのシーズン内では先行する月と、そのあとに続く月がよく似ている。この安定性のために、生命体はきめ細かく進化し、ニッチにしっかりと合致する。

高度が上昇するに従って、気温の変化を和らげてくれる大気の層が薄くなる。そのため太陽が沈むと（植物は逃げて家の中に駆け込むことができないので）、この急速に気温が変化する世界では、とりあえず維管束系は、凍結による破裂を防ぐために液体を出して中を空にしなければならない。だが、それだけではなく、閉鎖することで、太陽のエネルギーが戻ってきて、代謝作用、呼吸作用、光合成作用を促進するときそれを最大限に生かすために、元気を取り戻し、立ち直る態勢を作っておかなければならない。そして、このように短い時間でも、種の存続のために繁殖は中断されてはならない。気候が変動するときには、変化に適応できる能力は欠かすことができない必須のものだ。生命体のために、この能力を作りだすのがバイオレジリエンスの特徴だった。

バイオレジリエンスでは、もっぱら機能に焦点が当たっている。性別による違い（性差）はその飾りを失う。放っておけば半年で枯渇してしまうかもしれない食料源は、厳しい世界から栄養素を、根や地下茎や体脂肪という形でかくまい、あるいは地下の隠れ家などを探さなければならない（たとえば、このような必要に順応するために、種の中には活動を低下させたり、冬眠をすることで、代謝作用を最小限に抑えた）。バイオレジリエンスを持つ植物は、生物が多様な熱帯地方で見られる複雑な生殖の仕方を避ける。熱帯地方ではときに、植物は子孫を増やす前に一年のあいだ、繁殖のために準備期間を持つ（たとえば高所における花芽原基（はなめげんき）のように）。

バイオレジリエンスでは個々の生物の頑健性は、一連のニッチと交差することで達成される——だが、バイオダイヴァーシティーでは、多くの種によってそれがなし遂げられ、しかもそこでは、各種それぞれが一つのニッチを満たす。種の多様性は、高度が増すごとに減少する。しかし、これに順応するために、各種のバイオレジリエンスはさらに大きく成長を遂げる。ところが、バイオレジリエンスは必ずしも、バイオダイヴァーシティーよりすぐれているとはかぎらない。というのも、二つの強さの特徴は、生き物の中ではたがいに補完し合う関係にあり、一方を他方よりすぐれたものと見なすことは、われわれの生物界で、生命の複雑さがどのように継続され続けているのか、その点を見落とすことになる。バイオレジリエンスがなければ、生き物の耐寒性が順応できるのは、地球上の平地に限定されることになるだろう。

われわれは生物ともども同じ地球に同乗している。そのために保存管理(自然の力によって自然を守る)は、この数十年のあいだ、多様な生物の保護に集中してきたが、それを補完するものとして、生命の復元力を持つ生物を保護することにより、さらに強化されるだろう。バイオレジリエンスを高く評価することは、今やとりわけ差し迫った問題になっているのかもしれない。というのも、未来の世界では、気候システムの恒常性が失われるので(山を上るにつれて、空気が薄くなるのにいくぶん似ている)、おそらくは種の耐寒性が重要な生命体の特徴となるだろう。それは地球に現在進行中のマクロ的変化に、順応できる能力を与えることになる。そしてそれは、あらゆる種に本来備わっている潜在力を再生させ、あらゆる生命体を支えることのできる生物の保存場所を、適切な場所に配置することになるだろう。

今やわれわれの住む地球は疑いなく、生態系の予測できない変化の時代に突入している。生物の理解(バイオロジー)を新しくしておくためには、われわれが状況に対応するために使っていた概念を、これまで使用していたものから進化させなければならない。自然の保護については二つの考え方がある——ただしそれは、バイオダイヴァーシティーとバイオレジリエンスのいずれか一方を取るという、二者選択ではけっしてなく、生物が継続して生き長らえるために必要な深い理解は、この両者から来るのだろう。したがってその最前線を、バイオダイヴァーシティーを保護する争いとして見るべきではない——柔軟性のあるシステムをどう作り出すかを理解する方向へと、生物学は広がりうる可能性を秘めている。関心はた

8.3　バイオレジリエンスとバイオダイヴァーシティーの特性比較［著者作成］

しかに、保護地域を用意することに集中的に向けられている（とりわけ自然の宝ともいうべき、デリケートな生命体の保護については）。だがその一方で保存保護には、習得可能なあらゆる適応能力を持つ生物を、含めることが賢明となるだろう。

もし地球全体の柔軟性にわれわれが関与しなければ、この世界は、これから現われようとしている変化からボールが跳ね返るように回復し立ち直ることはできないだろう。一つの方法は、一つの種が一つのニッチに適合すること（これがバイオダイヴァーシティー）。もう一つの方法は数多くのニッチを横断でき（これがバイオレジリエンス）、多くの条件にフィットする種を持つことだ。われわれホモ・サピエンスは、われわれが作りあげたこの新しい時代（人新世）に、新たな生息環境の中へと歩み入っている。しばしばわれわれが侵略的と見なしている種が、実はわれわれの世界を一つに結びつける輪であるのかもしれない。そしてその結束力は、あまりに強いために説得力を持つ。したがって、望むらくはこのような種がどこにでも存在する種でありますように——ゴキブリ、カラス、ムラサキガイ、そしてそう、人間もまた。

そのあとにくるのは、このビジョンをどのようにして実行に移すのかという問題だ。自然保護の原則と実践は変わらなければならない。われわれは今や、われわれ自身の管理手法において、弾力性を持つ者とならなければならない。このようにして保護活動は、失われたワイルドマンを捜索することではなく、むしろそれは、人々が野生と関わり合う新しい方法の模索へとわれわれを導いてくれる。

9 証拠が手からこぼれ落ちる

9.1　ウェストバージニア州マウンテン・ホームの風景［マイケル・ストラナハン撮影］

一九八三年。私は以前、一九六九年の夏にこの同じガラスのドアを通ったことがあった。それはアメリカ国務省の通り側のエントランスのドアで、はじめて国務省の外務職員と会った日のことだった。ヒマラヤの「人口問題」に取り組むように指示された。それから一五年が経ち、地球には二〇億の人々が乗り込んで、四〇パーセント増しの荷物を運ぶことになった。これほどまでに短期間のうちに重量を加えられたことは、これまで地球が経験しなかったことだ。しかも乗客の誰もが、地球がよりよい人生を与えてくれると信じている。世界の国内総生産は、一人当たり八〇〇ドルから二六〇〇ドルへと三倍になった。しかし、ホモ・コンスムプティクス[1]は、世界中の原始（荒野）地域をほとんど絶滅に近い状態にしてしまった。

ガラスのドアが私の背後でしまった。ドアには繊細な黒の枠取りがされていて、それが、死別の文書に施されている黒の縁取りを思い出させた。ガードマンが私をエレベーターの所まで案内してくれた。そこにはわれわれのように、アメリカ副大統領やネパール国王とともにする、公式の昼食会に出席する人々がいた。私は身繕いをするために片隅へ寄った。空っぽのポケットが語っているのは、タクシーの運転手にお金を払ったときに、ポケットに入っていたくしが飛び出てしまったにちがいないということだ。ナショナル・パブリック・ラジオのインタビューを受けたあとで、急いでタクシーを追いかけたのだが、そのために汗だくになっていた。幸いなことにインタビューでは、ノア・アダムズが「あなたが見つけた新しいクマはイエティですか？」という質問はしなかった。私は今、クマの頭蓋骨が入ったスーツケースを手にしている。このケースをどこに置けばいいのだろうか？

どこか置き場所はないかと探していると、ガラスのドアを通ってリラ・ビショップがやってきた。彼女の夫のバリーは、ヒラリーが率いた一九六一年のイエティ捕獲遠征隊の一員だった。そしてさらに近年になると、私は彼とともに記憶に残る登頂をいくつか行なった。「ダニエル、副大統領とのランチに行くのに、なぜそんな重そうなスーツケースを持っているの？」

「リラ、君のスーツケースは？　このケースには、クマの頭蓋骨と乾燥したクマの足が二本入ってるんだ。君は国王や副大統領に何か持ってきたの……たぶんヤクのチーズかな？」

リラは私のひじをつかむと、エレベーターの中に連れていった。エレベーターの一番うしろに立つと、私はリラのくしを借りて髪を整えた。彼女は私のネクタイを直してくれた。ドアが開くと、国務長官のジョージ・P・シュルツが、もう一つのエレベーターから二人の補佐官を引き連れて下りてきた。ネームタグのテーブルで少し混乱があった。副大統領のレセプションにクマの足を持ち込むことについて、受付係と若干のやりとりがあったが、スーツケースをテーブルのうしろに置くことで受付係も了承した。別の世界へと足を踏み入れると、ハープを奏でる音がした。そしてそのあとに弦楽四重奏の曲が続いた。金ピカの絵が数枚壁を飾っていた。

アメリカ地理学協会の調査探査委員会副委員長バリー・ビショップがこちらへやってきた。「おめでとう。二日前に読みましたよ、『ニューヨーク・タイムズ』で。あなたが発見したクマの話」

うれしそうにリラは、テーブルのうしろに隠したクマの足と頭蓋骨のことをバリーに話した。バリーは世界自然保護基金（ＷＷＦ）の総裁ラッセル・トレインを見つけた。トレインは私と今度の発見について意見を交換したいという。ついてはその機会を作ることを約束して欲しいと頼んだ。その一方でバリーは、発見に続いて次の計画を進めるようにとさかんに私を急かせた。バリーが私に思い出させたのは、私が生物学者ではないということだ。誰もが私の見つけたクマをイエティと結びつけたがっている。それで今、私に必要なのはクマの科学者と手を組むことだ、とバリーはいうのだ。

しかし、まだ証拠を手にしていないのに、アメリカ地理学協会の者が、私の手元にある標本をイエティと結びつけるのは、私の望むところではなかった。私はバリーの提案を押し戻した。そして彼に、科学的な面はボブと検討中だといった——それにツキノワグマ属チベット種についてはこれまで、まったく科学的な研究が行なわれたことがない。そのため、研究にふさわしいクマの専門家がいない。

副大統領とネパール国王が登場すると、それを迎える人々の列が彼らに近づいた。バリーと私が何を話しているのか、国王はすぐに理解すると、私に向かって、計画がうまく行くように幸運を祈っているといった。副大統領はいぶかしげにうなずいていた。バリーはクマの専門家がいなければ、資金を調達することもできないとしつこく主張した。そして『ニューヨーク・タイムズ』やナショナル・パブリック・ラジオで取り上げられても、それは何の証拠にもならないといった。

私は、二つのタイプの頭蓋骨を何とか手に入れることができるだろう、これから戻って、両方を買うつもりだといって、バリーを何とか納得させようとした。バリーはそれほど簡単なことはないと指摘する。たしかに彼は正しい。彼は気にかけてくれているし、私には彼の手助けが必要だ。バリーと私はこれまで、北極圏地域からヒマラヤ山脈まで、あまり心地のよくない数多くの夜をともにテントの中で過ごした。バリーは私にジョン・クレーグヘッドを紹介してくれた。そしてもしジョンかフランク・クレーグヘッドのどちらかが参加してくれれば、世界中のクマの専門家が関心を示してくれるだろうといった。

*

二カ月後、ワシントンに戻った私は、WWFのオフィスへ行った。ラッセル・トレインが出迎えてくれ、基金のアマゾン・プロジェクトで働いている動物学者のカーティス・フリーズを紹介してくれた。

私はエベレストの東で見つけたものを説明し、ネパールの村人たちが二つのタイプのクマ——小さなトゥリーベアと大きなグラウンドベア――を見たと主張している旨を話した。グラウンドベアはツキノワグマのようだった。しかしトゥリーベアの外貌はツキノワグマに合致しない。これを架空の話として無視することはたやすい。だが、私は小さな緑色のケースを開けながら、この頭蓋骨が、スミソニアンやニューヨークのアメリカ自然史博物館で見た頭蓋骨にくらべて、一様に小さいことを説明した。

トレインとフリーズは頭蓋骨を調べている。私はネパールの五カ所から報告が上がっていて、そこでもまたトゥリーベアとグラウンドベアについて話されていると説明した。そして、ツキノワグマ属チベット種に関する既知の知識を、さらに込み入ったものにしている足跡と寝床の証拠を付け加えた。

フリーズは法廷の反対尋問のような調子で、私の意見を押し戻した。そして、われわれが現に手にしているものは架空の物語で、架空の物語では仮説を証明できないと指摘した――実際、私は自分でも認めているが、われわれの頭蓋骨はたしかに、それほど大きな差異を示していない。

なにも、二つの種が存在すると言いたてているわけではないと私は説明した。この件についてはまだ結論が出ていない。だが、小さい方の頭蓋骨は研究が必要で、すぐれた研究には資金が必要だということなのだ。そう、そこには亜種を識別するチャンスがあるかもしれない。だが、分類上の発見の有無にかかわらず、そこにはまた異常な行動に関する事実がある。

フリーズはさらにプレッシャーをかけてきた。そして私の資格について質問をする。私がこれまでにクマについて研究を重ねてきたのかどうかと訊くのだ。私はふたたびクマの行動について、そして、それぞれに異なる村の報告をどんな風にして結びつければいいのか、私なりの考えを披露した。するとフリーズはぶっきらぼうにいった。彼が投げかけたのは質問であり、その質問に答えるためには、このような質問を研究してきた科学者が必要だというのだ。ミーティングを締めくくって、トレインは私に資金調達のための企画案を送付してはどうかと提案した。そして、ＷＷＦが今集中的に行なっているのは、絶滅の危機に瀕した動物たちの保護で、新たな動物の発見ではないことを私に思い出させた。

スミソニアンを訪れる約束の時間までには、まだ一時間ほど余裕があったので、私は自分の考えを、あまりに値段が高すぎるホット・ファッジ・サンデー〔チョコレートやシロップをかけたアイスクリーム〕と見なすことで冷静さを取り戻した。私はすでに、いくつかの大きな自然保護団体のドアを叩いていた。だが、誰一人、私がたずねる質問を重要なものとして眺めてくれる人はいない。そして、私の頭蓋骨がツキノワグマ属に一致していたため、結局私は、証拠に基づいた仮説を持ち合わせていないことになってしまった。

私はアイスクリームとファッジをかき混ぜた。なぜ学者はこれに興味を持たないのだろう？　これらの自信に満ちた信奉者を目にして思い出すのが、子供の頃に知っていた伝道者たちだ。自らの信念を擁護するばかりで、けっして探検への扉を開けようとしない人々。環境への取り組みはもっぱら、法廷の優先事項、ボイコット、学術論文などに集中して、フィールドワークという大いなる謎へ踏み込むことをけっしてしない。フィールドワークは正当化が難しい乱雑な仮定からはじまる（「Nature」（自然）の語源はラテン語の「natura」で、これは「誕生の状態」を意味する）。

それこそ「自然」――生命が生まれる乱雑なプロセス――である。ヘンリー・ソローはまちがっている――野生の中に世界の保護があるわけではない。というのもそれだと、保護の要点がわれわれの生きているプロセスにある、という点が抜け落ちてしまうからだ。そして「それ」（生のプロセス）は本当のところ、乱雑でごみごみとしている。ソローの野生はもはや存在していない。われわれの行動が野生を変化させてしまったからだ――新たな立ち位置が、単なる科学を越えたものによって理解されること、そして野生からの乖離が野生の喪失につながることの理解が必要となる。「自然」を保護するために、それと共生するというソローの見方に代わって、今や野生は暮らす場というより、むしろそれは見つめられるものとなっている。野生は引き離された世界であり、それとふたたびいっしょになるのは、テレビの上だ。そこでは男が戦い、女が子供を育て、男と女がセックスする姿が、できうるかぎり頻繁に映し出されるように編集される。隔離されたことにより、野生はのぞき見へと還元され、落ちぶれてしまった。このときわれわれは、生命の生まれるプロセスこそが自然で、われわれはその中に抱かれているということを忘れてしまっている。

私はチョコレートと、溶けたアイスクリームをかきまわした。野生を保護しようとして、われわれは野生を外に閉め出してしまう――ところが今や、人々はどこにでもいて、実際には閉め出すことなど不可能なのだ。野生は、(今までもつねにそうだったように) それが至る所にあることを認識することで、新たに再発見されるだろう。野生はそこへ行くプロセスの中にある。そして、ソローがしたように、そこに住むことから学ぶ。野生は周縁 (最遠のヒマラヤに残された渓谷) にあるのではなく、われわれ自身が世界に向かって心開く開示性にこそある。……それはおそらく、ソローもまたいっていたことだったのだが。

私は今、ポトマック川のほとりで腰を下ろしている。そしてここでさえ、人々は野生と関わりを持つことができる。おそらく魚がすばやく動くのを目にするだろう。川の縁で足を止め、ほんの少し生き物の世界へ足を踏み入れる。そんな風にして、人々は生活の中に野生 (だが、彼らにはコントロールのできない世界だ) を持ち込む。野生に入り込むためには、パタゴニアやノース・フェイスの衣服を身につけ、そして飛行機に乗ることが求められるという考えでは、われわれは野生とははなはだしく隔離されることになる。そこには距離が導入されるからだ。これではスクリーンを眺めて野生に入り込むのや、経験 (それも人間がコントロールのできる）を通して野生に参入するのと大差がない。たとえば家へ帰るのに、雨の中をずぶぬれになりながら歩いてみよう。本物の野生は、そこでも見つけることができる。コントロールの欠如を身にしみて感じながら、雨があなたの中にしみ込むままにさせよう。野生はわれわれがそれを欲するときにはいつでも、そしてどこででも、われわれをよろこんで迎えてくれる。

私はワシントン・モールを急いで横切った。今現に、スミソニアンで哺乳類を担当するキュレーターの所へ向かっていると、自分にいい聞かせながら。私の考えの中にあったアイスクリームとファッジを、今は取り除かなくてはならない。注意を集中すべきは、これまで見つけてきた資料だ。たとえば私のツキノワグマ（ツキノワグマ属チベット種）はもはや存在しない。最近のＤＮＡによる分析では、ツキノワグマはクマ属とされていて、この属にはハイイログマ（グリズリー・ベア）、アメリカクロクマ、ホッキョクグマ（シロクマ）などが含まれる。私のクマは今ではクマ属チベット種とされていた。同じように、それより上位のクマ科（マレーグマ、ナマケグマ、メガネグマ、ジャイアントパンダなど）はもはやアライグマ科とは関係がない。このように、クマ科の中では、私のツキノワグマは遺伝子学的には絶滅種のクマ属ミニムス種（*Ursus minimus*）により近かった。[2] これは五〇〇万年前に生息していたクマの祖先だ（クマの祖先はホモ・サピエンスが登場したときに、はたして存在していたのだろうか?）。ミニムス種に特徴的なのは小さな脳と大きな口だ。これは今日、そのもっとも直接的な子孫と見られているツキノワグマを特徴づけているものである。それは長くて強い顎を持つ、現代生息している他のクマと際立った対照を見せている。[3]

大きな顎の筋肉のおかげで、最古のクマを祖先に持つこのクマは、実際、どんなものでも食べることができる。死肉だけではない。生きたまま捕まえることができたときには、サル、スマトラカモシカ、ゴーラル、イノシシ、それに家畜の牛も食べる。農夫たちの畑に侵入するのは、とくにトウモロコシが実をつける頃になると、クマの鼻がもはや抵抗できないからだ（それは小さな脳のせいかもしれない）。鼻によって嗅ぎつけられると、昆虫や幼虫も朽ちかけた丸太や、地面の中から掘り出されてしまう。そしてそこにはいつも、ミツバチの巣から取り出すハチミツがあった（プーさんを思い起こさせる）。ツキノワグマはあらゆる種類の果物を食べる。そして地域によっては、巧みに木に上って、ナッツ類をかき集めるクマもいた。[4] ひとたび生きたものなら、どんなものでも私のクマは食べるのだろう。[5]

中国からのレポートでは（中国では月輪熊と表記されている）、この種のクマは、かなりの時間を木の上で過ごしているという。これはヒマラヤの資料では述べられていない特徴だが、その体形からはありうる特徴だとされている――クマ属の他のクマと比較して、ツキノワグマは力強い前腕と、比較的弱いうしろ四半部を持っている。[6] このような報告はまた、木の上にいるとき、このクマは巣のようなものを作っていると伝えていた。こうした巣がはたして眠るための場所なのか、何か食べ物を取るための台なのかは判然としていない。[7]

さて、次に二足歩行について考えてみる。子供時代に私はこのようなクマが、ダンスの訓練を受けているのを見たことがある。鎖でつながれたクマを連れて、人々が村から村へと動く。たいていはナマケグマだったが、ときにそれがツキノワグマのこともあった。ある男は、クマにあとを追いかけさせて、ぐるぐるとまわることを教え込んでいた。クマはうしろ足でほんの数歩歩くだけではない。上下に跳ねたり、片方の足で跳んでは、もう一方の足に変えたりする。男はツキノワグマを、たぶん三〇ヤード（約二七・四メートル）は走らせていただろう。

ワシントン・モールを横切り、スミソニアンへ歩いていきながら、私は次に資料を読むときには、蹠行（しょこう）動物〔かかとを含む足裏全体を使って歩行する動物〕の足（バランスを取る支えとなる）を巡る動態力学について、さらに理解を深めなくていけないと実感した。蹠行動物の特徴は、二足歩行ができることだ。柔軟な支えのうしろ半分を使って歩く。そして足指をてこのように使って前へ進む。蹠行性であることでバランスが改良される——それは脚の終端部に、固い蹄や、イヌ、ネコのクッション性のある足とは違った柔軟性を与えることになる。それはまた脚の部分を短くさせることになり、それがクマや人間をさほど力強いランナーにしていない理由だった。この歩行可能な器用さを可能にするために、足の骨は五本の指と足底の骨を再調整する。

それではクマの場合、足の指はどのように柔軟でしなやかなものになっているのだろう？　誕生してから最初の数年間、木登りをすることで指をトレーニングしたクマは、地上で雪の上を歩くときに、この指をどのようにして広げるのだろう？　私は気がついたのだが、私の注意を引くこうした疑問は解剖学上の、そして行動研究上の問題であって、分類学上のものではない。そしてつねにそれは足跡の謎へと戻っていく疑問だった。足跡がそれを付けたものが二足歩行をしているように「見えた」からといって、実際にそれが二足で歩いたということにはならない。二足歩行のクマは訓練をされているからだ。人々は雪の中を二足で歩くが、それは誰もが知るところだ。それでは動物は、雪の中を他のやり方で歩くことができるのに、なぜ二足で歩くのだろう？　四つ足で歩いた方が体重を分散できるし、雪の中に深く沈むことからまぬがれうるのに。

*

スミソニアンに着くと、半開きになっているドアをノックした。「やあ、テイラーさん、ヒマラヤのクマの方ですね。ディック・ソリントンです」。小柄な紳士が立ち上がって、手を差し伸べた。「二度ほどいらしたときに、不在で失礼しました。グラッド・ビルがお相手をしました。さっそく、ご持参の頭蓋骨を拝見しましょう」

ソリントンは迷路のような廊下を案内してくれた。「ここがツキノワグマ属です。いつかケースの名前をまともなものに変え、クマ属と呼ばなくてはいけないのですが」。すでに私が知っている木製のトレーを引っぱり出した。ここにはアジアの五〇〇〇マイル（約八〇四七キロ）にわたる地域から、一世紀以上ものあいだに集めた収集物が収められている——バルーチスターン砂漠、北カシミール、南ロシア、中央インド、ビルマ、中国、日本、台湾などのクマ。ネパールのクマはいなかった。

「うーん、全体的な骨の構造はほとんど一致してます。鼻の穴も意外なほど同じです」。ソリントンは左手にわれわれの頭蓋骨を、右手には、カシミールのクマの大きな頭蓋骨を手にしていた。「二つの頭蓋骨の歯列は一致してます。大臼歯、小臼歯、門歯。そうですね、すべてがそろってます」

「ソリントン博士」と私は、マイクロメーターを手渡しながらいった。「われわれの頭蓋骨の大臼歯を測ってみてください。そしてそのあとで、中央ヒマラヤのあなたの頭蓋骨のそれを計測してください。ヒマラヤの頭蓋骨の中でも、もっとも小さなものの歯でも、幼獣のものでさえ、すべての歯を計測してみると、われわれの頭蓋骨のものより大きい。歯の大きさに見られる一貫した差異は、何らかの分離を示しているのではないですか？」

ソリントンはマイクロメーターを取った。「サイズの違いについてはあなたのおっしゃる通りです。たしかに好奇心をそそられます。しかし、それは何一つ証明していません。あなたのクマのように、中央の山脈に生息するクマだと、当然、カシミールやアッサムのようなヒマラヤ山脈の、他のクマと同じものだと思われるでしょう。ですが、それよりむしろあなたのクマの歯は、台湾やイランに棲むクマの頭蓋骨の歯に似ています」この頭蓋骨を集めた生息環境が原生林のジャングルだった、とあなたはおっしゃる。ということは、筋の通った説明をしますと、あなたのクマの個体群は分類学的にではなく、栄養的に異なっているのではないでしょうか。そこには、エベレスト山の近くの個体群を、人々が期待するほど大きく成長させない、何か食習慣のようなものが、おそらくあったのだと思われます」

「しかしその議論では、同じ生息環境の中に二頭のクマがいて、その内の一頭が大きいという村人たちの主張を説明することができません。バルン渓谷は、中央ヒマラヤではもっとも原始的な渓谷です。そこには豊富な食べ物もあります。生息環境の範囲も亜熱帯から北極圏へと広がり、クマは季節ごとに採取が可能な食べ物から、好きなものを選ぶために山を上り下りします」

話をしているうちにソリントンは、しばらく時間をおいて立ち戻り、私に次のようなことを思い出させた。それは私が確信していること、そしてまた、ボブやニックが耳にしたことは、スミソニアン協会の哺乳類のキュレーターによって、うわさ（伝聞証拠）と見なされるにちがいないということだ。頭蓋骨は客観的に比較しうる——そして私が手にしている頭蓋骨の証拠は、ミステリアスなものとは思えない。

私に必要なのは——とソリントンはいう——「同所性のサンプル」だ。種形成を比較するために、形態学的な見地から見て異なっているサンプルは、同じ生息環境から集められなければならない。頭蓋骨は同じ生息環境のものが必要とされる。もし二つの動物が身体的相違を示し、異種交配したとすると、その二つは亜種だ。もし差異を示し、子孫を生み出すことができなければ、それは種として異なると考えられる。

「それでは村人たちの話には、まったく価値がないということですか？」とたずねた。

ソリントンはふたたび答える。「村人たちは科学者ではありませんからね。彼らには二頭のクマに見えるかもしれませんが、それは分類学的には一頭なんです。村人たちが語ることは、科学的にはまったくあやしい。ヒマラヤでは、このようなサンプルがイエティと思われているんでしょう。注意しなくてはいけません。まさかこのクマを差して、イエティを見つけたなどというのではないでしょうね？　もちろんイエティなんかじゃありません。村人たちは科学者とは違ったやりかたで言葉を使うんです」

私はひるみたじろいだ。そしてわれわれの仮説を何とか共有したいと思った。スミソニアンでソリントンの前任者に当たるジョン・R・ネイピアが『ビッグフット——神話と現実の中のイエティとサスクワッチ』（*Bigfoot : The Yeti and Sasquatch in Myth and Reality*）の中で、サスクワッチが偽りであることを証明したのは有名な話だ。彼はイエティについて次のように述べている。「何ものかがシプトンの足跡を付けた。エベレスト山があるように、足跡もそこにある」(8)。ネイピアはさらに論を続けて、イエティの足跡を説明する。そこに消えずに残されている超人的とも思える大きな足跡は、二人の人間がたがいに、おたがいの足跡の上を歩いた結果なのかもしれない。それがシプトンの謎めいた足跡の正体だろうという。

話をしながらソリントンは、「この頭蓋骨には何かが、私には突きとめることのできない何かがあるかもしれません」といって、さらに研究を進めるようにと励ましてくれた。ソリントンはさらに、その身体的な特徴は、ツキノワグマ属のそれに似ているけれども、感触としてはそれよりさらに繊細なものかもしれないという。彼は次のようにいって結論づけた。「もしあなたが、村人の話の中に何かがあると本当に思われるのなら、現場にもう一度立ち戻るのが賢明だと思います。おそらくあなたの手にある頭蓋骨は、すでに知られているクマ属のものでしょう。しかし、新しいものはまだ集められていない。村人たちが平気で頭蓋骨に嘘の名を与えた、ということは十分にありうることです。とくに彼らがあなたに、何かを売りつけようとしたときにはなおさらです」

しかし、私は知っているのだが、一方で頭蓋骨はたしかに分類上の基準になっている。だが、その一方で、種や亜種がそっくりの頭蓋骨をしていても、他の特徴的な基準によってになお異なっているという証拠が、近年増加している。私は問いたい。クマのケースでは、ネパールに生息するチメドリ科の鳥のように、類似していながらなお別種のものが、存在するということはありえないのだろうか？　身体的に見ても二羽の種は、ほとんどよく似た頭蓋骨と羽毛を持っている。ところが外見的な類似にもかかわらず、この二羽は別種なのである。その内の一種は異なる鳴き方をするし、繁殖地の高度が他と違う。そしてそのすべては、行動の特性として一目瞭然だった。身体上見分けがつかないチメドリ科の鳥は、異なるDNAによって、まったく別の種であることが判明した——遺伝子の差異は鳥たちの行動にはっきりと現われている。だとすると、同じように見える二頭のクマも、なお違っている可能性はないのだろうか？

それはありうるとソリントンはいう。だが、哺乳類においてはそのような例は、今のところ見られない。それを立証するただ一つの方法は、DNA分析に必要となる両方の動物の資料を提出することだ。もしこの議論をしたいと思うなら、私にはこのDNA分析をはじめることが必要となる。これまではおもに、頭蓋骨によって差別化がされていたクマだが、近年になって属と種に分類する方法となったのは、もちろんこのDNA分析である。ソリントンと私は話しながら、いくつかの頭蓋骨が白い木箱の中で、スライドするトレーに置かれたときに、後頭稜の特異な点だけが著しく目立っていることを、二人でくりかえし口にした。ソリントンは親切にも、私の仮説の正当性をほのめかすような手紙を書いてもよいといってくれた。

「スミソニアン協会の手紙は、あなたが資金集めをするのに役に立つかもしれません」

＊

次の日の朝、われわれ家族は家へ戻ってきた。ジェニファーは眠っているジェシーをかかえて二階へ運んだ。私は荷物を運び入れるために車へ戻った。シカが一頭、強い息で鼻を鳴らしながら、ブラックベリーの薮を抜け、丘を大きな音を立てて駆け下りていった。ここはワシントンから二〇〇マイル（約三二二キロ）も離れている。何光年もはるか彼方の銀河より、さらに遠くにワシントンが感じられる世界だ。そよ風がトウヒの木をカサカサと揺らしながら、湧き水のそばの斜面を吹き下っていく。今しもシカが、その湧き水を飛び跳ねて通っていった。空を見上げて、私は問うてみた。海の深さが測れないのをそのままにしておくことなど、はたして可能なのだろうか？　銀色の月がスプルース・バーと呼ばれた尾根の上にかかっていた。

ソリントンは懐疑的な見方について、強い根拠を十分に持っていた。それはキュレーターとして当然のことだ。だが、それでもなお彼は、学習への道を残していた。彼にそれが可能だとしたら、なぜ他の者に不可能なのだろうか？　科学の知識は成果によって成り立っているのか、あるいは方法によって構成されているのだろうか？　科学は未来を探るプロセスなのか、あるいは疑似事実として差し出された例証を、検査することなのだろうか？　私は星々を見つめていた。つきつめていくと、最終的に展開されているのは真理ということになる。そこでは、一人によって測定された検証可能なことが、もう一人によって反復されることができる。さまざまな考えは、可能性を越えたところから口を開く――それはある者にとってはただ単にユニークなものだが、それがくりかえし反復されることで真実へと変化する。われわれの種の旅も、他のものの上にさらにもう一つを積み重ねることだった。

ジェシーは六時三〇分に目を覚ました。彼をベッドルームから連れ出すと、代わりにジェニファーを眠らせた。そして昨夜買い求めた食料品をしまいこみはじめた。そういえば、頭蓋骨やスライド、それにクマの足が入った、緑色の小さなスーツケースはどこにあるのだろう？　調べてみる。だが、車の中にもない。一瞬、記憶が甦った。昨夜、ジェシーが泣き出したので、車を止めると、彼をなだめるためにバッグから食べ物を取り出した。そしてスーツケースを取ると、それをハイウェイの脇の地面に置いた。そのあとで、ケースを戻すのを忘れてしまったにちがいない。

ジェニファーは、私が電話でバージニアの州警察に問い合わせているのを聞きつけて、ジェシーを私から引き取ると、窓から壁のような霧の中をのぞき込んでいた。

「バージニア、ウッドストックの州警察ですか？　ええ、今朝早く、州間高速道路八一号線沿いのシェナンドー渓谷で、スーツケースを失くしてしまったんです。子供の世話をしようと車を止めたときのことです。州警察官に連絡して道路を探してもらえませんか？　中身がたくさん入った緑色のスーツケースです」

「何が入っているかですって？　ええ、ちょっとびっくりするかもしれませんが、クマの頭蓋骨が一個とやはりクマの足が二本、それに写真スライドが三〇〇枚入ってます。どれも貴重な標本で、おそらくヒマラヤ山脈の新しいクマの品種と考えられているものです。……もちろん、こんなケースを、ハイウェイ脇に放ったままにしておくなんて信じられないかもしれない。それは承知しています。ああ、あなたにも小さなお子さんがいらっしゃるのですか？　それならおそらく、息子が泣き出したために、私が思わず動転してしまったことは分かっていただけるでしょう」

受話器を置くと、窓の外を見ていたジェニファーが振り向いた。「信じられない。あの頭蓋骨とスライドのために、私たちはこれまでいろんなことを耐え忍んできたのに。それが今はどこかにいっちゃうなんて」。そしてアイディアを思いつくままに次々といいはじめた。「スーツケースに名前は書いておかなかったの？　どこに車を止めたか覚えていないの？　スーツケースの中に、それが私たちのものと分かるものが何か入っていないの？　シェナンドー渓谷中の新聞社かラジオ放送局へ電話をしてみたらどう？」

スーツケースに入っていたものは、実際、家族が投下した投資のすべてだった。ジェニファーの顔をまともに見ることができない。そこで私は、リビングルームにあった古いベッドのそばを通り過ぎた。そのベッドはお金がないときに、ジェニファーが枕とボルスターを添えて、にわか作りのソファーにこしらえ上げたものだった。私は朝霧の中へと踏み出した。そしてあてもなしに、よく知っている四〇〇エーカー（約一・六平方キロメートル）ほどの所を歩いた。ノア・ワーナーの納屋の北側に広がる牧草地を、行きつ戻りつしていた。クマのような雲を背景にして、クマがうしろ脚で立つようにサンザシの木立がそびえていた。私の手もとには村人たちの話しか残されていない。しかもそれに信憑性を与えるはずの証拠がもはやない。紛失の事実が『ニューヨーク・タイムズ』やナショナル・パブリック・ラジオを通して表沙汰になるかもしれない。証拠がすでに紛失してしまった今、それがクマだけにとどまっていれば、どうということもない。だがもし人々が、もしかして、イエティのものではないのかと思いはじめたら、そのときには、トンバジが望遠レンズを装着しようとしているあいだに、低木の茂みに逃げ込んでしまったイエティのようになってしまうだろう。

ヒマラヤへ引き返して、さらに多くの頭蓋骨を集めた方がいいのだろうか？　あるいは、ウェストバージニアの山脈の中に身を潜めていた方がいいのか？　朝霧が立ち込める中をひたすら歩いた。家に入ってみると、ジェニファーが暖炉で火を焚いていた。モーツァルトのホルン協奏曲が鳴っている。私はふたたびウッドストックの州警察に電話をした。

「朝方、州間高速道路八一号線沿いで失くした緑色のスーツケースの件で、再度連絡をしています。……ああ、朝、話した方ですね？　何か知らせがありましたか？」。彼女は州警察官がトムズ・ブルックからニュー・マーケットにかけて、道路を探しているという。私は高速道路のあらゆるサービスエリアへ電話を入れて、ダンプスター（大型ゴミ容器）をチェックしてみて欲しいと頼んだ。スーツケースをひろった人が、中にクマの頭蓋骨や足、それに何百というスライドしか入っていないのを見て、ケースをゴミ箱へ投げ捨てているかもしれないからだ。

何日かが過ぎ、さらに数週間が過ぎた。三月中旬から四月中旬になった。私はラジオ放送局や新聞社に電話をかけた。スーツケースに付いている宛先は、バルチモアに住む私の両親になっていた。そのために、私は両親のもとに郵便物を配る配達人や、ＵＰＳ宅急便の配達員にも連絡を入れた。そしてこの一カ月間というもの、電話のそばにはいつも誰かがいるようにした。

＊

クマの頭蓋骨のニュースがメディアに登場すると、サスクワッチの問題が話題になった。ラジオや新聞のインタビューで、私が紛失について話すときには、質問をヒマラヤに生息する未知のクマに限定することができる。だが、投げかけられる質問は、驚くべき頻度でクマの頭蓋骨をアメリカ版のイエティ（つまりサスクワッチあるいはビッグフット）につなげていく（サスクワッチにはその正当性を探った書物がある。ここではとりわけおもしろい、サスクワッチ追跡の跡をかいつまんで紹介しよう。ウィキペディアではサスクワッチの存在を正当化する意見と、それを否定する意見の両方を総合的に説明している）[9]。

伝説に毛が生えたほどの情報にすぎないが、ネイティブ・アメリカンの部族では、森の男の存在が信じられていた。「サスクワッチ」という名前は、一九二〇年代にカナダの新聞記者が、ハルコメレム・ネーションから持ってきて付けた[10]。アメリカではダニエル・ブーンが、ケンタッキー州の森の中で、背丈が一〇フィート（約三メートル）の大男を殺したと主張した。しかし、信じやすい一般の人々がサスクワッチの存在を確信したのは、ある短い動画を見た直後だった。それは一九六七年一〇月二〇日に、カリフォルニア州のブラフ・クリークで、川の土手を大股で歩く獣を撮影した動画だった（撮影したのはロジャー・パターソンとボブ・ギムリンの二人）。その後、北アメリカ、とりわけ太平洋岸北西部のあらゆる場所で未確認動物の発見が相次いだ。

スミソニアンのジョン・ネイピアが書いた本があったにもかかわらず、パターソンのフィルムは以降四〇年のあいだ、ほぼ信頼のおける証拠と見なされた。フィルムが映し出していたのは、背丈が七フィート（約二・一メートル）ほどの、毛で覆われたヒト上科の動物（一見したところ雌のようだ——乳房のようなものが見えたから）が、倒れた樹木の前を移動している姿だった。砂の上に残された足跡は驚くほど長い（一四インチ［約三五・六センチ］）。アイダホ州立大学のジェフリー・メルドラム、ワシントン州立大学のグローバー・クランツ、それに「未確認動物学の父」と呼ばれたベルナルド・ヒューベルマンといった大御所の学者たちが、この動画に対して、十分信頼に足るべきものだというお墨付きを与えた。

しかし、この動画が公開されてから三七年後の、そして私がスーツケースを失くしてから二〇年後の二〇〇四年、動画の信憑性が失われはじめた。ニュース記事の隙間をついて、事件記者のグレッグ・ロングが『ビッグフットの作られ方——内幕話』（*The Making of Bigfoot : The Inside Story*）という本を刊行して、ロジャー・パターソンの前歴や彼の偽装のからくりなどを暴露したからだ[11]。その日（一〇月二〇日）パターソンといっしょにいたのはボブ・ギムリンだった。彼もまた一部始終を目撃していたし、その場で起こったとされていることを、証拠を挙げながら裏付けている。だがロングは他の人々も探し当てていた。そして最後にたどり着いたのがボブ・ヘイロニムスだった。次に掲げる引用はロングの本から取ったもので、ロングが見つけたことを簡潔にまとめている。

ヘイロニムスは背中を丸くして、テーブルの上に両手を置いた。そして私の目をまっすぐに見つめた。彼は若くて、ふっくらとした顔立ちをしている。頬は柔らかで血色がよい。顎にも肉がついている。……咳払いをした。「私がここに来たのは、ビッグフットの中に入っていたのが私だということを、あなたに話すためです」と、やさしげな少し田舎っぽい調子でいった[12]。

「サックドレス風の衣装が荷物から取り出された。私は腰を下ろして、その衣装を身につけた。このあたりが少しきつい（と腰の上あたりを身振りで示した）。彼らは手助けをしてくれ、頭部をかぶせてくれた。ロジャーがいった。『ちょっと歩いてみてくれ、そしてあそこで立ち止まってくれ。フィルムの用意ができたら、すぐに歩きはじめて欲しい』[13]」

そのあとでジェフ・ロング（カメラマン）が、ヘイロニムスを撮影したときのやりとりについて話した。そのとき、ヘイロニムスは何年も前に自分がしたことを身振りでまねしてみせた。

彼（ヘイロニムス）をファインダーの中心にすえた。「オーケー、ボブ。準備してくれ。……レディ……ゴー」。ボブはいかにも目的ありげに、大股で歩いた。膝を曲げて、腕は元気よく長い弧を描きながら。肩は前かがみで、顔はうつむいて地面を見ている。衣装のパフ・スリーブ（ふくらんだ短い袖）が上体の重量をさらに増している。突然の悪寒が私の首筋に走った。私はわくわくしてうっかりパット（ジェフ・ロングの同僚）にしゃべってしまった。「いやあ、本当のところ、やつがビッグフットの服を着ていたんじゃないのかと思うよ[14]」

別のインタビューでグレッグ・ロングは、ヘイロニムスの母親と話をしている。この母親は車の中に隠されていた、ビッグフットの謎めいた服を偶然見つけたという。「そう、彼が戻ってきた次の朝でした。車のトランクに箱をいくつか入れてから、リンゴを取りにいこうとしたんです。トランクを開けてみると、そこに何か黒いものがあるじゃないですか。思わずこんな風にあとずさりしてしまいました。……しかし、それはただの服だったのです[15]」

そして、ロングによるこの発見が行なわれたわけだが、二〇〇三年一一月二六日、ロングはフィリップ・モリス（衣装デザイナーであり、マジシャンでもある）の心にあることを思い出させた。

テレビでこのフィルムを見たとき、すぐに、自分の服を見ているのだと思いました。たしかに見覚えがある。あの服は私のゴリラスーツのスタイルだったからです[16]。

「うわっ!」と私（ロング）は思わず叫んだ。「それじゃあ、パターソンがあなたに小切手を送ってきたんですね?」。モリスが答えた。「いいえ、郵便為替でした。送料も払ってくれました。そこで私は手元にあったゴリラスーツを一着出して、彼に船便で送りました。……スーツを受け取るとほどなくして、彼は電話をくれました。パターソンは『背中のジッパーが見えてしまうんだが』という。そこで私は彼に『毛をブラシで、ジッパーの上からなで下ろせば大丈夫です』といいました。そのあとでロジャーは、腕をもう少し長くするには、どうすればいいのか知りたいといってました[17]」

ロングの本が出てから数年間というもの、動画について大きな議論がインターネットで交わされた。そして、これと似たような、やはり動画が偽りであることを証明する主張が、カール・K・コーフによって行なわれた。彼はきわめて注意深い分析を行ない、そこに一連の変則的なものを見つけた。もっとも重要だったのは、映像に出てくる動物の足と、それとは別個に撮影された獣がつけたとされる足跡が、まったく一致していないことだった[18]。

パターソンの動画は、雪の中に残されたイエティの足跡と同じ価値のあるものとして、あるいはその候補として存在した。それはむしろそのように思い込まれたのだが、それについての説明はいっさいされなかった。そして、ひとたび動画が虚偽のものと証明されると、この証拠はたちまち信憑性を失った。私にとってもそれは同様で、スーツケースの紛失は同じように、私に対する信頼性が失われてしまったように感じた。ここ何年ものあいだ、もっぱら足跡だけを忠実に追い続けてきた。そして、最後の一線を越えることだけは避けようとした。つまりそれは、本物のイエティが実際に存在していると信じることだった。信じたいと思う気持ちは山々だったが、それは避け続けた。そしてこのような足跡をしるしたものの正体を、まさに手中にしていたところで、その答えはこっそりと手から滑り落ちてしまった。紛失はちょうど証拠を分析へとまわそうとしていた、その矢先の出来事だったのである。

*

ワシントンに駐在しているネパール大使から電話が入った。スミソニアン協会が、スミソニアン国立動物園で歓迎会を主催し、ネパール・マヘンドラ国王自然保護基金（ＫＭＴＮＣ）のための資金集めをするという。国王陛下、息子の王子、それに王の活動的な弟ギャネンドラ・ビル・ビクラム・シャハ・デーブが主賓として出席し、そこには、私のために援助資金を提供してくれそうな客の名前が並んでいるというのだ。

スミソニアン国立動物園は野生動物たちにとっては、とびきりすばらしい場所だった。ワインテーブルの向こうではパンダがうろついている。世界自然保護基金（ＷＷＦ）はこのようなイベントの企画という、すばらしい仕事をしてきた。哺乳類のキュレーター、エド・グールドが私を、動物学者のジャック・ジーデンステッカーに紹介してくれた。ジーデンステッカーは以前ネパールで、トラのプロジェクトを行なっていた。「ジャック、これがダニエルです。ツキノワグマについて新しい情報を持ってやってきた人なんです」

ジャックはその点に関して、否定的な意見の持ち主だった。クマ属については、新しい種はまず発見されないだろうという。ヒマラヤ山脈は、この一世紀のあいだ、科学的に再検討がなされてきた。これは生息環境も局部的に限られていて、とても小さな淡褐色の鳥とはわけがちがう。クマは隠れて、発見されずにいることなどできない。それに引きこもりがちな動物ではなく、畑にも侵入してくる。

これに対して私は、つとめて防御の態勢に終始し、これは見方によるとけっしてニュースなどではない、それに私が提案しているのは新しい種などではなく、新しい情報だと主張した。村人たちは長年のあいだ、二種のクマについて語ってきた。そして今一つの頭蓋骨が収集され、それに加えて、巣（寝床）と足跡が観察されて、写真に撮られている。このような証拠が語っているのは木々の中で生息するクマだ。その一方でわれわれはこれまですでに、ヒマラヤのクマがグラウンドベアだと考えてきた。このような差異に必要なのが研究だった。そして、この現代の証拠を支持しているのが、王立地理学協会の一八六九年の論文集で言及されている一文だ。そこではオールダムがダージリン（われわれの住んでいる所から六〇マイル

［約九六・六キロ］ほど離れている）で集めた、クマの皮膚や頭蓋骨のことが語られている。オールダムはこのクマをツキノワグマ属キノボリ種と名付けた。おそらくこの名前は、クマが木々の間で生息していることを指し、今日では「トゥリーベア」とされている報告と結びつくものだろう。

ありがたいことに、ジャックとの会話は友達のメアリー・ワグレイと、彼女のおじのチャールズ・パーシーがやってきて、たがいにハグを交わしたことで終わりを告げた。ジャックが立ち去ってみると、私は改めて、人々の中にはこのクマの話をすると、それに対してたちどころに敵意を示す者がいる、ということに驚きを覚えた。もし私の提案が齧歯類についてのものだったら、そこには異なる意見に対して心が開かれることがあるのだろうか？　地上に生息する他の大型蹠行動物のように、クマもまた人間にあまりに近くで生息しているからだろうか？　誰もが口には出さないけれど、もしかすると意識の背後に、私がイエティについて話をしている、という考えがひそんでいるのだろうか？

しかし、失われたスーツケースについて質問を投げかける者もいないし（質問されれば当然、それに私が答えることになる）、その事実を知る者さえ誰一人としていなかった。

9.2　人間の探索のあとを追うイエティ［ダン・ピラーロ画］

＊

二週間後、丘の上のわが家で皿を洗っていると電話のベルが鳴った。ウッドストックの新聞社の編集者だった。「ダニエル・テイラーさんですか？　先週新聞で、あなたが紛失したクマの遺物を二度ほど取り上げたのですが、ご存知でしたか？　今、電話が一本入っていて待たせています。かけてきた者が、あなたのスーツケースを手にしているといってます。名前や電話番号はいいたくないが、ひろったスーツケースの報酬をいくらくれるのか、それを知りたいといってます。あっ、しまった。回線が切れてしまったようです」

私が握っていた受話器もまた突然切れた。ブラックボックスの中に黒いコードが丸まって入ってしまったようで、どうにもらちがあかない。心臓はバクバク鼓動した。ウッドストックの新聞社の電話番号を、どこに置いてしまったのだろう？

ふたたび電話が鳴った。「すいません、他の電話で先方を追いかけていたものですから。かけてきた者は本気のようでした。彼は簡単な言葉でしゃべり、少しおどおどしていました。二度名前を訊きました。彼はあなたがどれくらいお金をくれるのか、それを知りたいというのです。そしてすぐにまた電話が切れてしまった。おそらく受話器を持って待っていると、逆探知されてしまうのではないかと思ったのでしょう。たぶん、またかかってくると思います。どれくらい彼にお金を渡すつもりですか？」

「彼の要求する金額を払います。が、ひとまず二五〇ドル手渡すと伝えてください。もちろん、私はそれ以上支払うつもりでいます。だが、あまり高い金額をいうと、かえってスーツケースの中に何か不法なものが入っているのではないか、と彼が勘ぐるかもしれません。中身はまともなもので、けっしてあやしいものではないと説得してください――もちろん、名前などをたずねるつもりはありません。そんなことはどうでもいいです。どうかスーツケースをぶじに取り戻してください」

「向こうからの電話を待ちましょう」

一時間後、編集者からまた電話が入った。「先方が電話をしてきました。彼がいうには、今夜七時、二五〇ドルを持って、州間高速道路八一号線のシェナンドー洞窟インターを降りたところにある、アーコ・ガソリンスタンドに来て欲しいということです。自分もそこで待っているという。仕事が終わりしだいすぐにそこへ向かうそうです。けっしてこれは不法な取り引きではないし、スーツケースの中身もあやしいものではないといっておきました。ただ彼は、あなたが警官を連れてやってくるのではないかと心配しているんです。彼の車以外はその場所に車を止めないから、ともいってあります。あなたは彼に質問しないし、何も口をきかずに現金を手渡すだけだ、と彼に伝えておきました」

町の小さな銀行はすでに閉まっている。シェナンドー洞窟へ向かう途中で、ヘンリーとナンシーの店に立ち寄ってお金を借りた。ジェニファーとジェシーと私は、州間高速道路八一号線を飛ばして、六時四〇分にアーコ・ガソリンスタンドへ到着した。しばらく待った。七時が過ぎた。七時五分、七時一〇分、七時一五分。七時二〇分、かつてはブルーだったが、今は老朽化したピックアップ・トラックがゆっくりと、ガソリンスタンドへ入ってきた。ドライバーはあたりを見まわすと直進した。七時二五分、トラックはバックしてこちらやってきた。「ケニー」が車から降りた――前のナンバープレートに彼の名前が書かれていて、ハートマークの上には「カーラ」という名がある。ケニーはトラックのうしろにまわると、そこからスーツケースを引き出した。私はお金を手渡した。何一つ言葉を交わすことはなかった。車の中ではジェニファーの膝の上に、小さな緑色のケースが置かれていた。

ガソリンスタンドを離れると、ジェニファーはケースを開けて、クマのスライドと家族のスライドを分けて別々にした。「この写真の中には、楽しかったときの思い出、すばらしい人々や出来事の思い出がたくさんあり、それは二度と戻ってこないわよね。クマの頭蓋骨や足はまた見つけることができる。でも、ここにある遠い昔の日々は二度と見つけることなどできないものね」

10　知識の源

10.1　謎めいたジャングルの道。

暗闇の真実

一九八三年一一月、われわれにはさらなるクマの頭蓋骨が必要だった。それも同じ生息環境のクマ、つまり同所性のクマを必要とした——少なくともグラウンドベアとトゥリーベアを一頭ずつ。私がトゥムリンタールへ降り立ったとき、航空代理店の人が、カトマンズへと戻る便の空席状況について知らせてくれた。二週間後にダシャインの休日がはじまるので、わずかに一シートしか空きがない。便は六日後に飛び立つ。もしそのシートを予約しないと、一カ月間はどの便も満席だという。ともかく私は歩きはじめた。以前、シャクシラへトレッキングしたときには、片道で五日かかった。飛行場の端を過ぎたあたりにティーを飲ませる店があり、その店で村人たちはダラダラと時を過ごしている。一日の終わりには、甘いミルクティーを飲みながら、政府の役人たちや友達がやってきて、カロム・ゲーム〔ビリヤードに似た盤上ゲーム〕を延々として遊ぶ。四人が黒や白のディスクを指ではじいて、盤の四隅にあるポケットへはじき入れる。それを見ながら、まわりの者たちはあれやこれやと指摘し合う。店のうしろに続くとげの生えた低木では、ハトがクークーと鳴いていた。私はバックパックのヒモをしっかりと締めた。今夜のハイキングは計画外で、ゴールはともかく一〇マイル（約一六・一キロ）先まで行く。明日の予定の半分の距離を今晩カバーしなければならない。そして、カンドバリの六マイル（約九・七キロ）先のボテバスで眠ることになるだろう。そののち、カトマンズへ帰る便に乗るためには、二日でシャクシラへ到着しなければならなかった。急ぐのは飛行機のチケットのためだったが、それに加えて、もし養子縁組の事務処理（今スタートしたばかりだが）がうまくいっていれば、娘が一人、カトマンズで待っていることになる。

見るからに怒りをあらわにした若者が、生地屋から出てきて、のっしのっしと上りの勾配を歩きはじめた。カンドバリへ着くまでの途中に村はない。したがって彼はそこまで歩いていくのだろう。カンドバリ・バザールまでの数マイル、おそらく私は彼と同道することになる。私はがんばって、何とか彼に追いつこうとした。彼は足早に歩いているので、よい道連れになりそうだ。彼の奥さんはたぶん今頃、家で夕食のレンティル豆とお米を料理しはじめていることだろう。上りのスイッチバック〔山の急斜面のジグザグ道路〕にさしかかると、私はちらりと彼の横顔を見た。横顔から彼がバラモンであることが分かった。着ているものから推測すると学校の先生かもしれない。

彼のうしろへ一〇ヤード（約九・一メートル）ほどの距離まで近づいた。そして、彼の上りのペースに自分の歩調を合わせた。西洋人は階段を使って上りのこつを習得する。子供の頃、われわれは手すりをつかみながら、一度に一段ずつ上っては、次の段へと進む。それと対照的にネパール人は、一段一段休む所などない斜面を上ることで登攀の技術を身につけた。脚はつねに丘のスロープに合わせて調整していなくてはならない。足の位置は、大工が作った階段の一貫性に合わせて訓練されているわけではない。歩調の選択しだいで登攀はよりたやすいものとなる。脚は自然に、短い歩幅とすばやい動きを好むようになった。上りにさしかかると、足にかかる体重のバランスを取るために、スロープに対して肩を乗り出したり、引っ込めたりして、体も終始上下左右に動かしている。歩幅を調節しながら、水が下へ流れるように、よどみない調子で上へと上っていく——それがネパール人のやり方だった。だが、ネパール人でも都市で育った者は、やはりわれわれと同じように、階段で上へ上る技術を習得している。しかし、彼らは着ている服装でそれを見分けることができた。山並みが続く土地では歩き方を見れば、その人がどこから来たのか、どこの出身なのか、話の合間に出るアクセントと同じようにだいたい判断がつく。

先を急ぐバラモンは、私が背後にいることに気づいていた。けっしてまともに見すえることはしないが、私のことはおおよそ、どんな人物か見当をつけていたにちがいない。道がカーブにさしかかるたびに、彼は目玉を動かして私の方を見た。だが、われわれは相変わらず彼のペースで歩き続けた。歩調を合わせていると、考えまでがつながりはじめる。私は彼の頭の中で起きているだろう疑問について考えていた。この外国人は、カンドバリまで行こうとしているのだろうか？　おそらくそうだろう。他にどこへ行くというのだろう？　彼はいったい誰なのだ？　たぶん平和部隊だろう。いや、平和部隊の人々だったら、濃い緑色のバックパックを持っているはずだ。彼のバックパックは茶色をしている。バックパックを持っているが、この外国人はトレッキングをしているわけではない。だいたいカンドバリから先は、外国人は立ち入り禁止のはずだ。

　私はほほ笑んだ。彼は自分が速く歩いているのを知っている。ほんのつかのまだったが、私に追いつかせようとして、二度ほど歩くペースをゆるめた。彼からこちらへ向けられる好奇心については、それほど驚くべきことではない。私はどう見ても、この場にふさわしくないからだ。ネパール人の生活は、出自を示すカーストのように秩序づけられている。ここネパールで、褐色の人々のあいだに一人だけ白人がいるというのは、見るからに場違いな感じだ。しかし、それだけではない。そこにはまた何か他にもありそうだ。それは私が、この山脈に精通していることを知らない人々が、感じる好奇心といっていいだろう。その好奇心が向いているのは私の歩き方なのか、あるいは私から彼へと伝わる感情なのだろうか？

　彼はこの好奇心を、昔ながらのポーターが行なうゲームによって探った。私はこの挑戦を受けた。そして歩調を速めると、彼のうしろで正確な距離を保った。ゲームのポイントは、どちらがペースを保持できなくなるか、それを決めるところまで、おたがいを追いつめる点にあった。チェスでいえば、けっして捕らえることができないとされているキングを、チェックメイトして動けなくすることだ。ポーターのゲームは、相手を疲れ果てさせることで勝利を収める――そして、敵がはあはあと息を大きく吸い込むのを目にしたとき、はじめて勝利の兆候が現われたことが分かる。彼が胸を大きく波打たせて息継ぎをしているのを聞いて、彼の限界を知ることができた。ゲームをするには、まず、代謝のスピードをつねに変え続けていなければならない。はあはあと息をしだしたということは、相手の肺が楽に酸素を取り入れていたのが、それ以上にエネルギーを消費しつつあるということだ。チェスでいえば、ルークで優勢になったときには、すかさずポーンを取りにいくこと。ともかくそれを取り続けることで、勝利は近づいてくる。同じように激しい息継ぎがはじまったら、スピードを上げたり、ペースを落としたりしてさらに相手の息を切らせることだ。それはポーンを摘み取ったあとで、ナイトを倒し、ビショップを倒すのに似ている。つまりそれがゲームの大詰めを知らせるサインなのである。そして最後は、身体のリズムに大惨事がもたらされる。相手の脚が疲労の限界に達し、血糖が低下し、やがては敗者が休息を取りたいと申し出るだろう。

これはネパールの若者たちにとって、西洋の田舎に住む若者たちが大通りで繰り広げるドラッグレースのようなものだった。こまかなルールでプレーをすることができれば、それは「仲間うち」だと認められる。そして今なら、彼の力をある程度認め降参することもできる。そうなればわれわれはいっしょに歩いて、話もできるだろう。いや、これは何といっても昔ながらの古典的なスポーツだ。互角に肩を並べて勝負をしようじゃないか。私は大きく息を肺に吸い込むと、喉をリラックスさせて、歩幅を短くした――そして飛ぶように歩いた。これは一つのこつといってもよい。短い歩幅は長い歩幅にくらべて、カロリーの消費量が少なくてすむ。前を行く男は相変わらず元気だ。だが、彼は学校の先生でポーターではない。たしかに彼は毎日、この丘を歩いている。だが、彼が知らないこともあるのだ。それは一カ月ほど続いた医療の遠征で、私がヘランブ渓谷を三五ポンド（約一五・九キログラム）のジェシーを背負いながら、それに二〇ポンド（約九キログラム）の非常装置やカメラ道具一式を手にして、歩いてきたばかりだという事実だ。私はいつでも、彼と肩を並べて歩く準備はできていた。二〇〇〇フィート（約六一〇メートル）の高さへ彼より早く上る気構えでいた。バラモンはおそらく、私が運んでいるかさばったバックパックの重量を、六〇ポンド（約二七・二キログラム）はあると見ていただろう。だが、現実にはそれは半分の重さしかなかった。中にはゆるく巻いた寝袋とスリーピングパッド、それに着替えの服が数枚とカメラが入っているだけだった。

岩がごろごろと転がっている所を横切ったとき、彼はスパートをかけはじめた。それがいやおうなく私の歩幅を長くさせた。もしこのままの歩幅で歩いていくと、やがて私の脚が血中の酸素を使い果たしてしまうだろう。私は喉をゆるめた。空気が肺の奥深くへ入っていく。そのことで、さらに多くの酸素が血中に入り込むことができるだろう。問題は私の身体の燃焼速度を現状のまま保ち続けることだ。

草で覆われた平地でさらにペースを上げたあとで、彼は突如速度をゆるめた。私はとても彼を追い越すことなどできない――これがレースというものだ。私にできることはともかく、彼のヒモの端で、つねに彼の動きに対応することだ。今は、私もまたペースを落とさなくてはならない。だが、ふたたび彼が速度を上げることは分かっていた。ここで彼は賭けに出てきた。私が疲れ果てていて、スピードをふたたび上げたときには、もうとてもついて来れないだろうと考えた。私は歩幅を広げながら、筋肉に同じ燃焼速度を保つようにさせた。この歩幅は、地面を押すというより、前へと足を伸ばすように歩くため、不利である。私はやがて起こる彼のスパートに備えようとしていた。

二〇分ほどすると、イチジクの木が生えている平らな道に着いた。藁葺き屋根の茶店があり、店の前には旅人が荷を下ろすことのできる岩のベンチがあった。バラモンは突然向きを変えると、軒下で前かがみになり、店の主人に挨拶をした。主人は火のそばでしゃがんでいる。火には紅茶用のやかんがかけられていた。私が通り過ぎようとすると、バラモンはじっと私を観察している。茶店に立ち寄ったことが、私を間近で見る格好の言い訳になっていた。彼は自分が何を探しているのか、それは知らないが、私が通り過ぎるのを見ることで、何かが分かるだろうということだけは知っていた。次のカーブを曲がりながら、私はペースを落とした（ペースを落とす言い訳ができたのがうれしい）。彼のおかげでもうすぐ壊れてしまいそうなところだった。

一五分ほどあとで、彼の足音の一歩一歩で、より前へ進もうとしているのが耳で感じられた。足取りの力強さによって、彼が私を追い抜こうとしているのだなと推測した。「友達になろう」と私は思った。そこで彼が横を通り過ぎようとしたときに挨拶をした。「カハン・ジャニ・ホ?」（どちらへ行くのですか?）。「マティ」（坂の上）と素っ気ない返事が返ってきた。

「ラティ・パヘレ?」（日が暮れる前に?）。私は彼にしゃべらせておくには、やや力不足な質問を続けた。歩きながら話して、しかも呼吸をする、これを同時に行なうことはなかなか難しい。

「ええ。しかし、あなたは日暮れ前にそこへ着くことはできませんよ」と彼はいう。

話し方が歩き方と同じだ――威張っている。彼は自分が学校の先生であることを認めた。毎朝、歩いて丘を下り、泥と藁で屋根を葺いた学校へ通っている。片道で一時間ほどかかる。毎晩、二〇〇〇フィート（約六一〇メートル）の道を家まで上っていく。上り坂を歩くと一時間半かかる。今日は途中で立ち寄り、カードに興じた――そして三七ルピーを失った。彼のルピーをせしめた政府の公務員に対して、彼は怒っていたのである。そのことを話せば話すほど、公務員を雇っている政府へと怒りが向けられ、さらにそれは国王に対する非難へと変わっていった。

ネパールの王は神でもあり、ヒンドゥーの神ビシュヌ神の生まれ変わりだ。ヨーロッパ君主たちは自らの正当性を神権によって確立した。一方、ネパールでは支配者たちは神聖な存在となった。君主であるとともに教皇的な存在でもあった。神聖な君主は絶対的なだけではない。それはまた、その正当性が疑われない存在でもあった。ネパールの王ははじめから、法的権力と道徳的権力の両方を持っていたのである。バラモンが発した国王を非難する怒りの言葉は、今の段階で、不当に苦しめられていると感じている人々の気持ちを代弁したものだった。かつては孤立していたこれらの渓谷が、今では向上心にあふれた世界とつながったために、このような発言が新しく出てきた。かつては隔離されていた村にいたこのバラモンも、われわれみんなと同じように、現代がもたらす変化の猛攻に捕らえられていたのである。

「あの公務員が私のお金を奪ってしまった！　あの金には私の努力のすべてが含まれている。私のすべての努力が、なぜ消えてしまわなくてはならなかったのか？」

「あなたがならず者（ジャック）のカードを切ったからですよ。しかしここでは、王（キング）がさらに強いことを、あなたは忘れていた」（英語と同じように、ネパール語でもだじゃれは通じる）

学校の教師は笑った。「そう、王はもっとも強い。彼は私のお金を持ち去っただけでなく、私の国を持ち去ってしまった。国を法の手の届かない人々の所へ持っていき、それを与えてしまった。私のネパールを金持ちのインド人たちに与えてしまったのだ」

「彼はあなたの国を持ち去ったのではありませんよ」と私は答えた。「それは彼の国なのですから。彼を国王にした時点で、あなたは彼に国を与えてしまった。王に国を与えることが、あなた方の慣習の一部でしょう。それは人々が王に冠をかぶせるたびに、人々が王に与える贈り物です。もしあなた方ネパールの人々が、高潔で誇り高い人たちだとしたら、どんな風にして、今さら、その贈り物を取り戻すことなどできるのでしょう?」

「贈り物を取り戻すことはしません。だって王はすでにそれを手放してしまっているのですから。もちろん、現実には王が自らそれをしているわけではありません——国を売りに出したのは、王の側近たちです。おそらく王は立派な人でしょう。側近たちが他の者と取り引きをして、ネパールを手放してしまったんです——われわれの木々はインドへ。寺院の偶像はヨーロッパへ。そしてわれわれの作った衣服はアメリカへ渡した。われわれがネパールを王に渡したときには、王がそのお返しとして、われわれを助けることができるように、国の資力として手渡したのです」

「いやそれは違う。王に助けてもらおうとして、あなたは王に国を与えたわけではありません。それはまったく新しい考え方で、あなた方がこれまで持ってきた契約の概念とは異なっています。ネパール人の国は王に属しているから、ネパール人はそのたびごとにそれを王に与えたのです。あなた方は彼の国民なんです。あなた方は彼に属しているんです。彼が望むことはあなたの望みでもあります。彼がしたいと思うことを、あなた方は彼に提供しなければならない。彼はあなた方の王であり、あなた方の神なのですから」

「あなたはいったい誰なんですか?」と学校の先生がたずねた。「なぜ、あなたはそんな話をするのですか? 私はただあなたの国のトマス・ジェファーソンが、私に教えてくれたことを話しただけなんですよ」

私は答えた。「なぜあなたは『あなたの国のトマス・ジェファーソン』などというのですか? ジェファーソンはアメリカ人ですよ。私はロシア人ですし、私は……」

「それなら、あなたの国のレーニンでもよい」と彼は平然として答えた。「ともかくあなたが誰なのか、そんなことはどうでもいいことです。私が今話しているのは、本来彼らのものではないものを、取っていく人々のことです。ミスター・ロシア人のあなたも、ここへやってくる者たちすべてと同じで、ネパールから収奪していく。そして、こちらに返してくれるものといえば、あなたにとってはおもちゃのようなものばかりです。つい昨日のことでした。観光客のフランス人女性がフライトを待つあいだに、私の学校へやってきたんです。そして、女の生徒に話しかけて、いっしょにフランスへ行かないかと誘っている。彼女はその生徒に袋に入ったボンボンをあげて、名前を訊いていた。生徒が口の中にキャンディをめいっぱいほおばって、もぐもぐしているあいだに、フランス人は生徒の両親に向かって、彼女をフランスへ連れていってもいいかと訊いていた。いったいこのフランス女は、娘が欲しいのだろうか？　それとも奴隷が欲しいのだろうか？　生徒にボンボンをあげることのできる、自分の生活が、われわれの生活にくらべてよりよいものだと考えているのだろうか？　あなた方はみんな連れて行こうとする。あなた方ロシア人たちは何とかして……」

「それこそ、あなた方に国王が必要な理由ですよ」と私がさえぎった。「いったい他の誰に、ネパールを一つにまとめることができるのですか？　王の他に誰があなたのように、ネパール東部のこの土地にいるバラモンを――あなたのように長男でないために畑を持たない、そして、ただただ非現実な考えに苦しめられているそんな男を、また、違法であるにもかかわらず、賭けをしていくばくかのお金を手に入れようとしている男を――ネパール西部のバラモンと、仲よくさせることができるんですか？　とくにあなた方両バラモンが、同じ言葉を話すことさえしないというのに。そんなことのできる者が、国王以外にいますか？　あなたが信じている神々でさえできないじゃないですか。バラモンでありながら、あなた方は同じ儀式さえ執り行なっていないのですから。

もしあなた方二人のバラモンが仲よくできなければ、ヒマラヤ山地のシェルパ族と、平地のジャングルに住むタルー族とはどのようにして仲よくなるのですか？　同じネパール人といっても、食べるものは違うし、たがいに話をすることもできない……しかし、太陽が暗い夜を通り抜けると、次の日には双方が国王を尊敬している。もしネパールが深刻な問題に足を踏み入れる事態になったときには、あなた方の住む丘の上に立ち、さまざまな差異を越えて、国益のために行動することができるのは、国王以外に誰がいるというのですか？」

彼は茫然としていた。「どうしてあなたは、そんなに私のことを知っているのですか――私が長男でないことや、ネパールのことをそんなにたくさん？　あなたはスパイにちがいない。私がバラモンだと、どうして分かるのですか？　お金が欲しいことをどうして知っているのですか？　あなたはスパイでしょう！」

「私はスパイなんかじゃありません。私もまたこのヒマラヤで育ったんです。私のヒマラヤはネパール国境の西のインドです。そして私は、しばしばこの山脈に友達として戻ってきます。あなたが今、西洋の思想を知っているように、私もあなたを知っています。今日の世界では知識は双方へ流れています。そのために思想が双方へと流れる世界では、われわれ二人も兄弟なのです。ネパール人なら誰でも分かるように、私もあなたがバラモンであることを顔の形から分かります。それにシャツの下で隠れている聖なる糸（ヤジュノパヴィータ）によっても。あなたには畑がない。そうでなければ学校の先生になどなるはずがありません。だが、あなたは立派な教育を受けている。そのために畑を持つ人の年下の息子にちがいないと思いました。もちろん、あなたはお金を欲しがっていた。そうでなければ、なぜ賭けトランプなどするでしょうか？」

彼は笑った。「ロシアのお方、あなたはネパールの兄弟だ」

私は一瞬たじろいだ。気楽な会話の中で積み重ねられたいつわりの言葉によって、二人のあいだには新たな闇が作り上げられていく。ごまかしの世界だ。学校の先生はこのような議論を楽しんでいた。彼の住む村もそうだが、あたりの村々では、本を通じて学んだ人々のあいだで、ファッションのようにその思想を身につけることがはやっていた。それは革命について語るときもそうなのだ。このように孤立した村々では、新しい考え方をめぐって討論したり、新たな考えの骨組みを提案することが、季節の移り変わりのように、人々に希望を与えることになる。だが、軽薄な言葉のやりとりがスタートした今は、ロシア人だといつわっていた策略が、私にとって裏目に出ることになった。

ネパールの政治は複雑で、バラモンが思い描いているようなものではなかった。政治の舞台の演者はめまぐるしく変わった。それは、彼らの影響の度合いということだけではない。肌の色によっても変化した。黒人はいないし、白人もいない。白と黒が入り交じった者たちが、その変化する影響力とあいまって、政治を不透明なものにしていた。それはわれわれの前に広がっている道を、闇で覆っている夜のようだった。それぞれの駒を動かすゲームははじまっている。だが、そのゲームは多次元のチェスを上まわって、同時にいろいろな場所で動き出す。ネパールの政治はヒマラヤのようにアップダウンが激しかった。そこには平坦な競技場というものがない。この起伏の多い土地では、法体系も前例のない働きをする。何から何まで、君主の願望に従って進行する。私もよく知っていることだが、この国の王は気まぐれで移り気な気質の持ち主だった。

われわれ二人の歩くペースがゆっくりになる。二人はともに前を見ることができない。さらに話をすることで、議論はますます困惑の中に入り込んでしまった。社会が向かう方向の中で、どちらへ向かって行けばよいのか、現実の道を足でまさぐりながら、二人はそれを明らかにするために議論を重ねた。生きる道を探るにしても、現実の闇の中を進むにしても、われわれはともに前へ進む足音から学び、足元がしっかりとした道を選んで行くしかない。人生の道も日々たどる道も、闇の中を突き抜けていくためには、そこを実際に歩くことでわれわれは道を見つける。ただ見るだけではなく、感じることで発見し、足元に確固としたものがなければ、足を持ち上げて避ける用意をつねにしていなければならない。ときには、質問が投げかけられる先に、そして質問が逡巡し、あたかも答えであるようなふりをしているときに、答えがやってくることもある。

非常に骨の折れる歩行が、心のバリアを緩めることになった。われわれは夜に向かって心を解放した。長い距離を走ったときに感じるランニングハイのように、肉体が剥離して、感覚が漂い、意識が目覚める。

「私はあなた方、ソヴィエトのクマは嫌いです」と藪から棒に学校の先生が口を開いた。

「どうして?」と私は上の空で答えた。というのも、歩くことに神経を集中していたからだ。今いるのはちょうど尾根の裏側で、ここには月の光が届かない。次の曲がり角のあたりでは、高い空から舞い降りてくる闇を背景にして、竹がすくっとまっすぐに伸び立っていた。

「われわれネパール人は、ソヴィエトを信用したことなど一度だってありませんよ。あなた方は、どんな風にしてわれわれを援助したかについて、滔々と話す。しかし、あなた方に助けてもらったことなどありません。ボイス・オブ・アメリカ〔アメリカ政府の海外向けラジオ放送〕でいっているように、あなた方がしたいのは、自国を支配したように世界を支配したいだけなのかもしれない。私の従兄弟がいってましたよ。あなた方は内心で、自分たちがちっぽけなことを知っているので、ことさら大きなことをしているのだと。たしかに大きな国ですよ。しかし中身は空っぽでしょう――それをあなた方は知ってるんです。

だから、見かけをごまかすことばかりしているんです」

「それは違いますよ」と私は答えた。「私の国はあなたの国の人々を助けているじゃないですか。現にモスクワにいるネパール人を訓練して手助けしています。今年は四〇人の生徒を、立派な医者として送り返した。二〇人の生徒たちが……」

「ソヴィエトが医者の訓練をしているなどと、私にいわないでください。もう一人の従兄弟がモスクワで勉強をしていたんです。先月、父親の葬儀のために帰ってきた。その彼が私にいったんです。あなた方の訓練というのが、彼にロシア人の患者をけっして触らせないことだったというんです。ただテレビで手術を見せただけだったそうです。実際の手術など一度もさせてもらえなかった。させてくれたのは動物の手術だけだったそうです。だいたいソヴィエトの学生に会うことも許されない。とくに女子学生には一度もお目にかかったことがない。これがはたして有益な教育といえるのでしょうか？」

「でもわれわれは医者を訓練しているじゃないですか――それはすなわちネパールを助けていることでしょう」

「あなた方が助けているなんて、どの口からいえるのでしょう？　あなた方とアメリカ人たちは、ただわれわれとゲームをしているだけなんです。私にはもう一人従兄弟がいます。彼はインドの国境で税関の事務所で働いている。二カ月前のこと、トラックが数台、ソヴィエト大使宛の箱を載せて到着したというんです。検査官が箱を開けるように命じた。従兄弟は口論を耳にしたといいます」

「大使宛の箱を検査官ごときが開けることなどできない！　そんなことをすれば、外交特権の侵害になるぞ」

「われわれの税関は、グルカ族兵士の特権のもとにあったんです。グルカ族は怪しいと嫌疑をかけたときには、必要と思われることを何でもする。箱は開けられました。中には電子機器がいっぱい入っていた。大きなアンテナ、高価な装置など。私にはもう一人従兄弟がいます。彼はアメリカ大使館で秘書をしていた。彼もまた葬式に帰ってきたので、その折りに私は彼と話をしました。アメリカ人は笑っていたと彼はいう。ロシアの装置は会話を盗聴するためのものだというんです。おそらく王宮の中でさえ盗聴するかもしれない！　ネパール人はベッドの中でさえ、私語をつつしまなければならないかもしれない！」

われわれは警察の検問所に着いた。カンドバリ・バザールは目の前にあった。見張り番が「止まれ」と叫んだ。夜中に灯りも持たずに検問所を通りすぎようとしているこのロシア人は、見るからに怪しいにちがいない。さらに先を行くためには、特別な許可を要求されるだろう。検問所がどこにあるのか知っていたので、私はそこを迂回して行こうと思っていた。だが、話に深入りしていたために、ついつい先にあった検問所を見過ごしてしまった。バラモンの教師の目の前で、アメリカのパスポートを見せてしまえば、ロシア人といつわっている自分は、おそらくアメリカのスパイと思われてしまうにちがいない。

「私が書類を書いているあいだに、あなたは先へ行ってください」とバラモンにいった。もしかするとうまく刑務所を出ることさえできないかもしれない。そしてトゥムリンタールで飛行機をつかまえることもできず――ましてやシャクシラへなどとても行けないかもしれない。

バラモンは見張り番に呼びかけた。「あやしい者ではありません。私はラムという名前で学校の教師です。旅行者といっしょで、話をしていただけです」

「ビスタリ・ジャノス」（ゆっくりと行け）という言葉が見張り番から返ってきた。暗闇の中なので、外国人が並んで歩いているのがはっきりと見えなかったようだ。

われわれはバザールに入っていった。小さなレストランではダルバート〔ネパールの国民食〕を食べる

10.2　アルン渓谷の夕景。

ことができる。ラムはここでさよならを告げた。私はバックパックを土壁の下に置いた。部屋の真ん中には、斧で切り出した木のベンチが、市販のテーブルの前に置かれている。他の者たちは待っていた。テーブルについている者もいれば、壁のそばに座っている者もいる。話をしたりティーを飲んだりしているが、まだ食事はしていない。ひとわたり会話がすむと、ネパール人たちは食べはじめた。中には厳格なバラモンたちもいたが、彼らは食事をしないで、他の者たちとティーをともにしたあと、出発していくのだろう。だが私は、ボテバスへ着くまでにまだ六マイルの道のりがあったので、急いで食事をすませた。残るはゴールだ。明後日までにシャクシラに着かなくてはならない。

僧侶は信頼に値するのだろうか?

二日後、宵闇が渓谷を上りはじめる頃、私は丸石を敷き詰めた高地の道を、シャクシラ村へと歩み入った。出入り口は閉じられている。ニワトリだけが道路をうろついていて、私の前でクワックワックワッと鳴いていた。歩くたびに足元の丸石がギシギシと音を立てた。ブタでさえ静かで、餌を探して地面を掘ることをしていない。

そのとき、斜面の右下のあたりでがやがやという音がした。子供の頭が石壁のうしろからぴょこんと現われて、音のする方へ走り去っていった。そのあとについて行ってみると、大きな叫び声が岩の壁の向こうからする。そして、何百人という人々が私の方へ向かってやってきた。海岸に打ち寄せる波のように、幾重にもわたって人々が来る。群衆のうしろの広場は、さらに数百人もの人々で埋まっている。群衆が近づくにつれて、叫び声が聞こえてくる。「ジェシーのお父さんだ」「ジェシーはどこにいるの?」。真ん中にいるのはミャンだ。満面に笑みを浮かべている。

群衆から離れて、私に近づくと頭を下げて、手のひらを押しつけた。そして私の両手を握ると、それで自分の頭に触れた。「ジェシーのお父さん、ジェシーはどこにいるんですか?」

「母親といっしょにカトマンズにいる」と答えた。そして人々の海を見た。「私は一人でやってきたんだ」

ミャンは私を群衆の中に引き入れた。寺院が立っていて、新しく切り出したばかりの、灰色の石でこしらえた壁で囲まれている。寺の上部ではブリキ板の屋根が輝いていた。シャクシラではブリキの屋根はこだけで、あとは編んだ竹で屋根が葺かれている。一年前には、村の中心に家々が立っていた。だが、今はそこに寺があり、新しいブリキ屋根からは光が反射している。

「これはどこから持ってきたの?」

「ジェシーのお父さん、これは俺たちの新しい寺です。俺たちが建てたんです。国王の政府が八万ルピー出してくれたんです。学校や水道システム、それに保健所も大事ですが、それ以上に、俺たちが渓谷の精霊たちとつながりを持つために、村に必要となるのは寺院でした。それで政府からもらったお金でこの寺を建立したんです」

群衆の中から私に近づいてきたのはラマ僧だった。キャンプのたき火によくやってきては、そばに座っていた男だ。二人の少年がアシスタントとして両脇に立っている。

「ようこそわれわれの祭りに、ジェシーのお父さん。お待ちしていました」と彼は儀式張っていう。「昨日になって耳にしたのですが、われわれがお待ちしていたお客さまは白人だということでした。どうぞ寺院の中へ入って、お座りください」

「えっ、何ですって。私を待っていたんですか？」

「ええ。当初は排水路の下水管を作るセメントが到着したあとで、この祭りをすることになっていました。今までセメントを使っていませんでしたので。セメントが到着したときに、はじめて寺院が完成することにしようと決めていました。ところが私の兄弟（やはりラマ僧）で、占星術の本を勉強している男が、二週間前に、祭りは今日行なうべきだといったのです。さらに彼はお客が来るはずだからという。その客がいったい誰なのか、われわれには分かりませんでした。だが、今朝になって、われわれがみんなで集まったときに、お客さんは白人だというニュースが入りました。それで今日、みんなであなたを待っていたというわけです。ジェシーのお父さん、こちらに来ていただいて本当にありがとう」

私が到着するというニュースが、私より先にここへ届いていたというのだろうか？　小道を行く歩行者としては、私がいちばん早いと思っていたのだが。排水路が待っていたのはセメントだったが、ラマ僧は私を待っていて、寺院の中に入るようにと促した。だが、私はテラスに使い残され、積み重ねられていた石板の所へ移動した。寺の中は、ヤクの脂を燃やしたランプでくすぶっていたし、一六フィート（約四・

九メートル）四方ほどと思われた部屋は、人々でいっぱいで立錐の余地もないからだ。私は石の厚板を二枚使って座る場所を作り、さらに二枚を支柱として使い、メッシュ地のバックパックを背もたれにした。だが、もし私が主賓ということになれば、当然、寺の中に入っているべきなのかもしれない。

日付が二週間前に切り替わってしまっていたのだろうか？　二週間前にラマの兄弟が今日、お客が来るはずだといったとき、私はまだトゥムリンタール行きの航空券を買っていなかった。しかし、ここへ来るためのスケジュール調整をしたのは、実際のところ、医療遠征に出かけていた二週間前だった。ヒマラヤの別の谷にいる者について、こんなことをどうやって知ることができるのだろう？　そしてその者が到着する日付を、どのようにして予告できるのだろう？　村の人々はラマ僧の予言を信用するあまり、何百という数の人々が今日ここへ集まって、私を待っていてくれたのである。

私は何か思い違いをしていたのだろうか？　たまたまこの祭りに姿を見せただけだということになれば、それはそれでつじつまが合う。しかし、彼らはわざわざ日にちを変更している。私は水筒を取り出すと、何気なく水を飲んだ。そして他の人々からも話を聞いた。おそらくしばらくすれば私も、ゆでジャガイモが欲しいといえるだろうし、主賓にむりやり振る舞われることになる自家製のビールも、勇気を出して飲ませて欲しいと頼むこともできるだろう。

みんなが私の前にスペースをあけ、そこがステージのようになった。人でいっぱいの向かい側には寺院が立っている。その厚い壁は正確に二フィート（約六一センチ）ある。モルタルはいっさい使われておらず、それぞれの岩がぴったりと積み合わされていて、それは私のまわりにぎっしりと群れつどっている人々のようだ。寺の屋根の下には、ほぼ半分ほど下がったところに、屋根つきのポーチが四隅の柱で支えられている——この屋根は優雅さを醸し出しているのと同時に、モンスーンを吹き飛ばして、寺院がむしばまれ弱体化することを防いでいる。どんな建築家がこの寺院をデザインしたのだろう？　村人にはこれまで寺院を設計したことのある者など、おそらく誰一人いなかったにちがいない。近隣の寺にもこのデザインに共通したものはない。寺の形は、誰かの心に刻み込まれた線図から来ていた。他の者たちが、その線図を描いた者を信頼したことによってこの建造物が生まれた。

しかし、ここの人々のあいだには、まったく疑う気持ちというものがない。私ははっとした。というのも、やがて彼らは、過去一〇〇〇年にわたって身につけてきた、信頼の心を失うことになるからだ。寺院を建てたのは、「渓谷の精霊たちとつながる」方法を信頼していたからだ。だが、やがて人々が、今持っている内なる富（彼らの祖先が育ててきたもの）を忘れてしまったとき、精霊とつながる道は消えてしまうかもしれない。生活の中のさまざまな経験を、つなぎ合わせたものから生じる信頼、そして地滑り、疫病、戦争などから得た知識がやがてはばらばらになって、剥がれていってしまうだろう。人々は部外者がやってくることや、王が彼らに何かをしてくれることを信じはじめる。彼らが電話を信用することを学ぶのに、それほど時間はかからないだろう。そして、私のような人々からかかってくる、二週間ほどしたらそちらに行くという電話を信用する。もし私がそんな電話をしたとする。だが、フライト・スケジュールは知らないし、ゆっくりと歩いていくつもりでいる。とすると、私は今から二日ほど遅れて到着するつもりだと予告をしていただろう。そのときには、あの占星術師もまた、すべての飛行機が満席だったと予言したのだろうか？

＊

女性たちはステージに集まり、ぎこちなげに、はずかしそうに一列に並んだ。歌声が起こると、そのリズムに合わせて静かにすり足で踊りだした。一人また一人と、男性がやってきて、女性のうしろに流れ込む。そして女性たちのリズミカルな動きに加わると、はっきりとした声で思わせぶりな言葉を発する。一つの歌としてはじまったものが、ふくらんでくりかえし歌われる詠唱となる。それでも私は、自分がここへ来ることをどうしてみんなが知っていたんだろうと、なお不思議に思っていた——すると、なにやら不快な感じが心に生じてきた。それはステージの女性たちを見ている男性や「それに女性たち」が、踊っている女性たちをどんな目で眺めているのか、それを私が推測したからだ。男性も女性もステージの女性たちの身振りをまねしている。私には彼らの話しているルーミ語（チベット語とネパール語の変異形）を理解することができない。私と話をするときには、彼らもネパール語で話してくれる。しかし、彼らの大胆さを理解するためには、言葉を知る必要などない。このような隔離された山の中では、ネパールの南部や中央部にくらべると、人々は性に対してより開放的だった。私のうしろでは、若い女の子がキャッと声を上げながら振り向き、母親の脚をぎゅっと抱きしめた。

ダンスをしている列に、ピンクのブラウスを着た少女がいたが、彼女はその頬を紅潮させていた。年は一五歳かもしれない。あるいは一六歳くらいだろうか。オリーブ色をしていた耳たぶが、今は真っ赤になっている。彼女は頭をかしげると、熱くなった耳を一方の肩に押しつけてこすりつけ、そのあとでまた、もう一方の肩に別の耳をこすりつけていた。ステージでは引き続いて女性の列が、ダンスをすり足で踊っている。群衆の歌声がだんだん早まり、それにつれてダンスも動きが速くなった。男が一人、男性の列を滑るように進み、緑色のブラウスを着たもう一人の少女の背後へ、直接歩みよった。そして何かを大声で叫んでいる。群衆はクスクス笑いを浮かべる。緑色のブラウスを着た少女は、うつむいて顔を赤らめていた。緑色の服を着た少女は、ピンクの服の少女の妹なのだろうか？　男はふたたび声を上げる。群衆はますます大きく忍び笑いをする。男も女もこれを見て、おもしろいと思っているようだ――だが、当の緑色の服を着た少女は、少しもおもしろくないようだ。

男はふたたび叫ぶ。緑の服の少女は急に駆け出すと、群衆の中へと突進した。男はすぐにあとを追った。すると群衆から歓声がわき起こる。群衆が少女の逃避行を邪魔し、彼女をまわれ右させて、舞台へと押し戻した。男は少女を捕まえた。彼女は男の手によってしっかりと手を握られ、頭はうなだれて、肩をぐったりと落としていた。

「連れていっちまえ！　連れていけよ！」

男の腕の中で身をまっすぐにした少女は、男を前にして固くなっている。肩をのけぞらすと、さらに身は直立する。男の目の中には炎が燃えている。が、少女はなお気丈に身構えていた。あとずさりしたが、足が岩につまづいた。男の手からすり抜け、何とか体をもとの態勢に戻そうとするものの、少女はどうと地面に倒れてしまった――腕を開いたままで、脚も離ればなれになって、あおむけのまま、大の字になった。男が前に飛び出してきた。

私のまわりに、群衆の体がどさっと押し寄せてきた。この少女を守ってくれる兄弟や父親はいないのか？　ネパールでは他の場所でも、男が前に進み出るだろう。だが、ここではそれができないのかもしれない。世界中どこでも、集団犯罪というものには、善意の人をも動けなくさせる力がある。それは、犯罪を行なう人々の教育や地位、それに文化程度に関わりなく存在する。共有の罪に強く反対するには、まれに見るような力が必要となるのだ。今にも犠牲になりそうな、緑の服の少女は横になりながら、数秒の内に起こることを察知している。すべてが終わってしまえば、われわれは彼女たちを殉教者と呼ぶ。だが、それが起こっているあいだに、誰かが進みでて、援助を申し立てる者はいないのだろうか？　私のまわりではますます興奮が高まってきた。群衆が立てる音は笑い声のように聞こえるが、よく聞いてみると、群衆の中で泣いている者たちがいる。その数がはたして、どれくらいいるのだろうかと私は思った。

「やれ！　やっちまえよ！」と誰かが叫んだ。

男は少女の上に身をかがめる。おそらくは彼女をつかんで抱きかかえて、群衆から逃げ出そうとしたのだろう。夢中になってそれをしたためだろうか、つんのめって少女の頭の上にかぶさってしまった。ちょうど彼の腹部が彼女の顔の上に当たった。

少女は激しく噛みついた。男はうなり声を上げながら起き上った。そして薄いシャツの上から胃のあたりをつかんだ。娘から離れると、彼は腹をおさえながら、大急ぎで群衆の中に走り込んだ。

一五分後、村人たちはふたたび祭りで起きたことをくりかえしているが、もはや興奮状態のために弱っていて、ただ、たがいに抱き合うだけだった。少女を追った男はこれから先ずっと、腹のことについて問いただされることだろう。彼の名前はもしかすると「腹」に変わってしまうかもしれない。やがてダンスがまたはじまった。そしてそれは、まるで夜通し続くかのように思えた。

私は一一時に祭りの集まりをあとにした。寺院ではマントラの詠唱が引き続き行なわれている。「オム・マニ・ペメ・フム、オム・マニ・ペメ・フム……」〔チベット仏教徒によって唱えられる真言（マントラ）。「蓮華の中にある宝珠よ」といった意〕。近くにあるミャンの家の、手おの掛けした厚板の床に、私は寝袋を広げた。長い一日だった。目が覚めると、外ではダンスや詠唱がまだ続いていた。ミャンの妻は部屋の向こう側で、毛布の上に横になっていたが、私がバックパックを開けた際のジッパーの音で起きてしまった。彼女は私が見ている前で、燃えさしから火を起こした。数分後に部屋を横切って、私のところにティーを運んできた。私はミャンがいないことに気がついたのだが、彼は夜通し、祭りに行ったきりで帰ってこなかったようだ。

表のポーチに出た。太陽はまだ尾根の上に姿を見せていない。朝は明るい灰色の中にあり、気温は肌寒い。二杯目のティーをすすりながら、女性たちが村はずれへ向かっていくのを見ていた。彼女たちはそれぞれがみんな、日々の決まりきった仕事をしなくてはならない。子供たちが畑へ向かうのを見守り、日々の作業をはじめる。そして、男たちがよたよたと家に戻ってくるのを見る。村が生きいきと動きはじめると、私ははじめて、グラウンドベアの頭蓋骨を探しにきたというニュースを表に出した。

そのあとで、レンドープと長い話をした。「グラウンドベアを殺すのは危険だよ」と彼はいう。「それに今は、この村に頭蓋骨は一つもない」。彼はこのクマがどれほど攻撃的で、どれくらい大きいかを話してくれた。

日が経つにつれて、トゥリーベアの頭蓋骨でさえ、とても入手しがたいことを知らされた。クマを殺すこと、しかも二頭のクマを殺すことなど、とてもできないと誰もがいう。そして、夜の帳が下りると、暗闇の中から人々が現われて、数カ月前に新政府の法令が発表されたことを話した。それによると、もはやこれ以上クマを殺すことはできないという。だが、私の調査を聞きつけた穀物倉庫の番人たちが、闇にまぎれて秘密をもらした。自分たちは新しいクマを殺すので、それを売ることは可能だという。しかし、社会の害虫のようなやつらが、新たな頭蓋骨の噂を聞きつけてやってくる。心配していながらも、なお熱心な売り手に対して、私は自分が許可を得ていると説明した。村人たちは、絶滅危惧種の取り引きに関する国際条約については何一つ気にしていない。彼らを心配させているのは、ここから歩いて半日ほどの所にある警察署だった。数カ月前、ハティヤの村で、クマの胆嚢を売ったために逮捕された者がいた。私がシャクシラの村をあとにしたのは、次の日の夜明け前だった。そのとき私のバックパックには、トゥリーベアの頭蓋骨が二つも入っていた。それは明らかに幼獣のものだ。私が得た許可で許される頭蓋骨は二つまでだ。次の年にはまた、グラウンドベアを探しに戻ってくることになるだろう、そしてその頭蓋骨を手に入れるためには、他の村々へ行かなければならないだろう、と村人たちはいっていた。

夜明けから日没まで毎日一六時間ある。トゥムリンタールで飛行機に乗る時間から逆算して、各地へ向かう時間を決め、守らなくてはいけないペースを割り出した。二つの峠を越えなければならない。その内の一つは標高が四〇〇〇フィート（約一二一九メートル）ある。ほとんど余裕はないが、トゥムリンタールまでかかる時間を考えに入れると、二日間で四時間ほど使える時間があった。そこで、それぞれの峠の頂上で一時間ずつのんびりとすることに決めた。

私は、あやふやな答えしか出せない問題と格闘した。アメリカの男性とネパールの村との関係はどんなものなのだろう？　バルン渓谷のクマは、自然や人々からどのようなプレッシャーを受けているのだろう？　「絶滅危惧種の国際取り引きに関する条約」はこの渓谷にも、その影響を及ぼしているのだろうか？　あるいは誰かがその法律を破ろうとしているのだろうか？　近傍の丘でひそかに開かれる市場では、クマの胆汁を越えるような、まだ他に知られてないものが取り引きされているのだろうか？　私が知っているのは、ジャコウジカのポッド〔粉末にする前のジャコウ〕がわずか一つで、カンドバリでは五〇ドルで売られていたことだ。またそれは、香港で五〇〇ドルという高値で取り引きされている。男は少女を追いかけ、クマはトウモロコシ畑に侵入する――地球上のさまざまな挑戦と同様、何がこのような挑戦の原動力となっているのだろう？

アメリカ人の私としては、このような問題を、海を横断して広がる問題として考えたくなる――だが、しかし、私の故郷では広葉樹の木陰で生長しているのは朝鮮ニンジンの根だ。これは胆汁やジャコウを売る極東のマーケットでは、性的な万能薬として需要が高い。私が住む山の隣人たちに、植物が合法的に売られているこのような市場のために、畑を別個に隔離して朝鮮ニンジンを育てている。だが、彼らはまた、イヌに追いかけさせて捕らえたクマの胆嚢を、不法に売ったりもしている。四カ月前にも、故郷に戻った剥製師が逮捕されて、店も閉鎖を命じられた。グローバルなシステムの中で見たときに、私の町とネパールの小さな町のあいだにある差異とはいったい何なのだろう？

しかし、それにしても、私がこの村に来たことを、一〇〇〇人の村人たちはどのようにして知ったのだろう？　三日前でさえ、私の知らなかった事実を、どのようにして彼らは知ることができたのだろう？思考のパターンには、われわれの認識を超えていながら、他人には認識される形で具体化するものがある。今、木の上にいたリスが、突如駆け去っていったのだが、それは頭上にタカが徘徊しているのを知ったからだ。しかし、リスはそれをどのようにして察知したのか。私はタカを見ることはできる。だが、リスは私の方をじっと見つめていたように見える。あるいは、リスがすばやく動いたのは偶然の出来事だったのだろうか？　トゥリーベア、グラウンドベア、イエティ――この三つに関するわれわれの知識について、はたしてどのようなコミュニケーションが、われわれのあいだにあるのだろう？

五〇時間を費やして二つの峠を越えたあとで、ようやくトゥムリンタールに着いた。私のフライトまでなお三時間の余裕がある。藁葺き小屋の中でティーを飲み、カロム・ゲームを観戦することにした。店に入って主人に揚げパンを特別注文する。主人はすぐにパンを作りはじめた。だが、時間を計算に入れていない。パン生地を作り、それを練って、生地が発酵するまで待たなくてはならない。いつも通りの時間が過ぎ、主人がパンを揚げるまで、ゆうに三時間待つことになった。パンが油の中でジュージュー音を立てているとき、ツイン・オッター〔カナダのバイキング・エア社が製造した航空機〕が雲間のあいだから降りてきて、草原の上をすれすれに飛び、ヤギたちを散りぢりに追い払った。両手で油まみれのパンを持って、竹でできたセキュリティー・チェックのブースを通り抜けた。八カ月前にすでに私は知ったのだが、揚げたての上に砂糖を振りまいたこのパンは、ダンキン・ドーナツにくらべて数段おいしかった。

アルミニウムのカプセルが雲の中に上昇していくと、それ以上に、ミャンのいった言葉が私の中に甦ってきた。「学校や水道システム、それに保健所も大事ですが、それ以上に、俺たちが渓谷の精霊たちとつながりを持つために、村に必要となるのは寺院でした」。ミャンが生活しているのは、寺院の力を信じている世界、寺院が学校や水道システム、それに保健所より優先される世界だった。神学者のカレン・アームストロングはこのあたりを明らかにしていて役に立つ。

われわれは往々にして、過去に生きた人々のことを（多かれ少なかれ）自分たちと同じようだと思いがちだ。しかし、実際のところ彼らの精神生活は予想以上に違っていた。……そしてそれは、考え方、話すこと、それに知識の獲得などにおいて、二つの方向へと発展していった。学者たちはそれを「ミトス」と「ロゴス」と呼んだ。二つはともに欠くことのできないものだ。それは真理に到達するための補完的な方法と見なされた。そして双方はそれぞれに特別な能力の領域を持っていた。神話（ミトス）は原初のものとされた。それが関わりを持つのは、時代を越えて変わらずにわれわれの存在の中にあるものだ。……神話は現実の問題ではなく、その意味と関わりを持った……（そして）それは人々に日々の生活がどのようなものか、その意味を理解するための背景をもたらした。[1]

この場合、神話を文字通りに受けとめるべきではない。文字通りの解釈は神話の能力を取り除いてしまうからだ。それは不透明なものに理解をもたらしたり、神話そのものの次元性を示す能力である。不透明なものは、問いかけの中にあるだけではない。それはまた人々の外側にもありうる。そして不透明は、複雑な世界の中で起こるさまざまな出来事に、完全に明快ではないにしても、その全体像を与える。この神話に対してロゴスは理解を押し進めて、論理的な秩序へと至らしめる。そしてふたたびアームストロングはいう。

> ロゴスは理性的で実際的、そして科学的な思考で、男や女が世の中で、十分に役割を果たすことができるようにした。……神話と違って、あらゆる点で事実に関わっていて、それが効果的ならば、外的な現実にも対応するにちがいない。……神話が原初や根幹を振り返るのと異なり、ロゴスは力強く前へ進む。そして新しいものを見つけようと試みる。また、昔の洞察についてくわしく調べ、環境のより強い支配の達成を試み、新しい何かの発見を目指す。……ロゴスは人生の最終的な価値について、その疑問に解答を出すことはできない。科学者は物事をより効率的に機能させ、物理的宇宙について、すばらしい新事実を発見することはできる。しかし、人生の意味を説明することはできない。[2]

10.3　シャクシラで売られていたクマの頭蓋骨と足［ロバート・L・フレミング撮影］

カトマンズへ戻る飛行機に乗って、さまざまな考えの積雲の中を飛びながら、私は神話とロゴスに関するこのような考えが、今手に持つ頭蓋骨についても、どのように当てはまるのかを理解した。私がシャクシラへ行ったのは、二頭のクマに関する論理的説明を探すためだった。だが、シャクシラで発見したのは、私の旅についての神秘的な説明だった。もちろん、どちらもイエティを説明するものではない——だが、イエティは、神話としてまた科学的事実として、強力に語る存在へとより力強く成長している。自然におけるミトスは野生であり、自然におけるロゴスは科学だ。この二つのそれぞれの中に、価値のある真実の意味がある。

直感による真実

カトマンズに戻った私は、ホテルの庭でジェシーに話しかけているジェニファーのうしろに近づいた。「今日、パパはシャクシラを出発するんだよ。あの村ではみんなが、君のことをじろじろ見てたよね。覚えてる?」ジェニファーは振り向くと驚いた。占星術師といえど、誰も、私の到着を彼女に知らせる者はいなかった。彼女は飛び跳ねながら、なぜ私がそんなに早く戻ってきたのかと聞いた。そして彼女の側で起きた話をしはじめた。二日前に、書類が審査を通過した知らせが来たという。これでようやくわれわれは、ネパールの孤児を養子にすることができる。

「ジェシーと私はその少女に会いに出かけたの。孤児院の寮母はたしかにすばらしい仕事だと思う。だけど資金は限られたものなのね。大きなクローゼットが育児室として使われているんだもの。それがすべて——大きなクローゼットが一つ。一方の端に窓があって、そこから光が入っていた。壁を背にして棚があり、そこに二列にかごが並べてあった。そして一つ一つのかごに赤ちゃんが一人ずつ入っている。

ちょっとウォークイン・クローゼットを思い浮かべてみてよ。その棚に洋服ではなく、赤ちゃんの入ったかごが並んでるの。赤ちゃんは一人として音を立てる子がいない」

「ジェニファー、それだけ狭い所に入っていれば、冬はさぞかし暖かいんだろうね」

「部屋の中に入っていくと、ジェシーが私にしっかりとしがみついてきたの——私と同じように彼も何かを感じたのだと思う。寮母のシュレスタが、私たちの赤ちゃんを教えてくれた。赤ちゃんは生後三カ月のかわいらしい女の子だった。でも私は一目見て、この子は私の子じゃないと感じたの。何だか遠くに置かれた写真のようで、私たちの家族の一員ではない。かごから彼女を抱き上げたときも、深い裂け目を隔てて、やっと触れることができるといった感じ。もちろん、彼女は成長してわれわれ家族の一員になると思う。だけど今はわれわれの方から、世界の向こう側へ行くことになりそう」

シャクシラからようやく帰ってきたばかりで、私の頭は混乱し、くらくらとしていた。ジェニファーと私は、アメリカでともかく書類の準備を急いで、二番目の子供として養子を持ちたいと思った。だが、ジェニファーの第六感が赤ちゃんを拒否させたということなのだろうか？　ということは、もはや養子縁組を彼女がしたくないと自分に（あるいは私に）告げているのだろうか？

「その子をもらうのはよそう」と私はいった。「孤児院へ行って、われわれの依頼をひとまずキャンセルするよ」

「そうじゃないのよ、ダニエル。あの人たちはたいへんな骨折りをして、あれこれ調整をしてくださったの。それもとても迅速に。そして、世界で一人ぼっちの孤児が、私たちのもとに来てくれることになったの。今では私たちはその子の親なのよ。あなたは彼女の父親なのよ」

「いや待ってよ。ついさっき君は、彼女がわれわれの子ではないといったじゃないか。それなのに今度は、彼女をもらわなければならないという。これについてはすでに二日間、考える時間があったはずだよ——それなのにまだ判断がつかないの？　もう十分だろう。私はいったいどうすればいいんだ？」

「そうじゃないの、事態は私が前に話したことより、さらにめんどうなことになっていたの。もう一つ別のかごに、もう一人女の子がいた。育児室に入っていくと、私の心はその女の子に向かっていった。二つ先のかごにいたこの女の子は、私が自分にあてがわれた子を抱き上げるときでさえ、私にはしっくりするように思えたの。部屋に入ったとき、このもう一人の小さな顔がまっすぐに私の方を見た。そして彼女は、そのかわいらしい唇にかすかな笑みを浮かべていたの」

「どういうこと？」

「そう、私はもう一人の女の子についてたずねたの。シュレスタのいうには、すでに彼女は引き取り手が決まっている。もう身元引受人がいるのよ。それにしても、彼女のやさしいほほ笑みはとってもすてきだった」

「そんなことなら、女の子を取り替えることだって、できるんじゃないかな。もし、われわれの子よりその子の方がいいというのなら、僕が彼らに話してみるよ」

「ダニエル、だめだめそれは。赤ちゃんなのよ、服を取り替えるようなわけにはいかない。もう一人の女の子には、すでに引き取る人がいるといったでしょう。今さら、他の赤ちゃんをもらうわけにはいかないのよ」

「分かった、分かった。しかし、もし君がわれわれの子をしっくりしないと思うのなら、その子をむりしてもらうことはできないだろう。彼らと話し合ってみることにするよ」

孤児院に着くと、シュレスタについてホールに入った。どれほど多くの人々が、子供を欲しがっていることでしょう、と彼女に話した。修復の終わった古い邸宅の中の廊下を歩きながら、ジェニファーも私も養子について不安になっていると伝えた。われわれが自分たち自身の子供を欲しいといまだに思っているからかもしれない、と。シュレスタは引き続き案内をしてくれる。保育室は実際、かつては王族気取りの人々の服が収められていた古いクローゼットだった。棚にはかごが並んでいる。それは衣類を入れた包みのように見えた。物音が何一つ聞こえない。かごの一つに近づいてみた。私が部屋へ入ったとたんに、この少女が顔を向けたからだ。私は指で彼女の頰に触れた。笑顔がはじけたが、唇はしっかりと結ばれている。瞳には固い決意が見えた。彼女の体には何か鍛錬によって身につけたものがあるようだ。そのあとで、女の子の体がひどくやせていることに気がついた。栄養不良か、おそらくは栄養失調だったのかもしれない。これはえくぼなのだろうか？　シュレスタが他の寮母と話をしているあいだ、私は彼女を抱き上げた。

「あなたの赤ちゃんはこの子です」とシュレスタがさえぎって、二つ先のかごを指差した。最初の赤ちゃんを戻すと、私は少し顔を赤らめた。私が向かった女の子はよく栄養が行きとどいていて、顔の肌が少しゆるんでいた。この子は激しく蹴った。にっこりと笑い、また蹴った——彼女が蹴るのはいたずらなのか？　しかし、彼女を腕の中で揺すりながら、ジェニファーは正しかったと私は感じた。この赤ちゃんは、われわれのことが好きではない。それはもう一人の赤ちゃんが、われわれを好きなのと同じくらい正しいことだ。だが、愛情と時間さえあれば、この子とわれわれが近づくことはできる。女の子はまた蹴った。

「私たちの女の子について、何かそちらで知っていることはありますか？」とシュレスタにたずねた。

「孤児となってどれくらい経つのですか？」

別の部屋から、シュレスタはファイルを持ってきた。「この女の子は九月五日の生まれで、カーストはマハラジャンです。母親は三二歳でしたが、タバタリ産院で出産した際に、大量出血して死亡しました。父親は他に親類がなく、子供もいません。産院に赤ちゃんを引き渡すとき『この赤ちゃんの面倒をみると、私の畑が死んでしまいますし、畑の面倒をみると、赤ちゃんが死んでしまいます』といってました。女の子がここへやってきたのは六日ほど前です。ひどい低体重で、特別なケアが必要でした。それが、あなた方が親にふさわしいとわれわれが考えた理由です。栄養失調状態だったため、すぐにでも彼女の面倒をみてもらわなければと思ったのです」

シュレスタは、私が抱いていた少々太り気味の赤ちゃんを見た。そしてふたたびファイルを見る。さらにまた赤ちゃんを見ては書類に目を落とした。彼女は寮母を呼びに行くと、二人して寮母の事務室へ入った。さらにもう一人女性が彼女たちに加わる。三人は隣りの部屋で興奮気味に話をしている。三人は保育室に戻ってくると、私の抱いている小さな子供を見てから、他のかごを調べていた。彼女たちはネワール語で早口に話をしている。とても私には理解ができない。私の腕の中では、われわれの赤ちゃんが泣きはじめた。私は子供を揺すりながら、部屋の中を歩きまわった。だが、子供は泣き続けていた。シュレスタが二つのファイルを手に戻ってきて、やせてきっと唇を結んだ女の子のところへ向かった。そしてのぞきこむと、シュレスタは目に見えるほど動揺している。他の二人の女性はその近くに立って、やさしく話をしていた。

「まちがいないです。そうでなくては困ります」と寮母の一人はうなずきながらいった。

「そうですね」とシュレスタはいう。「しかし、どうしてこんなことが起きたのでしょう?」。寮母は私の抱いていた赤ちゃんを取り上げた。するとわれわれの小さな子は、急に泣きやんで静かになった。だが、部屋にいる他の赤ちゃんは、はじめから終わりまでまったく静かだった。

最初のかごを指差すと、シュレスタはいった。「私たちがひどいまちがいをしてしまったのだと思います。あなたが抱いていた赤ちゃんは、あなたの子供ではありません。あなたの子は栄養失調の赤ちゃんです。こちらの子供です」

私は最初のかごの方を見た。この子がジェニファーが引きつけられた子だ。その唇を閉じた小さな子はあまりにか弱くて、とても笑うことができないようだ。だが、彼女は笑っている。そう、それはえくぼだったのだ。私は寮母たちを見た。そしてやっとすべてを理解することができた。それはギルバートが台本を書き、サリバンが曲を作ったコミック・オペレッタの『軍艦ピナフォア』のようなことだった。寮母たちは赤ちゃんを取り違えてしまったのだ。

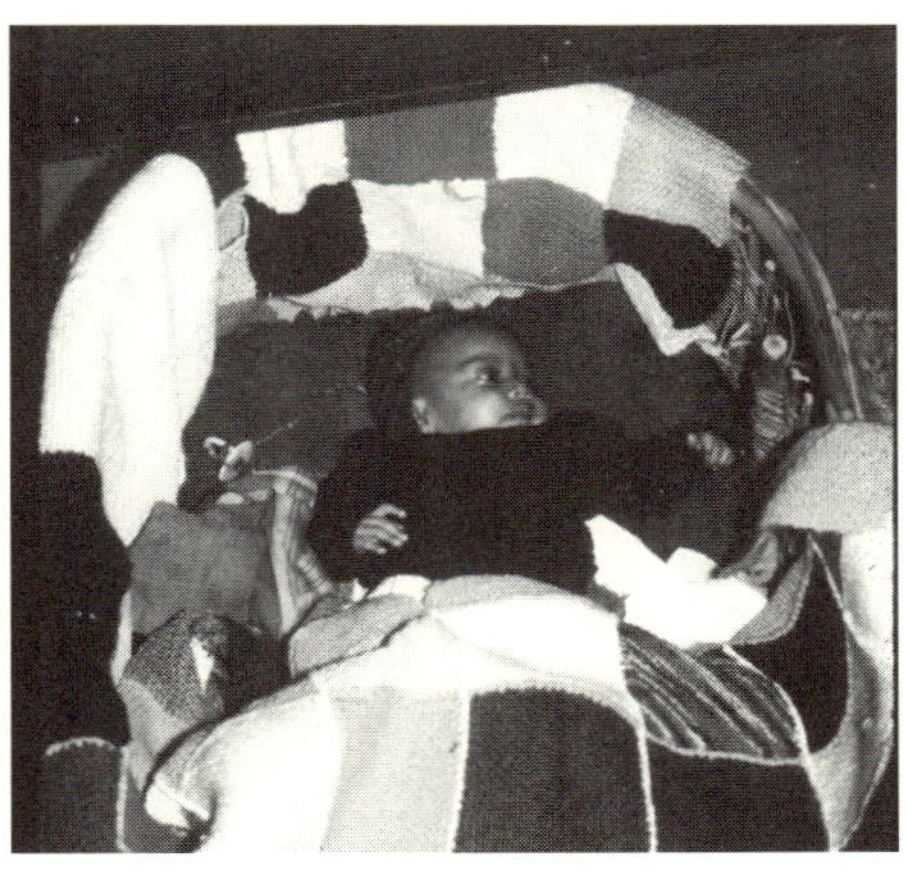

10.4　私たちの娘タラ。孤児院にて。

「ちょっと待ってください。ジェニファーを連れてきます」といって、私は興奮気味に大急ぎで外へ走り出した。オートバイにまたがると、カトマンズの通りを超スピードで走り抜けた。スロットルをひねり上げ、一秒でも早く走らせようとするたびに、古ぼけたBMWの、それでなくても大きな音を出すピストンが哀れな声ですすり泣いた。人ごみの中を大きなバイクがくねって進み、公道に出るとさらにスピードを上げた。ジェニファーとジェシーを見つけて乗せると、ふたたび孤児院へ舞い戻った。ジェシーはガソリンタンクにまたがり、しっかりとハンドルバーを握っていた。

シュレスタが説明した。「栄養のよい女の子は、ネパールのビジネスマンのもとへもらわれていく予定でした。一月半前、彼は奥さんと三人のお子さんといっしょに、バスでカトマンズの親戚に会いに出かけていました。しかし、険しいターンにさしかかったとき、ブレーキが故障して、バスは崖下に落ちてしまったんです。奥さんと三人のお子さんは亡くなりました。生き残った数名の内の一人がご主人でした。一人ぼっちになった彼は村々を歩いて、誰か家族と呼べるような人はいないかと探しました。そこで見つけたのがこの女の子でした。この子も何らかの理由で家族が一人もいません。この子は彼のものです。彼は今、この子を世話してくれる召使いを探すために、子供をここに置いて出かけたのです」

最初のかごから寮母が、やせた赤ちゃんを取り上げた。「この子があなた方の子供です。急いで世話をする必要があります。かごの混乱が起こったのは、おそらく病院の人々が先週やってきて、赤ちゃん全員に予防注射をしたときだったと思います。そのときに全員をかごから出すと、注射の針が痛くてみんなが泣いていました。母親が大量出血で亡くなったこの小さな赤ちゃんがあなた方の娘です」。寮母はしっかりと唇を結んでいる女の子を、ジェニファーの腕の中に置いた。

＊

「偶然」っていったい何だろう？　それはどんな風に働くのだろう？　ここで挙げるのは、壁に銃を撃ち放った男の例え話だ。銃を撃った男が壁に向かっていき、銃弾の穴がかたまって埋まっているあたりを囲んで、同心円を描いた。そして、自分が描いた円の中に弾のあとがあるので、弾が標的の中心にみごとに命中したというのだ。

われわれはときに、自分の推測の正しさを自ら作り出すのだろうか？　バラモンと私とのあいだに、はたして本当にテレパシーによる意志伝達だったのだろうか？　上り坂を上がっていきながら、たがいに同じことを心の中で、本当に思っていたのだろうか？　だが、もしかしたら、私の知識は純粋に彼の鼻の形や歩き方から推測されたものかもしれない。また、それより前に、たがいに交わしたよく似た会話を集めて、そのまわりに同心円を描いたことから来たものかもしれない。

シャクシラの村は祭りの日付を変更した。しかし、それほど真実の予知が働くことなどが、はたしてあるのだろうか？　ラマ僧は私の到着を予言したわけではない。彼が予言したのは一人の客の到来だった。そして偶然、その日に私が村に到着したというわけだ。だが、それは私ではなく誰でもよかった。あるいはまた占星術が、特別な出来事がそのときに起こるといったのかもしれない。それはおそらく、見慣れない鳥が寺院の屋根にとまったかのような、その種の出来事が証拠として提示されたのかもしれない。たしかにこうした兆候は、予言の妥当性を示すものだ。ラマ僧はこれからも、自分が確かに知っていることを示すために、この手の予言を数多くしていくにちがいない。

子供がこれから親となる新しい両親と、テレパシーで意志を伝達する――そんなことがはたして赤ちゃんに可能なのだろうか？　天文学者のカール・セーガンは、幼児には、前世における出来事や場所について説明する能力があるとした。彼はその信憑性を確信しているわけではない。彼が主張しているのは、薄気味が悪いほどの正確性のゆえに、研究の価値があるということだ。われわれの養女に対するコミュニケーション、つまりジェニファーから養女へ、そして私から養女への伝達は、これまで述べた三つの驚くべき出来事の中では、もっとも説得力のあるものだ――なぜなら、自覚がわれわれ二人に別々にきたからだ。しかもそれが確固としたものだったので、とても疑いなど持てなかった。科学はこのような証拠を受け入れないかもしれない。だが、その証拠はあまりに強いために、親はその証拠に基づいて行動する（そしてその証拠のために、よろこんで死んでいく)。

超理解は知られているかぎり、人間の生命が誕生して以来、たえず継続して起こってきた。五感を通して運ばれてくることのない知識——だが、なんらかの方法で伝えられる——は、何度もくりかえしやってきて、コミュニティーの生活を満たし、あるいは、子供に何か恐ろしいこと(あるいはすばらしいこと)が起きたとき、それを察知する親たちの生活に訪れた。このような事実を認識することは、けっして科学をないがしろにするものではない。科学はすべてを知っていると主張していないし、それは単にまちがいをとらえるものにすぎない。そしてこの区別は重要だった。こうしたプロセスで印象的なのは、このような知識がまた、事実から考えはじめることを主張する現実的な懐疑論者に、理解されはじめていることだ——そして見つけた(エウレカ)! 答えはこれまで科学者が従ってきた科学的な方法とは、まったく無関係にやってくる。科学はこれを説明しないで、それに「直感」という名前をあてがった。証拠自体がこの認識を作り上げた訳ではない。データがまだ収集されていないからだ。また仮説もなお自明のこととして仮定されてはいない。ただ超理解という考えが通り過ぎていき——そのことから知識は逆にやすやすとこなされていった——そしてあと知恵によって正しいことが証明された。

われわれの娘についていえば、われわれを認識へと向かわせたものは、彼女の栄養不良に対する同情と、いくぶんかはわれわれ家族の特徴(おそらくジェシーもまた、この特徴をすでに持っていた)ともなっている、ほほ笑みによるものだったかもしれない。あるいはそれはまた、地球上の遺伝的特徴を乗り越えて語られる、家族の絆のようなものだったかもしれない。すべての文化は、科学がまだ証明していないにもかかわらず霊魂の再生を確信している。

この章で取り上げた三つの例で、私は偶然の出来事を思いつきでひろったかもしれない。そしてたぶん、超感覚的なコミュニケーションを示唆しているかもしれない。というのも、でたらめに打ち込んだ銃弾の弾痕のまわりに、同心円を描きつつあったからだ。しかしそのとき、たぶん何かがわれわれとコミュニケーションをとっていた。そしてその何かについての知識はまだ発見されていなかった。おそらく思考は、まだ発見されていない波や伝送路を使って放射しているのだろう。このような思考はそのとき、部分的に発達したわれわれの感覚によって部分的に取り上げられる。人々の中で、より敏感で繊細な耳を持つ者がそれに該当する。というのは、第六感（あるいはそれ以上の感覚）はまだ定義づけられていないからだ。人間がわずかに五つの感覚しかもっていないなどと、いったい誰が請け合うことができるのだろう？

祖父やジム・コーベットにとって、「第六感」は、ジャングルの暮らしの中で、くりかえし折りに触れて彼らの命を救ったものだった。そして二人は、命を救われたために「第六感」の存在を信じた。おそらく祖父やジム・コーベットに警告を与えたのは、「第六感」ではなかっただろう。それは、ジャングルが送るメッセージに、二人の波長が深く合っていたためだ。だが、彼らが集めていたのはある呼び声だった。それは少し離れたところで小鳥が鳴くと、それをもう一羽の小鳥が鳴き声をひろい、それをさらに伝達する、その一連の鳴き声だった。情報は来るかもしれない。だがおそらく、そこで説明されるのは、情報を受けとめるのにわれわれはふさわしくないということだ。

人生の中でわれわれは、さまざまな道を歩む。そのほとんどの場合、未知の者にとってそれは暗い道だ。灯りを探して、暮らしの共同体の中へ入る。そこではさまざまな出来事が起きているが、われわれにはなぜそれが起きているのか分からない。たとえば、われわれの子供たちはつねに、新しい性格の特徴を見せてわれわれを驚かせる――このような行動は、そこまでの特異性を刷り込んだゲノムとともに、どこからやってくるのだろう？　われわれは個々別々の人間だ。だが、われわれ自身を越えて、既知と未知の両方の大いなる宇宙が存在している。多くの人々にとって、このような宇宙は、あたかもそこにそれがあるかように感じられる。われわれが娘について感じたのもそんな風になのである。

科学の重要な特徴の一つはその確実性だ。だが、今日の科学は単にその過剰な自信のために、あやまちを犯しているのかもしれない。科学はつねに原因と結果を求める。そして、そのつながりを明らかにしようとしているように見える。だが、科学がその中で作動しているのは、いまだ定義されていないダイナミクスとともにある複雑な世界だ。今日、原因だったものが明日になっても同じ結果を生むとはかぎらない。というのも、原因と結果の関係を巡る相互依存性は、新たな日には、新たなやり方でつながりを持つからだ。それがそのときに原因でありえたとしても——むしろそれは一時の説明にすぎない。科学にはうぬぼれがあり（少なくともその確実性において）、それは宗教的な信念におけるうぬぼれと同じくらい盲目的なものだ。科学と宗教はともに真理を自明のことと仮定している。疑問を投げかけることはつねに有効だ。そして確実性はつねに疑われてしかるべきだ。

科学は謙虚になったとき、はじめて価値を持つ——それは宗教が畏怖の中に身を置くとき、はじめて価値あるものになるのと同じだ。それは判断の中に身を置くときではない（宗教が判断をしはじめると、つねに深刻な罪を犯す）。宗教が理解されるのは謙虚になったときだ。セーレン・キルケゴールの言葉に「人生はあとになって理解されるにちがいない。だが、人生は前もって生きられなければならない[3]」がある——この必然的な結果は、前に進もうとすれば、われわれはミステリーの中へと歩み入る。そしてミステリーについての説明がわれわれの手元に届くのは、それを経験したあとなのである。

各年齢の者たちが錬金術という、それぞれ各自の規律にとらわれるのは避けがたいことだ。というのも、人々はその時代に深く信じた点からいつわりのスタートをして、うぬぼれ心を増長させていくからだ。彼らの中でもその追随者たちは、実際のところ、自分たちがまちがっているときには、自分が過大評価していたという確信を強める。中世の科学者もどきたちは理論や専門用語、実験的プロセス、実験技術などを発展させた。だが、彼らの仮説は欠点だらけだった。だいたい鉛から金を作り出すことなど、できるわけがないからだ。化学という科学を発展させたロバート・ボイルは、もともと錬金術師として研究生活をスタートさせた。彼が聡明だったのは学ぶことができたという点だ。方法は正しく機能していると結論を下した（そして彼が疑問を投げかけたおかげで、今日、われわれは科学を手にすることができている）が、当初、彼が確信していた仮説があやまちだったことを学んでいる。同じように二〇世紀は、社会システムの計画を立てることができ、その計画を実行することで、生産的な社会が創造されうると信じた。だが、社会計画の規律はもろくも崩れ去った（ソヴィエト連邦を見よ）。さらに同様に金融界は、多くの人々が思い描いていたように、グローバルな経済活動を信じていた。だが、彼らは経済を予言することができなかった（「二〇〇八年の大不況」〔アメリカのサブプライム住宅ローン危機に端を発した世界的金融不況〕の予言はどこにも見当たらなかった）。

人生の中には、われわれがいまだに見抜くことのできない、さまざまなパターンがあるのだろうか？　あるいはただ単に、乱雑な出来事がグループ化されているだけなのだろうか？　われわれは自分たちが知っていることを知らない。暗がりの道を歩いていき、先が見えないときには、行く手を手探りで探す。そしてメッセージを手に入れる。だが、それがどのようにしてわれわれのもとへ来たのか、そしてそれはどこから来たのか、われわれには分からない。しかしわれわれはつねに、毎日起きて、新たに出直すという生活のパターンを十分に確信している――というのも、どこからか知識がやってくるからだ。

＊

ジェニファーがわれわれの子供を抱くと、涙がオリーブブラウン色をした頬に落ちた。そしてわれわれ家族四人は勢揃いして、大きくて黒いオートバイに乗った。ジェシーはふたたびガソリンタンクにまたがり、ハンドルバーを握った。ジェニファーは娘を膝の上にのせて、私のうしろのタンデムシートに横乗りした――小さなタラは新しい母親の腕の中で守られている。一時間半ほどしたら、友人のディナーに向かう予定だ。その前にわれわれがしなければいけないのは、赤ちゃん用のおむつ、哺乳びん、液体ミルクなどを、カトマンズのバザールの店で見つけることだ。この小さな女の子はこれからどんどん大きくなる。ジェシーのTシャツが、タラの新しいベビードレスとして役立つことだろう。

それは一九八三年の感謝祭のことだった。

11　国王と動物園

11.1　かつて森だったネパールの山々。人々に開拓されて今は畑が広がっている。

一九八三年一二月。われわれに必要なのは、三つのトゥリーベアの頭蓋骨に対する、グラウンドベアの基準頭蓋骨だった。科学的には、ネパールにはグラウンドベアがいるという。だが、世界中の博物館を探しても、ネパールのチベット種（それがトゥリーベアであろうと、グラウンドベアであろうと）の頭蓋骨を持つ博物館はどこにもなかった。そこで私は友達のシャハ・デーブ国王（ビレンドラ・ビール・ビクラム・シャハ・デーブ）に会うことにした。

私は控えの間で待っていた。国王を訪問するたびに、いつも少し驚かされる――はたして彼は、かついっしょにどんちゃん騒ぎをした友達なのだろうか、あるいは王でもあり神の生まれ変わりでもある、二重の主権を持つ超然とした存在なのだろうか？　ときには一度の訪問の際に、この両方の姿を見せることもあった。控えの間のドアが開いた。王の主任秘書官が元気いっぱい、私を廊下へと促した。

彼のあとについて廊下を歩きながら、私は現代において国王であることの意味を考えていた。そこにはおそらく、国王だけが考える必要のある、ほんのわずかな問題があるのだろう。それは次のようなことになる。つまり、もし彼が絶対的な国王だとすると、その地位は、望ましい抑制や均衡を必要としないが、ただ人々の歯止めのきかない希望をともなう。その地位はあやまちが許されない。問題は王が神であるとき、ますますやっかいなものとなる――というのも、神は究極の知識を持っていると思われているからだ。聖なる導きと一体になった絶対的権威は、もしそれが人間の手によって実行される必要がなければ、すばらしいものだろう。

このような指導者の地位には要求が殺到する――事業の許可、政府が提案する条約、それにクマについてたずねる旧友まで。このような要求のすべてを処理する上で、慎重の上に慎重を重ねることで国王の地位は保たれている。そして警戒と保護は隔離によってよりたやすいものとなる。したがって国王たちは

（さまざまな種類の）壁の中に身を置いている。しかし、そこには隔離の中で生活することで生じ、彼らを弱体化させる問題があった。それはあやまちを犯しやすいということである。

この用心深い王のもとへ私を案内してくれたのは、ドアを開けた忠実なしもべで、彼は部屋べやをしきりに行き来する。私は気づいたのだが、彼は不意の出来事で驚くのがきらいなのだ。秘書官と私が廊下を急いでいると、控えの間で大蔵大臣が国王との謁見に備えて、しきりに書類をおさらいしていた。しかし、われわれが謁見室へ近づくと、これまで数十年のあいだ、隔離された友に対して私が果たしていた役割は、彼にありのままのニュースをもたらすことだったのだと分かった。したがってそのときには、何時間ものあいだ彼と話し込んだ。しかし今は違う。秘書官はただ次のようにいった。「謁見の時間を一五分以上引き延ばすことは、絶対にしないようにお願いします。ごむりを申し上げますが、学校のときの古い話はご遠慮ください」

ドアの前にたどり着くと――ドアの向こうには、広々とした本格的な王の書斎があることを私は知っていた――警護の侍従武官が私を見てにっこり笑みを浮かべ、手慣れた手つきでドアを広く開けてくれた。ネパール国王ビレンドラ・ビール・ビクラム・シャハ・デーブ（三九歳）は部屋の真ん中で、ユキヒョウの上に両足を広げて立っていた。私が入っていくと、腕をうしろに組んでにっこりと笑った。そして私の手を握ると暖かく上下に揺すった。三方の壁には四〇脚ほどの、まっすぐで高い、背もたれのついた椅子が並んでいて、一方の壁にはぽつんとただ一つ、国王の机が置かれていた。机の前には、三脚の肘掛け椅子とコーヒーテーブルがある。二人の友達が肘掛け椅子に腰を下ろすと、部屋の片苦しさや、主人の王であり神でもある地位がまたたく間に消え失せた。シャハ・デーブはたえず笑って、私の姿をながめていた。私も同じように見ていたのだが、王が少しやせて、口ひげをきれいに切りそろえているのに気がついた。私はカンドバリで会った学校教師のことを思い出していた。彼は国王をじかに知らなかったが、王のことを話していた。

シャハ・デーブは、皮を縫い合わせた袋に入った、小ぶりなパイプを取ろうと手を伸ばした。そしてオランダタバコの青い缶を取り上げた。このタバコはカスタムブレンドされて、ゾイデル海の岸からヒマラヤへ船積みされてきたものだ。王はパイプの雁首の中をステンレス製のスクレーパー（一般の人々が使うごくふつうのものだ）でひっかくと、それをぐるりとまわしてタバコを詰めた。そのときに私は見たのだが、スクレーパーにハーバードの紋章と「ヴェリタス」（真理）の文字が記されていた。それはある午後、二人で雨の中を出かけて、ハーバード・スクエアを出たすぐの所にあった、レヴィット&ピアス煙草屋へ足を踏み入れ、買い求めたスクレーパーとまさしく同じものだった。パイプに火を点けると、シャハ・デーブは私をじっと見つめた。

「ところでダニエル」と彼はこっくりと大きくうなずいていった。「今まで何をしていたの？」

「君の忠告通りにしていたんだよ、シャハ・デーブ。ここ数カ月のあいだ、バルン渓谷で探していたんだ。君がいっただろう、ネパール中でここくらい野生が残っている所はないって」

「何か見つけたの？」

「まあね。村の人々はジャングルには二種類のクマがいるっていうんだ。一つは大きくて、ひどく攻撃的なクマで、地上に生息している。クマが死んだとしても、それを運ぶには五人でかかってもむりだろう。科学者たちがクマ属チベット種と呼んでいるのがこのクマらしい。きっと君も知っていると思うよ。これを撃ったこともあるにちがいない。しかし、村人たちはまたもう一つのクマについても報告してるんだ。このクマはわれわれにとっても目新しい。大きさも小ぶりで、性格は用心深い。木々の中で暮らしているんだ。クマの死体は村人が二人もいれば運ぶことができる。村の人々は、大きくて地上をベースに生息するクマを『ブイ・バル』と呼び、小型で木々に生息するクマを『ルク・バル』と呼んでいる。村人たちのいい分を支持する証拠を、われわれも見つけたんだ——小ぶりなクマは木々のあいだで生活していて、見慣れない寝床（巣）を作る。そんな寝床を五つも見つけたんだ。それに雪の中で一組の足跡も見つけた。そして三つの頭蓋骨が手元にある。いろいろ調べたかぎりでは、このルク・バルは一度も科学的に説明されたことがないんだ」

「それはどういうこと？　ルク・バルは知られていないわけじゃないでしょう。ネパールでもいくつかの場所で見つけられているんだから」と、シャハ・デーブはいぶかしげに私を見た。「それはネパールの人々が、ルク・バルやブイ・バルのことをふつうに話しているっていうこと？」

「いや、すべてのネパール人というわけではないよ。そうネパール人の半分とまではいかないかな。だけどクマのことを知っている人々はそう話している。おそらく、ジャングルの近くで生活しているネパール人たちは、ルク・バルのことを知っているといっていいと思うよ。

シャハ・デーブ、でも、ネパール人の知識は科学的な知識じゃないんだ。科学的にはヒマラヤに四種類のクマがいる。ナマケグマ、ヒマラヤグマ、ウマグマ、それにツキノワグマ（クマ属チベット種）だ。明らかにナマケグマ、ヒラマヤグマ、ウマグマはトゥリーベアじゃない。ネパール人はブイ・バルとルク・バルの二つのクマがいると報告しているが、資料にはたった一つ、クマ属チベット種だけしか報告されていない。そしてこのクマの叙述はどれもトゥリーベアの特徴に一致していない。とりわけクマの行動については符合していないんだ」

シャハ・デーブは身を乗り出した。目はきらきらと輝いている。「はっきりといわせてもらうけど、それはネパールの村人たちが知っていることを、科学が知らないということなの?」

「そういうことだね」

この話がはじまったときから、すでにシャハ・デーブはパイプを吸うのをやめていた。電話に手を伸ばすと、ダイヤルをまわして弟のギャネンドラを呼び出した。彼は野生動物の保護にくわしかった。国王が電話で弟に指示を出しているのを耳にして、私はすでに王子がこちらの宮殿へ向かっていると思った。

「ということは、どういうことになるんだ?」。しばらく黙って天井を見つめていた国王は、私の方へ振り向いてたずねた。

「さらに証拠が必要ということなんだ。手元にあった頭蓋骨をスミソニアン協会で、協会のコレクションにあるクマ属チベット種の頭蓋骨とくらべてみた。それで分かったのは、われわれの頭蓋骨がずっと小さくて繊細だということだ。そこで先週バルンへ戻り、グラウンドベアの頭蓋骨を手に入れようとした。しかし、村人たちは、そのタイプのものは一つもないというんだ。トゥリーベアの頭蓋骨はさらに二つ入手したが、グラウンドベアのものは手に入らなかった。もし二つの種類の頭蓋骨を、同じジャングルから集めることができれば、二つの違ったクマの存在が証明できるんだが」

「頭蓋骨を集めることは簡単だよ。とりあえず絶滅危惧種のために必要な許可を用意しよう。そして私のハンターたちに命じて、この二種のクマを撃たせるよ」

「いや許可はもう得ているんだ」

シャハ・デーブは座り直した。そしてパイプのことを思い出すと、スクレーパーでパイプの首を掃除して、ふたたび火を点けた。一筋の煙が巻き上がる。私が彼と知り合いになって長い年月が過ぎたが、そのあいだも人々は、たえず彼に個人的なお願いを持ちかけてくる。それに対してシャハ・デーブは終始変わらずに、小さな物事に見えることでも、予想だにしない大きなことに結びつきうるという理解を持ち続けた。彼は驚きを感じれば感じるほど、よりいっそう用心をし警戒をする。パイプの煙が上へと上がっていく。国王はつねに世代を越えて計画を立てていた。

「われわれは注意しなければいけないね」と彼はいう。「もしあまりにことを急ぎすぎると、重要な点を見過ごしてしまうからね。そして、君がミスを犯していることが判明すれば、それは明らかに君のミスで、われわれのミスではない。そのことは、はっきりとしておかなければいけないよ」

もちろんその通りで、彼がいうことは正しい。それはただ単に国王の観点からだけではない。科学が科学であるためには、その観点もまた注意深いものでなくてはならないからだ——イエティを説明しようとして、私は十分に注意深くなければいけないと思った。だが、この男は一国の王であり、私がその神秘性を取り除こうとしている伝説は、その国のマスコットだ。トゥリーベアはわれわれが現にそれについて話をしているものだが、私が彼に注意を喚起する必要があったのは、次のような事実があるからだ。つまり、このクマに関する思いつきは、それがイエティとつながっているために、やがては彼の王国から、お金と魔法を取り去ってしまうかもしれないということである。

部屋の通用口が開いて、王子のギャネンドラ・ビル・ビクラム・シャハ・デーブが入ってきた。私は立ち上がって、彼の方へ歩み寄った。王子は私の前を通り過ぎながら頭を下げた。そして頭を下げながら、さらに前へと歩き続けた。国王は通常、他の者が彼に近づき、ひざまずくまで席に座ったままでいる。兄は弟に手を差し伸べた。弟は深くおじぎをした。この敬意を示す挨拶は毎日、二人が顔を合わせたときに行なわれているにちがいない。この儀式がすむとすぐに弟の王子は身を起こした。背筋がしっかりと伸びていて、話し方もつねに洗練されている。彼は私に堂々とした態度で挨拶をした。

国王が王子を連れてきたのは、弟がまちがいを見つけるのが大の得意だったからだ。おそらく弟は私の考えに何か欠点があれば、それを責め立てるだろう。

「ダニエル、弟に君のストーリーを話してやってよ」

「殿下、王と私は、ボブ・フレミングや私自身、それに私の家族が発見したことについて話をしていたんです。過去一年間にわたって、私たちはバルン渓谷の野生動物を観察してきました。そこの村人たちは、ジャングルに二種類のクマが棲んでいるというんです。ブイ・バルとルク・バルです。ブイ・バルはクマ属チベット種について書かれた科学上の記述に合致していました。しかし、ルク・バルはまったく知られていません。というのも、この木々のあいだにいて、警戒心の強い小さなクマについては、科学上の説明がなされていないからです。このクマはネパールの村人たちには知られているのですが、一般の世界では知られていません。現在までのところ、われわれは三つのルク・バルの頭蓋骨と、その足をひと揃い、それに興味深い巣作りのデータを集めています。これらすべては、村人たちの報告が真実であることを立証していました。しかし、科学上の一般資料とは一致していません。これが真実であることを明らかにするために必要なのは、同じ生息環境からブイ・バルのデータを、とくにその頭蓋骨を集めて、トゥリーベアの証拠とくらべてみることです」

弟の王子が口をはさんだ。「確認させて欲しいのですが、あなたはブイ・バルとルク・バルのあいだに、現在のところ科学上の区別がないといわれました。しかし、われわれネパール人はこの二種のクマを異なった動物だと考えている、そして科学はこれを認めていないと、あなたはおっしゃいましたね？」

「その通りです」

「だとすると、あなたが断言したことを、われわれはどのようにして調べたらいいのでしょうか？」

「殿下、この二つの問題は、別々に考えた方がいいと思います。第一はルク・バルとブイ・バルの問題です。これらはほんとうに二種類の異なるクマなのでしょうか。もしそうならば、二つのクマの差異はどこにあるのでしょう？　そして第二の問題は――この二つのクマのどちらかが、もしかするとイエティではないのか？」

「ちょっと待って」と国王が会話に割って入った。「君はそれをいわなかったじゃない。イエティの情報っていったい何なの？」

「陛下、君も知っての通り、イエティの証拠としては二つのタイプがあるんだ。一つは村人たちが報告していること。基本的には彼らの話を証明できるものは何もない。もう一つの証拠は科学上の物質で、足跡が写真に撮影されていたのと、さらにもう一つ例として挙げられるのは、石膏の型が取られていることなんだ。もっとも有名な発見は、一九五一年のシプトンによるもので、君も写真を見たことがあるにちがいない――足跡はほぼ一三インチ（約三三センチ）の長さがあり、際立って大きな、人間のような足の指がはっきりと写っている。二番目に信頼できる写真としては、一九七二年にクローニンとマクニーリーによって撮られたものがある（その際、足跡の石膏の型も取られた）。足跡の長さは九インチ（約二二・九センチ）足らずだったんだ」

私はフォルダーから写真を取り出した。「陛下、このルク・バルの写真を見てよ。義理の弟と私がこれを見つけたんだ。てっきりイエティを発見したと思ったよ。しかし、見ても分かる通り、写真には爪痕が写っている。爪が示しているのは、明らかにそれがクマで、ヒト上科の動物ではないということなんだ。だけど、足跡の形はクマ属チベット種のそれとは合致していない。そこには『親指』のようなものがある。クローニンとマクニーリーの撮影したイエティの写真も、われわれの撮ったものに似ているんだ。だが、彼らの爪痕はそこには写っていない。

シプトンの目撃も問題を解決するには至らなかった。それは彼が、証拠として写真を二枚しか撮っていなかったからなんだ——クローズアップと遠くからのショット。そして、クローズアップについては、おそらく彼らは、もっとも人間の足跡に似たものを選んだにちがいない。イギリスのキュレーターで、霊長類を担当しているジョン・ネイピアは、シプトンが撮った写真のもともとのネガを手に入れた。そして、写真をはじめて公にするときに、ネガの下の部分を編集の段階で、カットしていることを発見したんだ。そのために、改めて現像しなおしてみると、爪痕がはっきりと写っていた。さらに重要だったのは、陛下、ネイピアはその足跡が、うしろ足を前足に重ねて歩く動物によって、付けられたものであることを示してるんだ。ネイピアはルク・バルについては知らなかった。そしておそらくは記述されていないクマについても。もしルク・バルが親指のような指を持っていることに関して、われわれの知っていることをつけ加えたら、ネイピアの重ね歩きの論は、さらに人を納得させるものになっていたと思うよ」

「オーケー。イエティについて、あなたのいいたい要点は理解しました」と王子はいう。「しかしながら、あなたは二つ問題があるといいましたよね。クマとイエティと。それではクマについて話を聞かせてください」

「分かりました。問題はルク・バルとブイ・バルとのあいだに、どのような差異があるかということです。そこでは三つの説明をすることが可能です。一つ目として、差異は性に基づいているかもしれないというもの。グラウンドベアは雄でトゥリーベアが雌だということです。二つ目の説明は、トゥリーベアは幼獣かもしれない——母親と離れたが、まだ小さい一年子かもしれないというもの。三つ目の説明は村人たちが支持しているもの——二つのクマはまったく違うものだという考えです。村人たちがはたして正しいかどうか、調べてみてはどうでしょう?」

私はさらに続けた。「今挙げたことをすべて解決するために、まずはじめにできる簡単なことがあるかもしれません。そこでは国王の援助が必要となりますが。陛下は王立の動物園でトゥリーベアを飼ってらっしゃる。私はこのクマを檻越しにですが調べたことがありました。大きさはトゥリーベアのものでしたし、前足にも親指のような指がありました。しかし、動物園のクマを一頭だけ調べても、何一つ証明できません。ただ、それが興味深いことは明らかでした。そこで陛下にお願いです。どうかこのクマを鎮痛剤でおとなしくさせて、私にゆっくりと調べさせてもらえませんか?」

王は机のうしろのブザーを押した。ブザーが鳴りやまない内にドアが開き、侍従武官が入ってきて気をつけの姿勢を取った。

「秘書官に来るようにいってくれ。クマの頭蓋骨を探しにバルンへ行ってきました。それにナレンドラにも。またビショウにも来るようにいってくれ」

王と王子と私は会話をひと休みして、待機していた。殿下が丁重にたずねた。「最近、村へは行かれたのですか?」

「ええ、せわしい旅でしたが、クマの頭蓋骨を探しにバルンへ行ってきました。そこにいるあいだに、陛下の政府が建てた新しい寺院も見ました。村人たちはそれを、たいへんありがたがっていました」

「バルンのどの村ですか?」と殿下がきいた。

「ちょうどバルン川とアルン川が合流した所にある村です。標高が異常に高い所で、とても興味のある場所で……」。私は話をやめた。二人の兄弟はどちらも聞いていなかった。人々が壁際の椅子に座りはじめた。部屋へ入ってくると誰もが、腰をかがめて頭を下げ、両手を額の上で合わせた。そしてそのまま椅子の方へ歩いていき、黙って座っていた。王に敬意を表わして両肩をすぼめている。彼らの顔にに明らかに動揺の色が見える。最後の一人が到着するまで、誰もが静かにしていた。そして陛下はスタッフを見つめていった。「これは私の友人のダニエル。彼とは長いあいだの付き合いだ。何かとても興味深い発見をしたという。どうかダニエル、君の報告をお願いします。だが、クマのことだけでいいと思う」

私はトゥリーベアとグラウンドベアの説明をした――そして、ネパール人はその両方を知っているが、西洋の科学は後者だけしか知らないことも。「もし村人たちが正しくて、二種類のクマがいたのだとしたら、これはネパールにとって重要な発見となるでしょう。私は今陛下に援助を求めたところです」「そう、私はぜひこの求めに応じたいと思う。諸君もダニエルを助けるように。彼は動物園で調査をしたいといっている。来年にはバルン渓谷で徹底的に研究したいともいう。私は宮殿のハンターたちに協力させることを約束した。ダニエルは私の友達だ。そして彼は慎重な男で、けっしてわれわれの国内規制を破るようなことはしない。それにまた、彼には科学的な収集をする許可が必要だ。これにも十分な配慮をしてあげるように」。国王は私の方を向いていった。「ダニエル、これで十分にうまくいくと思う」

誰もが立ち上がって、席を離れる用意をしている。私も立った。しかし、他の者たちが立ち去るあいだは行動を差し控えていた。「陛下、どうもありがとう。君に会うときはいつもすばらしいことばかりだ。支援をしてくれてありがとう」と私がいうと、陛下は立ち上がって、手をうしろに組んで私を見つめていた。

陛下は私の手を握り、何とか引き止めて行かせまいとして、別れの瞬間を引き延ばそうとする。かすかな笑いがはじけて、にっこりと歯を見せて笑った。「ダニエル、君とこの仕事を見守るのは、さぞかし楽しいことになると思う。さらに大きな驚きが、きっとそこにはあるだろう。仕事をうまくやり遂げて欲しい。私の知るところでは——これを命令とは取らずに、提案として受け取ってほしい——バルンの野生はクマにくらべてより重要だ。バルンでわれわれが保護のために行なうことは、必ずやエベレストやアルン渓谷の水力発電計画のように、近隣の地域に大きな影響を与える。そしてわれわれも、国立公園の管理について見直す必要が出てくる。どうかクマだけではなく、このような問題に対しても、君に指摘させて欲しい。私の国の国民生活に影響を及ぼす、自然保護の問題をどうか探求してもらいたい。われわれに必要なのは、今手にしているものを、どのようにすればより効果的に守ることができるのかという、そのアイディアだ。とくに、私の臣民たちの生活をより豊かなものにするアイディアなんだ」。王は私の手をぎゅっと握った。そしてその手を、今度は正式な握手の作法で離した。「どうか頑張ってくれよ」

ビレンドラ・ビル・ビクラム・シャハ・デーブ国王と会ったあとで、折りに触れて、王国全体の満足な生活状態に思いが至るたびに、私はこの男には実際、神の洞察とでもいうべきものが備わっているのを感じた。彼は人々が一丸となって、彼の国と結合することが、何よりも重要なことだと考えていた。そして、ほとんどのネパール人が持っていない洞察力で、未来をのぞき見ていた。さらに、ネパールの隣人たちが、彼らの国家目的のためにネパールを利用するのではないか、と非常に心配していた。だが、にもかかわらず、彼はまた人間的で、おそらくあまりに控えめな男だった。その男が、悲惨なことに暗殺されてしまったのである［二〇〇一年六月一日に、カトマンズのナラヤンヒティ王宮で発生したネパール王族殺害事件］。これは古い権威のあり方に不満を感じた王の息子によって、引き起こされた事件だと私は確信している。

＊

翌朝七時一五分、ボブ・フレミングとジェシーと私は、カトマンズ動物園の正面ゲートに集合した。明霧の中、政府の役人が七人待っていた。彼らは宮殿から、私たちを案内するように指令を受けていた。彼らにはそれだけしか知らされていない。

「私たちの作業はツキノワグマの足を調べることです」と私はいった。

役人たちはうなずいた。宮殿から届いた、早朝に動物園を案内せよという命令だけでも、十分に奇妙なものだった。その目的がツキノワグマの足を調べることだという。この申し出は、命令を信じがたいほどいっそう奇妙なものにするばかりだった。園長は鎮静剤の入ったブローパイプ（吹管）を持ってくるようにと叫んだ。役人たちの一人はティーを求めた。三〇分ほどすると麻酔銃が届いた。ネパールの中心的な生態学者が、まったく違う鎮静薬を使ってみてはと提案した。われわれはさらに一時間待ち、さらにティーを飲んだ。ようやく麻酔矢がクマに打ち込まれた。われわれがうしろ足を前足に重ねて見たいというと、先ほどティーを要求した男が、石膏で型取りをしてみてはどうかと提案してくれた。原型としては、クマの足を泥に押しつけるより、牛糞を使った方がよりなめらかな型を手に入れることができるという。それで、石膏の型取りには牛糞の原型が使われることになった。

11.2　網の中のクマを見ている著者と息子のジェシー。カトマンズ動物園で［ロバート・L・フレミング提供］

クマの体重は一一九ポンド（約五四キログラム）あった。歯の先が摩滅しているので、おそらく年齢は中年だろう。クマは雌で、実際、足には親指のようなものがあった――それが雪の中で外へ向かって広がるかどうかは不明だ。だが、糞の中ではすばらしく広がっていた。全体としては、このクマがトゥリーベアであるかどうかはやや疑わしい。しかし、型取りした一連の石膏は、非常にわれわれの好奇心をそそるものだった。わずかに違いはあるものの、石膏のうしろ足を、糞に残された前足の上に置いてみると、たしかにゴリラのような足跡を作ることができる。それに、前足に添えたうしろ足の位置を少し変えてみると、バルンの尾根でわれわれが見たものに似た、親指のある足跡を作ることができた。また型取りした少し長めの足跡はシプトンのものに似ていた。ただし、その不可解なまでに幅広の第三趾だけは似ていないが。

一九五一年の大いなる足跡の謎は、今、シプトンの写真から六〇年の歳月を経て、はじめて否定しがたい確かな説明を手にした。既知の動物が、未知の足跡を付けうることが示されたのである。鎮静剤で眠らせたクマを使って、糞の中で足を動かすことにより、うしろ足を前足に重ねることができた。それによって、一九五一年の足跡だけではなく、他のイエティにまつわる「ミステリー」も解明された。

この朝方の時間を通して、一人の男がとりわけ創造性を発揮した。熱いティーを注文したのも彼の考えだったし、可塑性のある牛糞に足跡を押しつけ、スムーズな型を作るアイディアを出したのも彼だった。今日は口数の多いこの男も、昨日は宮殿で黙っていた。ビショウ・ビクラム・シャハは国王の親族で、王の副秘書官であり、王の狩猟地のオーナーでもあり、国王の私有地の管理人でもあった。

それから幾晩かのちに、動物園にいたわれわれの他に三人が加わって、ビショウの家に集まった。その中にいたのは、国立公園局の主任生態学者ヘマンタ・ミシュラ、ネパールでは有数の植物学者ティルタ・バハドゥル・シュレスタ、有能な森林監督官ラビ・ビスタ、鳥類の専門家カジなど。カジはフィールドにいる時間では、ネパール人科学者たちの誰をもしのいでいた。部屋を見まわして私は、ここには王国の中で、もっとも情報に通じたジャングルのエキスパートたちが集まっていることに気づいた。それに各人がまだそれほどお酒を飲んでいないことにも。何気なく私はたずねた。「ネパールの村人たちは、イエティをいったい何だと思っているのでしょうか？　みなさんが考えていることではなく、村人たちが思っているのは何なんでしょうか？」

「ダニエル、イエティはわれわれのマスコットなんですよ。それはハクトウワシが、アメリカのマスコットであるのと同じです」とヘマンタはいった。「ネパールはたしかにエベレスト山と深い雪の国です――しかし、それだけなんです。他の国がわれわれの小さな国のことを正確に伝えていない。ネパールはまたシャングリラのようなミステリーの国でもあるんです。そして西洋人がこの国を訪れるのも、このミステリーのためなんです。中でももっとも大きなミステリーがイエティです。もしネパールが、イエティの未知の部分について説明をしてしまえば、われわれは自分たちの魔法の多くを失ってしまうことになります。私がトラやサイ、それに原生林のジャングルなどのために、寄付金を調達するときにでも、イエティは大きな協力者となります。私はイエティの名前を口にしない。だが、それは誰の心の中にも存在しています。あらゆる生き物の中でもっとも絶滅が危惧される動物なのです。私の話に対する関心がまったく消えうせてしまえば、ネパールの野生はまたたく間に、みせかけの冗談で塗り固められてしまいます。そうなればもはや人々は、私が本当にイエティの存在を信じているなどとは思わなくなります。一つの冗談が、ネパールの他の動物たちもたぶん数が少ないにちがいないといった、うわべだけの考えを固める結果になるのです」

ソファーの隅に座っていたティルタ・シュレスタが口を挟んだ。「しかし、ダニエルの質問は、ネパールがイエティを必要とするかどうか、ということではないでしょう。彼の質問は、ネパール人がイエティをいったい何だと思っているのか、ということではないですか？」

ラビが割り込んできた。「私の経験からいわせてもらえば、それはあなたが質問を投げかける民族の集団によって違う。第一に、ネパール語には、たぶん一〇年前まで、イエティに該当する言葉はなかったと思います。イエティはシェルパ族の言葉でした。われわれはじかにこの言葉を、われわれの言語に取り込んだのではなく、ミシュラがいっていたように、英語を通して『イエティ』をネパール語に取り入れたのです。ダニエル、もしあなたがネパール人にイエティについてたずねたら、たずねた相手によって、さまざまな答えが返ってくるでしょう。村人たちはこの言葉さえ知らないかもしれません」

ティルタは失礼がないように待っていた。しかし、彼はいい出した議論が脱線してしまうのが許せなかった。「ネパールのすべてについて書かれた『メチからマハカリまで』(*From Mechi to Mahakali*) 一四巻の執筆を手伝っていたときに、多くの人々と話をしたが、私の考えはおおむねラビと同じです。さまざまなネパール人がそれぞれに異なった考えを持っている。だが、そこにはすべての人に共通する一つの信仰があります。ネパール人は誰もが、われわれのジャングルにブン・マンチ（ジャングルマン）がいると信じています。それではブン・マンチはイエティと同一なのでしょうか？　答えはノーです。私はブン・マンチとイエティの外貌についてたずねました。見た目はまったく違っていました。しかしネパール中で一貫しているのは、ワイルドマンが森の中に棲んでいるという考えです」

「その考えはたしかに根強い」とビショウが同意した。「実際、ときどき私自身が、ブン・マンチを信じているくらいですから。しかし、ハンターたちに一度、ブン・マンチを見せて欲しいといっても、まだ見せてもらったことなどありません。ブン・マンチを見たという人に会ったこともないのですから。村人たちにただ、ブン・マンチに荒らされた穀物を見ただけなんです。その被害を説明するためにブン・マンチが必要なんです。……そしてしばしば、彼らは国王に被害の賠償を求めています」

「おそらくブン・マンチはわれわれにとって、ヒンドゥーの神々のようなものでしょう」とラビがいう。「われわれの神々を英語で描写することはできません。というのもあなたの言語には、これを説明するのに必要な考え方が欠けているからです。ヒンドゥーの神々は別の世界に住んでいます。われわれのまわりで動いているのは精霊です。われわれの考えはこうです。偶像の中ではリアルな現実になることが可能です。ただし、それはただのシンボルではありません。非物質的なやり方でリアルなんです。偶像は神です。だが、神々は偶像ではありません。そんな考えが行きわたっています。つまり、神々は神のさまざまな顔なんです。おそらくイエティもまた、この世界を覆っている世界の一部なのかもしれません。論理にこだわるあなたの国の英語では、さまざまに異なるリアルな現実――物質上の現実、歴史上の現実、霊的な現実、その他もろもろの現実――を受け入れることができないでしょう。そのあいだに、たとえわれわれが矛盾のない一貫したものを見ていたとしても、そこには不一致がある。もう一杯ビールが欲しい！　どうしても、うまくいうことができない。しかし、私はまちがってはいない」。ラビはコーヒーテーブルの上に置かれた、口の開いている一リットルびんから、大型ジョッキにビールを注ぎ込んだ。

「分かります」と私はネパール語でラビにいった。「英語は非物質的な現実について語る。だが、あたかも現実が物的生成物でもあるかのように語るために、現実は物質と非物質とのあいだで動きうる。ネパールへ戻って飛行機から降りたとき、私はネパール語を話しはじめるのですが、それは単に私の言葉が変わるのではなく、私の感情もまた変化します。ネパール語には、すべての考えを容れることのできる余裕がある。それはバスに、人々がどんなものでも――動物、荷物、新しくやってきた人々など――持ち込めるスペースがあるのと似ている。英語しか知らない人々は、ネパール人の考えが、どれくらい生成物を重視したものかということを、めったに分かっていない。それもこれも、彼らがそれによって考えを思いつく言葉の性質によるものなのです」

ラビが手をたたいた。「ネパール語が超満員のバスとは！　うまい、ダニエル。すばらしい」。ヘマンタとビショウは笑っている。しかし私は、自分が薄っぺらな比喩を使ってしまったことに気がついていた。

礼儀正しく待っていたティルタが、また話しはじめた。「あなたの質問はネパール人がどう思うのかというものでした。ネパール人はブン・マンチがいることには同意すると思います。ですが、彼らが思い描くブン・マンチは渓谷ごとに異なっている」。私をじっと見ながらティルタはいう。「思い出していただきたいのは、ここではすべてが、カーストによって形成されているということです。われわれのシステムは、つねにそれより下位のカーストを持つそれぞれの地位の上に築き上げられています。ブン・マンチのようなイエティは村人たちに威厳を与え、彼らを高貴にする役割を果たしているのです。それぞれのカーストにとっては、自分たちの上位のカーストより、むしろ下位のカーストを持つことがより重要なことなのです。丘の中腹に住む村人は大きな畑を持つ人々と争っているわけで、彼らにとってブン・マンチを持つことは、そうでなければ低いままの彼らの地位を押し上げてくれる。それは人をより文明化した気分にさせてくれるのです。ブン・マンチは、たとえそれが野生の生物であっても、それはまがりなりにも人間の仲間なんです。したがってブン・マンチを持つことで、カースト社会の中にいる人間はもはや最下層ではなくなるのです」

ティルタは続けた。「そんな下層カーストの人々というのはいったい誰なのか？　それはジャングルの近くに土地を持つ人々です。土地は開拓されているが、ジャングルがまだ残っている。おそらく厳密にいえば彼らはバラモンでしょう。だが、彼らに貧しく、悪い土壌の上で暮らしている。彼らの望みは文明化されることです。ブン・マンチは彼らを、彼らが語るジャングルの人間よりさらに文明的な存在にしてくれるのです」

「そう、その通り、博士殿。うまい」と、熱心に耳を傾けていたヘマンタが叫んだ。「おそらく貧しい村人たちはまた、畑がしばしば荒らされる理由を説明するのに、ブン・マンチが都合がいいと思った。それは彼らが貧しく、囲いを作る余裕もなかったからです。ブン・マンチは彼らに貧しいことの言い訳を与えたのです」

「ああ、ヘマンタ、あなたはいつも経済上の説明を考えつくのですね」と私はいった。数年前に学んだのは、白人としてカーストに言及することは、けっしてしてはならないということだ。「おそらくヘマンタは、主任の生態学者であると同時に、野生動物の主任経済学者かもしれません」

ビショウが大笑いした。「それはうまい。野生動物の主任経済学者っていうのはその通りです」

「それもまた結構なことです」と私は付け加えた。「というのも、ヘマンタはたくさんの資金を集めて、ネパールの野生動物を救ったのですから」

「もう一つの見方があります」と、私を見ながらティルタは続けた。「イエティは村人たちを相対的に文明化されたように思わせた、と私はいいました。イエティの一部が動物ではないということは、われわれがいったい誰なのか、それを説明するストーリーを持っているということです。例を挙げてみましょう。アメリカ人はロシア人を『クマ』と形容しています。これは一方であなた方アメリカ人を『クマではない』ということにさせるのです。あなた方は、ロシア人をクマのように描くために、何十億ドルというお金を費やす。それは他ならぬ、あなた方自身の信念のためなのです。その一方でわれわれの残りは、ソヴィエトが攻撃をしかけるなどとは信じていません。ロシア人は危険なクマかもしれないし、あるいはそうではないかもしれません。ただしあなた方が、自分自身をどのように見たいのかについて、都合のいい神話を作り上げたということは疑いのないところです。

同じように、ネパール人もまた、自分自身を説明する神話を持っています。もし村人たちに、ブン・マンチなどは存在しない、といったらどうなるでしょう。私は彼らの自己認識のいくぶんかを奪い取ることになるでしょう。あなたは今、兄弟ラビの言葉を聞いたばかりです——ネパール人はイエティの質問に答えた。またブン・マンチの質問にも。さらにはトゥリーベアとグラウンドベアの質問にさえ。イエティをミステリーの中に投げ込んだのはあなたなんです。それを科学に符合させようとしているのもあなたです。あなたがわれわれの文脈を受け入れてくれれば、ミステリーの解答は自ずから明らかになるでしょう」

ビショウはビールを下に置いた。「すばらしい、ティルタ。われわれにとってブン・マンチは一つの解答なんです。そして西洋人にとってはそれが一つの疑問なんです。さあ、別の部屋へ行きましょう。特製の肉料理をいくつか用意しています。それが何か当ててみてください」

「ヒントをください」と私は頼んだ。「その肉はどのジャングルから来たものなのですか?」

「ダニエル、それはあなたが解明するミステリーです。私にいえることは、テーブルにはクマの肉がないということだけです。どうぞ行きましょう」。ビショウの美しい妻ヴィジャヤがドアを開けて、ダイニングルームへ案内してくれた。彼女は、ジャングルの動物を使ったエキゾチックな料理が得意だった。テーブルには二種類のヨーグルトと、大皿に山盛りにされた付け合わせのライスがあった。肉料理の皿は五つある。二皿は鳥の肉で、その内の一皿はヤマウズラにちがいない。他の二皿は赤身の肉だ。緑がかったグレーの肉はイノシシかもしれない。そしてもう一つはサンバー(シカの一種)だろう。さて五番目の皿に載っているのは、小さなホエジカの肉だろうか?

ネパールの抱えるさまざまな問題の内、人口の増加が動物の生息環境を圧迫している今、野生動物の保護は非常な成功を収めてきた。このテーブルの上に並んだ肉の多様さが、最近のデータが真実であることを裏付けている。そのデータによると、管理下の地域ではそのほとんどで、野生動物の過剰が見られるという（一九八四年には、国土の七パーセントが保護されていた。それが二〇一六年頃までに保護地域が追加されて、今では国の四分の一が保護されている）。

*

イエティの言語とは、いったいどのようなものなのだろう？　探検者たちは、足跡を探し、伝説を調査しながらある動物を探した。こうした探索が続く中、地元の人々はイエティについて、自分たちの知識より、部外者の考えにますます接近するようになった。部外者たちは、地元で知られていた現実を追跡していると思い込んでいた――彼らのあやまちは、動物が持つ特質の本来の意味を理解できなかったことだ。そのあとに起こったことは、言語の役割を見落として探索を進めたことによって示されている。したがって、ワイルドマンを見つけ出すという考えは、数多くの言語の風景を横切って、はじめて探索されることが可能となる。

まずはじめに考えて欲しいのは、「もし」イエティが、本当に野生のヒト上科動物として存在しているとしたらどうなるのか――おそらくそれは言語を持っているにちがいない。だとしたら、イエティの言語とはいったいどのようなものなのだろう？　さらにその上、もし野生のヒト上科動物が、一世紀もの長きにわたった探索にもかかわらず、逃げ隠れることに成功しているとすると、その動物は非常に洗練された言語を持っているにちがいない。考えられないほどひそかに隠れ棲むことは、言語によって人々を理解するとともに、動物同士がたがいに伝達し合うことがなければとても不可能だろう。探検家や村人たちがひっきりなしにやってくれば、動物は移動し隠れる。そのためにはイエティも、自分の言語を持っているだけではなく、われわれの言語を理解する必要があるだろう。少なくともネパール語やシェルパ族の言語は。たぶん、それ以上に多くの言語を理解したかもしれない。その言語は、しゃがれた喉の奥から出る声や、プライマル・スクリーム〔原始的な金切り声〕をはるかに越えたものだろう。

さらに言語は、正確に「ジャングルを読む」技術をイエティに身につけさせる。というのも、狭められていく生息環境の中で隠れ棲むためにイエティは、その環境をより洗練した形で、単に隠れ家としてだけではなく、終のすみかとして使用しなければならない。このような動物にとって、レンドープの示した畏怖の念を起こさせる能力など、児戯に等しいものにちがいない——そしてイエティはこうした能力を、仲間のあいだで共有する必要があった。そのためにも、発達した言語上の能力を求めた。イエティは人間とその先祖をつなぐ遺伝上のミッシング・リンクであるばかりでなく、それはまた数カ国語に通じた教授のような存在でもあるのだろう。

もし本物のヒト上科動物が発見されたら、動物学者や人類学者はさておき、言語学者の団体が有頂天となり興奮状態に陥るだろう。ジャングルのダイナミズムの中で機能する言語は、言葉の枠をはるかに越えたものとして理解されるにちがいない。ヒト上科動物はロゼッタ・ストーンのような道を開き、それによって、人間が野生を理解できるようになるかもしれない。スカンジナビアの国々に住むサーミ人は、雪を表現するのに二〇〇語ほどの言葉を持っているという。だとすると、イエティによって使用される言語上のスキルは、それよりさらに広いものかもしれない。

スペイン語で話すと、すべての名詞が男性名詞か女性名詞になり、生活の中に性をしみ込ませることになる。インド人やネパール人は動詞を文の末尾に置く。その結果、彼らの文章は行為で終わる。たとえば、触覚を表わす言語を使うと、新しい世界が言葉を越えて開けていく。手で触れることによる理解ということでいえば、点字を使う人にとっては単なる機会を越えて、さらに大きな意味を持つ。触覚がネコにもたらす理解について考えてみると、ネコはひげをそこらじゅうに押しつけながら、食べ物のところへ移動する。あるいはヘビはその耳で聞くことはできないが、地面に伝わる音を感じることができた。匂いはアリにとって言語に相当する。単純な四つの匂いからアリは匂いの語彙を組み立てている。ダンスもまた語る。ミツバチは花粉の豊かな花々のありかを、たがいにダンスによって伝え合う。ムクドリの群れは翼の先端でコミュニケーションを図っていた。それなら、みごとに隠れおおせているイエティは、どのようなレベルの言語を見せてくれるのだろう。

言語の成熟は遺伝的進化のはじまりからたえず進行している。それはヒト上科動物ばかりでなく、すべての生物にとっていえることだ。言語の多次元性はあらゆる生命体の一つの相であって、それは生命の過程の多次元性がそうであるのと同じだ。人間の理解を越えた世界での言語の多次元性について、われわれはわずかなことしか知らない（たとえばクジラやゾウの場合が当てはまる）。このような動物が、そこに居合わせた個体と個体のあいだで話をしているのは分かっている。そして世代間でもなお、個体によってメッセージが伝えられる。それは死に瀕した個体から、今、現に生きている個体へ話すという形で伝達される。言語はたえず発達している。たがいに動きながらコミュニケーションを取っている、ひと続きのアリを見ればそれは明らかなことだ。だが、はたして、フェロモンの枠に縛られた言語で生きることは、世界をどのような形で理解することになるのだろう？

人間の言語はきわめて洗練されていて、われわれの言語の一つでさえ、他の生物の言語にくらべるとはるかに洗練度が高いと信じることは、無知をさらけだしているだけかもしれない。それはまた重要な事実——各生命体はたえずその言語を、進化する環境に合わせて進化させているという事実——を見落としている。分かりきったことだが、言語はそれを話す者の経験を逸脱しない範囲で語る。あらゆる生物にとって、言語を進化させる動機となるのは、生活から来る要求だ。というのも、もし言語がよりすぐれた能力を持つようになれば、それを使うものは、さらにレベルアップした生活の質を経験することになるからだ(1)。

とはいうものの、言語はある時点で死んでいく。イエティにとっては、その生息環境が目に見えて縮小するにつれて、その言語もまた死に絶えていくのではないだろうか。言語が死ぬとき、単に言葉や構文以上にさらに多くのものが崩壊する。この絶滅によって、生命体を理解する道もまた消えていく。言語は身体的な種が絶滅する前に衰退する。衰退しつつある言語は、その種の消滅と平行するだろう。というのも、関係を構築するという言語の一機能の崩壊は、種の数が減少していくスピードよりさらに速いからだ。そしてそれは、コミュニケーションの機会を奪う。自分の言語を使うことから引き離されることは、動物園で檻の中に閉じ込められたままの動物の運命と同じだ。動物園に入れられた動物は、かつて元気いっぱいで楽しかった状態から引き離され、仲間を一つに結びつけていた言語のダイナミクスは、もはや動物園の檻の中では消え失せてしまう。

言語が一つ一つの言葉より大きい存在なのはもちろんだ。言語はその構成要素によってではなく、「それがなし遂げること」によって定義される。したがって、言語の突然変異は生活の環境が変化したときに起こる。これがネパールで見られた、人と挨拶をするときに使われる言葉の進化だ。一九六一年では、人と会ったときにわれわれは「カハン・ジャネ・ホ?」(どちらへお出かけですか?)といった。しかし、ネパール人の相互の関係が、田舎の道で挨拶を交わすことから、都会のつながりへと変化すると、そこで使われる言葉も「ナマステ」に変わった。これは山の外側からネパールへ入り込んだ表現で、もともとはサンスクリット語の「ナマ」（私は頭を下げる）と「テ」（あなたに）から派生した言葉だ。言語は地理的に広がる（シェルパ語から英語へ行き、そしてネパール語へ入ってきた「イエティ」のように）だけではなく、それはまた言葉とともに身振り手振りを包み込みはじめていた（やや荒っぽいお辞儀と、両手を合わせて押しつける）[2]。

人類にとって、大いなる言語の成功の要因が到来したのは、脳がさらに大きくなったときだ。その変化は化石記録の中に記されている。コミュニケーションの過度に単純化したステップは、たえず進歩を続けてきた。しかし、脳の最大容量が拡大すると、新しいタイプの言語が成長した。それは化石記録に加えて、人工物や芸術の中で示された歴史的記録でも立証されている。集団の表現が世代を通じて成長するにつれて、種内のコミュニケーションによって啓発され、いちだんと拡張した証拠が積み重なっていった——これが文明である[3]。集団意識のような集団的な脳——つまり行動で話をする文明だ——はおそらく、この上なく確かに、一体となった動きで話をするのだろう。

このようにして集団を作り上げ、そして集団として機能する能力が生み出される。言語の機能はつなぐことにある。行動の言語がこのプロセスを奮い立たせる。相互防御やセックスは、もう一つの関係を作り上げる機能だが、言語の多次元性は文明を構成する第一の骨組みだ（セックスは時代を通して、さらに洗練されてきたという感じがしない。それに防御の方法も大半が技術的な面で成長しているように見える）。ホモ・サピエンスが言語を使用したことで、われわれは世界を、既知のものから新しいものへと作り直した。

一人ひとりにとって、言語の成長は特筆すべきことだ。言語はそれぞれの生活を通して成長する。ほとんどの人は、生涯の三分の一を過ぎたあたりから、身体能力が弱まりはじめる。しかし、言語能力は身体が死を迎える前の、限られた年月まで成熟を続ける。ゾウは知恵を向上させる。(4) 祖父は年老いたトラやヒョウを観察して、その動物たちを「用心深い」という言葉で表現した。知恵は生涯を通じて、年を取ってもなお蓄積される。理解も複雑さをともなって堆積する。それが接続の母体となり、さらに理解を結びつけて言語へと発展させる。このような（世界に関与するわれわれの行動を表現する）言語の成長は、生物学とは異なる局面で機能する。その一方で深く生物学と交差しながら。

「イエティ」という言葉さえ、その意味を変化させてきた。隔絶した氷河の彼方に住む、遠く離れたシェルパ族の言葉が、今では人間にとって野生の可能性を呼び覚ます言葉となっている。その中で、荒れた雪の上に点々と残された足跡は、句読点のようにそれを強調する働きをしていた。だが、そこに横たわっている考えは、われわれが昔からDNAに持っている人間の欲望の延長線上にある。この接続の言語を通して伝えられるメッセージは、遠いヒマラヤから、ロンドン、ハリウッド、ボリウッド〔インドの映画産業〕の新生活、そしてカトマンズのマーケットへと移動した。というのも、われわれの派手な新しい世界では、リアルの定義はリアルにおける存在を要求しない、それが要求するのは、ガラスのスクリーンに、そして想像上に、リアリティーをもたらす能力だからだ。つまりリアリティーは、リアルな世界においてより、むしろ人工の世界でリアルなものとなる。

イエティは内部のリアリティーが投射されたものとなった。それは欲望の言語を通してそうなった。ロンドン、ハリウッド、ボリウッドにおける人間の経験は発展して、ホモ・サピエンスの内部から語りかける手段となった。何について語るのか？　他の手段では世界から失われてしまう野生、つまりロンドン、ハリウッド、それにボリウッドにいる人々が、長いあいだ引き離されていた野生との関係について語る手段となったのである。言語は内側から手を伸ばし、表現することを可能にさせる。もし言語にならないとしたら、他にわれわれはどのようにして、われわれの内部にあるものを持ち出し、他者と関わりを持つことができるのだろう?

われわれは客観性について語るかもしれない。だが、すべての存在はつねに世界を内側から見ている——おそらく他の方法でしようと努力はするのだが。そしてその拡張を可能にするために、われわれが作り出したものが言語だった。われわれがそれをするにつれて、古い言語は失われていく。イエティ(それにガラスのスクリーンに映された他の生き物たち)は人間に野生の世界から新しい命をもたらしてくれた。

もしわれわれが言語をこのように理解するとしたら、生き物から生き物への表現はいたるところにあることになる。元来、野生の世界では、生き物はたがいに「言葉を交わし合う」。そして生活の会話を成長させる——そこでは、人間によって作られたものではない、「生命」の多様な自己が作り上げた文明が成熟される。ガラスのスクリーンの外側では、生き物が荘厳な方法でコミュニケーションをしている。たとえば、そこではこんなものを見ることができる。日が過ぎていくにつれて、花が形を変えていくとき、花はわれわれに地球の位置について語ってくれる。花とコミュニケーションをしている太陽は、映画ファンとコミュニケーションを取っている俳優に似ている。メッセージを送ることは、さまざまなレベルで行なわれる。その多くは見過ごされているが。花は昆虫とコミュニケーションを取っている。花によって呼ばれた昆虫は餌にありつく。そして花は現世代を横切り、遺伝を通じて次の新しい世代とコミュニケーションを取っている。生き物の世代を横断する花はまた、人々の行動の向きを変えることでコミュニケーションを図っている。たとえばそれは、人間を愛情深くし子孫をもうけさせて、新しい世代を発生させる……そのあとで、人間は自らの生涯を生きるために一生を費やすのである。

野生が文脈となるとき、すべての生命体はコミュニケーションを行なう。これが生き物の特徴だからだ。

そしてもしヒト上科のイエティが存在しないとしたら、そのときには、その非リアルな存在が、驚くべき、さらなる生き物の特徴を示す証拠となる。生きていない動的存在が、生き物とコミュニケーションを交わす。足跡に続いて私が発見したのは、イエティを作り出したものが、一連の足跡以上の何かだったことだ。言語はさまざまな形で働いている。野生のヒト上科動物が存在して欲しいという願望から生じて創造されたものは、足跡から抜け出て、人の住む惑星を横切り、人々を結びつけるとともに、人々を失われた野生の存在へと結びつけた。非リアルがリアルになることを言語が許したのである。

12　バルンへ戻る

12.1　エベレストの氷河に足跡がある。

一九八四年一一月一八日、ほぼ二年ぶりにマカルー・ジャングリ・ホテルに戻ってきた。連れ立って帰ってきた者たちは、トゥリーベアの謎を何としても解き明かしたいと思っている。だが、私の探し求める対象は少し違ってきた——問いがもはやクマや渓谷というより、われわれの生活の中で、どのようにして野生を守っていくかという問題に向かっていた。高い山々によってかくまわれたこの原始の渓谷からは、ことのほか重要な教訓が流れてくる。

キャンプファイアの跡近くで、薬叢の下からブリキ缶の蓋がのぞいている。われわれが使った生ゴミを捨てる穴の近辺には、かつて埋めたはずのゴミが散らかっていた。匂いを嗅ぎつけたジャングルの住人たちが掘り起こしたものだろう。以前、ペパローニを巻いていた細長いプラスチックの輪が今はタケノコのてっぺんに乗っている——いずれは野生が処理し、片付けてくれるものと思って投げ捨てられたものだ。われわれが生活をして出した残りくずだった。私は動物のようにうろうろ歩いて、コーナーポストの目印を付けた。思えば、われわれはワイルドマンを探しにやってきた。そしてそれをいくらかでも容易にするために、野生でないものをわが身とともに持ち込んだ。ここを離れるときに、文明が作り出した製品のゴミをふたたび「文明へと」持ち帰り、野生を「汚れのない」状態にすることもできただろう。われわれがここを訪れたのはわずかに一度だけだったが、羊飼いたちはここで何度もキャンプをして、動物たちに草を食べさせたあとで草原を離れる。これは野生にとって歓迎すべきことだった。

私がいるキャンプの上方四マイル（約六・四キロ）の地点でも、ますます人の気配が多くなりはじめている。すでに四〇〇〇人以上の登山家たちが、エベレスト山の登頂に成功していた。何十万の人々が、二マイル（約三・二キロ）上方にあるエベレストのベースを訪れる。そこの気圧は、このジャングル・ポケットの半分ほどしかない。このように、かつて野生そのものだったところが、今では人の込み合う場所になっているのは、ちょうど、エベレスト山にたくさんの死人が、今も永遠に住んでいるのと同じようだ。毎日そのそばを、人間が野生を征服したことの象徴ともいうべきジェット機が飛び、何百人の人々を運んでいる。その各ジェット機が周辺の空気を密なものにしていた。しかし、この秘められた渓谷のポケットは、今なお自然のバランスを保っている。私はこの救われた残余の場所で、チャンスを持つことができた。

野生の地へ、ある者はそこを征服するために出かけるだろう。またある者は、世俗から逃れるためにその地へ行くかもしれない。だが、その目的がどのようなものであれ、かつて野生の土地だった所へ人間が及ぼす影響は歴然としている。残された足跡は、もはや野生の動物のものではない。かつて統治者だった自然は今や応答者である。その応答——ジャッカルやクマが、かつて「母なる自然」が治めていた野生の地から、われわれの住む都市へと入り込んでくる——をわれわれは好まないが、明らかに自然は応答者になった。

私は今回、インパクトを与えるためにやってきた。一人がもたらす影響は、取るに足りないちっぽけなものに思われるかもしれない。それはプラスチックの細い輪を投げ捨てることと、大した違いはない。この細い輪はまた、木々の葉の下で積み重なり、層をなしていくかもしれない。だが、タケノコは輪の中からどんどん大きくなり、このプラスチックの輪を旗のように高々と持ち上げるだろう。自然はわれわれの、どのような些細な行動にも応答してくる。私はマカルー・ジャングリ・ホテルへ帰ってきはしたが、もはや昔の野生へは立ち戻ることができない——この場所は地球上の最後の土地のように思われるかもしれない。だが、ここでもまた、われわれの変化の行動は、空高く持ち上げられかねない。

生き物はつねに成長し続ける。これを理解することはきわめて重要だ。新しい未来は現在から作り出される。自然は時間のように、一方向へ、前へ前へと進む。以前の状態へあと戻りすることはまずない。これはつねに自然が、それより前の自らのバランスを失い、新しく進み続けることを意味している。そしてつねにそれは、古いものをふたたび手にすることの不可能性を、われわれに思い知らせる。このことを理解してみると、旧来の考え方にひそむ誤った考えが明らかになる。保護された渓谷のポケットは、残された自然のまわりに、ふたたび作り出されるかもしれない。だが、それはもはや自然のしわざではない。それは人間の操作によるものだ。国立公園はこのようなポケットを確実に残すために設立されてきた。しかし、彼らがカプセル化しようとしているものは、すでに失われたものだ。生き物のバランスは今では、このような過去のタイムカプセルの中においてのみ、保存されているのである。

しかし私は、もう一つの保護されたポケットを作るために、ここへ戻ってきたのではない。私がやってきたのは、野生に関与するためであり、地球の生態系における人々の力を改めて認識するためだった。自然がわれわれに応えているという事実の中には、そこで使われているダイナミクスがある。ここにわれわれがやってきて思い描くのは、マカルー・バルン国立公園（もちろんこれはまったく賛同されてきたものだが）をはるかに越えたものだ。そこで意図されているのは、ネパールの福利や幸福（国王はそれを望んでいるが）をも越えている。われわれがここではじめるのは、さらに未来へと成長を遂げる考え方だった。保護されたポケットという概念から移動して、あるいは自然がすでに失われ、博物館のスライド式トレーに乗った標本になったり、希少動物が動物園で檻に入れられ、離ればなれになってしまったとき、この新しいビジョンは、自然を人々が参加する保護によって抱擁する。

私が求めるのは、野生をフェンスに囲まれたものにすることではない。それを防ぐことだった――そこでは、フェンスを通して見たり、テレビのチャンネルをすばやく変えたり、動物の死体から頭蓋骨を引き出す代わりに、人々は野生とともに生きることを、そして、たえず生き物と関わることを学ぶ。このアプローチの最初の段階は、まず自然に対する支配のむり強いをやめることだ。それはもはや時代遅れの古くさい考えなのだから（支配は保護された地域の中で可能だとしても、さらに大きな脅威が外側にひそんでいる）。パートナーシップ（人間と自然の結びつき）が、この新しいアプローチに関与することになるだろう。それは共同体から国内へ、そして国際的なものへと広がっていく。現代に見られるように、たとえ人間と自然の結びつきが危険なものだとしても、野生の保存はその中にこそあるにちがいない。

サンスクリット語の学習がある比喩を与えてくれ、それがプロセスの進む道を教えてくれる。「ジャングル」という言葉は通常トラやクマを連想させる（そして多くの者がそれを保護しようとする）。だが、もともとこの言葉は、いったん畑として耕されたものが、イバラの生えた土地に戻ってしまった場所をいい表わすのに使われていた。早い時期に使用されたこの言葉は、かつては人が住んでいたが、今は野生に戻った土地を意味した――それは今使われているような、人々に恐れられた野生の地ではなかった。われわれはこの言葉の意味（野生に戻って栽培化された土地）を失ってしまった。今日の保護という意味合いを、本来のサンスクリット語の意味に戻すことができるだろうか？　そうするためには、前提となっている支配という考え方――現代の生活様式に深くしみ込んだ前提――を放棄する必要がある。

サンスクリット語は、もう一つの比喩を与えてくれる。新しいジャングルの成長はくりかえし、反復する形で行なわれる。「反復して」（iteratively）の中には「やり方」に対する洞察がある。「反復」（iteration）はサンスクリット語の「itara」（他の）からきている――その方法には「他のものに目を向ける」という意味が含まれていて、それはでたらめにではなく、別の可能性を試みることで行なわれる。終点という知識が欠けている現代で、われわれが取るのはそこへ到達するプロセスだ。その方法をわれわれは学ぶことになるだろう。その結果、われわれは今、科学者たちのグループとここへやってきたのだが、それもバランを理解するためだった。この旅は、今述べたような考えを試みるための手はじめとなる。それは多年にわたりくりかえし成長を遂げることで、われわれを前進させることになるだろう。

それを行なうためには、急展開の中でなおかつ大転換が必要とされる。物事に対する見方（パースペクティヴ）の変化だ。生態系はかつて自然の体系として定義されていた――分水地点を決める尾根のように。保護することは生態系を「管理すること」を意味した。この見方は偏狭だった。生物学はもはや（かつてはそうだったとしても）ただ動植物にだけ関わるものではなくなった。たとえば、経済も関連してくるにちがいない（それはクマの胆汁の域をはるかに越えている）。とめどなく意欲的な人々の数はますます増えていき、それに対処することを迫られる。ネパールや世界の政治も認識されなければならない。そして世界は情報にあふれている――一見すると、あらゆる知識が利用できそうに見える。だが、何が真実かどうかははっきりとしない。このようなダイナミクスは人間が作り出したものだった。その集合体が今、生態系を形作っている（自然科学から大きく拡張してしまった）。それは自然を守るものでもあり、破壊するものでもあるだろう。

したがってその解答は、世界中の科学者や政府、それに人々など、包括的なものから生まれてくるにちがいない。そしてそれに続いて衝撃的な変化が起きるだろう。それは保護を自然の生態系のパースペクティブから見る代わりに、新たな定義が「オペレーティング・システム」（ＯＳ）へと移行して、自然の符号化から人間の符号化へと移り変わる。遺伝子でさえ、ただ単に記号化されるだけではなく調整される――これにともなって、大きな危険が生じる。それが起きると、われわれはうぬぼれに陥り、神のまねをするというリスクに見舞われる。オペレーティング・システムを作動させるのは、答えを何とか作り上げること（予見あるいは全知）ではなく、より急速な参加へと誘い込むことだ。つまり、反復のプロセスが、反応によって決定された——原則を使うことで突き動かされた——解答へと導かれてしまう。たしかにオペレーティング・システムは効果的だ。というのもわれわれはそれによって、たえず反応する変化を模倣することができるからだ。そしてシステムは、解答を変化にふさわしいものに発展させる。その解答は前もって知られるものではなく、実験を通して成長を遂げる。

しかし、リアリティーが、このプロセスによって作り上げられることはない。われわれはけっして、自分たちがそこに住み、移動し、そこで自分自身の本性を知る、そんな森羅万象をけっして支配することなどできない。それをしようとすることは、高慢な考えやはかない欲望から創造を試みることになる。だが、われわれを適切な場所に配置するためには、心の盲目を越えて行くことが、危険から身を守る避難所を開設し、それを助長することになるだろう。さもなければ、われわれは次第にエゼキエルの呪いに陥ることになる。「お前たちは良い牧草地で養われていながら、牧草の残りを足で踏み荒らし、自分たちは澄んだ水を飲みながら、残りを足でかきまわすことは、小さいことだろうか」[1]。またエレミヤがいったようになるだろう。「わたしは、お前たちを実りの豊かな地に導き……ところが、お前たちはわたしの土地に入ると、そこを汚し／わたしが与えた土地を忌まわしいものに変えた」[2]。今振り返ってみると、私は新たな探索のために戻ってきた。このジャングル——地面がここから天空へと上がっていく——から、そのチャンスを切り開くためにわれわれはやってきた。

*

私はアルミニウムとナイロンですみかを建てはじめた。一方、レンドープはすでに、ジョン、デレク〔ジョンとフランクのクレーグヘッド兄弟の長兄〕、ティルタ、カジを案内してジャングルへ入っている。タ食までにはまだ三時間の余裕がある。私はキャンプの端に生えているイラクサをかき分けて進んだ。一時間後にようやく、レンドープたちのグループに追いついた。宮殿からきたハンターは、国王から渡された、ぎらぎらと光る30－06スプリングフィールド弾（クマに対する王のお守りだ）を持っていた。チームが上りはじめると、ジョンとデレク・クレーグヘッドは草木をつまんでは、たえずそれについてコメントをしていた。ボブとカジは少し離れて歩いていて、鳥のさえずりを耳にしては、それについて話し合っている。レンドープはククリを振りまわして、右や左を見ていた。私はこのパーティーのあとを追いながら、レンドープの動きに気づいていた。彼は一年と九カ月前に通った道を、今、正確にたどっている。それは雪の中でわれわれが足跡を見つけた、あの尾根へと通じる道だ。レンドープはいったいどのようにして、以前の目印を見つけているのだろう？　前に通った道は、とくに目立ったもののない場所だった。まっすぐ上に向かう上りの道だ。だがレンドープは、まるで木こりのゲームに挑戦するようにして、以前の道をふたたびたどっていく。

12.2　バルン渓谷のシャクナゲと木々。樹木に着生する地衣類のサルオガセに覆われている。

　われわれがあとにした暖温帯では、草木は速いスピードで腐敗する。腐葉土の深さは以前通ったときに計測した数値と同じで、スロープのローム層は一フィート（約三〇・

五センチ）あった。これはヒマラヤ地方で記録された中でも最深のものだ。ネパールの人口が増えるに従って、人々はジャングルを短く刈り込みはじめるだろう。今までは、人々が落葉落枝や低木の茂みを、たき火や飼料のために持ち去ることがなかったので、スロープは植物の腐敗を加速させた。そしてそれが、下に広がる渓谷で乾期に向けて水を蓄えた——その水によって、人々のいない野生の土地は、谷から離れて暮らす人々の食べ物を成育させた。

ボブとジョンはナラの下で調査をしている。そして、クマが樹皮を引っ掻いた痕やつぶれたドングリを見ていた。二人が調べていたとき、レンドープがスロープを指差した。私は彼と木の方へ歩みよった。若木の股のところから、レンドープは四角い、色あせたキャンディの包み紙を引き出した。それはニックと私が道しるべとして置いたものだ。紙は薄汚れて、ほとんど樹皮の色のようになっている。しかし、レンドープはそれを見つけた。というのも、その形は樹皮の薄片とはまったく違っていたからだ。

さらに高く上ると、ボブはノドジロヒタキの鳴き声を耳にした。鳴き声はすばやく三度響いた。彼は前に聞いたことのある声だと思ったが、以前聞いたときには四度鳴いた。ネパールにいる鳥は八三五種と記録されている。その数はアメリカ合衆国やカナダより多い。ボブはこのすべての鳥を実際に見たことがあった——『ネパールの鳥』（*Birds of Nepal*）という本を書いている——が、遠慮深い男だったので、私に正確な数を教えてくれなかった。彼は世界中の鳥の鳴き声を知っていて、その数は何千もの数に達している。しかし、ここでも彼の謙遜のおかげで、われわれはその数を正確に知ることはないだろう。このような鳴き声の一つが、今われわれが聞いた三つのトリル音だった。以前、低地のジャングルを通り抜けていたときに、ボブは話を途中でやめて、シロボシサザイチメドリの鳴き声に耳を傾けた。それは一声鳴いただけだった。三年前にボブはやはりこの鳴き声を一度、シッキムで聞いたことがあった。今、彼はカジを後方に残して、ノドジロヒタキとともにその場を離れた。ジャングルの下生えを通り抜けながら、二つの側から鳥を追った。もう一度鳴いた声に助けられて、二人はネパールで八三六番目の種を見つけた。

クレーグヘッド兄弟はこのジャングルの横断部を見ていた。ここは、二人がハイイログマの指導的な権威となったアメリカ西部やアラスカとかなり違っている。私にクレーグヘッド兄弟を紹介してくれたのはバリー・ビショップだった。ジョンと双子の兄弟のフランクは、一九六〇年代に、鎮静剤を打ってクマを静かにさせる方法を開発し、発信機付きの首輪を野生動物につけて、そのあとを追って調査をした先駆者だった――今ではごくふつうに行なわれている動物学上の慣例だが。一九七〇年代になると、ジョンは衛星を使って、野生動物の生息環境の地図を作成する方法を開発した。そして今では、ジョンとデレクは、衛星リモート・センシングを、詳細な地上のフィールドワークと連動させて、生態系のパラメーターを描く方法を実際にやってみせている。

一万フィート（三〇四八メートル）の高さへ到着すると、われわれはここでストップした。すばらしい午後だった。やがてキャンプでは、夕食がわれわれを待っている。一行は下りはじめていたが、私はカバノキの下にとどまっていた。カバノキは天蓋を突き抜けてそびえ立ち、他のどの木より高くまで達していた。しばらくすると、鳥たちが鳴き声を変えた。しかし、他の鳥の声はいつもの通りだ。ときどき、われわれはたくさんの鳥を知っているように思う。それはわれわれが目にするものが、学名によって組織化されているからだ。またあるときには、かつて知っていたものがすべて、失われたように感じるときもある。学名による組織化は、古代の発生に関する歴史に基づいている。そして、生物学は生き物の研究について行なわれているのかもしれないが、生き物は現に生きている。鳴き声を立てている鳥は、たがいの関係を知らないわけではない。自分のすみかを守ろうとして鳴く鳥たちもあれば、別の鳥たちはそのすみかに向かって、雄を求めて鳴いている。

ソローの主張「野生の中で世界は保存される」は、将来に向かう保存を指し示している。だが、同じフレーズでも宣伝文句のようにではなく、ただソローが「野生には世界の保存がある」といえば、それは過去を指すことになるだろう。人々がすべてを変化させる前に機能していた世界だ。人間の行動に対して、すべてが今応じているとき、新しい世界が創造される。だが、にもかかわらず、自然の子である人間が、進化する新たな世界の中で、自然の統治を変えつつあるのに、「母なる自然」はなお統治をやめない。それは母親が子供を、新たにふさわしい創造へ向けて育てているように。

この遠征で私は、科学者たちのあいだに混じって、一立案者として働いた。計画の成功は、立案者がプロセスの進行に集中して、心血を注ぎ込んだときになし遂げられる。私はまた、褐色の肌の人々がいる土地でただ一人の白人だった。これもまた、一立案者と似たスターティング・ポイントである。私には市民権がなかったし、この土地で税金を支払っているわけではない。したがって、私が手にしているものはアイディアだけだった。新たに発生したプロセスに対して、私が果たせる役割は、このジャングルの土地や国のスペースへ参加することについて、あれこれ思いを巡らすことだ。権力を持つ者たちは勝手気ままでわがままだし、科学者たちは新たに出現した方向へただひたすら向かうばかりだ。私にはすべての者たち——国王、村人たち、公務員、それに国際的なエキスパートたち——を仲間にする機会を持つことができたし、そのことによってプロセスを前進させることができた。

白人医師のアルベルト・シュヴァイツァーはJ・S・バッハを演奏していたコンサート・ホールを出て、アフリカのジャングルへと向かった。彼はソルボンヌ大学で、歴史上のイエスと終末論上のイエスという入り組んだ問題を解き明かし、二つの違いを明らかにした。博識家のシュヴァイツァーは、バランスを保つことに焦点を合わせた。文明は倫理だと彼はいう。人々の集まりを倫理と見ることは、文明を都市や物質的な生産物からできたものとする定義とは異なる洞察だった。それは文明を言語や労働とする定義をはるかに越えている。文明の倫理は、知識によって形成された世界に生きる人々の意味を明らかにした。そして、生活を通して描かれるパターンを発見した。それは規律に則って小刻みに上下するいく筋かの音符の流れのようだ。さらにそのパターンは、単なる声の調子で定義されるものではなく、各パートがいかに組み合わさっているかによって定義された。

シュヴァイツァーは、音楽とイエスの両方とダンスをする勇気を持っていた。それは情熱（パッション）と同情心（コンパッション）のダンスだ。彼が生涯持ち歩いた楽器は医学で、それによって治療という演奏を行なった。そしてミトスとロゴスの協和音を奏でることを試みた。このダンスを行なうために、彼はオルガンを亜鉛で覆って持ってきた。そして、彼にとってまったく新しい世界に到着したとき、目の当たりにしたのは、すでに文明とダンスをしている野生の姿だった。文明は何千年のあいだに成長を遂げていたのである。彼は文明をコントロールすることをやめざるをえなかった。しかし、私は自然世界との持続可能なダンスをする、という自らのゴールへ向かって突き進む。私の使命は援助をもたらすことではない――それにまた、自然を亜鉛で閉じ込めたり、あるいは、経済発展を促進する技術を持ちきたることでもない。私は人々がすでに持っているものについていいは、彼らによる所有の権利を励まし勇気づけるつもりだ――それは人々が彼らの未来を所有するプロセスでもあるからだ。

私の背後で小枝がポキッと折れる音がした。ゆっくりと振り返ってみる。奇妙なシャモアが近づいてきたのか？　いや違う。レンドープだった。竹藪の中でしゃがんでいる。彼がそこにいたことに気がつかなかった。おそらく二〇分ほどいたのだろう。彼は私にやさしく知らせようとして、小枝を折ったのだろうか？　おそらくパサンの料理を食べに、下へ降りて行きたがっているのではないのか？　村のハンターにとって、科学者たちとジャングルへ来るのは、緑あふれる木々に包まれた贅沢以外の何ものでもない。

しかし、この遠征でわれわれが二人だけになるのは、はじめてのことだった。バックパックから私は、彼の家族のスナップ写真を取り出した。それは頭蓋骨を求めて彼の家へ行ったときに、家の玄関で撮ったものだ。彼が手おの掛けした玄関で、かわいい娘さんがしゃがんでいる。ボブと私が撮影した写真は、シャクシラの村人たちがこれまでに見たこともない、はじめて彼らの姿を撮ったカラー写真だった。レンドープは静かに、娘と家の写真を見つめていた。そして同じように静かに、彼の大きな肩が持ち上がりはじめた。彼は泣いていた。私は時の薬が彼の痛みを和らげるまで待った。しばらくすると、彼は話し出した。

「三カ月前のことだったんだ。あんたがうちに立ち寄ってくれたあとだった。娘が他に三人の少女たちと連れ立って、バルン川の上流でヤギを見るために出かけたんだ。その中の一人が喉が渇いたといって、岩をよじのぼって川へ向かった。俺の娘はその子について行ったんだ。それというのも、そこでは川の流れが速かったからな。最初の娘が体を傾けて、手で川の水をすくった。俺の娘は彼女の服をつかんでおさえていたんだ」

「すると突然、二人の内の一人が滑ったのさ——上の方から見ていた少女たちは、俺の娘が落ちたのか、もう一人の少女が落ちたのか分からなかった。あそこの岩は四六時中しぶきで湿ってるんだ。二人の少女は滑って、白い泡の中に落ちた。頭を一度も水の上に出すこともなく、流れ落ちる水の歯に呑み込まれちまったんだ」

「一週間が経ったある午後、少女たちを探していた女たちから、俺の妻が聞いたのは、ヌムとヘダンナのあいだあたりで、下流の川岸に死体が上がっているという知らせだった。俺は夜も寝ずに、歩いてその場所へ向かったよ。そこで見たのは骨だった。骨だけだったんだ。肉はジャッカルが食べてしまっていた。そうなんだ。俺はこの骨が一〇歳の娘のものだと思った。そしてそう、これも神の思し召しだとありがたく思って、娘の骨をアルン川の流れに流し込んだというわけだ」

私は静かに座って、待っていた。

「骨を川へ流したことがまた、めんどうな問題を引き起こすことになっちまった。俺たちが住むシャクシラ村の真向かいに、シブルン村があるんだが、俺が骨を見つける一週間前に、シブルン村の一三歳になる小僧がみんなの畑を通って歩いていた。そこで収穫人たちが取り残したトウモロコシを見つけると、やつはそれを集めてかごに入れた。これがいくばくかのルピーになると思った。それで小僧は、トウモロコシをカンドバリのバザールへ持ち込んだんだ。バザールはシブルンからは歩いて三日の距離だからな。

村を二週間空けたために、小僧の父親は息子を探しに出かけた。ヌムとヘダンナのあいだの山あいで、父親はやつの空になったかごが、低木の茂みのうしろに落ちているのを見つけたのさ。彼はあたりの人にたずねたが、誰一人小僧を見た者なんていない。しかし村人たちは父親に、俺が川へ流した骨のことを話したんだ。父

12.3　今では年老いたレンドープ。彼は木の中で夜を過ごした。

親は俺を息子殺しと、トウモロコシを盗んだ罪で訴えたのさ。警察がシャクシラ村へやってきて、俺はカンドバリへ連行されると鎖につながれた。一三日間、監獄で過ごしたあと、ようやく解放された。だけど、今では裁判費用と裁判官の料金として、四七〇〇ルピーを支払わなくっちゃならない。これまでにこんな大金を手にしたことなど一度もない。それで来年になりゃ、カンドバリの金貸しがやってきて、私の畑を取り上げていくにきまってる」

レンドープはここでひと休みした。だが、ふたたび彼は語りはじめた。「家へ帰って二週間ほどした頃だった。俺の牛が滑って崖から転がり落ちたんだ。さらに金貸しから一〇〇〇ルピーを借りて、子牛を買ったよ。それも家族がミルクを飲むためだった。俺は自分の銃を売りに出して、金貸しに支払う最初の代金をようやく工面した。それで今となっては、畑を耕してお金を作ることしかできなくなっちまったんだ」

レンドープにとって、第三世界の負債のスパイラルがはじまっていた——彼のような人々の負債は、けっして返済されることがないだろう。六カ月前までは、レンドープもシャクシラ村では、金持ちの男の一人だった。それが今では死ぬまでずっと、年季奉公をしなければならないかもしれない。彼にジャングルの技術を欲しいままにさせていた銃、その銃を手放した今、彼に残された選択は、動物に罠を仕掛けることしかなかった。はたして、その動物は胆汁の採れるクマなのだろうか？　あるいはジャコウの採れるジャコウジカなのだろうか？　しかしたぶん、今回の遠征で彼に支払われる高い給料と、気前のいいチップが彼を救ってくれるだろう（私はあとでこれを支払った）。

レンドープは写真の中の娘をじっと見つめていた。私は手を伸ばして、写真の表面から涙を拭き取り、そっとそれを彼のシャツのポケットに滑り込ませた。それから数分後、彼と私は立ち上がった。そして遊んでいるネパールの少年のように、軽やかにスロープを走って下り、キャンプに到着した。科学者たちはすでに食事を終えて、テントの中や木の下でメモを取っていた。パサンはわれわれのために夕食を取っておいてくれた。

＊

今日は一九八四年一一月二三日。目覚まし時計が五時にけたたましく鳴った。夜明けまでにはまだ一時間半ある。今日、われわれのチームは、バルン渓谷の南面の尾根へ上る予定だ。二年前に、三度試みて失敗した。それは腰の高さまで積もった雪のせいだった。そのためにわれわれは今まで、「双眼鏡を手に」暖かい南面のスロープを「何かを求めて」歩いたことがない。そこでは太陽の光が差す中、「何か」が自ら身をさらす姿を、とらえることが期待された。今朝われわれは、その尾根に上ろうとしている。イエティはつねに、途中の道で見つかる可能性がある。その足跡が示しているのは、イエティが谷から谷へ横切っていることだった。

数分間、私はパサンが朝食を作るために、火を焚いている音に耳を傾けていた。暗闇の中で横になりながら、心はすでに上りはじめていた。生態系はどのようなものでも複雑だ。しかし、ヒマラヤのここでは、植物が層をなし、あるものが他のものの上にきちんと積み重ねられている。以前訪れたときに生態系がわれわれに示したのは、このダイナミクスがいかに複雑なものだったかということだ。今、衛星によるX線画像や高高度の航空写真などが、どのようにして渓谷が走っているのか、落葉樹がどこで針葉樹となり、針葉樹がどこで高山草原へと変わっていくのかを示している。

しかし衛星の画像には「気配」が欠けている。この渓谷に巨大な野生の印象を与えているのは気配だ。

気配は暗闇の中で、横になっているときに触れることができる。そして耳を傾け、匂いを嗅ぎとり、想像力で自らを満たす。暗闇の中でこそ、視覚で測ることのできないものを、理解力で推し測ることができる。

先週、低地のジャングルで、私はこの尾根のやや低めの頂上に上った。しかし、その頂上に上っても、なお見渡すことができなかった。ジャングルがあまりに繁茂しすぎているからだ。ナラによじ上って、てっぺん近くの枝から、ミステリアスなマングルワ渓谷を眺めた。その谷水はチベットの国境の峠から流れはじめ、北からバルンへと流れ落ちていた。レンドープによると、渓谷には大きな草原と、急流のような滝があるという。「崖の真ん中から落ちてくる川を思い描いてみなよ」。実際それは、世界で五番目に高い山から落ちてくる滝を想像するイメージだ。

タイワンコノハズクが、最後に何度か鳴いて夜に別れを告げると、私は寝袋のファスナーを開けた。パサンとヘルパーが一人、火のそばに座っている。私がホットミルクとハチミツが好きなことを知っているので、パサンはそれを渡してくれた。「パサン、今朝は飲み物を遠慮するよ。今は歩きたいんだ」

パサンはオレンジを五個、ビスケットのパック、それに昨晩作ったチャパティをどっさり手渡してくれた。私はチャパティにピーナッツバターとマーマレードを塗りつけ、それぞれを巻いて、プラスチックの袋に詰め込んだ。ふたたびパサンに、入れてくれたミルクを飲めなくてすまないと謝った。私は自分が示した無神経さを知って、ばつの悪い気持ちになった。私のためにパサンは、いつもより早く起きたにちがいないからだ。懐中電灯の光を頼りに、キャンプの端のイラクサをかき分けながら進んだ。上りはじめると、私の心はなお、自分たちの仕事をするために、朝早く起きて、他の人たちが起きるのを待っている二人とともにあった。私はキャンプから離れて一人になった。家族のような仲間たちは、われわれが生活するキャンプの中の、いわば火のような存在だ。そしてわれわれは、彼らが与えてくれる暖かさを一分に認識している。だが、野生、とりわけこれまでに、歩いた者がほとんどいなかったようなこの場所は、一人でいることによって発見される。

ジャングルの木のこずえでは、上部の空が薄い灰色をしていた。

夜が後退して木の幹のあたりでかたまっている。朝は木々のあいだで一番早く開ける。しかし、木々はなお闇の塔のようだ。あたりが見えてくると、闇がいっそう押し戻される。距離の認識は、早い段階で感じられる線に沿って広がっていく。おそらく闇が完全に立ち去るまでには、まだ一時間ほどかかるだろう。だが、私は今上りはじめて、きらっと輝く光の先に、私の世界が広がっているのを感じた。その光は無次元の夜を貫いて、見ることを可能にしてくれる。夜があくびをして夜明けへと場所を譲ると、私の光線はぷっつりと切れた。

われわれが前に、イエティの足跡を見つけた尾根の頂上に到達すると、今では尾根に雪がないことに気がついた。私はイエティが雪靴のようにして使って歩いたシャクナゲの枝々を見た。さらに上を見ると、蔭によって守られて、古い雪が道を覆っている。そこで私はスマトラカモシカの足跡を見つけた。雪があれば、私は今でも、どんな動物がこの尾根へやってきたのか、それを読み取ることができるだろう。スマトラカモシカは毛足が短く、ロバほどの大きさをしたヤギ亜科の動物で、足には白いストッキングを履いたような模様がある。今はヒマラヤでもまれにしか見られない。というのも、それは深いジャングルで生息する動物だからだ。スマトラカモシカの足跡はやがて曲がって消えていった。さらに二〇〇フィート（約六一メートル）ほど高い所で、レッサーパンダの足跡を見た。中国側に生息するジャイアントパンダの親類で、赤と白の顔をしている。レッサーパンダは一年のこの時期、予想外に高い所にいる。それはタケノコがまだ顔を出さないからだ。

さらに高い所で私は、ジャコウジカの足跡に遭遇した。この動物にのしかかる密猟のプレッシャーは相当なものがある。おそらくそれを救う道は、生物学者のサナト・ドゥンゲルが提案していたように、このシカを飼育して、飼育したシカから絞り出すジャコウで、芳香剤市場を飽和状態にすることだろう。そうすれば、いやおうなく世界のジャコウ価格が低くなり、違法な捕獲に駆り立てる誘因も下がらざるをえない。バルンは、ジャコウジカの飼育にはもってこいの生息環境だ。標高が高くて気温の低い地帯では、地衣類のサルオガセが至る所で垂れ下がっていて、それがジャコウジカの好物の一つだったからだ。

野生を保護するために、野生を手なずけること——これは世界でひとつしか残っていないものを扱う（あるいは正当化する）方法なのだろうか？　やがて私が追っていたシカの足跡に、ヒョウの足跡が加わった。餌動物と捕食動物の足跡は、雪が激しく降っていた昨晩付けられたように見えた。二つの足跡（シカのあとをヒョウが追っている）は竹藪の中へと向かっていた。

雪の上に残された足跡を読むことは必然的に推論をともなう。雪のタイプ、風、雪の昇華を促進する低気圧、上に覆い被さる天蓋、太陽とその角度、周囲を取り巻く気温などが、動物が最初に押しつけたあとで、改めてその足跡を形作る。ヒョウの足跡を眺めながら、私はふたたびシプトンの足跡のことを思った。その日、彼は「日陰でもっともベストなもの」を選んだといっていた。それが「ベスト」だと、彼はどのようにして判断したのだろう？　もう一つの疑問が長いあいだ私を途方に暮れさせた。氷河の上にいて、何がいったい影を作るのだろう？　大きな岩があったというのだろうか？　というのも、その岩は何か大きな動物が下を歩くのに十分なほど、高くなければならないからだ。しかし、突き出た岩の下をわざわざ歩く動物などまずいないので、それはほとんど意味をなさない。あるいはもし意味をなすとすれば、動物たちがつねに行くのは、その下で休むためだ。シプトンが影について述べたことは、彼の報告を信じたい気持ちに、疑問を投げかけるものだった。また疑わしいのは、何か異常なものを暗示するこのもっともミステリアスな写真を、彼がわざわざ選んだことだ。

シプトンの伝説に関しては、高地からわずかに足跡の謎だけがやってきた。しかし、たいてい高地では、生物学上の遺物が風雪に持ちこたえて残存する。したがって、もし、雪の中の足跡だけではなく、それを越えて、どんなものであれ物質的な実体があったとすれば、それがたとえどんなにちっぽけなものであろうと、証拠が発見されてしかるべきなのである。高地では湿気、バクテリア、菌類など、身体の腐敗を促進する自然の媒介物が欠けている。そのために足跡を残す動物についていえば、なぜ足跡だけが持ちこたえているのに、それを付けた肉体の遺物が、どんなものでも残っていないのだろう？　カリフォルニアの乾燥したホワイトマウンテンでは、枯れたパインの木の幹が、二〇〇〇年後にもなお腐っていない。ヒマラヤのモレーン（氷堆石(ひょうたいせき)）では、他のすべての動物の歯が発見されているのに、イエティの歯はいまだに見つかっていない。

溶けてしまえば、そのあとには空っぽの痕跡となる足跡が、なぜただ一つの発見物なのだろう？　イエティの皮膚だといわれていたものは、そのすべてが、確実に既知の動物のものだと分かった。ただ他の物理的な証拠が見つからないために、未知の動物によって足跡が付けられたとする説明は消え去ることがない。しかし、身体の一部でも見つかれば、その動物は既知のものだと判明する。

＊

痕跡をたどること（トラッキング）はこれまでつねに洗練を重ねてきたが、今、それは過去のものから大きく変貌して、一つの技術になっている。トラッキングはあらゆる動きを追って動く。宅急便の積み荷は追跡される。株式市場は動向を追われる。子供たちは能力に従って追跡される。われわれが車を運転しているときには、先行車の車輪を追いかける。そして書物を見ると、印刷のあいだに空いたスペースがないかどうか、目で追う。これらはすべて新しい追跡の技術だ――そして、そこで失われているのが、生活のもっとも古い段階で、人間が最初に試みた科学的方法であることはほぼまちがいがない。

あらゆる形態においていえることだが、痕跡を追いかけることは推論であり、理詰めの思考だ。追跡する者たちによって語られる物語はほぼ確実に、人間がはじめて体系づけた物語である。痕跡を追うことを通して、われわれの種は食料を手に入れる方法を見つけた。もし収集の行為がもっぱら幸運によるものだとしたら、人間は必要とする食料を見つけることができなかっただろう。追跡の技術から、われわれは科学を発展させた。痕跡を追うという行為によって、われわれは土地の上で推論を行使する。

しかし、人間にはもっとも強力な痕跡を追う手段――嗅覚――が欠けている。各科の生き物はそれぞれが、異なった形で匂いを扱っていた。だが霊長類の科は、そのほとんどが匂いをうまく処理することができない。肉食動物の痕跡は、濃縮された尿と臭気で満ちあふれている。このような動物たちには、跡をつけられる心配がほとんどないからだ。彼らは自分の食べ物を、不快な臭気で囲うことによって守る。そして、多くの動物の足は嫌な匂いがする。その匂いを足が地面に押しつけて残した。人間の嗅覚は比較的弱いので、われわれは視覚によって跡をつける。したがって足跡は形として見られるが、それはまた、匂いを押しつけるときに生じる音によってでも多くを語る。

熟練した追跡者は、特殊なしるしの跡を追うことより、視覚を使って、土地に記されたパターンをその土地の一部として読む。最初の展望は状況の全体像を見ることだ。それは下を向くことではなく前を見据え、できるかぎり遠くを見て、引っぱられた跡はないか、枝はどこで曲げられているかなどの痕跡を見つけることだった。そのあとではじめて、追跡者は移動の痕跡を作った足跡を見る。追跡者はこのような痕跡を一つの道として見ている。それは獲物の道であり、自分を追いかけてくるものたちの道でもあった。そしてその道は、以前に動物たちが通り過ぎた痕跡につながり、多くの足跡から得られる深い意味と、その行き先の情報を集めていた。

特殊な足跡を追いながら、追跡者はそのかたわらを歩く。動物はそれぞれが特殊なしるしを持っていて、それによって動物の身元を知ることができる。人間が独特な指紋——われわれが触れたものすべてに残す跡——を持っているように、あらゆる動物もそれに類したものを持つ。たとえば蹄は指の固い爪だ。そしてヘビや鳥を除くと、四つの足によって作られる動物の足跡は非常に役に立つ。四つの足の一つを見るだけでも、何か異常な点が見つかりそうだ。それは蹄の切れ端だったり、指の曲がり具合だったり、あるいは足の引きずり方だったりする(ヘビの腹の跡もまた独特な特徴を持つ)。このような特徴を見つけるのがもっとも容易になるのは、影によって、足跡の突起やわずかな刻み目がいちだんと強調されて、見やすくなるときだ。したがって、追跡にもっともよい時間は朝か夕方ということになる。それはこの時間帯には、影がディテールを長くし、太陽の光がまっすぐに照らして、見にくいものを(レンズが指紋を拡大するように)大きくしてくれるからだ。

足跡がはっきりと付いていない固い地面では、不自然に置かれたものを探して見つけることだ——たとえばそれは、逆さまにひっくりかえった小石やちぎれた葉っぱや折れた枝など。不自然な崩壊は地面の中やその表面で起きる。足跡は地面で見つかるが、動物が通った跡もまた地面に残されている。低木の茂みや木々の上などにしるしが残されているかもしれない。岩の上にこすれた跡が残っていることもある。それは動物が背中や首で、岩に触れたときにできたものだろう。

追いかける動物の身になって考えてみることも必要だ。人間の感覚は弱いかもしれない。だが、われわれは自分たちが持つ最大の才能――それは知力だ――を使うことができる。パターンが明らかなときには、それを解釈すること。そして、パターンが明らかでないときにはそれを押し広げればよい。知力を使って予測しながら、足跡を追うことだ。追跡する動物の習性を知ることは、動物の心の中を理解する手助けになる。そしてそれは、動物の痕跡をさらに増幅することになる。したがって、一つの痕跡を追いかけながら、同じ動物が以前に付けた跡を思い出すことは必要だ。この動物は、いったいどんな食べ物を探しているのか？　その食べ物はこの土地のどこにあるのか？　動物ははたして逃げようとしていたのか？　動物の身元が明らかになったとき、あなたが追いかける道を、動物が先を行く目的がいったい何なのか、それを明らかにする必要がある。動物は休もうとしていたのか？　もしそうだとしたら、動物の習性を考慮に入れて、どのような場所でこの種の、そしてこの年齢の動物は安全だと感じるのか？　動物は人里離れた子供たちの所へ行く途中なのだろうか？　このタイプの動物は、どのような寝床を選ぶのだろう？　動物はセックスしようとしているのか？　こんなことを足跡から予測することは、ほとんど不可能だ。しかしときには、動物たちがセックスをすることで生じた音が、助けになることもある。知力によって予測しながら追いかけるときでも、ときどき足跡を見ることは必要だ。

休んでいる動物は目を閉じて、つねに鼻や耳を風上へ向けて横になっている。それは目を閉じていても、風上の方角からやってくる危険を、少なくとも、心によって察知できるからだ。動物は音や匂いを運んでくる風を頼りにしている。眠っているときも、嗅覚や聴覚は目覚めているのである。

動物たちの移動の跡は、低木の茂みにぶつかるかもしれない。だが、人間の移動の跡は、地面の上を上って空へと向かう。だがそれが足跡となると、われわれは他の動物には不可能な足跡を残すことになる。

それがカーボン・フットプリント（二酸化炭素排出量）だ。動物の跡がその土地を横切るのに対して、われわれの足跡は地球を経巡る。この大きな歩行跡は、すでに死んだ者の生涯からもエネルギーを取る。そして人間に特有の足跡は、ただ地球を経巡るだけではなく時を越えて遡る。そして、他の動物たちの道が、休むために横たわった場所で終わっているのに、われわれの永続的な足跡は、これから来る世代の生活を混乱させ破壊する。私はイエティを探索しながら、心の中でしばしば、わが家の冷蔵庫に貼り付けてあるイラストを思い出した。そこにはもし、たまたま人間と遭遇したら、イエティがいうかもしれない言葉が記されている。「みんなが私を『ビッグフット』と呼ぶのは、ちょっとおかしいんじゃないか?。だって君たちの足跡（カーボン・フットプリント）の方が、俺の足跡よりはるかに大きいのだから」

＊

午後、尾根の上でグループはばらばらに散らばった。そこからの眺めは北を見ると、中国の国境へ開け、西側はマカルーを過ぎてエベレストの山塊が広がっている。

植物学者のティルタはジャングルを指差した。「目の前には湿潤なヒマラヤがあります。それは今まで人々の前にあった、そのままの姿で存在している」と彼はいう。「この谷では、生物学上の緯度で七〇度の範囲を一望のもとに見ることができるんです――それはデリーから北極へ至るほどの広さの、生物学的な展望が可能になる。そしておまけに、それが文明に汚されていない状態で残されている。今のところ、他のどこの場所でも、これほどの範囲で、これほどの状態のものを一望のもとに見ることは不可能でしょう。想像してみてください。距離にするとフロリダから北極圏までですから、そのあいだに、ワシントンDC、ニューヨーク、それに農場や郊外、そしてアメリカ東部海岸の広範囲に及ぶ人為的な改変などをすべてスキップするわけです。このような原始の生息環境の旅を、アジアではこの場所で行なうことができる。ここでは頭を巡らすだけで、平地で五〇〇〇マイル（約八〇四七キロ）に及ぶ眺望が開けるのです。

気温の変化がこのような生息環境を作り上げたんです。一〇〇〇フィート（約三〇五メートル）上るごとに平均気温が華氏三度（摂氏約〇・一六度）ずつ下がる。今日のわれわれは、亜熱帯地方から上り、温帯地帯を通り抜け、この高山植物帯にたどり着きました。この地域の上はもう北極圏です。これはただ気温によって作られた生息域です。これに加えて、太陽のエネルギーが、尾根の露出具合によって変化する。地層のひだの中には、直接太陽の光を受ける所もあれば、影になる所もある。尾根はまた気流を変化させるし、気流とともに雨量も変える。この渓谷のたぐいまれなことは、多様な生息環境が、まったく人々に手によって変化されていない世界だということなんです。バルンは一つの渓谷にすぎないかもしれない。……だが、それは全アジアの世界なのです。

誰もがヒマラヤは高山の生息環境だと思っているでしょう。ところが、それをはるかに越しているんです。バルン川とアルン川が合流しているのは三一〇〇フィート（約九四五メートル）の地点で、ヒマラヤの中心部としてはなみはずれて低い所です。そして、そこには熱帯の周辺種が見られるのですが、そこから生息環境は二万九〇〇〇フィート（約八八三九メートル）の高さまで上るんです。そこはすでに北極圏を越えていて、大気圏外のはずれです。この渓谷の谷床は、ブナノキの一種であるシイ属や、ツバキ科に属するモクカ属の植物――いずれも亜熱帯地方や熱帯地方でよく見られる――が繁茂する森の中ではじまります」

「亜熱帯地方の、通常とは異なる特殊な点は何ですか？」と私はきいた。

「現在、多くの注目が熱帯地方に集まっています。それにこの地方の種が持つ多様性のためです。そのために生物学者たちはこの生物分布帯を優先するんです。しかし、人間の生活を支えるということでいえば、亜熱帯地方はさらに重要です。われわれは亜熱帯地方の動物です。というのも、そこはわれわれが種として育まれた地帯ですし、文明が発展した場所でもあります。世界を見渡してごらんなさい。そこには汚されていない亜熱帯地方などほとんどありません。多くの場所で、熱帯の生態系が見られます。しかし、人間は農業をはじめてからというもの、ほとんど完全に近い形で亜熱帯地方を変化させてしまいました。メソポタミアは生物学的見地からいえば、以前は豊かな土地だった――そこでは農業がはじまり、繁栄を謳歌した。そして今、その土地は砂漠となってしまいました。中国やインドはかつてジャングルの土地でサバンナでした。それが現在は、人間の食べ物を生み出す畑になっています」

「なるほど。それではバルンはどうなのですか?」と私はきいた。

「私たちの目の前に広がっているのは、原始の姿をとどめたアジアです。それは単なるネパールでもなければ、湿潤なアジア南部でもありません。あなた方があそこで、つまり頂上で見るのはアジアの北極圏です。そして今ここで腰を下ろしているのがツンドラのシベリアです。さらに下へと降りていくと、亜熱帯地方へ至るまで、あらゆる生態地域を通ることになります――そこではすべてが野生のままです。今夜、この尾根に立って、谷を見渡してみましょう――夜が野生の世界を想像しやすいようにしてくれます。あなた方は尾根にいて、自分は『どこにもいない』と叫ぶかもしれません。しかし、ひとまず見渡してください。そして二つの旅をしてください。一つは亜熱帯から北極圏までの旅。そしてもう一つは、人々がこの地球に住みはじめる前のときまで、時間を遡る旅です。あなたはもはや『どこにもいない』わけではなく、以前アジアだった場所の真ん中に座っています。そして時を越えた人生を体験しています。それに地球の多様性もまた」

月が出たので、私は寝袋を広げた。この尾根では一二年前に、クローニンとマクニーリーのテントのそばをイエティが歩いた。二人は池のそばでテントを張った。われわれがいる場所は彼らのいた場所とほぼ同じで、同じ尾根を数フィート下りた所だった。そしてそこは池のそばでもある。われわれもその池から、夕食に使う料理用の水を汲んでいた。今夜イエティが歩いてくるかもしれない。私はとてもテントの中なとで、眠っていられないと思った。そこで私は寝袋を広げながら他の者たちにいった。「ティルタが今夜、渓谷を注意して眺めていた方がいいといったんだ」。しかし、イエティが来るかもしれないので、念のために強力なスポットライトを、頭の近くに置いておいた。

クローニンとマクニーリーのもとへ、おそらく訪問者はやってきたのだろう。というのも、それは食べ物の匂いを嗅いだからだ。あるいはイエティは池に行こうとして、テントのそばへ来たのだろうか？ それは尾根の頂上にある水だったのか？ 私はこれについてはあれこれ考えなかった——バルンでは、尾根の頂が池のあるただ一つの場所だったからだ。この谷にはなぜ池が山の中腹にないのだろう？

二〇フィート（約六・一メートル）ほど風下に、ピーナッツバターの入ったびんを一つ置いた。音を立てて紙をくしゃくしゃにすると、それを寝袋に結びつけた。そしてびんにヒモをくくりつけた。そうしておけば、もし何かがこのびんを取ろうとしたら、くしゃくしゃの紙が私を起こしてくれる。だが、たしかだったのは、ヒモをひっぱる力がいやおうなく私の目を覚ましてくれることだ。

池はたしかにこの尾根にできた。それはヒマラヤの堆積岩層が水平に横たわっているからだ。尾根の高い所で染み出た水を、その層がシールドに沿って滑らせ、尾根のくぼみの中へと退出させる。そして、このような天空に水のポケットを作り出した。雨のしずく、池のしずく、大洋のしずく——地球のシステムの中で、水の規模はさまざまに変化する。私は自分のいる特別な時空間に思いを馳せながら、星々を眺め

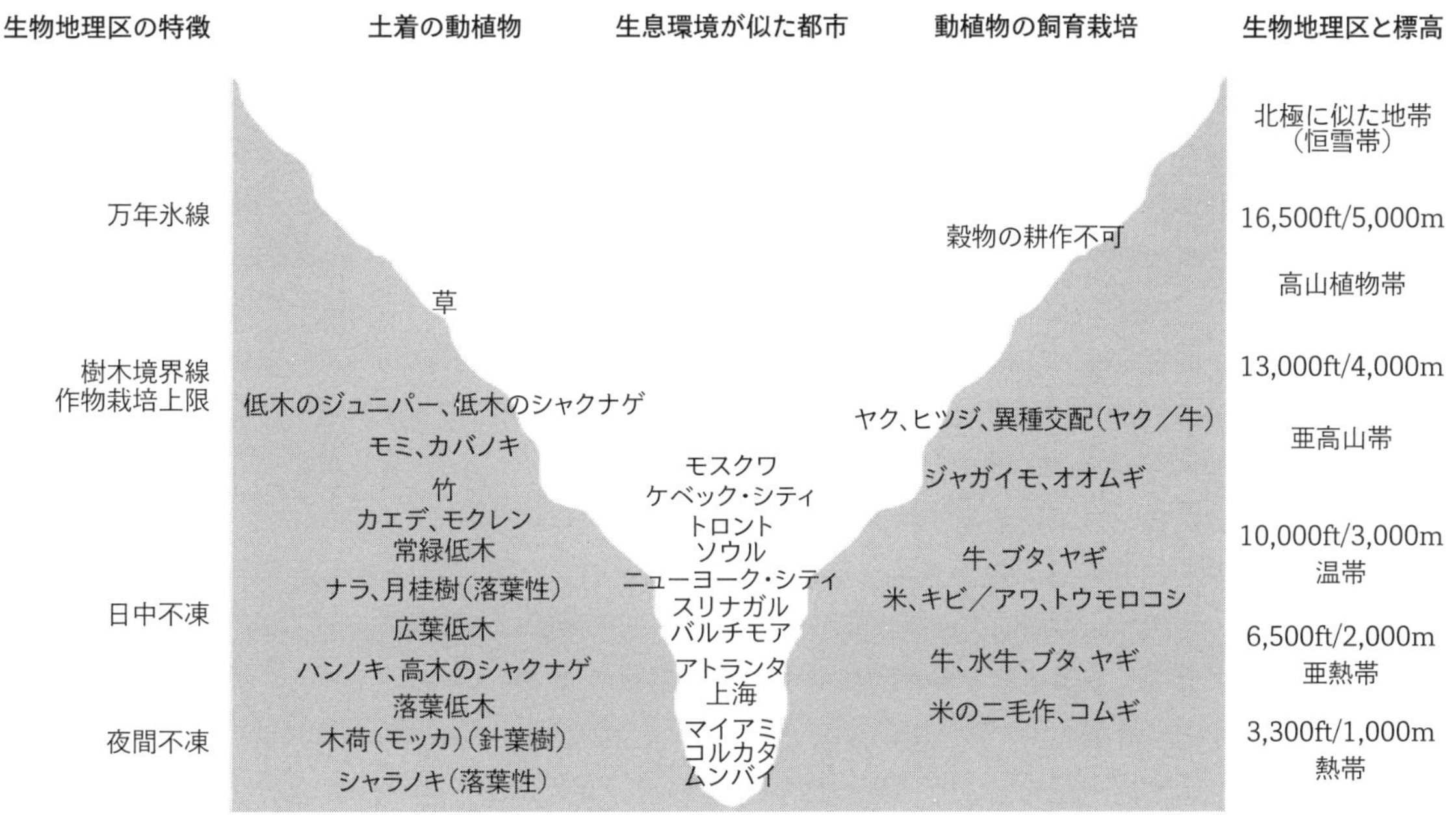

生物地理区の特徴　土着の動植物　生息環境が似た都市　動植物の飼育栽培　生物地理区と標高

北極に似た地帯（恒雪帯）

万年氷線

16,500ft/5,000m

穀物の耕作不可

高山植物帯

草

樹木境界線
作物栽培上限

13,000ft/4,000m

低木のジュニパー、低木のシャクナゲ

ヤク、ヒツジ、異種交配（ヤク／牛）

亜高山帯

モミ、カバノキ

モスクワ

ジャガイモ、オオムギ

竹

ケベック・シティ

カエデ、モクレン

トロント

10,000ft/3,000m
温帯

常緑低木

ソウル

牛、ブタ、ヤギ

ナラ、月桂樹（落葉性）

ニューヨーク・シティ

米、キビ／アワ、トウモロコシ

日中不凍

スリナガル

バルチモア

広葉低木

6,500ft/2,000m
亜熱帯

ハンノキ、高木のシャクナゲ

アトランタ

牛、水牛、ブタ、ヤギ

上海

落葉低木

米の二毛作、コムギ

夜間不凍

木荷（モッカ）（針葉樹）

マイアミ

コルカタ

3,300ft/1,000m
熱帯

シャラノキ（落葉性）

ムンバイ

12.4　バルン渓谷の生物地理区（Ecozone）とそれに対応する生息環境［Tirtha Shrestha, *Development Ecology of the Arun River Basin in Nepal*, ICIMOD Senior Fellowship Series（Kathmandu: International Centre for Integrated Mountain Development, 1989）p. xx からの引用］

ていた。

五時に目覚ましが、けたたましい音を立てた。うっすらと雪がかかった寝袋を肩のまわりへ引き寄せた。強力な懐中電灯であたりを照らしてみた。料理場ではまだ火が焚かれていない。食べ物を入れた箱のまわりには、雪の上にハツカネズミの足跡さえ見えない。ピーナッツバターのびんにも、何も近づいた様子がない。私は星を見た。今いるのは標高一万五一〇〇フィート(約四六〇二メートル)の地点だ。アメリカの低い四八州や、ヨーロッパのどの土地よりも高い。下方に広がるインドの平原にくらべると、ここの空気は四〇パーセント少ない。ほとんど星に手が届くような気がする。だが、私はさらに高い所へ行くために目を覚ました。寝袋のジッパーを開けると、冷たい空気が寝袋の中へ流れ込んだ。寝袋の足元にあった暖かくてやわらかなブーツを取り出して履くと、クレーグヘッドたちがいるテントへどたどたと歩いていった。


やがてデレクと私は上りはじめた。昨日、尾根で他の者たちが到着するのを待っているあいだに、雲が開けて、私は世界で五番目の高峰マカルーの巨大な顔をのぞいた。その頂上は二マイル(約三・二キロ)ほど上方にあり、垂直の距離でいうと、下のアルン渓谷へ下る距離とほぼ同じくらいだった。マカルーの高峰を望み見て、私はこの山を見るチャンスが、夜から光の中へと育っていたことに気づいた。そして、やがては太陽が世界の高峰を光で満たす。デレクと私が上っていくときに、私はマカルーの顔が日の出を一三六五万回見たものと計算した。今、デレクと私は一三六五万一回目の日の出をマカルーとともに見ようとしていた。

日が昇るまでには一時間ほどしかなかったが、太陽の光はなお地球の背後へ退いていた。われわれ二人はポンプのようにあえぐ肺が許すかぎり、急いで上った。われわれの二〇マイル(約三二・二キロ)後方にそびえるカンチェンジュンガ、この地球上で三番目に高い山に光が差しはじめた。尾根の頂部に着くと、まるで地球の頂上の展望台にいるような気分になった。そうこうしている内に、太陽の光がマカルーの頂で輝きはじめる。それはクリスマスツリーのてっぺんで輝く電球のようだった。光は山を異なった色合いで染めはじめた。最初は琥珀色が、次に黄色が褐色の岩と白い雪を優美に覆った。色が明るさを増して、やがては目の前のカバノキが豊かな黄色であふれた。そして光が私の背中を暖めてくれた。

しかし実際には、日の出の際に太陽が「上がって」くるわけではない。地球が回転することで、太陽を視覚の中に持ちきたるのだ。一九五七年にわれわれはアメリカに戻ってきたのだが、その当時、私はまだ少年だった。いくつかの通りを越したところに、型破りな建築家の隣人、バックミンスター（バッキー）・フラーが住んでいた。彼が私にいうには、われわれの回転する地球から、太陽が見える瞬間は、「サンライズ」（日の出）というよりも、正確にいえば「サンサイト」（太陽が見えること）だという。フラーと私の友情は、私がたまたま彼の家の裏庭に入り込んだあとで深くなった。その後、土曜日やふだんの日の午後などに私は、彼が初期のジオデシック・ドーム（測地ドーム）を組み立てるのを手伝った。太陽が視界からすり抜けていくとき、彼はそれを「サンクリプス」〔日食を意味する造語〕と呼ぶといった。

バッキーは私が、地球を物事と関連させて見れるように手助けしてくれた。彼が指摘したことの一つは、人間の故郷は場所ではなく、むしろ経験だという――それは私が、自分の中で人生の転機やその成長を知る手掛かりを教えてくれた。「サンサイト」は経験として理解することができる。想像してみるとよい。たとえばわれわれは自動車に乗って、真っ暗な通りを走っている。コーナーに近づくと、光が脇道から来るかもしれない。そしてその通りで、光を直接見るくらいまで近づくと、光はますます明るくなる。それは世界が回転するときの太陽のようだ。そして通りの途中では、光の反射を建物の表面から見ることがある。それは大気圏が鏡として働いたときに起こる偽りの「サンサイト」に似ていた。

今日、太陽は夜明けを予告している。最初にやってくるのは天文学上の夜明けだ。太陽は水平線の下一八度にあり、東の方では世界が明るくなりはじめているが、西の方はまだ暗い。続いて航海上の夜明けが来ると、水平線の近辺と地上のものが見えはじめる。太陽は今、水平線の下一二度のあたりにいる。次に市民の夜明けが来ると、世界は輝くがまだ影はない。これはドラマチックな赤が暗い空に映えるときだ。そしてやがて、青い空に暖かな黄色が差してくる。そのあとで太陽が現われる。太陽の暖かさを感じて、われわれはこれで大丈夫だという。そしてとりわけ、寒冷なヒマラヤの夜のあとでは、何年もここに太陽がとどまっていたように思われた。

しばらくしてから、ジョン、ボブ、デーヴィッド、ティルタ、それにカジが尾根に到着した。彼らはカメラを取り出すと、朝の景色をカメラに収めていた。双眼鏡であちらこちらを探し、南面のスロープを調べた。そして立ち止まっては、露出した岩をさらに注意深く見た。また植物の穂を叩いた形跡はないか、岩にふだんと違った色がついていないかどうか探した。今では太陽が、すでに三時間ほど山腹を照らしている。それは、そろそろ動物たちが出てきてもよい頃だった。

「おい見ろよ。洞窟だ」とデレクは渓谷の上の方を指差した。

双眼鏡で山腹のあたりを調べていたのに、なぜ私はこんな洞窟を見逃してしまったのだろう?

「なんて洞窟だ!」とジョンは、それをくわしく観察した。「見てみなよ、入口から二〇ヤード(約一八・三メートル)も行かない所に、小川が流れている。流れる水のある洞窟なんだ。その前には、日の当たる岩棚に草も生えている。なんて洞窟なんだ。下の渓谷には草原がある――どんな動物でも、そこで食料を調達することができるだろう。上の方には竹が生えていて、新鮮なタケノコが手に入る。ダニエル、ここから洞窟へ行くのにどれくらいかかるかな？」

「ここからだと、おそらく三日はかかるでしょう。たしかに、あそこへ向かった方がいいという気分になります――洞窟は動物を引きつける場所ですから。それはこの谷に棲む、どんな種類の動物にとっても至聖所〔エルサレム神殿の一番奥の部屋〕であるにちがいない。その隠れ家は探すのにふさわしい場所です」

「ちょっと待ってよ、ダニエル」とジョンがいう。「君はまたここで、イエティを見つけるチャンスを考えているかのように、それとなく探りを入れている。この件については、君と私とのあいだで、すでに話がついていたんじゃなかったっけ。一つの種はただ母と父がいるだけでは生き残れない。ハイイログマについていえば、少なくとも二ダースの個体が存在する必要があるって、われわれは確認したよね。それぞれの種について、個体の数が最低を下まわれば、そのときには絶滅してしまう。もし君がイエティに関心があるというのなら、ジャングルの中を見ていてはおそらくだめだろう。むしろ計算をすべきだよ。一つの個体を探すのではなくて、さらに多くの集団に目を向けなくてはいけない。そして君に必要なのは、集団を支えるに十分な生息環境を見つけることだよ。

この渓谷の大きさを見てみるといい。全バルン渓谷が支えることのできるクマの数はせいぜい二から三ダースくらいだろう。そしてわれわれは、すばらしい数のクマの証拠を見つけている。もしここにイエティがいたとしたら、存続しうる最低数は、おそらく二ダースほどだろう。そしてもしそれがここにいたとしたら、それほどの数のイエティが、どんな証拠を残しているのだろう？

しかし、あの洞窟はクマの生息場所のように見える。われわれが立ち寄っているこの渓谷は――今までいたジャングルにくらべて位置的に高い――私がネパールでこれまで目にした野生地の中では、もっともクマにふさわしい生息場所だと思う。トゥリーベアのミステリーはさておいて、私がここへ来た理由は、生息環境が減りつつある今、このようなクマはどのようにして、生きることができるのかを見ることだった。バルン地方は、たくさんのクマを小さなスペースに、どのようにすれば詰め込むことができるのか、その手ほどきを、どんな風にはたしてしてくれるのだろう？　あの洞窟の周辺には、私が重要なクマの生息環境と呼ぶものがあるんだ」

一時間後に、われわれはマカルー・ジャングリ・ホテルへ下りた。誰かが罠をチェックしなければならない。悪臭を放つ肉で、ふたたび餌を付けなくてはならないからだ。これはクレーグヘッドが発見した方法だが、悪臭によってクマを罠で捕らえるという。しかし、私は下りながらあの洞窟のことを考えていた。はたしてヘリコプターがあそこに到達できるのだろうか？　私はやがてヘリコプターを使うことになるのだが、それもこうしたもののすべてを調査して国立公園にするためで、ヘリコプターを使用したのはその調査をはじめたときだった。

*

マカルー・ジャングリ・ホテルに戻って、火のそばに座りながら、レンドープとミャンは話題を二カ月後に迫った祭りに向けた。何千というヒンドゥー教の巡礼者たちがやってくる。とくにバラモンたちが、チャインプール、ダンクタ、カンドバリなどのバザールから来る。というのも、バルンの水がなみはずれて澄んでいると信じられているからだ。

「すべてがすべて巡礼者たちばかりではないんだ」とレンドープが私に説明してくれた。「ミャンもそのグループの一員なんだが、彼らはチャン〔米で作ったどぶろく〕やラクシ〔チャンを蒸留した酒〕、トウモロコシのケーキ、灯油などを売っている。われわれの村からやってくる者たちも、米とレンティル豆の食事を用意する。ミャンは女房が作るチャンをジョッキで売るんだが、売りながら自分で飲んでは、いい気分になってるんだ」

借金を背負ったレンドープが、祭りのためにどのようにしてお金を工面するのか、私はひそかに考えていた。

「金を稼ぐのは、前にくらべると難しくなったよ」とミャンが口をはさんだ。「売り手たちが、祭りから祭りへと旅をしているからね。生地の売り手たちは、われわれをだますんだ。彼らはカンドバリで店を出している者たちに、いい感情を持っていない。店の者たちの考えは、もっぱらあんた方を幸せにすることで、そのために、あんた方の村からやってきた者たちは、もう一度、彼らの店を訪ねることになる。それにひきかえ、行商人たちは、それぞれの村人たちが、どれくらいのルピーを払ってくれるのか、そんなことばかりを考えている。彼らは目の前に良質の生地をまず見せる。しかし、注文をすると、うしろから生地を出してきて、あまり良質ではない生地を渡すんだ」

「商人たちは一人ではなく、何人かでいっしょにやってくる」とレンドープが付け加えた。「生地の売り手の次には、仕立て屋が商売をはじめる。仕立て屋は低いカーストの者たちで、彼らはハンドミシンを運んでいて、すぐに縫って仕立ててくれるんだ。しかし、その縫い目を入念に調べることはけっしてしない。そのためにやがて、シャツやパンツは自分でほころびを直さなくてはならなくなるんだ」

「生地商人といっしょに、小物を売る商人もやってくる」とミャンが付け加える。「インドから来た行商人たちで、ビーズ、石けん、たばこ、ロウソク、櫛、鏡などを売る。俺がインドのガキだった頃には、やってくるのは巡礼者たちだけだった。今年は俺も、もうチャンは売らないよ。女房はチャンを作るだろうが、俺はただで何度でもお代わりができる席でも作ろうかな」。ミャンとレンドープはどっと笑った。

レンドープは続ける。「かわいい娘たちは酔うさ。そして中でも、いちばん美しい娘はたくさんのプレゼントをもらう。宵闇が迫るにつれて、男たちがコーラスの列に加わる。招待されていないのに勝手に押しかけてくるやつもいれば、女たちに招かれるやつもいる。一人の歌い手が一節歌って音頭をとると、他の者がいっせいにそれに加わる。夜がふけると、カップルが茂みの中へと忍び込むのさ」

パサンが私に細かなことを教えてくれた。「カップルが暗闇へ向かうときにゃ、娘たちは小物商人のそばを、ひどくゆっくりと歩くんだ。娘に付き添っている男はときどき、小物を買わされるはめになるんだ」

ミャンが火明かりの中、私の方に振り返った。「だんな、笑ってらっしゃらないけど、どうかなさいましたか？」

私は顔を赤くして答えた。「あんたの奥さんのことを考えていたんだよ。彼女はチャンを売っているんだろう」

少し前まで火を囲んで楽しげだった輪に沈黙がぶつかった。

しかし、ミャンはすぐに沈黙を破った。「だんな、俺たちはみんな、それぞれに自分の楽しみを持ってますよ。そのことに俺たちは思いっきり深入りしてしまうんです。だんなはたくさんのものを、ありあまるほど持っていなさる。それを俺は見てきました。それにくらべれば、俺の女房などチャンを売ってて、とても幸せとはいえないかもしれない。だんなは女房にきいてなどみなかったでしょう。でもおそらく、やつはやつで自分の楽しみに耽っているんです」

「すまない、ミャン。言葉がきつすぎた」

「いやいや、十分に、はっきりといわなかったのは俺の方です」

怒りがミャンの声に上っていた。彼は家族から信頼を得ているだけではない。村の人々からも敬われていた。「俺たちはみんな、自分が好きなことにとことん深入りしてしまう。だんなもまた、前にいったようにに、たくさんのお金を持っておられる。だんなは、俺が女房のことを考えているのかどうかとおききになった。俺はもちろん考えてます。だが、だんなはありあまるほどの食べ物を持っていて、たくさんの服を使い、それなのに俺たちにはほんのわずかのお金しか払わない。俺たちはそれを見ていますぜ。そんなときに俺たちがどんな気持ちでいるのか、だんなはお考えになったことがありますか?」

「君のいう通りだ、ミャン。……恥ずかしいかぎりだ」

パサンのティーポットが泡立ちはじめていた。しばらくして、彼は甘いティーをひしゃくですくい、ジャングルでひと月使ったために、傷だらけでがたがたになったほうろう製のマグカップへ入れた。

それぞれが熱いカップからティーをすすった。ティーを飲みながら、われわれは、インド亜大陸で行なわれてきた親交の儀式をともにした。ティーは、この土地の数百万の人々に共有されている共通のもので、カーストの境界を横断する飲み物だった。火が揺らめき明滅する。その求心力のある炎が、人種の違いを橋渡ししてくれる——炎が暖かな半径の中にわれわれをかき抱き、一方で、欠けたマグカップからちびりちびりとすることが、われわれを仲直りさせてくれた。

パサンの息子タシ(薬剤師、画家、すぐれたインタビュアー、前途有望な鳥類学者——これを彼はすべて独力で身につけた)がやさしくわれわれを、あまり危険のない話題へと導いてくれた。「レンドープ、人々の中にはこんなことをいう人がいるよね。ここバルンにある洞窟は、シャンバラ(悟りの谷)への入口だと〔シャンバラは「幸福の源に抱かれた場所」という意味で、チベットの奥地に存在するといわれる仏教徒のユートピア」。彼らがいうには、もしその洞窟を一つでも見つけたら、もはやきれいな娘などこれ以上必要がなくなるという――一夜の幸福が永遠に続く」

「うん、その洞窟については聞いたことがあるよ。その一つはアプシュア渓谷のケンバルンだ。ここから歩いて三日ほどかかる」

「その洞窟に入ったんですか？」とタシがふたたび加わった。「あるいは入った人を誰か知っているんですか？　誰か悟りを開いた者がいるんですか？」

「俺はたくさんの洞窟に入ったことがある。神聖な洞窟や動物が棲んでいる洞窟などにね。だけど、そのどれもが興味を引くようなものじゃなかったな。ただそれはおそらく、俺がそれにふさわしい気構えで行かなかったからだろう。何年も前のこと、俺たちの村のラマ僧がケンバルンの洞窟へ入っていったんだ。そうしたら、やつは二度と出てこなかった。やつが使っていた金属製の椀や毛布が入口のところで見つかったんだ。おそらくやつはシャンバラへ入って、悟りを開いてしまったんだろう」

私が話に加わった。「レンドープ、洞窟に入った人々について、他にもいくつか例を知っているの？」

ミャンが答えた。「俺は知っているよ。俺の兄弟には友達がいて、やつはマングルワの草原でヤクを遊ばせていたんだ。これは大きな滝のある荒涼とした谷の話だ。ある日、兄弟の友達は眠り込んじまった。そしてヤクたちは、どこかへさまよい出てしまったんだ。鋭い叫び声で目が覚めた。やつは崖に目を向けた。そこでやつが見たのは、洞窟の前で燃えている火だったんだ。そして、そこからは煙も上がっている。ショクパと男が火のそばで、たがいに取っ組み合いをしていたっていうんだ。はじめは、男がショクパに似ているように見えた。しかし、さらに二人が戦っていると、また叫び声が上がり、今度は男がショクパに、ショクパが男に変わった。だが突然、ショクパは洞窟の中に投げ入れられて、男もそのあとを追って洞窟へ駆け込んでいったらしい。すると突然、洞窟の扉が閉まり、断崖の岩棚は今ではただの崖になっちまった」

「あなたの兄弟の友達は、洞窟を調べようとはしなかったの?」

「やつは怖かったが、すぐに行ってみたんだ。自分を守るために大きな松明に火をともして。ショクパは光を恐れるからね」

「昼間なのに松明をともしたの?」

「そう、ショクパは光の力を恐れているからね——俺は今も古いバッテリーを持ち歩いているよ」とミャンは、バッテリーをポケットから引き出しながらいった。「それが兄弟の友達が岩棚へ上っていくとき、松明に火をともした理由だったんだ」

「岩棚で彼は何を見つけたの?」

「岩棚には血が残っていたらしい。新鮮な血が、三つの血だまりを作っていたんだって。やつは前に見た所に立っていたのだが、洞窟の扉を見ることはできなかったっていう」

私の仲間たちはみんな、気づかれない内に火のそばに集まっていた。「レンドープ、他にバルン渓谷で知っている洞窟はないの?」と私がたずねた。

「うん知ってるよ。だけどマングルワの洞窟は知らない。話は聞いたことがあるけどね。ミャンが話したハティヤの男と、俺は話したことがあるよ。だけど、彼の見た洞窟は知らない。ミャンがすでにあんたにいったように、ドアは閉まっていたんだろう。この渓谷で俺が知っているただ一つの大きな洞窟は、マカルーのベースキャンプの下にあるやつだ。その洞窟の近くにはユキヒョウが岩場にいて、そこへ行く道を守ってるんだ」

「そのユキヒョウと洞窟のことは聞いたことがある」と私は答えた。「他にこの谷で知っている洞窟はない？　おそらく近くに川が流れていると思うんだが」

「知らないな」

「今朝、大きな洞窟を見なかった？　そこへ行く道はあるのかな？」

「その洞窟なら見たよ。前にそれを見たことは一度もないけどね。それにそこへ誰かが行ったという話も聞いたことがないよ。何かの拍子で今日、その洞窟の扉が開いたとしよう。だけど、俺がその崖を見たときはいつでも、扉はそこになかったよ。これはミャンがいっていたことだ。扉は岸壁で開く。山々はがっしりとしているように見えるが、それは生きている。ときに山々は震える。あんたは今日、頑丈な岩が開くのを目にした。だけど、明日になれば、俺たちがそこに戻ってみても、山の扉は閉まっているかもしれないよ。いや、その洞窟へ行く道もないと思う。山々は奇妙な生を生きてるからね」

13 クマとバイオレジリエンス

3.1　バルン渓谷の北方の尾根にある名前のない山頂。

一九八四年一二月四日。ティルタと私は大きなカエデの下に座っていた。すぐ手の届く所には、ふくれたナップサックが二つあり、その中で押し葉標本の塊が今もなお、やってくる葉っぱを待っていた。レンドープは折り取られた小枝をバックパックから取り出し、枝からちぎった葉っぱを、一枚一枚伸ばして、慎重に積み重ねて小さな山を作っている。そして山ごとに小石を載せて抑えていた。

これがティルタの集める最後の植物だった。ネパール王立植物標本館の所定の場所へ搬送するために、それぞれの標本は今、新聞紙のページとページのあいだに広げて入れられ、彼のプレス〔野冊〕押し葉標本用に採集した植物を、はさんでおくヒモのついた二枚の板〕の中で抑えられなければならない。それは植物学者が、これまで何千回となく行なってきた決まりきった仕事だ。彼は指で葉っぱを分類し、平たく伸ばして整理する。われわれはカエデの下で、多くの時間を過ごすことになる。というのも、葉っぱを整理し終えるまでには、明日中かかりそうだからだ。そのあとで、遠征隊はこのジャングルから抜け出ることになる。

ティルタがたずねた。「ダニエル、あなたはよくバイオレジリエンス（生命の復元力）ということを提案しているけど、どうしてこの言葉を持ち出すようになったんですか？」

「ティルタ、自然といっしょに生活したり、山登りをしていて私は、生物学の主張が、自分が見ているものと一致しないことが分かってきたんです」。レンドープが、今は空になったバックパックを揺すると、葉っぱがはらはらと落ちた。それをタイプに従って、小さな葉っぱの山に加えた。

「博士課程で研究をしたあとで、イェール大学の林学・環境学大学院の授業をいくつか受けたんです。授業や本が教えてくれたのは、生態系の強さは種の多様性から来るというものでした――そして、多様なシステムはより安定しているという。しかし、私は登山家です。山に上る者は、ひと休みして景色を楽しむときに、たくさんのことを考えます。そして、もし上っているときに動植物の生態に注意を払っていれば、高く上れば上るほど、種がたくさんなるのは明らかなことなんです。

私はその対比を目にしました。種の数は標高が高くなれば少なくなります。だけど、それぞれの種はより強くなる。これを私はバイオレジリエンスと名付けたんです。熱帯生物学者たちは、遺伝的多様性について主張している。多くの種が多くの異なったニッチ（生態的地位）を満たし、そのために、遺伝的多様性が生物学上の強さを作り上げたというのです。私はそれに反対はしません――ですが、それはものを測るのに、高さによっても測ることができるのに、それに気づかないで、ひたすら幅だけで測っているような気がするんです」

ティルタはほほ笑んでいた。「それぞれが世界を自分の見方で見ています。私が今していることを見てください。私は生物学者です。ですからバルンの種を数えることで、バルンを定義しています。標本を集め、それぞれにラテン語の名前を付ける。これが私の仕事です。私の発見が、ネパールの生物学的な豊かさを示すことになるんです」

「その過程で」と私は答えた。「あなたはネパールの低地と、さらに低いバルンでは、それより高い土地にくらべてはるかに種の数が多いことを示すでしょう。そして、あなたの勧告は次のようになるでしょう。ジャングルの保存に集中すること。この多様な遺伝資源をおろそかにしてはいけない。しかし、そこには追加すべきさらなる側面がある。それは、ほとんど種が存在しない高山地域の耐寒性です。バイオダイヴァーシティー（生物多様性）とバイオレジリエンス。生き物それ自体の強さは、種の多様性と個々の種の強さによって示される。生き物の二つの側面は、それぞれが他を補完しています」

「たしかに補完性は重要かもしれない」とティルタは答えた。「というのも、種の多様性ということでいえば、気温の変化によって、種が絶滅してしまうことだってありうるからです――そしてわれわれは今、温度変化の世界に入っています。熱帯種が生息しているニッチは、おおむねデリケートです。そのデリケートな世界が温度変化を経験したとき、これまで頑強だと考えられてきた多様性に、たちまちギャップが生じることもありえます」

「その通りです。システムの中で幅を持つことはまた、各個体に深さを持たせない結果になるんです。熱帯地方の浅い表土がこのやせた生命線を象徴しています。熱帯の表土――実際、ジャングルの地面は非常に薄い――では、すべてが生きいきとしていて、華麗に成育している。だが、その元気さには眠っている潜在能力というものがほとんどないんです」

ティルタは葉っぱを整理しながら、新聞のページを広げた。「低地の複雑さはたしかに、その数えきれないほどの種の多様さにあります。植物にしても、昆虫にしても、鳥にしても。これはたくさんの色をばらまいた絵のようで、その感じはまるでクジャクの尾っぽみたいです」

「その通りですよ、ティルタ。しかし、クジャクははたしてヒマラヤの頂に棲むことができるでしょうか？　あなたはここのようなスロープを調べてきたんでしょう。生き物は谷底に棲むのと、頂上に棲むのとでは、どちらが元気でいられるのでしょう？　生息地が高くなればなるほど、種の数は少なくなる。だけど、高い所にいるものは、寒さ、暑さ、湿気、暗さなどに順応することができます。そして変化にも対応できる。ただ生き残るだけではなく、繁殖もしています。ちょっと、小さなリンドウのことを考えてみてください。リンドウは非常に繊細です。だけど、それは寒さや風、それに太陽をこぶしで打ち返し、咲き続けています。それは他とは異なった繁茂をしている。熱帯の生き物を絶滅させる変化（気温、日光、湿度）は、高地ではむしろ生長のダイナミクス（原動力）となっているんです。

そこには二つの生物学上の強さがあります。一つは安定した低地を豊かに満たす力。そしてもう一つは厳しい生息地帯でしっかりと生長する力です。忍耐力のある植物のレジリエンス（復元力）は、植物に、予測不可能な気候に対処する力を身につけさせる。そして寒さや暑さに順応し、食料の予備を作り、太陽や長い闇に耐えうる力を授けます――さらに死が訪れれば、腐敗が蓄えを作り出し、有機体から生まれた土壌の深さが、さらなる蓄え作り出します」

ティルタが笑っている。「科学者の訓練といえば、生命の樹を理解することですが、その科学者として、われわれは種を分類することを目指しています。カブトムシに精通している人は、カブトムシがたくさんいる場所を見つければ興奮します。これはバイオダイヴァーシティーの価値を問うことではありません――ただ、自然の複雑さのもう一つの側面を描き出すために、第二の見方を、バイオレジリエンスに加えるだけなのです」

私は答えた。「カール・リンネ以来、生物学者の仕事は、今、あなたがしているようなことでした。最近になってようやく、生物学者たちは、どのようにして種が生態系を作り上げるのか、そのことについて、系統的な記述をするようになりました。それに関しては、種間の差異に焦点をあてるバイオダイヴァーシティーを評価するのと、生息環境の差異を通り越して、一つの種の能力に焦点を当てるバイオレジリエンスを評価するのと二つの方法があります」

ティルタが口を挟んだ。「生態系の規模の大きさは、バイオダイヴァーシティーとバイオレジリエンスを越えるものです。というのも、この二つは種の特徴です。今あなたがいったばかりの生態系ですが、それをあなたは正しく述べていませんよ。生態系は種がそれをもとに生息している蓄えと、どのように関わっているかということでしょう。もし蓄えが取り上げられてしまえば、さらに大きな体系（システム）

のための再生は、いったいどこからくるのでしょう？　生態系はバイオダイヴァーシティーとバイオレジリエンスの双方で機能しています。種の多様性のシステムにおいては、再生は他の生き物から来る。それに対して、復元力のシステムでは、再生はかくまわれていた蓄えから来る。いずれにしても生息環境は決定的な意味を持ちます」

われわれが話しているあいだ、レンドープはもう一つの質問を考えていた。「だんなさん方、なぜあんた方は動物を殺さないいんですか？　このジャングルはおいしい肉でいっぱいでしょう？　国王のハンターもいて、彼は王のすばらしいライフルを持ってきています。警察だって、われわれが撃つのを止められやしません。それなのにあんた方は、カトマンズで手に入れた古い肉ばかりを食べている。なぜジャングルの生きのいい肉を食べないいんですか？」

「狩猟家さん」と私は答えた。「たしかにここのシカはおいしいにちがいない。でも、ジャングルの動物たちの狩りをすると、クマたちがおびえてしまうだろう。われわれがここに来たのは、クマを見つけるためなんだ」

「それならなんでカジは、鳥を撃つことが許されてるんですか？　彼の銃が毎日、五回、八回と火を吹けば、国王の銃が一度か二度撃つよりはるかにクマをおびえさせるでしょう」

ティルタはくっくっと含み笑いをしている。「あなたは正しい、狩人殿。おそらく、われわれがクマを見つけることができないのも、カジの騒音にせいでしょう」

「俺は思うんだが、あんた方は銃を撃つのが、よくないことだと信じているんでしょう。それはあんた方の宗教ですか？　あんた方のカーストは銃を撃つには高すぎるんですか？　もしそうだとしたら、あんた方の代わりにハンターか俺に殺させてくださいよ」

ティルタは今ではもう声を立てて笑っている。「それは宗教じゃないよ、レンドープ。だけど、われわれの中には、あまりに多くの野生動物が殺されているし、世界の野生の土地が失われていると心配する者がいるんだ。たしかに信念は宗教的な信仰に似ている。それは保護と呼ばれてるけどね」

「ティルタさん、俺にはどうしても理解ができない。世界にはたくさんのジャングルがあるし、野生動物だってたくさんいるじゃないですか」

「いやそれは真実ではないよ。狩人殿」と私は割って入った。「ネパールでは、このバルンが野生の渓谷としては最後で、他に中国やインド、それにブータンにいくつか渓谷があるくらいなんだ。それに君はバルンが、いつまでも野生のままだと思っているかもしれない。だが、君が死ぬ頃には、君が野生として知っているバルンも、君が死ぬ前に死んでしまっていると思うよ」

レンドープはティルタを見た。「博士さん、ここにはシカがたくさんいる。それにクマもたくさんいる。そのシカやクマが人々の作物を荒らすんだ。なぜ動物たちの心配をするんですか？　ここへやってくるあんた方が、なぜ動物たちの心配をするんですか？　食料の乏しい村では、つらい仕事に従事している者たちが水不足に悩んでいます。その一方で動物たちは、自分の身は自分で守り、独力で成長している。そんな動物たちを、どうして心配しなくちゃいけないんですか？」

ティルタが答えた。「ジャングルを救おうとする人々は、そこに住んでいない。彼らが住んでいる所では、ジャングルがなくなっているんだ。そのために彼らの関心は、すでになくなってしまったもの、つまり動物や川などにもっぱら向けられている。もはや野生ではない世界のさまざまな面についても、そこには特別な注意が注がれているんだ。それで政府の諸部門が、その目的として、人々の満ち足りた生活より、むしろその問題を最優先にしてるんだよ」

レンドープがさえぎった。「われわれの生活をまとめているのはカーストだ。それなら西洋では、政府の諸部門が人々の生活をまとめてるんですか？」

ティルタと私は笑った。「そう、世界ではたぶん、政府の諸部門がカーストを作り出すための手段なのかもしれない」。ティルタはさらに続けた。「アメリカでは、シャクシラの村人たちのような人々はほとんどいない。シャクシラでは、同じ村人が田畑を耕し、家を建て、ジャングルに入っていくだろう。しかし社会が豊かになると、人々は専門化してしまうんだ。彼らがそれぞれの専門分野で働くとき、彼らはこの専門化を『進歩』と呼ぶ。たくさんのニッチを持つそんな世界で生きることを、彼らは健全な生き方だと信じている。それに対して山に住む人々は、困難な状態から立ち直るのが早い。そして生物分布帯を横断して働き、順応することで生活し、多くの仕事をしたんだ」

レンドープはもしかしたら、まるで自分が無知であるかのように話しかけられた、と感じたのではないのか。そんな印象を私は受けた。レンドープは立ち上がると、パサンの火の方へ歩いていってしまった。

「ティルタ、レンドープはたぶん誤解していますよ。しかし、あなたがバイオダイヴァーシティーの特性を、西洋文化を使って明らかにしたのは、とてもいいと思いました。さまざまな種形成がニッチを利用するが、順応の能力はない。それに対してシャクシラの文化は、生き物のニッチの至る所で順応するために、復元力のある文化として特徴づけることができる。ティーをもらってきましょうか？」

「ええ、お願いします」

火のそばで私は、レンドープと冗談をいい合うチャンスを、ティーが作ってくれるのを待っていた。それはこんな冗談だ。植物学者には、お茶の葉っぱを持っていってあげればいいだろう。彼はそれを調べることができるからね。

ティルタと私がティーを飲んでいたとき、私は彼にいった。「ティルタ、自然保護の仕事をレンドープに説明しようとしたけどやめました。やはり状況を改善しようと思っても、なかなか効果は上がらないよね。むしろそれは、われわれの良心を、満足させるだけかもしれないですね」

「どういう意味ですか?」とティルタはたずねた。膝の上に置かれたプレス(野冊)のヒモを引っぱって、さらに二本のヒモを違ったやり方で加え、それをきつく引っぱった。

「ティルタ、例を挙げてみますよ。西洋人たちは散らかしたゴミが問題だと見ている。児童や経営者など、どんなグループでもゴミをひろうことはよい行動だといわれている。しかし、散らかったゴミをきれいにしても、バイオダイヴァーシティーや絶滅危惧種、あるいは資源の潜在性に影響を与えることはない。人々が『環境を救っている』と考える仕事を彼らにさせることは、かえって消費という本当の問題を隠すことになる。小さなことに注意を注ぐと、大きなことをわれわれは考えなくなってしまう。ゴミをひろうことは、現実には問題を隠しているのに、問題に向かって邁進していると考えさせてしまう……そもそもはじめに、ゴミを出していることを隠してしまうんですものね」

「あなたはより深い教訓を見逃していますよ」とティルタは答えた。「われわれは自分たちが立ち去るときには、きれいにあと片づけをしますが、そのときに自分たちのしたことに気がつく。ここにひと月前に到着して、あなた方の古いゴミを見つけたとき、前の訪問について、あなたが気づいたことを覚えていませんか? ダニエル、あなたのイエティはワイルドマンを探すことではなく、とりわけあなたにとっては、野生がどのようにして人々のもとを離れていったのか、それを探ることでしょう」

「今なお野生が残るこのジャングルを、そしてやがて立ち去ることになるこのジャングルを、二人で少し歩いてみませんか?」と私はほほ笑んだ。「もう植物をプレスするのはやめましょうよ」。ティルタと私は、パサンの火の所で、エナメルのマグカップにもう一度ティーを満たして、森の中へ足を踏み入れた。木をぐるっとまわっていくと、そこに一人で座っていたボブに遭遇した。彼は起き上がると、男三人でいっしょに、静かに歩き続けた。

＊

私の妹ベッツィ・テイラーと、夫のハーバート・リードの関心は、地上のすべての人が共有しているものにあった。私は特別な場所に注意を傾けているが、二人はこの惑星の、すみからすみまでを動かしているダイナミクスを見つめている。そして広大な共有物という概念を、二一世紀のために見直していた[1]。彼らはその要点をウェンデル・ベリーを引用して紹介する。「地球はわれわれみんなで共有しているものだ。それはわれわれを作り上げているものだし、われわれはそれを取り込んで生きている。……そのために、地球にダメージを与えれば、必ずそれを共有する人々を傷つけることになる[2]」。全地球は一つの共有物なのだ。

13.2　ジャングルの中のティルタ［デーヴィッド・イデ撮影］

これはもちろんのことだが、地球の所有という概念は人の心の中で生まれる。人々は何かある「もの」が、自分に属していると信じている。地球に一時滞在する個人が、自分の外側に存在するものはすべて、自分の力が及ぶ範囲内だと思い込む。永遠に存続するものを、つかのまにしか存在しないものが所有する。そこから永遠を支配する（そして破壊さえもする）権利を想定してしまう。それとは逆の前提（共有物）は、われわれがすべてとつながっているということだ。全地球の現実（地球そのものの骨組み）は、人々の心の中に入り込む考え一つで変わりうる。

私の妹とその夫は、共有物というずっと昔からある概念がより確かなアプローチを提案しているという。それが現在における管理と、さらに時代を越えた管理である。管理は所有とは異なる。それは時のはじまりから成長してきた非現実（共有物という概念）が、あるとき一部の者によって利用されうるという考えを、事実として仮定しない。共有物という概念が現実のものとなるのは、われわれの出自が共有された遺産から来ていて、今日その贈与を受けることで、それを順送りして、後代へ伝える責務を負うことをわれわれが自覚するときだ。

永遠に続いてきた世界の断片が、それを消費してやがては死ぬ存在に属している、そう思い込んだ結果生じるのは、その存在がますます増え続けるにつれて、地球の遺産が減少していくという現象だった。

われわれは、個人の中で前提とされているシステムを通して、この減少の潜在性へ向かって移動している、とベッツィとハーバートは主張する。そしてそれが集合体の喪失を支えているというのだ。われわれは「その中で生きる」という姿勢から「そこから取る」という姿勢で、自分たちのグローバルな集合体を動かすシステムを作り上げてきた。「商品、アイディア、イメージ、お金、そして人々が世界中を恐ろしく速いスピードで動く。われわれはたがいに、より親密になっているのだろうか？　われわれはより包容力のある、包括的な、そして復元力のある世界に住んでいるのだろうか、そして共生しているのだろうか？」[3]。新しい風景は人間が作り出した世界だった——そこでは共有という見方が失われている。

この新しい世界を作り出したわれわれは一歩先へ踏み出して、自分自身を崇拝賛美する。そして新しく、作り出したものをシステムの口へ置くことで、そのシステムはさらにいっそうわれわれの意識を、たがいにつながりあった、複雑でリアルな現実から引き離すことになる。しかし、このことが私に物事の真相を見抜く力を与えてくれた。ここで必要とされるのは、個人が永遠を所有することを前提としないシステム、共有のものを育てるシステムを成長させることだと私は気づいた。

したがって、バルンを守るためには、われわれのグループはバルンの意味を、人々――レンドープや国王、それにわれわれの少数のエキスパート――との関係の中で、そしてグローバルな社会を理解の射程に入れながら、明確にしていかなければならない。われわれの仕事は、今日のために、そして永遠のために、共有するものを作り上げることだ。それは、かつてすべてが緑地だった世界を、共有する概念を取り戻すことである。

一つのレベルにおける行動を取ると、境界が定まり、種の記録が行なわれ、たがいの関係を理解することができるようになるだろう。これは「救出」ステップだ。ここで要求されるのは、規則を守り、そして他の者たちにも規則を守らせる世話人たちだろう。私にはまだその方法が分からない。しかし、その答えが、有給の監視人による管理という選択を避けるにちがいないことは明らかだ。この保護のモデルが、限られた範囲だけとはいえ、成功している証拠が世界中で増えつつある。だが、それはさておき、またこのモデルが野生の近くに住み、その世話をしている人々（レンドープやシャクシラの村人たち）の生活に歩み寄っているという、同じような証拠もあるにはあるが、それとは別に、そこには現実的な問題がある。私も国王の政府も今の段階では、バルンのために国立公園を作り、それを他の伝統的に管理された公園に組み入れるには、お金が不足している。私は共有するものを育てる方法を見つけなければならない。それはバルンのためでもあるが、同時に他の場所でも応用されうるものだから。

コントロールするという前提を、手放さなければならない。しかし、解決は共通のものという前提の中にあり、責任はすべて人々の肩にかかる。それが自分の利益になると思えば、人々は参加するだろう。持ちこたえて拡大する保護は、ある地区に限られるものではないし、「野生」（人々が不在にさせられた場所）を守ることでもない。成功はともに生活し順応して、成長することを前提にしたシステムの構築によってもたらされる。というのも、これは生き物についても同じことがいえるからである。探索すべきはワイルドマンではなく、どのようにして野生が人間を離れたか、どのようにしてその野生を呼び戻すかということだ。

*

われわれが今座っているのは、バルン川とアルン川の合流点だ。明日、ヘリコプターがやってきてわれわれを乗せて飛ぶ。二日のあいだに、村人たちからクマの頭蓋骨を買い取ったので、今は一四個が手元にある。一つを除くとそれぞれの頭蓋骨は、古くて褐色で、薄汚れている。大半は村人たちの穀物倉に、ネズミやハツカネズミを怖がらせて、追い払うために置かれていたものだ。

「ジョン。クマの専門家としてはどんな風に考えますか？」

「うん、私は生きたクマを相手にしてきたからね。それにクマはハイイログマだった。こんな短いあいだだから、とても君がクマについて考えることなどできないし、クマの方だって君に関する意見を考え直すよ。クマを調べて半世紀ほどが経つけど、一四個もの頭蓋骨を見たのははじめてだ。ともかく並べてみよう。見ると分かる通り、小さいものもあれば、大きなものもある。年を取ったものもあれば、若いものもあるよね」

次の三〇分のあいだに、ジョンは頭蓋骨を大きさの順に並べて、それぞれについて、一時間以上の時間をかけてメモを取った。そして小さな表を作り、各頭蓋骨の推定年齢を書き入れた。それは歯の摩滅具合や、頭蓋骨の縫合線などを参考にして推測した。そのあとで、表に従って一四個をきちんと並べ、それぞれの関係が変わるのを見ながら、ふたたびメモを取った。

遠征グループの面々がまわりに集まってきた。「どんな具合ですか、ジョン？」

「私はクマの分類学者じゃないからね。でも、見たところ私には、どの頭蓋骨も同じ種のようにしか見えない。ただ大きさと年齢が違っているのは分かるけどね。二つの種をほのめかすような特徴はないよ」

「おそらく一四個はすべてトゥリーベアじゃないのかな、ダニエル」とデレクがいった。

「デレク、その可能性はありますよ。しかし、頭蓋骨を持ってきた村人たちは、うしろの方に並んでいる大きな頭蓋骨は、グラウンドベアのものだというんです。目の前に頭蓋骨――動物学の究極の判断基準――があるときに、どの時点で村人たちの言葉を信じるのをやめればいいんでしょう？　さらに、ジャングルの中には二種のクマがいるというのに、一四個の頭蓋骨がすべてトゥリーベアのもので、グラウンドベアが一つもないなんてことが、はたしてありうるのでしょうか？　村人たちの捕捉法からすると、ある人には『ありうる』とはいわないし、別の人には『ありえない』とはいわない。一四個については、二つの種がここにあるという可能性が高い」

デレクがいい返す。「だったらジョン、君ならこの二つのクマをどう説明する？」

「先入観を持たずにいえば、おそらく頭蓋骨では現われていない差異が、そこにはあるだろうと思う。だけど、頭蓋骨だけをもとにしていうと、私がいえる説明はたった一つしかない。それはトゥリーベアが子供のグラウンドベアだということだ。そして、クマの行動について多少知っているので、村人たちの経験に即して私が行なう説明は次のようなものだ。年を取った雄のクマは食べ物をわが手に独占しようとする（なんてこった！）。そこで小さい子供のクマを追って、大きな雄ではとても上れない木に上らせてしまう。大人の攻撃が、大きなクマを『グラウンドベア』にし、小さなクマを『トゥリーベア』にしてしまうんだ。母親のクマが地上にいるときには、子グマは守られている。しかし、ひとたび子グマが母親のもとを離れると……父親がふたたび現われる。すると一年子や二年子の子グマは急いで木の上に逃げる」

われわれはジョンの、大人のクマが「ブイ・バル」で子グマが「ルク・バル」という提案を受け入れた。この見方だと、これまでに報告されてきた差異にうまく決着がつくようだ。攻撃的なクマが大人で大きく、びくびくしているのが若くて小さいクマだった。村人たちのクマの行動に関する主張は、頭蓋骨に見られる独自性の欠如と同様に何とか説明がついた。

ある考えが私の心に浮かんだ。「ジョン、動物の中にはたとえばチョウのように、幼虫と成虫とのあいだに大きな差を持つものがあるよね。イモムシはチョウとまったく違っている。あなたはトゥリーベアとグラウンドベアの行動について提案したけど、子供と大人とのあいだで、他に何か気づいた差異はありませんか？　クマについて、何かユニークなことを提案できませんか？　二種のクマのことで、行動とともに、食べ物のタイプや生息環境についても大きな違いがあると聞いています。もちろん人間でも、大人と子供では違いが当然ありますからね。クマでもそんなことがあるんですか？」

「私が知っているかぎりでは、クマは基本的に子供も大人も、同じように行動し、同じものを食べている。おそらく君は私の仮説をポンとつついてくれたんだろうが、もし人間以外の動物の種で、このような差異があったとしたら、それはまったく発見となるにちがいない——しかし、思い出してもらいたいのは、人間が年齢をもとにした差異を持つようになったのも、ごく近年のことだからね。親たちは仕事に行き、

13.3　ジャングルの中のジョン［デーヴィッド・イデ撮影］

子供たちは学校へ行く。男の子はズボンを履き、女の子はドレスを着る。服を着ることさえ注目に値する特徴なんだ。遺伝子では見つけられない、われわれが文明と呼ぶ現象で、かろうじて見つけることができる特徴だからね」

われわれも服を脱いだ方がいい、といわれているような気になり、私は答えた。「ジョン、私はこのクマが人間のようだということで、あなたもそれにびっくりすべきだ、といってるわけではないですよ。でも結局、その生き物は人間のような足跡を残している。それがシャクナゲの枝でこしらえた雪靴を使っているのを、われわれは目にしてさえいます。人々はそれを何百年ものあいだ、雪男（スノーマン）と呼んできたんです」

ジョンは笑った。「いやいや、君はどうしてもあきらめないね。もうキャンプを畳もうよ。そして熱いシャワーを浴びようよ」

「いや、ジョン」と私はほほえみ返した。「この谷へまた戻ってきましょうよ。そしてあの洞窟を見つけましょう」

＊

私はふたたび、アメリカからヒマラヤへと向かう途上にいた。一九四七年にはじめて旅行をしたときに、同じこの飛行を経験したことがある。

そのときの「途上」は空港ではなく港を意味した。そして「飛行艇」は水しぶきを上げて、ナイル川、アラビア海、カラチ港などで上陸した。大陸をまたぐ便に必要なのは、活動を心に向けることと、暇つぶしをするための松葉づえともいうべき書物だ。本が心を他の場所へと向かわせてくれる。子供時代の旅行が私に読ませたのは、『ピーターラビット』(*Peter Rabbit*)や『かもさんおとおり』(*Make Way for Ducklings*)だった。そのあとで私の読書としてやってきたのが、気骨のあるカウボーイを描いた小説で、その後、早い時期にイエティを追っていたジェフ・マクニーリーの『国立公園と保護地域――活動の優先事項』(*National Parks, and Protected Areas : Priorities for Action*)を読んだ。今はビル・マッキンベンの『アース』(*Eaarth*)やジャック・ターナーの『抽象的な野生』(*The Abstract Wild*)を手にして飛行している。

バルンを保護するためには、ホモ・サピエンスを取り込み、それと協力することが必要となるだろう。これを実行するためにわれわれは集まるのだが、手元にはお金がほとんどないし、われわれ自身も大きな組織ではない――しかし、人々をベースにしたビジョンを持つことで、目的は一つの渓谷を守るだけではなく、世界とつながることになる。人々は自然の一部だ。これは都市の作り直された自然とともに、原始の姿をとどめるジャングルにおいても同じように真実だ。都市では人々は歩いているときでさえ、人間が作ったものの他には触れるものがない。ジャック・ターナーは、バルンで、そして作り出された世界で、なお野生を取り戻すことは可能だと私に告げている。人間をパートナーとすることで、行動の範囲は変わる。もはやそこには人間を排除する行動がないからだ。

人々の野生に対する行動を語る私の物語も、今、空の上で書かれている。というのも、私の乗っている飛行機の背後で、飛行機雲が流れ出て広がっているからだ。雲はしばらくのあいだ、一本の線となって空を横切っていた。やがてそれは、雪の中の足跡のように空中へ溶け入ってしまった。しかし、雲から広がった、炭素の弧はもはやその跡も見えない。エベレストとマカルーよりなお高いここには、つい先頃、地球の中で生じた物質の痕跡を見ることができる。だがそれは、遠い遠い昔に、早い時期の生き物から作られたものだった。そこでは、しるしの相容れない物語がこれから長い年月語られていくだろう。マッキンベンのいうアース（Eaarth）をわれわれは作ったのだ。

コミュニケーションはわれわれの新しい生き方をたがいに結びつける。新しいアースは基本的にハイパーコネクションで、インフォスフィア（情報圏）はエコノスフィア（経済圏）に動かされて、変化しつつあるバイオスフィア（生物圏）に併合される。リンケージ（連携）が、このようなスフィアを結びつけた。後退する地平線の背後には電波が広がり、磁気波がわれわれを地平線の先へと引っぱる。新しいインフォスフィアは、バイオスフィアとエコノスフィアをしっかりと組み合わせて、その結果、ソシオ・エコノ・インフォ・バイオスフィア（社会・経済・情報・生物圏）の中に組み入れた。[4] 変化することが今、野生の前に提示されている。

このような領域にある古いスフィアは、ばらばらに分離してしまった。少年のときの私は、野生といえば私に飛びかかってきて、私を食べてしまう動物のことだと思っていた。しかし、野獣はもはや野生動物ではない。それはコントロールができない生き物であることに変わりはないが、私自身のような個体にすぎない。野生の中で生きる可能性は、今、至る所にある。われわれは支配をしようと、あえて思わない世界に目を向けなければならない。この世界は二人の人物に、夜道で、歩きながら話をすることなく語らせたし、またシャクシラ村の人々に、私が来ることを知らせもする。そしてこの世界は、一度も会ったことのない人間の、奥まった深い所に到達し、ジェニファーと私の両方に、かごの中にいる女の子を家族として認めさせた。「それは、同じことを彼女にも告げたのではないのだろうか？」

私はこの世界を生きる方法を学ぶ必要がある。というのも私は世界の一部であり、世界とともにある者で、世界のすべてを使う者だからだ。つながりは私を、自分が作るものにではなく、生き物の所へと運んでくれる。その中で私は育つことができるが、それをコントロールはしない。生き物とともにいることで、私は上空を何マイルも飛ぶ鳥たち、その下では何リーグも航海するクジラや、何世代にもわたって記憶を伝承するゾウなどの技術を模倣する。生き物をコントロールすることはできないが、その大いなる野生に加わることはできるだろう。それぞれの場所にいる、それぞれの生き物はたえざる驚異だ。その生き物たちが、新しい時代の新しい野生へと旅をする。

私の高まる理解は、生き物たちの旅が時空を越えていくということだった——飛行機でさえ空中に飛行機雲を残していく。さらにそれはまた、着陸したあとも久しく人々を再配置して、別の場所へと移す。生き物は死んだのちも、何年も生き続ける——それはわれわれの子供や、そのまた子供の中で生きるだけではなく、彼らが作ったものの中で、そして彼らの生活とともに生き続ける。それは進化するソシオ・エコノ・インフォ・バイオスフィアの空間の中に存在した波紋として、全世界へ影響を及ぼし、世界を再形成する結果とともに存続し続ける。

*

概念の具現化という現実。足跡が存在するイエティとはちょっと違うが、時代を越えてしつこく、具現化の提案をされるのが天使だった。天使に対する信仰は、野生の運び手としてではなく、神を運ぶ者として持ち続けられている。イエティと天使には明らかな差異があるが、類似している点もある。天使ははたして、翼をすばやく動かして、われわれの世界へと飛んでくる存在なのだろうか？　それとも、古代に行なわれた信仰の考え方のかけらなのだろうか？　いずれにしても天使は、人間のコントロールが及ばない世界とつながりながら、なお語ることをやめていない。しかし、飛行機の窓の外で私が見るのは、今まさに夜が明けていく姿だった。

理解はわれわれの魂にやってくる。理解が来たあとで、さらに続いて来る事実がそれを裏付ける。理解は実際、外からやってくるものなのだろうか？　懐疑論者はそんなことはありえないとあざ笑うかもしれない——というのも、われわれはそれを見たことがないし、したがって、それを評価したこともない。しかし、メッセージはやってくる。そしてそれに続く事実がそれを裏付ける。そんな風にして、足跡のように理解はそこにある。野生から人々に話かけるイエティのように、その存在が人間のコントロールや認識を越える天使もまた語っていた。メッセージは、われわれが見ることもできず、評価することもできない別のものからやってくる。したがって、それを放棄することは手厳しすぎる。懐疑論者に、恋に落ちてわれを忘れた現実について、また、他の者のために自分自身を無にすることについて、たずねてみるとよい。

13.4　ネットを使って鳥を集めるカジ［デーヴィッド・イデ撮影］

あるいはまた、その男に母親についてたずねてみるとよい。天使が実際にやってくることはありうる。だが、それは客観的には確認できない。

この印象があまりにリアルなために、それは人間の行動を変えることができる（し、それができた）。何世代にもわたって、次に続く形態の変化の中でそれは現実となる。現実は使者の中にあるのではなく、それがもたらした結果の中にある。何「もの」かが運ばれてきた。古い世代の人々は、肉体を要求しないものとして使者を描いた。そのためにわれわれは、理解のその部分だけを受け入れた。われわれは運ばれてきた理解だけを、あるものについては目と耳で、また他のものについては、証人を通して受け入れることができた。

結果として生じたことは文化全体を、優雅さあるいは不品行へと向かわせた。深い認識が生きる道の歩き方を語った。結果は持ちこたえることになる。それは何世紀にもわたって、アボリジニのソングライン〔アボリジニの天地創造を歌ったもの〕を運んだ。そしてそれは人々に、現代人ではとても住めない状況の中で住むことを許した。結果によって運ばれたものは、そこでは感覚が伝えない世界の中で、不可能なものの理解を開く認識だった。それは科学ではない。だが、それはリアルだ。このような認識から結果がまたくりかえされ、客観的に立証されるがゆえに、それはリアルなのである。

名前が提示される――イェホバ、アッラー、ガイア、偉大なる医学。それは全体であること、そして生きていることの表現だ。このような偉大さにおいて、何が問題なのかというと、それは名前よりむしろ長続きするメッセージだった。なみはずれた者が生かされ、全体をかき集めて変化を遂げた部分を作る。このような具現化はまた、天才たちにおいても見られる（異常なまでに理性的な者でさえ、この能力を授かっている）。メッセージはこれまで考えられたことのないものからやってくる。連想というアラベスクが、それまでつながれていなかった領域をつないだ。メッセージは伝わったのである。

このメタ現象が今となっては、他の説明にもその水を跳ねかける。そして、万物（ユニバース）の中の単一（ユニ）を深く理解しようとする。さらにそれは、われわれの自己（our self）をわれわれ自身（ourself）に接合するものとつながっている。これを行なう力は混乱するかもしれない。だが、その結果は明らかなものだ。個をつなげるものはグループを作り上げ、そのことから、個人としてのアイデンティティーは人々のあいだで変形する（これはまたクジラやあるいはアリ、それに草の葉っぱにおいてさえ起こる）。生き物は生き物の全体に対して眼差しを向ける。われわれはこのことを人々のあいだで、そして、クジラの小さな群れの中で、さらにはアリの行列の中でさえ受け入れる。隣り合って生長を続ける葉っぱにおいては、たとえ進んで受け入れることが難しいとはいえ。

この問題の追求は、多年にわたって続けられてきた。最近では理解を助けるものとして、ヒモ理論をわれわれは手にしている。この理論によると、エネルギーの振動する弦がすべての物質のコアな部分に存在しているという。そしてそれは具現化されたもの——物質の具現に結びついている母体——すべての、もっとも基本的な部分を揺り動かし再形成させる。この独特な振動があらゆる物質を作り出し、われわれの知る現実の背後で、闇の中でもまた、エネルギーを差し出す。このような振動は、他の世界へもつながっているのだろうか——われわれの住む一つの世界だけではなく、さらに正確な表現をすれば、多元的世界にもつながっているのだろうか？　遠い宇宙では、エネルギーの先端がこのような詩で語っている。器具さえあれば、この先端を推し測ることができる。魂は測ることのできない入れ子状のセットの中に、入ることができるのだろうか？　われわれの内部感覚もまた、生命のヒモを通してそれを観察しているのだろうか？

アボリジニに伝わるソングラインはこのような探索の中にある。そこから現われてくるのは現在のポートレートだ。それは電子的に記述されているポートレートより、さらに鮮やかなアイデンティティーを持つ。われわれはもはや、魂をさらなる偉大なものへつなげるだけの宗教に身を委ねなくなった。そしてそのあとでは、科学者の声の信憑性が立ち現われてきた。順序による秩序化は、研究者に次々と、証拠を前提としない検証を許した。中国人と同様にギリシア人も、科学的な方法については早い時期に探求をはじめたが、分類に基づいた順序付けのはじまりの年といえば、それは一七五三年である。行なったのはカール・リンネ。民間に根ざした名前の混乱から、すべての生物の位置付けが行われた――界・門・目・科・属・種。この整列――DNAのヒモは想定された配列によって、他のものに報告した――に続いて、世界をさらに生命の秩序へと走らせる研究があとを追った。

名前と位置付けが部分的な理解をもたらした。その局部性が現われているのが、朽ちた木にできた昆虫コロニーだ。生命体は死を通り抜けることで生命体となる。理性のない動物が、どのようにしてこのようなものを作ることができるのか、脳はそれを説明することができない。だが、複雑さの理論にはそれができる。説明は、民間の知識、詩、芸術、宗教などの帰納的な鏡を通して、似たような理解の形で行なわれる――生命体は自らの中をのぞき込み、その不思議さに振り返る。ダニ、ジャイアントパンダ、熱帯のイチジクの木はそれぞれが、もう一つのものに依存しているのが見られる――生命の樹、つまり疑似事実としてではなく、全体として理解がなされる。そのとき、単に部分をまとめて合計したものより、多くのものが見えてくる。

一八世紀の生物学は種を体系化することだった。そして、一九世紀の生物学は、ダーウィンとウォレスが自然淘汰を種形成のメカニズムとして系統立てることで、新たな理解をもたらした。二〇世紀の中葉になると、関係性が認められ受け入れられる。エコロジー（生態学）が生命をあまねくとらえる網となった。そして新たな分類体系に語彙が追加される――器官、有機体、家族、群落、生態系（エコシステム）、景観。どの種も孤立していないし、システムも独立したものはない。ダニもパンダもイチジクも。二つの分類は交差する。遺伝学的にも関係性においても。そして、関係性だけでなく、部分を全体の一部として包含しているにもかかわらず、ともに変化に対応する能力を明確にしていない。

というのも、われわれの対応はそれほど多くの形で現われうるからだ。そしてそれは、私をバイオレジリエンスに引き戻す。捕食、養分変化（とくに食べ物と水）、そして生息環境の変動（気温、降水量、生息地の喪失）。反応は防御を通してやってくる――保護されること（障害物を加える、あるいは分離、あるいは貯蔵機構の作成）、調整／突然変異（消費量を減らすこと、代謝作用を変化させること、道具の使用、あるいは生殖を変更すること）、あるいは移動――変化からの移動（一時的あるいは永遠に）。私が解決しなければならない課題は、このようなものすべてのあいだで、どのようにして動けばいいのかということである。

温暖な地球が信頼性の欠如を爆発していると、今まで一万二〇〇〇年のあいだに、凍結を経験したことがなかった地帯は、植物の維管束系を破裂させられてしまうだろう。そのすばらしく入り組んで複雑な、生命を運ぶ管が破損させられてしまう。他の場所では地面が乾いてじりじりと焦がされる。今や創造者のコントロールが届かない所で、人間の行動によって荒れ地が増大していくばかりだ。この新しい世界で考えなくてはならないのは、人間の拡張の規模だ。もし人間が所有するあらゆる動物（牛、馬、ラクダ、イヌ、ブタ、ニワトリ）をひとまとめにして、その重さを量ってみると、それは全動物の六五パーセントを占めることになる。全人類の重量が占める割合は三〇パーセントになるだろう。とすると、残りが野生動物の重量ということになり、それはわずかに五パーセントだ。人類と彼らが支配する動物を合わせると、その割合は哺乳類全体の九五パーセントを構成する。[5] ということは、一種類の動物がほとんど野生動物を滅ぼしたということだ。この計算を行なったヴァクラフ・スミルは、われわれは今、人知によって考案され、管理されたエコロジー（動植物と自然環境の相互関係）――人類圏――に近づきつつあると提言している。

この人類圏を組み立てようとしたときに、われわれに必要となるのは、これまでの概念を拡張することだ。そのときに助けになるのが、バイオレジリエンスである。それは変化への適応を理解し、評価する一つの方法だ。それがわれわれに理解させるのは、たとえば、植物の生態の能力で、それは維管束系の中で、糖分と湿気が急に増えたときに、急速な光合成を一瞬にして促進する能力である。そして太陽が去って、凍結がはじまると、ほとんど瞬時にもとの状態に戻す能力だ。あるいはそれは、植物に養分を根や地下茎に蓄えるという、必要不可欠な能力を理解させてくれる。その結果、雨が降らず、生命が絶滅の危機にさらされたときでも、食料不足を乗り越えることができる。

というのも、遺伝的な特徴を推し測ることに加えて、われわれに必要なのは、正常な状態に戻すことのできる種の能力なのだから。山々はこのプロセスを見守れる場所の一つだろう。そこでは生物群系が生物群系の上に重なり、変化が指示を下すときには、上や下へ、あるいは外へと移動する態勢ができたネットワークがある。バイオレジリエンスを待つことのできるもう一つの場所は、典型的なタウンパークだろう。町の真ん中にあるこの場所は、汚染、降水、人口などのトラウマ、つまり、原始の状態を破壊するダイナミクスを持ちこたえている。タウンパークに生息する生物は、たしかにそれほど美しくないかもしれない——ランのように人を引きつけることのないゼラニウム、それに多くのムシクイ類は、カラスの採食域のまわりを取り囲まなくてはならない。だが、タウンパークはレジリエンスの苗床で、それは国立公園が外来種を保存しようと取り組んでいるのと同じだ。

これが、われわれが世界と同時に野生の見直しを迫る「人新世」である。基本的な方法として、われわれのアプローチは進化の様式を再設定することになる。その中で、もっとも復元力のある種は——意図的に選択されたものであれ、選択されなかったものであれ、結果を進化させる——生物学上の橋を構築するだろう。われわれはプロセスを形成する。そしてそれによって前へと進む。人々は気を配りながら、不愉快なものは避け、新しい野生を創造していく。恐竜時代の終わりに大規模な絶滅が起こったとき、他種は大いなる食欲を持っていた。それなのに、この種を新しく変化した世界へと運ぶ橋がなかった。しかし、人間にはこの橋を作る能力がある。

14 イエティを追いつめる

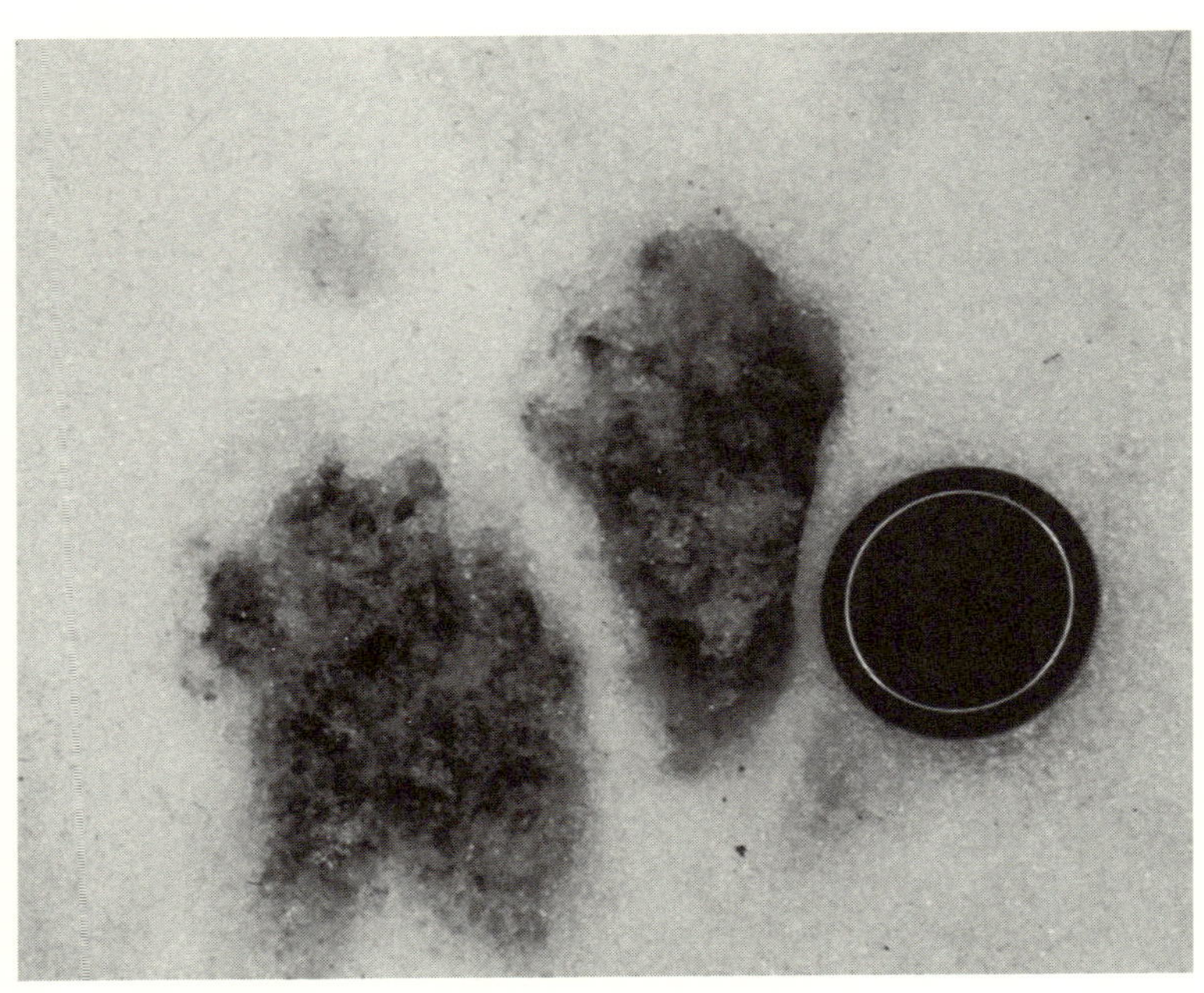

14.1　うしろ足（左）と前足（右）が並べて置かれている。横に52ミリの黒いレンズ・キャップを置いて、ツキノワグマ（クマ属チベット種）の足の大きさを示した。

一九八五年一〇月二五日。一〇カ月前に、ネパールの指導者たちが興奮したのは、彼らの国が、世界に新しい動物を紹介しつつあるかもしれないと思ったからだ。「新しい動物」がどういうものなのか、はっきりとさせる？　科学にとって新しい動物はつねに仮定にすぎない。だが、一年前の興奮は、ネパールの人々が自らのアイデンティティーを確認した誇りによって起こった。それは土地の知識の価値が検証された結果だった。発見されたことは一動物よりさらに重要なことだ。それはバルン渓谷そのもので、ネパールはこれまで知られることのなかった宝物を持っていたのである。発見が表沙汰になったのは（12章で述べた通り）、ティルタと私がその午後、バルンの尾根で腰をかけて、はるか下を眺めていたときだった。そのときにティルタは、自分の国が今もなお宝物を保持していることに気づいて、そのことを口に出した。「バルンは、人々がこの土地を変えてしまう前の湿潤なヒマラヤを示しています。実際それはアジアの湿潤なジャングルそのものです。……頭を巡らすだけで、平地で五〇〇〇マイル（約八〇四七キロ）に及ぶ眺望が開けます。……ここでは人々がこの土地にやってくる前の、熱帯から北極圏に至る、アジアの生息環境を見ることができます」

ネパールで有数の植物学者によるこの評価で発見されたものは、一つの種よりさらに大きな遺産であり、相続財産だった。広い野生の地が明らかにされた。それを発見したのはネパール人たちだった（それはティルタだけではなく、カジや他の人々でもあった。中でも、バルンが「もっとも野生の地」だと知っていた国王は、その発見者の最たる者だ）。ということは、この発見をしたのはネパールの地域社会（コミュニティー）である。ここ何年ものあいだ、私を興奮させてきたものはイエティの謎解きだった。これに答えるために、クレーグヘッド兄弟は私の探索に加わった。しかし、われわれのチームが行なった大きな発見は、ネパールのいまだ手つかずに残された野生だったのである。そこで今、私が友達といっしょに政府の建物の廊下を歩いているのは、拠点を人々に置いた保護について、新しい考え方を紹介するためだった。それは人々の関与に基づいた保存ということだ。今から二週間後には、海外の参加者たちが、シンポジウム（忙しいスケジュールを縫って参加するに十分値する）のために到着する予定だ。そこでは、新たな国立公園の建設に向けて、その輪郭が描かれる。そしてこれを機に協力関係が継続され、クマに対する疑問から成長を遂げたこの構想が、引き続き行なわれるように提案される。この公園を手はじめに、地方のコミュニティーの管理のもとで、何とかうまく公園を運営していく体制を作り上げたいというのが、われわれの今抱いているアイディアだった。

ティルタとビショウ、それに私は座って午後のティーを飲み、さらにこのアイディアを先に進めた。「私は海外からきた訪問者たちに、世界の最高峰の山々で、その奥深い所をぜひ見てもらうチャンスを持ちたいと提案したんです。ネパールのリーダーたちと海外の専門家たちに参加してもらって、計画会議を持つことはできないだろうか？　大臣や役人たちを連れてきて、地方のリーダーたちと同席させ、バンブーハットでいっしょに計画を立案することはできないだろうか？」

「そんな会議はこれまで、一度だって開いたことがないですよ——ヒマラヤの真ん中で、しかも人々と協力してなんて！」とティルタは熱くなった。「私たちのリーダーは、そのほとんどがオフィスの中で退屈し、時間を持てあましています。すべては招待状をどのように出すかにかかっているのではないでしょうか」

ビショウが灯りを点けた。「今夜はエリザベス女王の誕生パーティーがあります。その前に国王のおじのシュシル将軍、ネパール王立アカデミーの総長バンデル、それに国家計画委員会の副委員長サインジュを招待しましょう。もしこのグループが来るというニュースが広まれば、今夜のパーティーに他の者たちも参加したいといい出すでしょう。ヘリコプターに乗れる人数は限られていますので、誰を呼ぶのか、そのときにわれわれが決めることができます。そして誰を呼ぶのか決める際に、管理を地元の人々に任せるという課題を具体化しましょう」

次の朝、私たちはふたたびビショウの家に集まった。ビショウは香辛料で味付けしたウズラの卵を出してきて、ひどく興奮していた。パーティーのあとで、彼は王子のギャネンドラに会った。「殿下はタイへ出かける前に、私を宮殿へ招いたんです。彼は世界自然保護基金が、アンナプルナ・プロジェクトに村人たちを含めて実行しなかったために、ひどく苦労をしたことを知っていました。それで、人々をベースにしたアプローチを押し進めたいと思っていました。彼の命令に従って、今朝すでに私は、カンドバリの地区役人のチーフにテレックスを送って、人々を基にした会議を開く予定だと伝えました。また王室航空団にも連絡をして、三台目の一六人乗りヘリコプターを用意しておくように指示しておきました」

ティルタは心配だった。「昨夜、人々の中には、どの地区が今度の国立公園の中に入るのだろう、それが知りたいという人が何人かいました。他にも人を基準にした管理について、その詳細を知りたいという人々もいた。中には数人だが、人々を巻き込むことは君主制の弱体につながるのではないか、とそれとなく心配する者もいました」

ビショウが言葉を挟んだ。「もうちょっと簡単な案にしたらどうでしょう。『新公園』だけでいいんじゃないですか。目的はネパールのすばらしいジャングルの中に、人々の公園を作るということにしたら――作り方の詳細はいわないで」

ティルタはそれでもまだ心配だった。「海外からやってくる人の意見が問題となるかもしれませんね。われわれは外国の人々から、何をすべきだといわれるのをあまり好みません。人々の声は無視できないですからね」

ビショウはほとんど聞いていない。「オーケー、公園ということでは、われわれの意見は一致しました。ともかくこの会議に疑問を投げかけるのはやめましょう。疑問の余地のない案を提示しましょう」

ティルタは私の方を向いていった。「ダニエル、あなたはどれくらいお金を持っているんですか？　今、われわれが話をしているのは、四〇人ほどの人々を、ジャングルの中で数日間迎えるということですよね。ヘリコプターはとびきりお金がかかりますよ。最終的にはかなり大きな出費になると思いますが」

「手元にあるのは一万五〇〇〇ドルです」と私は素直に答えた。「昨日の夜、公園の境界を測定するフィールドワークに、いったいどれくらいの費用がかかるのかと計算してみると、二万五〇〇〇ドルになりました。今それに、ヘリコプターの費用を加算しなければなりません。そして現地で会議の準備をするためには、さらに時間もかかります」

「境界の測定費用を調達するのに数カ月はかかるでしょう」とティルタが答えた。

「手元にあるのは一万五〇〇〇ドルだけです」と私はおとなしく答えた。「コロラド州のアスペンにすてきな男でもいればね［アスペンはアメリカでも屈指の高級スキーリゾート地。金持ちは冬になるとアスペンで過ごした］」

「あなたは、さらにたくさんのお金が必要になりますよ」とビショウが忠告した。「国王陛下は、あなたのことを信頼に値する人だといってました。私が約束したことを、あなたはサポートしてくださらなくてはいけません」

ティルタもまたやさしく、私をプッシュした。「ダニエル、あなたは私の政府に対して、永遠に関与するようにと要請しましたね。そうしてあなたは今、政府があなたの責任をどのように見ているのか、それを変更するような発言をしはじめています。重要な人々をともなうこのような計画を語るとき、あなたに必要なのは自分の責任を果たすことだと思いますよ」

私はティーカップを下に置いた。次に開かれる「山岳協会」の役員会でふたたびまみえる、二人の疑い深い役員の顔がぱっと目に浮かんだ。二人はまた疑問を持ち出すだろう。そして変更のできないきちんとしたお金を要求するだろう。といっても私は、もはややりかけた仕事を放り出すわけにはいかない。もし放り出したりしようものなら、私はこの国を今日にでも立ち去らなくてはならないし、二度と戻ってくることもできないだろう。山岳協会の会長として私は、銀行に融資の限度額を要求することができる。それでヘリコプターの代金や、ジャングルの勘定をすべて支払うことになるだろう。打ち合わせのあとで、私は政府の支援とともに、私の考えを伝えるつもりだ。そしてこれをもとにすれば、私がお金を調達することは可能だろう。ティルタを見て、「手持ちのお金は、今あなたにお話しした通りです――それ以上のお金については、電信為替で送金するつもりです」といった。

ビショウが割り込んできた。「私は昨日殿下に、彼の兄上（国王）があなたのことを、信頼できる人だといっていると伝えました。しかし、ここに新たな問題があります。ジャングルに連れていけない人々に参加してもらうために、カトマンズで集まりを持たなくてはなりません。私はホテルを借りることと、報道機関を入れることを決めました。ティルタ、あなたはどうお考えですか？　二日で誰もが満足するでしょうか？　食べ物や強いお酒を出さなくてはなりません――ティーとビスケットだけでは、プロジェクトが真剣な計画に見えなくなりますから」

ティルタがうなずいた。「一晩あれば十分でしょう。みんな丸一日中会議をするのはいやでしょうから。参加した人々はおそらく、政府の高官たちと会いたいと思うでしょう。だが、王がその背後にいるということは、発表の必要がないと思います。それはみんなが知っていることですから。ともかく、われわれは寛容にする必要があります。そうすれば、誰もが参加できると感じるでしょう」

私の頭はくるくるとまわった。カトマンズの官僚たちのエゴ……ティーとビスケットでは不十分……二晩のために用意するホテルの大宴会場……新聞、ラジオ、テレビ。ちょっと前には、ヘリコプターとジャングルで働くスタッフについては、承諾しようと思っていた。だが今は、厚かましさと、店じまいしかねないという思いの差異を眺めている。

ビショウは続けた。「われわれはのちに、もう一つ集まりを持たなくてはなりません。まず二晩の集まりで国立公園の案を打ち上げる。そのあとで、最後にもう一つ、ジャングルの会議を公に承認するための会議を持つ必要があると思うんです。誰もがみんな参加している気持ちでいたでしょう。ところがヘリコプターにはみんなを乗せるスペースがない。それは分かってもらえるでしょう。そう、ですから、もう一つの会議は、ジャングルのグループが戻ってきてから開くことにしましょう」

心のレジスターが費用を記録しつづける。二〇人のネパール人を乗せるヘリコプター、九人の外国人、テント、キャンプのスタッフ、カトマンズで開かれる三度の豪華なレセプション。私は背中にバックパックを背負って、イエティを探すことはできた。だが、国立公園をはじめるには、ひどく強い胃袋が要求される。

ビショウはふたたび割って入った。「最後の夜は王の森にあるロイヤル・コテージに立ち寄ってみてはどうでしょう、いかがですか？　街からほんの二〇分の所です。人々はとても興味を示すと思いますし、会議に一色趣を添えることになると思います。コテージは私が管理しています」

私のレジは推測を続けている。このアプローチを私は信じていた——発生したエネルギーは完璧なものとなるだろう。私は資金を調達するために、アメリカ中を動きまわらなくてはならない。しかし、それをするために私は、頭蓋骨以上によいものを手にしている。それは世界でもっとも高い山脈の国立公園で、雪の中で消えていく足跡ではない。

14.2　サルディマ草原で開かれたマカルー・バルン国立公園の計画会議に出席するために、ヘリコプターで到着した代表団。

＊

国王のヘリコプターに乗り込むと、回転翼の羽根がまわりはじめる。この飛行はビショウによってお膳立てされたもので、翌日に予定している王族を運ぶ前の予行演習の飛行だった。そのために、この日にかかる費用は燃料代だけである。谷を抜けて飛行していくときに、私は丘にしがみついているように建っている家々を見た。そしてウェンデル・ベリーが、自然保護の仕事を要約しているのを思い出した。「われわれの種の永遠に終わることのない仕事……われわれがそれによって、自然を保護しなければならないただ一つのことは……、それによってわれわれが、自然を守らなくてはならないただ一つのことは文化である。それによってわれわれが、野生を守らなければならないただ一つのことは家庭生活だ」[1]。われわれが目指していることによって、自然が隔離されるようなことがあってはならない。むしろ人々は自分たちがどのように生きているのか、それを考え直すべきだろう。

ヘリコプターはマカルー・ジャングリ・ホテルの上を飛んでいる。そのときに私は天候のことを思い出した。そして、最大のリスクはお金のことではないかもしれないと気がついてしゅんとなった。ひとたび着陸すれば、外部から雪で断ち切られてしまうかもしれない。もし人々をそこから脱出させることができなければ、問題はますますエスカレートするだろう。この会議自体が、新聞の第一面を飾る大惨事のニュースになりかねない。数カ月前に会議を組織したときには、このリスクを知っていて、一年の内で一番、暴風雨の起きない天候の週を選んだつもりでいた。だが、エベレストやバルンの天気を予想することは不可能だった。

急旋回をして機体を揺らしながらヘリコプターは着陸した。パサン、息子のタシ、それにレンドープがわれわれの所へ走りよってきた。二日前に彼らは到着していたが、その前に二週間ほどかけてさまざまなものを運び上げていた。ひと連なりのポーターに、食料、フィールド・キャンプの必需品、八羽のニワトリを背負わせ、二匹のヤギを引っぱりながら峠を越えてきた。そしてテントを立ち上げ、会議のセンターを作る作業に従事している。あとひと月もしたらヤク追いがやってくるが、彼は以前の小屋が横に大きく伸びた竹編みのウイングで拡張されているのを見つけることだろう。

ウイングの一つは、もう片方にくらべて二倍の長さがあり、その中には、作業人たちが竹を編んでこしらえた会議用のテーブルがあった。川の方へ目をやると、そこには石が楽しげに並べられていて、開けっぴろげな水浴びができる場所になっている。男性は利用できるだろうが、はたして女性が使えるものなのかどうか？

次の日、ヘリコプターが到着した。続いて二台目のヘリコプターも着く。着陸すると、乗っていた人々の目がすべて滝の方へ向かった。世界で五番目に高い山の麓から、水がほとばしり落ちている。この崖は、前にレンドープが次のように表現した場所だ。「大きな山が放尿している姿を想像してみてよ」

ジョン・クレーグヘッドがずっと向こうの方で、何かを見つけたようだ。「ダニエル、あれは煙かな？あんな高い所で誰かが火を焚いているのかな？」

滝の彼方で細い煙のようなものが上がっている。ジョンは持ってきたNASAの衛星写真を取り出した。そして岩の断崖の背後にある、凍結した大きなくぼみを指差した。そのまわりは雪原で、それが滝に水を供給しているにちがいない。煙はそのくぼみの中から来ているようだ……もしそれが煙なら。

二一人の人々――内訳は一二人の年長のネパール人、それに九人の西洋人――がサルディマ草原に降り立った。彼らとともに六人の地元政府の代表者たちがいる。地元政府の人々はみんなつねに会議で忙しい身だが、ここにきて、さらにきっちりとスケジュールが組まれ、仕事日をふやすことになった。参加した人々に対して、今回の会議では二四時間ぶっ通しの活動が要求される。朝はバードウォッチング、晩はキャンプファイアと軽い食事。

国王のおじに当たるシュシル・シュムシェレ・ジュン・バハドゥル・ラナ将軍が、公園計画の専門家会議を開催した。「本日の会議の議長といたしまして、みなさんをお迎えすることは、私のよろこびといたすところです。それに、これほどたくさんの著名な方々においでいただくことは、ふつうでは考えられないことです……」。ちょうどそのとき、『ナショナル・ジオグラフィック・マガジン』の編集長ビル・ギャレットが、手おの掛けしたベンチに腰をかけていたネパールの森林大臣と、ネパール王立アカデミー総長のあいだに割り込んできた、ドッジ基金の理事長スコット・マクベイの写真を撮った。フラッシュの光が、編み込んだ竹の隙間から外へ漏れ出した。会議は続けられ、太陽の光が細い筋となって入り込んで、部屋を明るくした。

「こんなに粗末な所に、たくさんの著名な方々に来ていただきました。会議のテーブルも粗末なもので、村人の人々に激しく非難をされたところです。ただし、読み書きもできず、車輪が車を動かす姿も見たことのない彼らですし、その技術はわれわれのものとは異なっています。ただ、もし彼らが、今そのまわりで話をしているテーブルを作り上げたのが竹の枝だと知ったら、おそらく彼らも、このジャングルを大切にするための知恵を、持ち出してくれるものと期待しています」。将軍は、テーブルから離れた所に座っている地元の人々の方を向いて、うやうやしくいった。「どうぞテーブルの方に来てください。そして話をしてください。われわれはアイディアとともに理想についても語ります。思い出していただきたいのは、われわれが計画しようとしている公園は、人々に基づいたものだということです。これ以上にふさわしい状況はありませんし、これ以上に適任のグループが集まることもありません。みなさん、ようこそいらっしゃいました」

続いて審議が行なわれているあいだに、王室の一員が食べ物を運んできた。国家計画委員会のリーダーはキャンプのまわりでゴミをひろうために出かけた。クマの身元の話はさておいて、議論は人々のもとへと移動した。政治家たちは、どんな法案が政府を通過できるのか、その概要を示した。また科学者たちは忘れられては困ることについて話し、官僚たちは不慣れなものをどうしたら処理できるのか、その方法を考えた。フリップチャート上では、三〇〇平方マイル（約七七七平方キロメートル）に及ぶコアの部分が、すでに保護されているエベレストの地域につながる形で提示された。そのコアな部分を、人間が破壊することなく使用できる保護地域が取り囲むことになる。隣接する世界銀行の水力発電計画には十分注意して、それを考えに入れておかなければならない。さらに周辺の村々の人口増加にもまた留意する必要がある。

コミュニティーは人口と野望が成長するに従って、「今は空いている」土地へと移動し、われわれが保護を模索している森林や動物を、通常の場所から動かそうとする。このようなコミュニティーをどのように扱うのか、そのプランを開発することが必要となる。

地球の人新世の時代では、他のすべての場所と同じように、この土地もまた、人間によって「触れられていない」手つかずの場所というわけにはいかない。そしてわれわれの議論も、やがてますます頻繁になる人間の接触を、どのように誘導するかがその目的となる。地球が、そのもっとも破壊的な動物に適応していくにつれて、われわれの野望は、この場所を人間の衝撃のすぐそばに置きながら、しかも、それよりほんの少し多く、自然の影響を受けることができるようにしたいということだ。

ティルタはこんないい方をする。「この場所に触れることができるようにするためには、自然の持つ魅力的でナチュラルな仮面を強調しなければならない」

最後の夜、ビショウはこれから大かがりに火を焚くつもりだと発表した。どういうわけだか三本のスコッチが現われた。パーティーの準備をするために、旧友三人がサルディマ草原を離れて、ジャングルに薪を取りに出かけた。ジョンとティルタは倒木の上に腰を下ろしている。このネパールの木はシャクナゲ（*Rhododendron campbelli*）で、名前はスコットランド出身の男にちなんで付けられたという。私は向かいの岩の上に座っていた。「ティルタ、それにジョン、私たちは状況を変えようとしているんですが、このアプローチはスタートしはじめているといっていいんでしょうか？」

「われわれは何としても、それを見届けなければいけないね」とジョンはいう。「人間が一つの種として、そしてエコシステムの一員として管理される公園というのは、いかにもよさそうに聞こえる。一〇〇年前にくらべれば、たしかにそれはいいだろう」。そして、ジョンはアメリカの騎兵隊について語った。騎兵隊はイエローストーンに乗り入れ、ネイティブの人々を追い出した。そのあとで境界に軍隊を配備すると、その地域を確保して、イエローストーン国立公園を作りあげた。

ティルタがあとを続けた。「われわれとともに参加するのは、(騎兵隊なんかじゃなくて)それにふさわしい人々ですよ」

「それにしても、気をつけなくてはならないのは、世間で起きるセンセーションだ。それは地域それ自体より大きく感じられるだろう」とジョンがいう。「エコシステムは土地そのものより大きい。というのも、それは全体を圧縮して、一つの場所へ押し込めるからだ。エコシステムは君たちを小さく感じさせるよ」

「ジョン、あなたは何か大物の仏教徒みたいですよ」と私はくすくすと笑った。「ティルタはどう思う？それは一滴のしずくの中に、大洋を見つけるようなものじゃないですか？　もちろん、今は一つの公園を通して見るのは地球ということですが」

「もう少し複雑なんだよね」とジョンはいう。「ハイイログマって動物以上の存在なんだよ。クマを檻の中に閉じ込めちゃうと、それは分離させてしまうことになる。仏教徒はこんな風に説明をしているんだ。現実は他のものの現われとして存在している。つまり、檻と野生動物の関係は、野生と文明化されたものとの関係だという。檻の外で自分の行動圏にいるハイイログマは、動物それ自体より、さらに大きな野生を表わしているということなんだ」

「オーケー」と、私は話題を変えようと思って割り込んだ。「一つ疑問があるんだけど。草原が原始のままで汚れていないかどうかを知る方法として、草とスゲの割合を調べるやり方があるのを思い出した。これって本当なんですか？」

「えっ、たった今、国立公園の計画について話しているのに、どうして？」とジョンは、けむに巻かれたような顔でたずねた。

「ジョン、ダニエルが奇妙な質問をするときは、いつでも、彼はまたイエティのことを考えているんですよ」とティルタはほほ笑んだ。

「ティルタのいう通り」と私。「だけど、どうか草とスゲについて教えてくださいよ」

植物学者のティルタは語りはじめた。「荒らされていない草原には、つねにスゲがほとんど見られない。草が丈高く生えている。そのために、草原の草が動物たちによって食べられていなければ、スゲに必要な太陽の光線を、草がブロックしてしまうんです。本当に原始の姿をした草原では、スゲはわずかに一五パーセントほどしか見つからないかもしれない。しかし、草原の草が動物たち、とくに家畜によって食べられてしまうと、草は短く刈り取られる。そうするとより強いスゲは生長する。そしてそこでは、一五パーセントの草（と野草）しか見つけることができなくなるんです」

ジョンは付け加えた。「流動的な生息環境が、より頑丈なスゲをもたらすということなんだね」

「スゲと草を見分けるのは、どうすればいいのだろう？」と私はたずねた。「二つとも草のように見えるけど」

「草は幹が丸いんだ」とジョンが答えた。「しかし、スゲの幹は切り口が三角形をしている。それに花が一カ所から咲くのだが、草花は幹に沿った節から咲く」

ティルタが続けた。「ダニエル、草とスゲの問題は、あなたが取り組んでいる、バイオレジリエンスの考えを前提にすると興味深い。原始の姿をとどめるシステムには、種の最大の多様性があると多くの人々は考えています。しかし、このシステムは往々にして行くところまで行ってしまいかねない。つまり独占種が優位になってしまうんです。バイオダイヴァーシティーが極大化するのは通常、生息環境が流動的な所だ。たとえばそれは森や草原、あるいは大地と海とが接触する河口のような所です。人々が責任を持って土地を使用するときも同じようなことが起こる。このような接合点では多数のニッチが存在する。そして多数のニッチはバイオダイヴァーシティーを促進することになるんです」

「私は今もなお、草とスゲの形がどうあれ、どんな風にして君のイエティと関わりがあるのか、それをずっと考えているんだけど？」とジョンがたずねた。

「さあ、この枯れ枝をひろい上げて、キャンプへ戻りましょうか」と私は答えた。ティルタは笑っている。われわれは枝を引きずりながら、丸石を敷きつめた道を帰った。この道はときどき、密輸業者たちがチベットへ帰るときに使われる。

＊

キャンプで過ごす最後の朝だ。夜が明けて一時間のあいだは、いつもの朝よりいちだんと動きが激しい。着るものがダッフルバッグに詰め込まれ、寝袋も詰め物でいっぱいだ。朝食も早めにすました。スコットとヘラのマクベイ夫婦は、こっそり抜け出して最後の散歩へ出かけた。私は岩にもたれて、メモを書いていた。サルディマの滝をまた眺めていると、岩肌から滝が音を立てて流れ落ちている。今日もまた、滝の後方から細い煙がたなびき上がっていた。だいたいあれは煙なのだろうか？

しかし、キャンプには不確実な要素が漂っていた。ヘリコプターはいつやってくるのだろう——それにたとえ来たとしても？　心配はここサルディマにあるわけではない。草原の上には青い空が広がっているのだから。しかしカトマンズでは、一一月の朝は霧が深い。ときには朝の九時まで晴れないこともある。

飛行には一時間と一〇分ほどかかる。昨夜のスニッチのボトルがみんなを多弁にしていた。

ボブ・デーヴィスがこちらにやってきた。「ダニエル、ヘリコプターの飛行パターンはまだ有効だよ。谷を見下ろしてごらん。昨夜、われわれがいっていた通り、この谷は九時三〇分頃には晴れる。そして下の方にある雲が上りはじめるんだ」。ボブは谷の下端を指差した。「今、雲は六〇〇〇フィート（約一八二九メートル）の所にある。したがって、ヘリコプターは九時三〇分までに入ってこなければならない。だが、それだけではない。人々を運び出すためには、ヘリコプターの折り返し運転をしなければならないので、二度にわたって入らなければいけない。そのためには、カトマンズの霧が八時頃には晴れていなくてはならないだろう」

14.3　バンブーハットに集まり、マカルー・バルン国立公園の計画について話し合う面々。左から右へ、『ナショナル・ジオグラフィック』の編集長ビル・ガレット、ベヴァリー・オスマン、ドッジ基金のスコットとヘラ・マクベイ、ジョン・クレーグヘッド。

「だんな方、熱いティーです」と、パサンが湯気を立てているマグカップを二つ持ってきた。彼はすぐに小屋へ戻って、キャンプのキッチンの仕事をしなければならない。パサンの声からは疲れが感じられた。彼はすぐにでもここを離れる心づもりでいるのだろう。彼たくさんの要人たちのために料理をすることは——それもそれぞれに好き嫌いがあり、材料は限られている

――たいへんな緊張を強いられる。誰もが無視しているが、彼は黙々とそれをこなしていた。パサンのような人々が、みんなの注意を引くのは、何かうまくいかないことが起きたときだけなのだ。

彼が立ち去ろうとしたとき、私は声をかけた。「パサン、食料はあとどれくらいの日数分があるの?」

「今朝の朝食のあとだと、三回分の食事ができます。しかし、砂糖はもう二回分のティーの分量しか残っていません」

二一人の政府高官、六人の地元役人、三人のキッチン・スタッフ、それに、トラブル発生時の予備要員として残っていた一二人のポーター――全部で四二人。計画を立てたときに、計算をして持ってきた食料は、八日分(会議の五日と予備の三日。それが予備の日が一日半になってしまった)だった。私はティーをすすった。パサンはいつものように、私に余分の砂糖を入れてくれた。他の者たちもパサンの所へ行っては、余分の砂糖を注文したにちがいない。六〇ポンド(約二七・二キログラム)の砂糖が使用されたことになる。

ビショウがやってきた。「ひとまず成功です。今ではわれわれのアイディアに兵士たちも参加しています」

「ビショウ、まだ分かりませんよ。今日の友達が事務所へ戻ったときに、なお、今の考えを持っていてくれるかどうか」

「それはそうです。誰を信頼していいのか分かりませんからね」とビショウは答えた。「だけど、これで十分だと私は思っています。見てください。これほど多くの力量のあるネパール人が、こんな仕事でいっしょになっているのを、あなたはこれまでに見たことがありますか?」

太平洋の北西地区出身の自然保護活動家ダン・ヴォルム――彼はまたヘリコプターのパイロットでも

あった——が、近づいてきた。「やがて、あのヘリコプターがうまく滑り込んできますよ。この雲のあいだを谷から飛び上がってくるのは、ヘビの腹の上を航行するようなものですからね——カーブする岩壁が、曲がるたびにヘリコプターを粉々にしてしまいます」

ビショウはほほ笑んでいた。「ヴォルム、心配はいりません。ここにはシュシル将軍がいますから。彼は王室航空団を預かっています。パイロットたちは、たとえヘビの腹から飛び上がってくるにしても、必ずぶじにやってくるでしょう」

雲はほとんどわれわれの上にある。おそらくヘリコプターは雲を乗り越えることができるだろう。しかし、ちょうどそのとき、雲の内側から、まぎれもないパシャパシャという音が聞こえてきた。

ダン・ヴォルムが指を差した。「あそこを見て」。彼の指先を追ってみると、フランス製の巨大なヘリコプターが見えた。ヒマラヤの地表面の上を飛んでいる。雲の中ではなく雲の下だ。スピードもゆっくりだ。訓練されたパイロットたちが将軍を迎えにやってきた。

やがてヘリコプターは、青い穴を抜けて上へやってくるだろう。

一グループがこれから出発する。そのうしろでは、二番目に飛び立つヘリコプターが、翼の羽根を回転させているのが見える。人々はヘリコプターの方へ押し寄せてきた。それは全参加者のほぼ三分の二ほどに当たる。ネパール人たちは、シュシル将軍のために道をあけた。私は彼に駆け寄って腕を振りながら、出発を急いでほしいといった。「将軍、どうぞ。出発の時間です」

パイロットは待ちかねている様子で見ていた。シュシル准将は他の者たちに身振りで、ヘリコプターに乗るように指示する。そして私を引き離すといった。「ダニエル、私は残るよ。砂糖が不足していると思うけどね」

＊

一九九〇年五月。マカルーとエベレストの北側の麓近く、国境を越えた中国領内で、われわれの多くはふたたび会合を持った。そこは中華人民共和国チベット自治区のシェガルだ。やってきたのは、ネパールのマカルー・バルン国立公園に隣接する自然保護区の設置計画を打ち上げるためだった。この中国保護区の大きさはマカルー・バルンの一〇倍、イエローストーンの三倍もあった。中国の同僚たちの指摘によると、台湾よりも大きいという。アジアでこれまで提案された保護区の中では最大のものだった。中国はともかく大きなものが好きだ。

この保護区は幅が一八〇マイル（約二九〇キロ）にわたっていて、ネパールの五つの公園に隣接している。そして、短い無保護地帯を隔てて、インドのシッキムの公園、ブータンの一連の国立公園、さらにインドのアルナーチャル・ブラデーシュ州、ミャンマーなどと境界を接していた。そしてヒマラヤ東部の、広さが五〇〇マイル（約八〇五キロ）ほどの保護地域につながっている。広大なヒマラヤの三分の一が保護されていて、その帯状の土地はおおむね長さ五〇〇マイル、幅二〇マイル（約三二キロ）の大きさに広がる。やがてはチベット南部の保護区――「四大河」と総称されている――が、雲南（ユンナン）やさらに下ってカンボジアと接続されることになるだろう。サルディマ草原の会議に続いて、各国で自然発生的に議論が出はじめていた。ネパールでは、国立公園に対するアプローチに変化が見られた。中国は新たなコンセプトを採用した。インドとブータンは自然保護の見直しをスタートした――この平行協議を押し進めたものは、地元の人々の利益のために自然保護を優先させるという方針だった。それはただ単に自然のためだけではなかった。

このようにして、野生と人々の生活の両方を保護するための改善がはじまった。分かりやすい例としては、家畜が草を食べると、野生の草原で多くの花々が咲くというのがある。それは自然が人々によって使われることで、より美しくなりうるということだ。結果として、景観レベルで展開する保護ということがいえる。自然を保護するということは、ただ単に、場所を人の手に触れられずにしておくというだけではない。自然にどのように触れ、その成長をどのようにして助けるか、それを理解して育てることだ。

この進化しつつある理解の中で、各土地は保護と使用を配分する地帯へと組み入れられる。そして今では、「ランドスケープ」(景観)と名付けられた地域全体に、地帯と地帯がそのバランスをよく考えて配置されている。その地域の中では、自然にうまく反応した管理政策が行なわれていた。第一地帯は、破壊しない指針をともなう「中心地域」、第二の「緩衝」地帯は、動物が草を食むような行動は許すが、人間の居住は受け入れない。第三地帯は畑をともなう「農業地帯」で、畑はまた自然保護のパラメーターでもある。第四地帯は密集した人間の居住地帯(町や都市でさえある)だ。しかしそこでは、手つかずの原野に対する破壊的な影響は制限され管理される。中国政府がチョモランマ国家級自然保護区(QNNP)と呼んだものから、ネパール、インド、ブータン、ミャンマーなどの地域が、人類全体のための構想をさらに押し広げている。

われわれがラサではじめたばかりの会議のあとで、中国政府はQNNPを、万里の長城や明代の皇帝陵墓と同じような、保存に値する「国宝」とすることに決定した。今では国際的なパートナーシップ(国際協調)も育ちつつある。世界の人口の四〇パーセントが住む所、そして地球上の最高峰がそびえる場所の中央部で、ほぼまちがいなく、この地球でもっとも高いニーズが今、提案されつつあった。それは地球のレスポンシブル・ケア〔化学製品の開発から製造・流通・消費・廃棄の全過程わたって、自主的に環境・安全・

健康面の対策を推進し、活動の成果を公表して、社会との対話を行なう化学工業界の自主管理活動〕である。

これをさらに前へと前進させるために、この旅では四つの国々からパートナーたちがやってきた。さらに広い世界では、チベットにプレッシャーをかけて、中国の統治から自由になるように呼びかけている国々もある。だが、われわれの活動は、今日の政治問題を越えて、人間のさらに長期的な問題を解決するための基盤を構築するために働きかけている。その問題とは、人間の生活が要求する環境の保護ということだ。これをベースにしてはじめて、経済的な発展、健康、教育、政治への主体的関与が成長するのだろう。環境保存への参加型アプローチがわれわれの目的だが、それはのちに、さらに大きなガバナンスへ向かって、人々の意識を底上げしていくにちがいない。

ここへ着くまでにわれわれは、チベット高原を車で横切った。高度が高いために、酸素は平地の三分の二ほどしかない。木が生えていないし、草もまばらで月面のような風景だ。家々はまわりの土を積み重ね、押し固めて作られている。われわれ四人が座っているのは古びたキャラバンサライ〔砂漠にあった中庭付きの大きな宿屋〕だ。われわれが通ってきた自動車道路は、中国によって完成されたものだが、この道路が作られるまでのシェガルは、中国・インド間のティーロードを行き来するキャラバンが、立ち止まり休息する場所だった。門の外へ出て、このキャラバンの中継点からインドへ行くには、道を右へ行けばいいし、ラサへ、そして中国へ行くには左の道を行けばよい。

ラサで終えたばかりの会議は、チベット自治区の知事の胡錦涛（のちに中華人民共和国の国家主席になった）の支援を得た。そこで出された結論は、個々の管理体制を作り上げることではなく、新たに設立される四つの国立公園をすべて地方の自治体が管理するということになった。保護と統制を平行して行なう管理体制はまだ確立されていない。むしろ一つの体制が保護と統制の両方の仕事をする。その結果として、

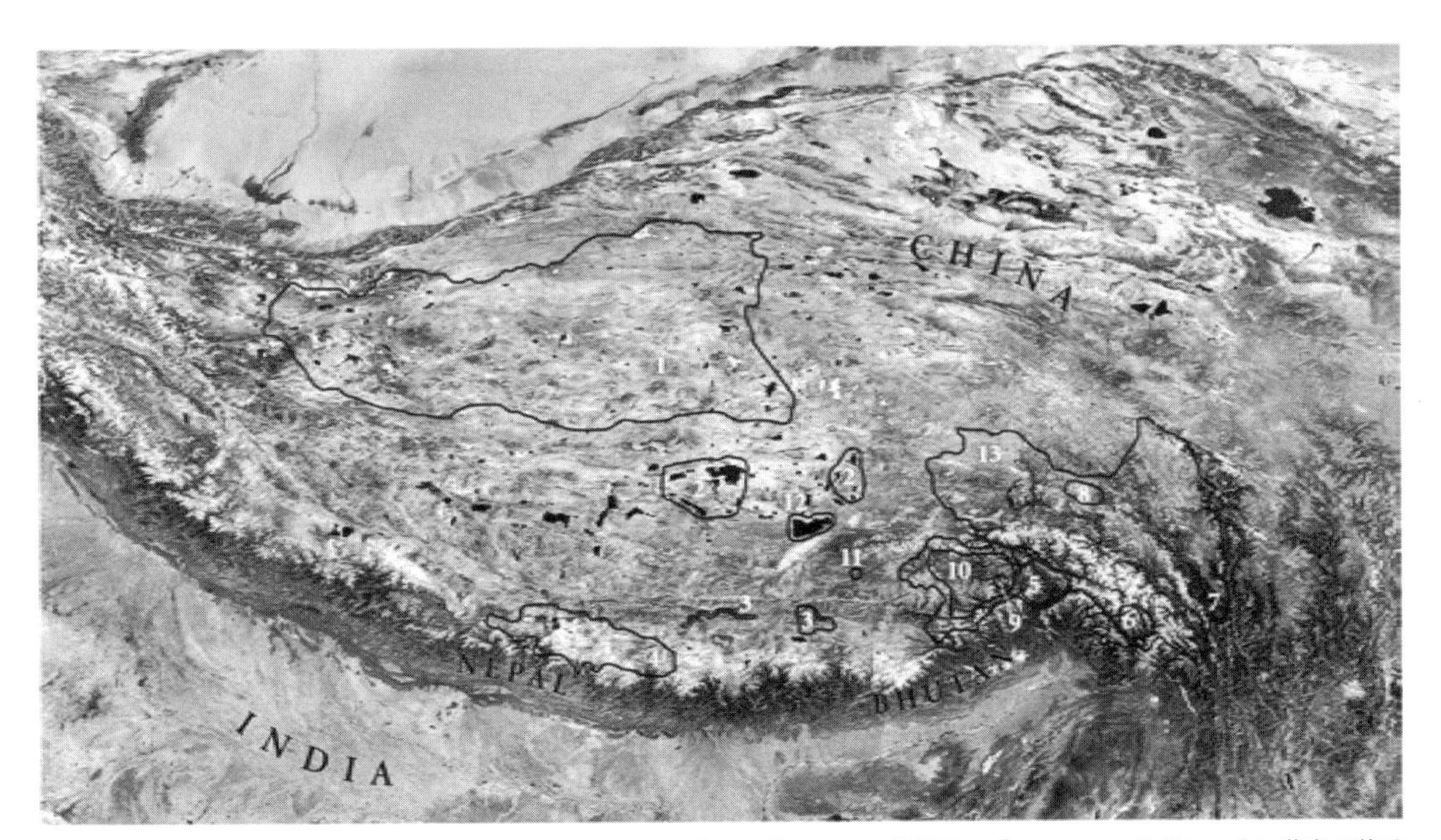

14.4　中国のチベット自治区の全域に広がる 13 の自然保護区の地図。この保護区は「イエティの発見」の次に著者が着手したもの［未来世代大学提供］

人々は自然とともに、揺るぎない永続的なやり方で生活をする方法を習得する。

外部で、われわれの活動を耳にした専門家たちは懐疑的だった。中国の共産党が、はたして本当にパートナーとなりうるのだろうか？　しかし中国には、思いも寄らないパートナーシップの歴史があった。一般に認められたモデルではないが、健康や教育を実現するはだしの医者や農民の学者たちが存在した。環境保護の分野では、人々をベースにしたアプローチが、はたして使用されうるものなのだろうか？　胡錦涛がわれわれに語った考えは、環境保護が「自然と共生すること」へと変化するためには、政治を取り入れることだという。私にとっての「自然との共生」は、変化へ順応するために、一つの種がバイオレジリエンスを発展させることだった。人間の生活だけではなく、あらゆる生きものを支えるのに必要なのは、われわれの能力を引き延ばしうるシステムをきちんと定着させることだ。

ジョン・クレーグヘッド、トム・ラウシュ（ニューヨーク出身の友達）、そして私が大きなテーブルを囲んで座っていた。この大洞窟のようなホールは、一九六〇年代から一九七〇年代にかけて中国軍のために作られたもので、彼らはＣＩＡが後押しするダライ・ラマの兵士たちの攻撃を恐れた。三人が座っているのは、おそらく二〇はあると思われるテーブルの一つだった。時が経つにつれて、人々は洞察を得るようになった。そして、ダライ・ラマの教化は、もはや暴力的な反乱を支持しないという彼のメッセージで証明されている。今日、ファンダメンタリズム（根本主義）へと向かっている世界では、ダライ・ラマの旅は次のようなことを物語っていた。つまり、彼はファンダメンタリスト（根本主義者）として活動をはじめて、新しい考え方を取り入れていたということだ。彼の神聖さはいちだんと増した。

机の向こうからトムが話しかけてくる。「ダニエル、ちょっとみっともない質問なのはよく分かっているのだが、昨日、目にしたエベレストは何といっても世界最大級のものだろう。あんな山の前にいて君は、

国立公園

1. Changtang 国家級自然保護区
2. Se-lin-cuo 黒首鶴繁殖地
3. Yalung Tsangpo 川黒首鶴非常駐領域
4. チョモランマ(エベレスト)国家級自然保護区
5. Yalung Tsangpo 大河川渓谷国家級自然保護区
6. Chayu Cibagou 国家級自然保護地域
7. Mangkang キンシコウ国家級自然保護区

地域レベルの保護区

8. Riwuchi Chang-maoling アカシカ自然保護区
9. Bajie ジャイアント・サイプレス自然保護地域
10. Gongbo 地域自然保護区
11. Lhasa Lhalu 湿地自然保護区
12. Namtso 湿地自然保護区

統合的保護計画

13. 四大河川生態環境保護計画

14.4　13の自然保護区

どこから近づくにしても、その道が果てしなく遠いと感じることはないの?」。トムは昨日のショックから、いくらか緊張がほぐれてリラックスしていた。昨日、標高一万七七〇〇フィート(約五三九五メートル)の峠の頂上で、われわれのグループは夕日をカメラに収めるために、車を止めて撮影をしていた。そのあいだ、トムは車の中に置いてけぼりをくらい、暗闇の中で見捨てられてしまった。トムは私にたずねた。「ダニエル、いったい君は何に促されて、こんなプロジェクトをはじめることになったの?」

その前の数時間、話はもっぱら生物学に関することばかりだった。そのために、グループの連中は退屈してしまい、早々にベッドへ引き上げてしまった。「トム、もともと私は、イエティを探していたんだ。それがいつしか生息環境を見つけることになってしまった。つまり、野生が奪い去られていく今日、イエティのさらに広い背景を探ることで、われわれは、失われた土地を探索することになったというわけ」

「もし君が野生を探したいというのなら」とジョ

ンはやさしく笑いながらいった。「君にハイイログマを紹介するよ。大急ぎで木へよじ上るのだろうが、君の尻を追ってクマも這い上ってくるよ。そうすれば木の皮に、それと気づかぬうちにクマの爪痕が残るよ」

「ネパール側のプロジェクトについては、僕も知っている——イエティがバルン・マカルー国立公園を導いた」とトムはいう。「だけど、どうやって君は閉じられた国境線を、とりわけ中国のチベットへ入る国境線を越えることができたの？　このあいだも国境が閉まっていたけど、三人の副知事と会議をするということで、ようやく国境を越えることができた。だいたい彼らが働いている土地へ、入ること自体とてもできないだろう。ましてや彼らのオフィスに、プロジェクトのアイディアを提示するために立ち寄るなんてことは、とてもできないんじゃないのかな？」

「トム、仕事はね、パートナーシップでうまくいくようになるんだ」と私は答えた。「パートナーを手に入れるためには、その人に何かをあげなくてはいけないだろう。年月を重ねて私が与えてきたものは情報だったんだ。国際的な仕事をしていて、アメリカ人がつねに与えることができたのはお金と力だった。しかし、私にはそのどちらもない。使えるのは情報だけだ。大学院のときにネパールの皇太子と友達になったんだが、そのあとで彼が国王になると、彼に必要になったのは情報だった。それを彼は自国の国民から手に入れていなかった。そこで私が、彼に情報を持っていったというわけなんだ。彼の私に対する信頼は、それによってますます強くなっていった」

「しかし、僕が知りたいのは、君が中国にどうやって入っていったかということだよ？　チベットは完全に閉じられていただろう」とトムがたずねた。ジョンはほほ笑んでいる。というのも、彼はここ六年ほどのいきさつをよく知っていたからだ。

「トム、登山家として入ったんだよ。ときどき、きてれつなアイディアが、興味深い登山につながることがあるんだ。そのことを私はよく知っていた。どんな山にも、それを上るル!トはたくさんある」

「王のヘリコプターを使ったことを、話してあげたらどう?」とジョンはにっこりと笑っていった。

そこで私は話しはじめた。「マカルー・バルン公園のプロジェクトが進行中だった一九八五年に、ネパールで国際会議が開かれたんだ。そして、われわれの新しい公園が人々とのパートナーシップに基づいていたために、私も招かれてスピーチをした。この会議には中国からも代表団が参加していた。大臣クラスの代表が集まっていたために、会議は全アジアの会議のようだった。そこでネパール国王が歓迎会を開いたんだ」

「私のスピーチは、一日の内の早い時間に行なわれた。私が話したのは、国境の両側のことについてで、それからバルン・マカルーが、どんな具合に全ヒマラヤの野生の中で、中心の部分を占めているかという話に広げていった。そしてアジアを通して、人々の生活の中で、山々が果たしている役割について話をした。国王の歓迎会では中国の代表団に近づいた。君も知っての通り彼らは非常に堅苦しい。しかし、私のスピーチのおかげで、すっかり私のことを知っていた。そこで私は代表団のリーダーにきいてみたんだ。ネパールと中国のあいだにはいくつか峠がある。北京から来たあなたは、自分の国をその峠からのぞいて見たいと思いませんか。明日、ごいっしょにいかがですかと誘った。彼はそのとき、私が話した意味を理解することができた。私は彼に、それをお見せしたいので、もしかすると王のヘリコプターを使うことができるかもしれませんが、いかがですかと提案した。リーダーは、中国のたかだか一大臣が、王のヘリコプターを使うことができるのか、といって驚いた様子だった」

「ちょっときいてみましょう」と、われわれは王の所へ近づいた。王は私を快く迎え入れてくれ、即座に許可を与えてくれた。翌朝、われわれは世界の最高峰のまわりを飛び、中国の上空に達した。中国政府の上級メンバーたちは、国立公園への組み入れが求められている渓谷や山々を眺めた。そしてチベットへと向かった。

トムが笑っている。「君ならこれで、映画を一本作ることができるよ」

「それはまだ、チベットへ入るドアにすぎなかったんだ――さらに情報の収集を続けたよ」と私は続けた。「エベレストの保護区を作ったあとで、私はさらに広く、チベット地域を調べることを提案した。一九八〇年代中頃の時点では、中国人にさえ、チベットの全域はまだ完全には知られていなかった。調査にはいくばくかのお金がかかるし、それを私は調達しなければならなかった。しかし、結果はなかなかおぼつかない。今も中国とチベットの学者たちが、五年の歳月をかけて渓谷に入っている。最初に作ったエベレストの公園は、最終的にネパールの五つの公園とつながったし、ブータン、インド、ミャンマーを通じて、中国本土の四川省へと接続されることになった」

トムは黙って座っている。

ジョンは他の質問を考えていたようだ。「ダニエル、君はバルン渓谷の真ん中にあった洞窟のことを覚えている？　いつの日にか、そこにイエティを探しに行くといっていたじゃないか。洞窟の入口の前は密生したジャングルだし、小川も流れている。そしてそこから一週間歩いても、なお人間の村には届かない。近くにあるのは草深い峡谷で、そこではイエティの赤ん坊が、太陽の下で飛び跳ねて遊ぶことができる。気候は理想的で食べ物も豊富だ。君は洞窟を調べに行かなかったのか？」

「ええ、行きましたよ。去年、ヘリコプターに乗って、マカルー・バルン国立公園の境界を調べに行きました。イシュワ・コーラの調査を済ませて、バルンへ向かったときに、前にデレクが洞窟を見つけた草原を、横切って飛んでほしいとパイロットに頼みました。それは偶然だったのですが、一年の同じ時期だったのです。しかも一日の同じ時刻でした。ヘリコプターは地面から二〇フィート（約六・一メートル）の所を飛びました。あの大きくて、とても魅力的で、ミステリアスな洞窟が直接目に入るように。私はパイロットに洞窟の方を指差しました。その前でホバリングをしていたのですが、洞窟は消えてしまって見えません。暗い入口は、その上の崖が投げかける影の中に入っています。しかし、一一月の朝一〇時、ようやく太陽の光が洞窟を出現させました」

「ああ、僕の最後のファンタジーともさようならだ」とトムが叫んだ。「失われたイエティの生き残りが、辺鄙でひとけのない洞窟で耐えて生きのびた。高潔な野蛮人が草むらの中で愛を営み、他のヒト上科の動物が自然とのバランスを破壊している一方で、消えゆく彼らの種は、果敢にそれを保持していた。さあ、寝床へいきましょう」

＊

しかし、クマを巡る謎はなお私を当惑させ続けていた。トゥリーベアとグラウンドベアは二種のクマなのか、あるいは同一種なのか？　ＤＮＡと頭蓋骨の特徴によって、このミステリーに答える科学は「一つのクマ」だという。シャクシラの村人たちは、クマを行動によって判断して、それは「二つのクマ」だという。

村人たちの定義付けで重要なのは、一つの種の方が村人たちの生活にしばしば侵入してきがちだということだ。もし一方で、獰猛なクマがジャングルに棲んでいて、もう一方のクマはいつも、村人たちのトウモロコシ畑を脅かしているとすれば、二種のクマがいるという考えも十分にうなずける。だが、地球上の生き物を体系化する視点からすると、科学はこの二つのクマは一つだという。科学者は一四の頭蓋骨を一列に並べて、そこに見られるのはごくふつうの分類上の誤差だと説明した。だが、にもかかわらず、頭蓋骨が行動を起こすことはない――そして、かつては野生そのものだった頭蓋骨や、歯の状態から判断しても、人々にとって二つのクマは、非常に異なった種に思えたのである。

科学的な疑問に対して、ジョンの仮説はおそらく一つの到達した結論だったろう。それはトゥリーベアが幼獣で、グラウンドベアが成獣だという説だ。そしておそらく、印象的な「親指」は若いクマの内側の指で、その腱はなお柔軟性があって曲がりやすい。このようなクマの手の指は、親指を使うように物をつかむ「訓練」がされている。地上にいる雄クマは身体も大きく攻撃的だ。幼獣はその雄クマを避けるために、木の上で多くの時間を過ごすにちがいない。霊長類の手は対置できる親指を使って、物をつかむことができる。それと同じように、若いクマも自分の前足を訓練したということだ。

もしそうだとすると、イエティが報告される一五年前の一八六九年、オールダムが名付けた「ツキノワグマ属キノボリ種」のミステリーは、いったい何だったのだろう？　一九八八年、私は一日を大英博物館で過ごした。そしてクマの頭蓋骨の入った引き出しを開けて見ていた。このようにくらべるものもない最上の博物館にいられること自体、この上ないよろこびだった。私がいたのは七階で、まわりはクマの頭蓋骨だらけだ。ヒマラヤのクマのコレクションでは、ここが世界でもっともすぐれている。私は一二〇年ものあいだそこに置かれていた「キノボリ種」の引き出しを見た。そこでは、取り立てて他のものと違った特徴は何一つ見られなかった。ポコックは正しかった。そしてすべての分類学者たちがキノボリ種がもう一つのチベット種であることに同意しているのを、私は確信した。

二階の図書館へ行って、ポコックの『英領インドの哺乳類』（*Mammalia of British India*）を手に取った。そこではポコックが、頭蓋骨を基準にしてキノボリ種が偽りであることを証明している。しかし、彼はまたクマの毛を基準（今日では受け入れがたい分類学上の基準だ）に、チベット種の亜種について述べていた。ヒマラヤ東部にいるチベットツキノワグマ（*Selamarctos thibetanus thibetanus*）は身体が小さくて下毛がない。それに対して、ヒマラヤ西部のヒマラヤツキノワグマ（*Selamarctos thibetanus langier*）は分厚い毛、とりわけ下毛を持つ。クマの毛に加えて、この論文でポコックは、ヒマラヤツキノワグマとチベットツキノワグマのあいだに見られる行動上の差異（それは攻撃性と非攻撃性だ）を述べている。それはわれわれが、グラウンドベアとトゥリーベアのあいだに見つけていた差異に他ならない。

それでは行動上の差異をもたらすものは、いったい何なんだろうと考えた。私の出した結論は、バルンが隔離されていることが、そこに棲むクマをより非攻撃的にさせたというものだ――それとは逆に、アメリカ合衆国に棲むアメリカクロクマは、人間の近くに棲んでいて、生ゴミを食べているので、もはや人間を恐れることはないが、彼らはより攻撃的になる。なぜなのか？　それは食べ物を競って求めるために攻撃的になるのだ。しかし、バルンのクマは木の上で生活をするために、ふんだんに食べ物を見つけることができる。彼らは若いクマとして繁殖し、攻撃的にならない。だが、若い時期に十分に食料を得ていたクマも、身体が大きくなり年を取ってくると、地上では豊かな食料にはありつけない。密生した木々が地上で成育する食べ物を覆いつくして、その成長を妨げるからだ（バルンにおける生物ピラミッドの基底にあるのは樹木で草ではない）。

もしそれがトゥリーベアとグラウンドベアの説明だとすると、イエティについてはどのようなことになるのだろう？

まず第一に、正真正銘にミステリアスだとされる証拠の他は、すべて却下し退けることが必要だ。取り上げるべきはどんな証拠かというと、何十年ものあいだ提出されて、調査され解説され続けてきたイエティの遺物と思われているものだ。もっとも有名なものとしてクムジュンの頭皮が挙げられる。一九六〇年に派遣されたヒラリーの遠征隊が、それを借り受けて、シカゴの自然史博物館へ持ち帰った。だが、「イエティの頭蓋冠」はスマトラカモシカの皮膚(おそらく尻の皮膚)で作られたものということが分かった。もう一つ修道院にあったのが、うわさではイエティの指ではないかといわれたものだ。だが、それもDNA鑑定の結果、人間の指ということが判明した。ブータンにあったイエティの骨も、DNA証明により人間のものだと分かった。

トム・スリックの遠征隊は毛や糞を集めてきたが、これをけっして公にしなかった。スリックはこれをひたすら隠して、公にしたくなかったのだろうと想像することは、私には一苦労だった。そして、彼は晩年に向かうにしたがって、イエティの存在を主張することを、徐々に避けるようになった。私はこれに興味を抱いた。おそらくその原因は、彼が個人的に手にしていた情報にあったのだと思う。だが、スリックはけっして証拠を持ち出そうとしないし、われわれにしたところで、証拠を探しに行った遠征隊の現地報告だけが、われわれの知りうるすべてだったのだから。証拠の不在は、彼の報告書が無視された何よりの証拠だった。

報告は、客観的な追認があってはじめて真実となる。したがって、数多くの目撃情報をもとにした報告書の多くは、結局、証拠とはならなかった。しかし、イエティだけは生き続けていた。西洋人がヒマラヤを旅行するときには、その目的は冒険だった。そしてその冒険者が、雪の中でたまたま足跡に遭遇すると、彼はその「憎むべき雪男」を故郷へ持ち帰った。だが、それは動物の証拠ではない。しかしこの冒険者が、ヒマラヤのミステリーのすみかとなっていった。このようにして、イエティはいつまでたっても死ぬ気配を見せなかった。

こんな状況の中で、何年か前のことだが、私はハリウッドのスタジオから一本の電話を受けた。「イエティの専門家」として、彼らは私にテレビの実況放映の現場で、カメラの前に座ってもらえないかと依頼してきた。スタジオでは、彼らが入手したイエティのフィルム映像を流すのだという。そして、映像を流し終えたときに、私にその映像が本物かどうか話してほしい……あるいは、スーツに隠れているジッパーを指摘してほしいというのだ。私は断った。すると彼らは別の専門家を見つけた。ボブ・フレミングと私は、そのフィルムが放映されたときにいっしょに見た。われわれはジッパーを見つけることはできなかったが、フィルムの背景にスカンジナビアのハンノキがあるのをボブが識別した。

シプトンが撮影した足跡は、いつまでも続くミステリーだが、実際これがイエティ探索のスタートとなったし、たしかに私の探索をスタートさせたのもこれだった。このミステリーに対して、それは足跡を重ねたものだろうという提案があったが、私はこれは一つの説明になっていると思う。この説明を理解するためには、まず雪の中で別々に付けられた、クマ属チベット種の前足とうしろ足の足跡が、どんな様子をしているのか、それを見ることが助けになる。この章のはじめに置かれた写真(14・1)は、一九八六年にバルン渓谷で私が見つけた足跡だ。横に五二ミリのレンズキャップ(外側の寸法は五六ミリ)を置いて、大きさを示している。前足で注目すべきは左上の三本の「指」だ——これが示しているのは、シプトンの足跡写真に見られる三本の指との強い類似性である。ただし、私が見つけた足跡には爪痕が見えない。うしろ足で特筆すべきは幅広の足底だ。しかし、ここでもっとも重要なのは、左上にある爪の跡だろう。そのそばに第二の爪痕がある。足の底はシプトンの足跡写真と強い類似性を示している。だが、より重要なことは、バルン渓谷の足跡写真のうしろ足に付けられた、左上の二つの爪痕が、シプトンの足跡の真ん中に付いているしると、まったく同じような付き方をしていることだ。
シプトンの写真についてなされたクマの説明、それに写真の中央に見られる二つのしるしの重要性は、私がいいはじめたことではない。それを提案したのは、イギリスの霊長類学者ジョン・R・ネイピアで、彼は当時、ホモ・ハビリス〔アフリカで発見された化石人類の一種。猿人と原人の中間的段階と考えられる。ラテン語で「器用な人」の意〕の発見に関与していた。イエティについてネイピアが抱いた主張は――

何ものかがシプトンの足跡を付けた。エベレスト山があるように、足跡もそこにある。……これはモカシン（鹿皮製の靴）を履いた足の跡を、はだしの足がたどった合成物だと私はいいたい……。大きな指のうしろに不思議なV字型のよじれがあるが、これは明らかに生物のなしえる業ではない。それは、モカシンの皮によってできた深いひだとして見ると、説明が可能になる。(2)

ネイピアは、二人の人物がたがいの足跡の上を、まったくたがうことなく歩いていたといっている。この写真が重ね歩きを示している、とネイピアがいっているのは正しい。しかし、それは人間の足が作り出した合成物ではない。第一に、高度一万九〇〇〇フィート（約五七九一メートル）の酸素が欠乏している所で、一歩ずつ歩いている二人の人物が、まったく同じ歩幅で歩くというのはありえないことだ。たとえ彼らが、たがいの足跡に足を踏み入れることで、少しでも歩きやすくしようと思ったとしてもである。それにこの場合、はだしの指がつねに「モカシン」の足跡の先にある（さらにその上、シプトンによると、雪は薄く積もっていたという。これはあとに従う者が、先行する人物の足跡に足を踏み入れたいと思わせる理由を、薄弱なものにしていた）。

第二に、ネイピアは霊長類学者で人類学者ではない。ヒマラヤのあの地方では、村人たちが柔らかい底のモカシンをけっして履かないことを彼は知らなかった。靴底で「モカシンの皮によってできた深いひだ」を作るようなモカシンは履かないのである。ネイピアの頭の中には、北アメリカのインディアンが履くような、昔ながらの履き物があったのだろう。一九五一年、現代の履き物が入ってくる前、ヒマラヤの地元住民は固い底をしたチベット製のブーツか、あるいはねじった草のヒモでこしらえた固い靴のどちらかを履いていた。いずれにしても、この二つの履き物だと、雪の中にくっきりとしたくぼみを残す。

他にもネイピアの主張にとって、不都合なことがある。足跡のうしろの部分について「かかとの接地」だと思われるといっていたが、実はそれは雪の溶解によるものだった。というのも、写真の下の部分に、部分的だが第二の足跡が写っていて、その脇に（うしろではない）見える、よく似たくぼみにそれが合致しているからだ。これも十中八九、溶解によってできたくぼみと判断してよい。前に述べたように重要な

14.5　足型の石膏を洗うジェシー。近くでわれわれは重ね歩きの形を復元するために、うしろ足の写真を前足の写真にくりかえし重ね合わせていた。重ね歩きの形を何度も試みることで、1951 年にシプトンが撮影した写真に近づけることができた。

のは、ここで注意を喚起する必要があることだ。ネイピアは手堅く、シプトンの足跡のオリジナル・ネガへ立ち戻っている。そして、写真がトリミングされていることに気がついた。そのためにトリミング写真では、第二の足跡の上の部分が示されていない。しかしその部分には、さらにぼんやりとしたくぼみがはっきりと写っていた。とりわけ、左上の所には爪と思われる跡がある。私はそれが明らかに爪痕だと思った。

完全な足跡と部分的な足跡のあいだに生じた差異は重要だ。その差異が、まっすぐに歩く四つ足動物によって付けられた足跡との一致をもたらすからだ。さらにシプトンの足跡はへこんだ凹形をしている。それに対して、もし二足歩行をするヒト上科動物が足跡を付けたとしたら、それは凸状のものになるだろう。二足歩行が要求するのは、大股で歩くたびに指で蹴るために（指はきわめて重要な役割を果たす）、足跡の土が弓状に隆起する。シプトンの足跡にはその隆起がまったくない。

しかし、シプトンの足跡でもっとも決定的な特徴は（その特徴が示しているのは、クマによって足跡が付けられたことだ）、ネイピアが前に「大きな指のうしろに不思議なV字型のよじれ」と呼んだものだ。それは爪痕だった。前足に残されたうしろ足の爪の跡である。クマの尻は前足にくらべてより重量がある。雪の中にうしろ足を押しつけると、爪の跡が残る。だが、前足を雪に押しつけても爪痕は残らない。この足跡の右側に、もう一つ、ボンヤリとしているが爪のしるしが見える。そしてそれは左の爪痕と関連していた。二つの爪痕の間隔が、ツキノワグマのうしろ足にぴたりと符合している。それはまさしくクマ属チベット種の歩幅だった。

シプトンの報告の中にあるヒントから、このもっとも有名なイエティの足跡に対して、さらに複雑な説明が提案される。シプトンとウォードが遭遇した何ものかの移動跡は、一頭以上のクマによって重ね歩きされたものだった。シプトンによって（5章で）引用されたセン・テンシンの言葉を思い出してほしい。テンシンは、足跡を付けた生物（少なくとも二頭いた）は「イエティ」ではない、とはっきりといっている。「少なくとも二頭」がつけた足跡は明らかに雑然としている。私の意見はこうだ。一頭のクマが、もう一頭のクマといっしょに旅をすることなど、はたしてありうるのだろうか？　シプトンとウォードは、クマの幼獣がそのあとに付いていた母親のクマの足跡をたどっていたのだと思う。シプトンが一九五一年に書いた本の中に出てくる、もう一枚の写真がこれだ（14・6を参照）。この写真には全体の足跡が写されている。

写真は鮮明だ。一組の足跡が、もう一組の足跡の上に重ね合わされている。それはネイピアが提案していたような、一方の足跡の中に、歩み入ろうとする人間を示したものではなく、クマの幼獣が素直に、母親のあとを追っている姿を表わしていた。この写真が示しているのは、他のものの足跡の上に、行き当たりばったりに重ねられた足跡だった。したがって、足跡がしまいには丸い受け皿のようになったりするのが、ときにははっきりと見てとれた。またときには、足跡がやや長めの歩幅を示していることもあった（写真の中には、重ね歩きをして受け皿のようになったクマの足跡の両側を、シプトンとウォードが歩

14.6 「イエティが通った跡」とされる足跡のそばに立つマイケル・ウォード。彼とエリック・シプトンは1950年にメンルン氷河でこの足跡を見つけた。足跡が「少なくとも2頭によって付けられている」ことに注意［王立地理学協会提供］

いている足跡も写っていた)

しかし、クマの多数からなる足跡が、イエティと見まちがわれたのは、この写真が唯一のものではない。一九五四年には、シェルパたちが不可思議な足跡を見て、イエティだと叫んだ。しかし、チャールズ・エバンスは爪痕を見た。そして一組の足跡がより大きいことを指摘した。また、それが母親と子供の生き物だともいっている。さらに、母と子の説を支持することになるのだが、シプトンとウォードが発見した季節は、母と子が旅するにはもってこいの時期だった。もしシプトンのイエティがクマだったとしたら、説明は足の特徴や、これまでに知られているクマの行動に、ぴたりと符合するだろう。おそらく、一九五〇年のその日に、メンルン氷河で付けられた一連の足跡は、食べ物を探すために峠を越えようとした、母親のクマとその子供だったのだろう。

伝説となったシプトンの足跡写真については、確固とした説明がますます多くなされるようになったが、それはさておいて、ここにあるのは、バーナード・フーベルマンが唱えた巨大類人猿ギガントピテクスの仮説に対する数学上の反論だ。この巨人種はホモ・サピエンスの枝分かれしたもので、五〇万年前の絶滅を逃れて、人里離れたヒマラヤの渓谷で、少数の集団を形成して生き残ったという。この仮説に対して、ジョン・クレーグヘッドは、種が生存していくために必要な最小限の個体数を提示して、鋭く反論した。彼の主張については、私も前にこの本の中で触れている。種として生きていける最小の数という計算が、イエティをヒト上科動物と見る仮説の誤りを、ほぼ完膚なきまでに暴いた。

イエティの生殖に関するデータはないが、ひとまずクレーグヘッドが調べたハイイログマの数から検討をはじめよう。クレーグヘッドによると、ハイイログマが生き残るためには、最小で三〇の個体が必要だという。ヒト上科動物の知能を勘案すると、イエティの生存にはおそらく、ハイイログマの半分の数が必要となるだろう。しかし、ハイイログマが三年間で子供を育てるのに、ヒト上科の動物はそれより長い期間を要する。さらに生殖期間もクマより長い。それに加えて、妊娠した雌が死亡する確率もかなり高い。このような条件が個体の最小値を上昇させている。だが、他の場所と比較してみると、バルンと近隣のチベットの渓谷は、生息環境としては隔離されていて、食料も豊富だし、理想的な場所だった。そのため、イエティが存続するために必要な、もっとも少ない数はおそらく二〇ほどと考えられる。したがって、イエティにとって必要な個体の数は二〇から三〇と見てよいだろう。

この数はまた人間にも当てはまる。太平洋岸の植民地が、生存に必要な最小の人口に関して、その証拠を示している。人類学者たちは次のような意見を提示していた。人間の少年と少女がカヌーを漕いで新しい島にたどり着く。だが、そこで以後、何世代にもわたって生殖し、増え続けることのできる可能性は低いという。牧歌的で、食料に富み、病気も限られたものしかない、そんな太平洋上の島でも、より大きな集団を構成するためには、二〇人かそれ以上の人数が必要となる。少年と少女は浜辺に横になり、セックスをして、ココナッツや新鮮な魚を食べる。そして幸せなことに子供を授かる。が、しかし、数世代ののちに（近親交配の問題はさておくとして）、コミュニティーができあがる公算はきわめて低い。

これを別のいい方でいうと、隠れて生きなければならなかった動物の数が、あまりに低くなると、もはやその個体を見つけることができなくなる。個数がさらに少なくなると、その動物は絶滅してしまう。あるいはこれをイエティの探索ということでいえば、ある程度の成体数——一体ではない——が存在していれば、探索はたった一体の動物のためではなくなる。そして一〇〇年ものあいだ探索を続けたあとで、少なくとも二〇体は生存しているにちがいないのに、わずか一体でさえ見つからないとなれば、その集団は存在しないと見るより仕方がない。統計学的にいっても、おそらくイエティは一体すら存在していないだろう。

人々を育てるには村が必要となると、人間やゴリラ、それにクマ（あるいは卵から孵ったニワトリ）などは、どのようにして集団をなすに至ったのだろう？　新しい赤ん坊が一度に二〇人生まれるわけではないだろう（この考え方で行くと、アダムとイヴは数学的に見ても、人間種をスタートするには十分な数ではなかったことになる）。これを説明するのが進化という考え方だ。遺伝子に突然変異が起こる。だが、新しい種が以前の種に戻って交配できないほど、それは大きな影響を与える突然変異ではない。密接に関連している種では、たがいに交配することは可能だ（人間が初期のヒト上科動物種と交配していたことを、新たなＤＮＡが証明しているのを考えてみるとよい。しかし、別種として人間は進化して、何世代にもわたって独特なものとなっていった）。種形成は戻って交配することで可能となり、種分化として成長した数はそのまま成長し続ける。新たな種は、最初の突然変異で形成されるわけではない。多くの世代が最小の生存可能な個体数を育て上げる。そしてこのような年月の中でも、なお進行している突然変異が別種のアイデンティティーを補強する。

イエティの謎を解くのに、ＤＮＡの役割は触れる価値が十分にあるので、ここでは少し詳しく述べる。頭蓋骨にくらべて、より決定的な判断をもたらすＤＮＡが、今では種の身元を明らかにする。そのために、イエティの遺物とされているものについては、ことごとくＤＮＡの分析を行なうことが重要だ――新たな動物が思いがけなく姿を現わすかもしれない。この目的を果たすために、オックスフォード大学教授のブライアン・サイクスはチームを編成した。そして回収した「特異な霊長類」の遺物をすべて、系統的に検査した。その結果、ほとんどのものの身元が判明した。が、二つの遺物だけが、すでに知られている動物のＤＮＡを持っていた。チームが提示した二つの遺物は、ヒマラヤに生息するクマの、わずかに残存するグループとつながっているかもしれないという。[3] この可能性がふたたび、イエティに対する推測論議に火を点けた――二〇一四年、イエティは戻ってきたのである。エリエセル・グティエレスとロナルド・パインによるその後の研究は、この分析をくりかえした。平行して行なわれたミトコンドリアの12SrRNAのシークエンシングによってチームは、短い遺伝子配列では「特異」の決定を支持することは不十分だと判断し、その遺物はヒグマのものと見てほとんどまちがいはないという。[4]

イエティのミステリーに関する言い伝えがはじまったのが一八九〇年代だった。そしてそれが一九六〇年代まで続いた。六〇年代の西洋人たちは、今もヒマラヤの渓谷に「未発見のもの」が存在していると考えている。そのあいだも、ヒマラヤでは発見が次々になされた。世界の高峰は「征覇されて」、征覇者を志望する者たちが足跡を見つけた。今日、バルンはすでに探検されていて――そしてレンドープでさえ、(大いに語られている) イエティを見つけていない――イエティが生息するのに十分な広さを持ちながら、なお探検されていない地域はチベットだけとなった。

私の保護活動は自然保護からスタートしたのだが、この活動もすでに三〇年が経過した。その中で今、チベット自治区のあらゆる県で仕事をしてよいという特権が与えられた。チベットへの五四回に及ぶ調査旅行で、あらゆる機会を利用して、イエティ関連の証拠を集めた。イエティに関して人々が語る物語はたくさんあった――それは、ツァンポ川沿いの西部に住むチベット人から、一〇〇〇キロ離れたメコン川の源流付近に住むチベット東部の人々まで。彼らは「ドレム」について語る。羊を盗み、人間のような足跡を残す動物だという。彼らはまた「メト・カンミ」についても語る。これは一人で旅をする。両耳が前に折れていて、山の高い尾根に棲み、直立して歩くことができるという。

このような報告を徹底的に調べた結果、これらの生き物が持つディテールのすべてが、既知の動物を指し示していた。そしてそれはふたたびクマだった。チベット人の中には実際に、ドレムを目にした者がいる。そして彼は他の者たちが語る物語ではなく、自分が見たままの姿を伝えた。身体にくらべて大きな頭、長い歯、突き出た鼻のような形のもの、そこには鼻と口が一つになっているようだ。何年ものあいだ、私は戸惑っていたが、ある日、ラサの動物園で二頭の動物を見た。そしてはじめて、目撃者の情報と目の前の動物がつながった。ドレムはまったく希少な、けっして今まで研究されたこともないヒマラヤのヒグマ、「ウマグマ」(*Ursus arctos pruinosis*) だった (ときにそれは *isabelensis* というラベルを貼られて、亜種として分類される)。

この身元の確認は私の過去の経験とつながる。というのも、数十年も前の一九六一年、私は一六歳だった。ブータンの前の国王にイエティについてたずねたことがあった (ブータンの人々は今、この王を第三代国王と呼んでいる。彼の孫の第五代国王が現在王位についているからだ)。第三代国王はアウトドア好きで、野生動物について驚くほど豊富な知識を持っていた。私がイエティについてたずねると、彼はほほ笑んでいた。そして、彼がこの問題に何らかの考えを抱いていることは明らかだった。彼はイエティは、ときどきブータンの領内に侵入してくるウマグマだと思うといった。世界のクマの中でも、もっとも高い所に生息しているクマだ。彼はさらに続けていった。王として確信しているのは、もしブータンの山に野生の人間が本当にいるとしたら、それを知る別の根拠を自分が手にしていないはずがないだろうということだ(5)。

一九六一年、イエティがクマだったと聞いて、私はうれしくなかった——おまけにそれを教えてくれたのは、ヒマラヤのもっとも文明に汚されていない地域の国王だ。それに彼はまた、王国の秘密を知っている野生動物のエキスパートでもあった。だが、今となってみると、国王が下した結論は私を元気づけるものだった。一九六一年、イエティの探索熱はネパールで最高潮に達していた。広大なジャングルと雪を領内に持つ隣りの国王が、自国にイエティがいるのだろうかと思うのは、きわめて当たり前のことだ。そして、私が第三代国王と話しているときにも、彼があらゆる選択肢に対して取り組んでいたことは明らかだった。

ウマグマについては、これまで私は一度も耳にしたことがなかった。ラサの動物園で奇妙なクマを見て、はじめてこのきわめて希少な動物の資料を調べ、情報を集めはじめた。そしてその後、チャンタン高原でフィールドワークをしているときに、二度にわたって、このクマを見た。一度目は雄のクマが一頭でいるところを、そして二度目は、母親と二頭の幼獣の姿を見かけた。ウマグマは、他のクマにくらべて、巨大な肩と不釣り合いなほど大きな頭を持っていた。この動物を私は、前にツキノワグマで試みたように、眠らせたり、足跡を石膏に取ったりはしなかった——おそらくその必要はないだろう。というのも、これまで誰一人としてチベットで、それに合わせなければならないイエティの足跡写真を、持ち出した者などなかったからだ。しかし、ラサ動物園の檻越しに、私が観察したウマグマの行動（私はこのクマが荒れ地へ出てきて、がに股で歩いているのを見た）やその足について、知っていることなどから考えてみると、このクマが他のすべてのクマと同じように重ね歩きをすること、そして丘を上るときには、その重ね歩きの足跡が長くなること、さらにそれが二足歩行の人間のように見えることなどを、私は確かなことだと思っている。

15 発見

15.[illegible]　ペタン・リンモのキャンプ——マカルーの北面で家畜を放牧する者たちがやってくる高地の遊牧キャンプ。

一九九一年一〇月。上の方の岩ではユキヒョウがうずくまっている。それは何万年ものあいだ、そこにうずくまっていた。私がいるのはバルン渓谷の上部だ。私が歩いてきたこの道を、巡礼者たちは下っていくのだが、彼らはこのユキヒョウが、すぐ近くにあるシヴァ神の聖なる洞窟を守ってくれていると信じていた。だが、地質学者たちにとってユキヒョウは、ただの岩についた化学上のしみにすぎない。またマカルーへやってくる登山家たちにとってそれは、彼らに意表を突いて襲いかかる雪崩の前兆とも思われた。

岩でうずくまるユキヒョウを見ながら、はたしてロドニー・ジャクソンは正しいのだろうか、と私は思った。ロドニーはユキヒョウのことを「よく知って」いる。彼はユキヒョウを捕らえ、はじめてこの動物を無線追跡した。そして三〇年の月日を費やして、ユキヒョウの調査を行なった。しかし、われわれが知ったことは、ユキヒョウが、単なる動物以上のものになっているということだった——この動物が、一月から三月までの交尾期に出す悲痛な声は、バルンの谷にこだまする。人々はそれを馬の鳴き声と聞きくらべて、イエティの声にちがいないといった。しかし、ユキヒョウの声はまた、野生のヒマラヤの存続を願う嘆願の声でもあった。イエティが神話上の野生を語っているとすれば、ユキヒョウの写真は失われていく野生の危険を語るものだった。

一人の人物を描くのに、身体を描写するのは一つの方法だ。またその考え方を描くのも一つのやり方だろう。それなら、この二つを結びつけるものをなぜ描かないのだろう？　野生の都市を駆け抜ける道と、野生の自然を通り抜ける道とは違っている。……しかし、それはどんな風に違っているのだろう？　一見したところ確固として動じない山も、いったん震動すると変化をきざすように、地球はそれ自体つねに動いている。生き物の生息環境も変化する。そのたえざる成長はとどめようのないもので、いってみればそれが野生の持つ本質だった。

数年前まで絶滅寸前だったユキヒョウは、その個体数が現在回復しつつある。数が非常に増えたために、ユキヒョウたちは、その姉妹種である人間たちから、ヒツジとヤギを「税」として徴収した。家畜を飼う人たちは家畜の群といっしょに、やはり、ユキヒョウと同じ行動圏に住んでいる。それではその行動圏は野生的な場所なのだろうか？　チベットのチョモランマ（エベレスト）国家級自然保護区（ＱＮＮＰ）のおかげで、ユキヒョウの数は回復した。数が増えたために、ユキヒョウはこの保護区を離れて、ここマカルー・バルン国立公園や、ＱＮＮＰの西端アンナプルナ保護区まで入り込んできた。その回復によってユキヒョウは、野生をともなう人間の生活がどのようにすればもとに戻ることが可能なのか、それを示していた。

ユキヒョウはトラに似ていて、母親から離れたときから単独行動をする。成獣としてその行動圏を移動して歩く。しかしトラと違うのは、ユキヒョウがつねに二頭かそれ以上で、同時に行動圏を動いていることだ。最上級の獲物とされたブルーシープ（バーラル）を追いかけているときには、追跡途中に露出した岩へ引っ掻き傷をつけて、たがいに匂いで嗅ぎつけることができるように、合図を残して知らせる。明け方と夕暮れに移動して、昼間は急襲するためにひそかに待機した。ときには一頭のユキヒョウのあとを、もう一頭が同じ道順をたどることもあったが、たいてい一マイル以上は離れていて、それより近づくことはない――ただし、子を産むときはいっしょになる。そのあとで雄が立ち去り、三カ月後にはいつものように母親が、よちよち歩きの幼獣を二、三頭引き連れていくことになる。

二つのアイデンティティーを持つクマは、重ね歩きをして土地を横切り、ユキヒョウは、この世のものとは思えない声で遠吠えをする。人々はさらに補足の説明を加えていく。そこにあるのは動物の情報のすべてだ――だが、生息環境、つまり野生の地についてはどうなのだろうか？　今回の旅行で私は、イエティの変わりつつあるイメージの仮説に取り組むために戻ってきた。考えてみるとわれわれ人間はもっとも危険な種だ――野生をわずかに残されたポケットへ押し込め、生き物たちがこれまで、何の支障もなく、うまく折り合ってきた生き方を壊滅させ、新しい時代を作り出した。今回はまた、はたして昔ながらの、手つかずの野生に歩み入ることができるのかどうか、それを見るためにやってきた旅でもあった。

今日は、バルンの南側の尾根にあるシプトン・パス（シプトン峠）を越えて、膝が疲れる下り道をおりていくと、ひと連なりになった草原にたどりついた。そこはヤングル・カルカと呼ばれている場所で、緑の池のように草原が連なっている。この接合地点でたいていの外国人たちは、氷原や氷河、それに高くそびえる山頂を目指して、さらに谷の上流へとマカルーのベースキャンプへ向かう。マクニーリーやクローニンのように、日本人の植物学者たちが数人、ここへやってきては下りていった。私がこれからしようとするのも彼らと同じことだ。下へと下っていくヤングル・カルカの草原は、羊飼いたちがいうように、バルンの中心をなす密生するジャングルへ着く前に遭遇できる、最後のすばらしい牧草地だった。

二〇〇〇年のあいだ（おそらく、それより前の数百年間も）、毎年のように家畜を世話する者たちがここへ来た。ほとんどのネパール人のように、彼らは社交的で村の生活を好んだ。そのためにここでは、家族や隣人たちがいないので寂しい思いをしていた。彼らはここに来るには来たが、雪に降りこめられるのを恐れた。やってくる目的はもっぱら一つのことで、それは草である。そして動物たちにたらふく食べさせて、一頭一匹も失うことなくぶじに家へ帰ることだけを願っていた。下へおりるときには、動物や霊的なものが怖いので、ジャングルだけは避けて通った。渓谷の上流域では乾燥するこの数週間のあいだ、草原の地域を広げるために、放牧者たちは山腹を焼いて、低木の茂みを向こうへと押しやった。谷の上流域に広がる草原と、シャクシラやシェブルンの村々によって侵入された、バルンの下流域とのあいだの野生ベルトを、私は探索していた。レンドープは、人がめったに通り過ぎることのない、このバルン中央部へは一度も入ったことがないという。

私は一人で歩いてみるつもりだ。私の中に住む野生の人間の声に耳を傾けたいと思う——そして、そのことを通して、私自身を理解する扉をこじ開けたい。人々がやってくるジャングルは、燃料として使う薪、薬用植物、それに動物など、生活に必要な品々を入れているクローゼットのようなものだ。これまで、あたりのあらゆる山顚は踏査されてきたし、都市からやってきた人々にとって、頂上は彼らの最終的な到達点だった。だが私は、人々の田園生活の限界や、征服の限界を越えた場所を探していた。もしヒマラヤのどこかに、このようなバランスが存在しているとしたら、それは私の前方、谷の下へと広がっている所で生きのびているのかもしれない。

ここヤングル・カルカでは、年を追うごとにますます家畜がやってくる。そしてその特徴となったのは、牧草とスゲの割合が変化したことだ。それはシャクナゲやセイヨウネズ（ジュニパー）を燃やして後退させることにより、非常に大きな影響が生じた。ジャングルの有蹄動物（ジャコウジカ、ヒマラヤタール、スマトラカモシカ、ゴーラル）が、草を食べてバランスを崩したということではない。

このような動物たちは、ヒョウを警戒するあまり、長く草原にとどまらないからだ。しかし、放牧者たちに守られている家畜は、一カ所で草を食べ、草を踏みつぶす。そして草が少なくなると、ますます繊維性のスゲが根付くことになる。私は少なくとも四分の三ほど草が生えている草原を探した。そこでは緑の茎から生えでた小さな莟が、混じりけのない野生を見せていた。

ヤングル・カルカに広がる緑の池のようないくつかの草原は、不規則な形で谷を下っていく。ある草原にあった岩のあいだで、世界でもっとも高い所で花を咲かせる植物を見つけた。それはステラ属プロクンベンス種で、しっかりとした白いクッションの中に守られて生長していた。寒さに対して身を守るために、蕾を固く閉じている。それをすることで高地に順応していた。マカルーへ登頂を試みる登山者たちは、この岩からさらに上の九〇〇〇フィート（約二七四三メートル）の地点で、深く分離した五つの花弁を持つこの花を見つけた。ここは植物にとっては低地といってよい。もっとも低い草原では、細い竹の「ニガロ」が生えていて、そのタケノコはもっとも高い所で自生するレッサーパンダの食料だ。その先に生えているシャクナゲには、ジャコウジカの大好物で、髪の毛のような地衣類のサル「オガセ」が付いている。このようにいつでも食料が手に入るために、ジャングルの動物たちはこちらの高みへとやってくる。この草原のどこかから、チベットへと向かう密輸業者によって使われる道が出ている。

＊

人間はいつの時点から、野生を作り直すことをはじめたのだろう？　積極的な再形成は二〇〇〇年前からはじまっていた。中国は鉄を精錬するために四川省の森を切り開き、ローマは地中海地方の樹木を切り払った。しかし、世界的な再形成が生じたのは、大英帝国が石炭を燃やして、イギリスの産業を推進させたときだった。それにより多量の煙が噴出され、風土が作り直されはじめた。ジェシー・オーク（ダニエルの息子）はこのバルンのジャングルで、子供時代を過ごしたのだが、その彼も、風土の再形成という問題に興味を抱くようになった。

ジェシーは一八八四年二月の時点が重要だという。そのときジョン・ラスキンは「ロンドン協会の演壇に立って、聴衆に向かって注意を促した。『われわれの時代に特有の雲の現象……これまでに気象学者から、それについて何一つ知らせを受け取ったことがない』。イギリス諸島や実際、ヨーロッパ全域にわたって、空を暗くして悩ませる風[1]」

ジェシーが注目していたのは次の点だ。ラスキンは、雲や夕日が描かれた絵画に関する文献を用いて、地球の風土が「再形成」されていることが、イギリスの持っていた自然の豊かさの喪失に関連していることを示した。美術史家としてラスキンは、「この二つが切り離せないこと[2]」に気づいていた。そして、変わりつつある地球の風土と、「他のところでラスキンが『進歩の女神』と呼んでいたものを崇拝する社会」を結びつけた。「……そしてこのような変化は、産業化した現代の内部のより深い矛盾を告げている[3]」という。世界の風土を変えた自然の変化は、すでにそれ以前にも、地球を亜熱帯地方の帯で取り囲んでいた。

われわれの住んでいる環境は、われわれの生き方で再形成される。再形成が起きるのは、われわれが意図したためではなく――意図的ではないわれわれの暮らし方の結果だ。「空に現われた現象も、かつては神の意志を示すものだったが、今は人間の物質的な豊かさの流出によって、後世へ残されるものとなった[4]」。自分たちが再形成することで、意図することなく地球をこのような結果に導いた現実に、われわれは気づきつつある。ジェシー・オークは、子供の頃、ジャングルの中で、ヘファランプの罠について疑問に思い、「クマがハチミツを好きなのは、そんなにおもしろいことなのかな」と感じはじめていた。その彼が今、一人の教授として「人間の物質的な豊かさの流出」について、その意味を見つけようと努力している。

それで作り出した言葉が「アブナチュラル」(abnatural) だった――これは自然と非自然との概念のギャップを示す言葉で、ありきたりの物質的本質の代わりに、概念としての自然にアクセントが置かれている[5]。イエティもまた、現実の動物としてのアイデンティティー以上に、概念と身体のあいだのこのスペースで生きていた――それはわれわれを、野生とともに置いてくれるものでもあった。イエティは、自然の中に丸ごと存在するものではないし、そこに丸ごと存在しないものでもない。小説の言葉はフィクションだがそれと同じように、イエティは本当の意味を物語で語っている。古い野生からわれわれがさらに一歩踏み出したときに、人間の探求は自然と人生を結びつけようと努める。そしてそうすることで、人生の「経験」を新たに作り出していく。深い根に結びつくことで、われわれの人生は生きる価値のあるものとなる。

*

その下で眠っていた、ナイロンの防水シートを巻き上げて、私は大きなモミの木にさよならを告げた。昨日、ここで草が地面の五〇パーセントを占めているのを発見した。ヤングル・カルカはそれほどまでにひどく、家畜に草を食べられていた。モミの枝は斜めに傾いているが、これはモミの実が異常なまでにまっすぐに実っているからだ。次にここで見られる人間の影響は、この木に関連してくるのかもしれない。ヒマラヤモミはくさびとハンマーがあれば、素手で簡単に切り裂いて板を作ることができるヒマラヤで唯一の木だった。夏の日に、この草原で家畜に草を食ませているあいだに、放牧者たちはモミの木を切り倒すだろう。そして終日、動物たちが食べているあいだに、彼らは木を切り裂いて、ドアや窓の木枠を作ることができる。放牧の時期が終わる頃には、こしらえた板を動物の背に乗せて、運ばせながら家路に着くだろう。モミの木の一〇パーセントはいつもの通り運ばれていくが、残りの木も切られて引き裂かれることで、やがては枯れてしまう。

樹木が減少していくと、そのあとに家々が建つことになるのだろうか？　マカルー・バルン国立公園の管理がうまく機能しはじめれば、おそらくそれはないだろう。たぶんバルン渓谷の上流はゆっくりと、急かされることなく、未来は村になるわけではなく、新たに公園のコア部分となる可能性が強い。そうなれば、そこにはもはや村はなくなる。だが、ますます多くの人が外から訪れ、「野生」の中で時を過ごすことになるだろう。

このような変化がわれわれを、大地の力に結びつけるのかもしれない。中国人はこのエネルギーを「気」と呼んだ。ネイティブ・アメリカンはそれを「メディシン」と呼ぶ。ヒンドゥー教徒たちは――足元を流れる小川は、ガンジス川へと流れ込む――大地の力を「ブラフマー」と名付けた。進歩主義者たちは、その故郷に立ち帰って、それを「ガイア」と呼んだ。このような力は「保全」（コンサーヴェーション）よりはるかに偉大だ。その力は内側から広がり、われわれがあの世と関わり合う橋渡しとなる火について語る。大地の力の意図は、個人の強欲を制御することだった。

シプトン峠から下りてきたときのことを思い出す。道はでこぼこしていたり、がたがたとしていた。下っていく道で気づくのは、人生もまた、一様に規則的な傾きで変化をしているわけではないということだ。三〇〇フィート（約九一・四メートル）下るごとに気温が華氏一度上がるというが、私にはそのわずかな上昇が感じられない。だが、草原の中を歩いていて、そこから低木の茂みへ入り込むときには、その差異を感じる。自然が今まで感じることのできなかったものを示してくれる。ジュニパーとシャクナゲのあいだを進みながら、私は今、木々のあいだを歩いていると感じる。草はもはや低木と入り交じることはなかった。そこには二つをはっきりと分つ一線があった。自然は句読点を打って変化をする。私は今、森の中にいる。

気、メディシン、ブラフマー、ガイア――信じる道はそれぞれだ――は、その哲学の中でまた、人生が困難を切り抜ける瞬間について語っている。日々の活動は一見おだやかに進行していく――おそらくそれは催眠術にかかったように憂いがない。そして高山の草原を下るときのように、ほとんど考えることもない。そしていつまでも継続していくように見える人生は、時折、感嘆の声を上げる。私はひとりで歩いていると、人間種の行動が作り上げた新しい野生を理解することができた。

持続を中断されているのは、地球上の生活システムだけではない。同じように地球の形も中断されている。地球の再形成が私の目の前にある。前方の渓谷全体が変化している。後方では、一二平方マイル（約三一平方キロメートル）のバルン氷河が溶けて、谷が広がり、川は草原の中を蛇行して流れる。前方では、かつてやさしく草原を愛撫するように流れていた川が、今は増水して波となって押し寄せている。白い波頭を立てながら谷を流れて削りとるために、渓谷はU字型からV字型に形を変えた。

川は南の壁から跳ね返って、一五フィート（約四・六メートル）ほどの細い奔流となっている。そして、さらに下ろうとする私の行く手を阻んだ。もしこれが私にとって障害物だというのなら、それは他の者たち、とくに家畜を連れた放牧者たちをも押しとどめてしまったかもしれない。この川の向こう岸は野生の地なのだろうか。川の深さは膝までしかないようだ。だが、レンドープの娘のように、流されてしまう危険を犯すわけにはいかない。ともかくこの速い流れの川をさっと通りすぎるに如くはない。そこで私はパックから必要なものを取り出し、それを身体に結びつけると、パックの中身をビニールで二重にくるんでパックに詰め込んだ。軽いナイロンのロープをほどくと、それを木に巻きつけた。そしてパックをロープの中ほどに結びつけた。

風を切るためにTシャツを着て、ソックスを履いた。はだしでいるより、滑りやすい岩にしっかり踏みとどまることができるだろう。私はスリングを、腰のまわりのスナップリンクにしっかりと結びつけた。

そしてスナップリンクを通したロープで、身体を二重に巻き、脚を激しく打ちつける氷河の冷たい水に入った。水の勢いは、ロープをたわませながら、私をなんとかして川底へ引きずり込もうとする。私は流されないように身体の向きを変えて、ボートの舵のように流れに平行にした。川底に沿ってやっとのことで、足を引きずりながら歩いていたが、川の流れははげしく私を押していく。私は時計の振り子のように右へ左へと、水の流れに振りまわされた。

向こう岸にたどり着くと、地上の静かなスペースになだれ込んだ。風の当たらない場所を選び、太陽からの熱を十分に受けた。頭の上ではヒマラヤハゲワシが向きを変えている。私が足を曲げて、血液を血管に送り出したために、私の未来（死）に希望をかけていたハゲワシは判断を誤った。ロープの端の八の字結びをほどくと、真ん中辺にバックパックを結びつけていたロープをたぐり寄せた。パックが波に当たり、下流へと流れていくので、私は一〇回ほどロープを引いた。そして、やっとパックからキャンディバーを引き出した。

山で生活する楽しみの一つは、力を回復して、山並みの上を飛ぶ鳥を眺めて時間を費やすことだ。自然の流れが、われわれの生活に動きを与えてくれる。ナラが一本そびえている。木からこぼれ落ち、しかも齧歯動物が見落としたドングリ。そのドングリから生長したこのナラと、もし私がここでドングリをひろい、それをウェストバージニア州の山中にある、私の庭に植えたとしたら、そこで育ったナラとの違いは、いったいどこにあるのだろう？　ナラはただ単に、ドングリから生長したからナラなのだろうか？　背後の崖で生息するユキヒョウの方が、シアトル動物園にいるユキヒョウより、生きいきとしているのだろうか？　同じ芽から出たものが、いつの時点で野生から園芸用に変わるのだろうか？

ヘンリー・ソローは、野生の中にこそ世界の保護があると信じていた。今日の人々にとっては、彼はまちがっているかもしれない。というのも、それは一つの意見だからだ。だが、またそれは彼が送っていた暮らしに基づいた事実でもあった。いずれにしても、彼が切望した世界はもはや、われわれとともにはない。このタイプの保護は今ではせいぜいが、壁で囲まれた庭の中にあるだけだろう。今回の旅行で、そしておそらく私の行なった渡河で、私は人間が支配する世界から離れた場所へやってきた。私が触れた野生は、ソローのときと同じように世界の全体であり、それは残された一部ではなかった。

下へおりて草原へ入った。ここはもしかすると、上のマカルーから落ちてきた雪崩によって作られた空き地ではないかと思った。上のマカルー・ジャングリ・ホテルのあたりを取り囲んでいるのは、カエデ、モクレン、カバノキなどだ。しかし、三〇〇〇フィート（約九一四メートル）下のここが、マカルー・ジャングリ・ホテルと違っているのは、放牧のための草で覆われていることだ。何がこの草原を作ったのだろう？　なぜここには樹木が生えていないのだろう？　冬がやってくるごとに、上の崖から大量の氷が打ちつけてくるからかもしれない。おそらく、上の岩に落とし樋のようなものができて、それが水路となって雪崩を導くのだろう。雪崩はすべてを平坦にしてしまう。また戻ってきて生長をはじめる草を除くと、雪が溶ける季節には、他のすべての植物が雪崩に痛めつけられてしまうのかもしれない。

形成のされ方がどのようなものであったにせよ、私が拡大鏡で調べてみると、この草原は草が優位を占めていた。スゲが占める割合は、おそらく一五パーセントくらいだろう。草の波の中で、私は原始生物学によって世話をされている樹木園へやってきた気分だった。この草原には、私が外部とともに、自分の内部へ耳を傾ける場所があった。ここで私は、ひとけのないDNAと星々のちょうどあいだに立っていた。それは人々が地球を変化させはじめる前の世界だった。私は大きなナラの根元で、バックパックをしなびた木の幹にもたせかけた。そばには二つの岩が転がっている。そのあいだにスリーピングパッドをむりやり割り込ませて、肘掛けのある腰掛けを出した。この草原はもはや昔のままではありえない。明日になれば、川のはずれまで歩いて砂の上に足跡を探す。そのときには、私の足跡もそこに残るだろう。

私は野生を求めてここにやってきた。そしてそれをすることで、私の最初の行動はすでに野生を飼いならすことになる。事実に基づいた考え方が進展する前は、一〇〇〇年に及ぶあいだ、科学的方法といえば、成果に基づく慣習的なやり方が行なわれていた。人間の知はあの世の完全な姿を推測した。真理はミステリーから来た。今は誰もが、方法こそが知識へ導いてくれる道だと思い込んでいる。しかし、それがバラモンの教師やシャクシラの村人たち、それに娘がわれわれを見てそれと分かったこと、あるいは祖父と雌のトラについて、説明してくれるわけではない。真理が、検証できる事実によってのみもたらされるという信念が、人々を視野狭窄の探索へと向かわせる。そして、彼らは遠くのものは望遠鏡で、近くのものは顕微鏡を使えば、さらに深く見ることができると信じていた。われわれはたしかに絵の具のチューブで、はるかかなた死後の世界を描くことはできる。だがそれはまた、気づかないことで満たされた感情移入をはばんでしまう。

ヒマラヤの聖人たちは秘密の了解について語る。これは未知の悟りへ通じる扉のシンボル以上のものだ——彼らが宇宙船について語っても、それは地球を越えて旅するシンボル以上のものだし、オリンピックの五輪の輪について語っても、それはわれわれの肉体の限界を求める探求のシンボルを越えている。このようなシンボリズムの中にイエティを置いてみると、イエティもまたわれわれが、そこからやってきた源を現実に具象化したものかもしれない。

私はロンドンの王立地理学協会や香港の協会で講演をし、聴衆にイエティが通った足跡について説明をした（この協会は他のグループとくらべて、イエティの存在を信じる傾向がより強い）。アメリカでは、テレビ

(この国の伝達手段だ)に出て、クマの頭蓋骨を見せながら、このような頭蓋骨を持つ動物が、どんな風にして人間とよく似た足跡を付けることができるのかを示した。にもかかわらず、人々はイエティを求めた。イエティに関心を持つ人々が探し求めるのは、人間としてのアイデンティティーに触れて、それに感知したいということだった。われわれは野生を自分の心の中に残しながら、その一方で、ミステリアスな野生を、人間の姿をしたイメージへ再定義するようになる。

*

この谷間のナラのはるか向こうに、高さが一メートルほどで、暗緑色の葉っぱをつけて花を咲かせる植物が生えている。これがヒマラヤハッカクレンだ。ますます希少となるこの植物にとって、土地の高度はなお低いが、湿潤で生息環境としては適切だった。村の採取者たちはこっそりとこの植物に忍び寄り、卵のような形をした、紫色の果汁の多い、種がぎっしりと詰まった果物を探し求めた。それを製薬会社へ売るためだ。ガンの治療薬として、この果物を売り込む商売の旅は、ハッカクレンを根こそぎ引き抜くことからはじまった。もしこの植物を私が見つけるようなことがあれば、それは私が村人たちの採集範囲をはるかに越した場所にいるということだ。なぜなら、彼らがその場所にやってくれれば、必

15.2 チョモランマ(エベレスト)国家級自然保護区(QNNP)内の、バルン真北の渓谷を行く2頭のヤクとヤク追いたち。

ずこの植物を引き抜いていくからだ。

私の目はさらに別の特徴のある草木を探し出した。いちだんと価値の高いインドジャボクだ。三〇年にわたる採集で、インドジャボクはほとんど絶滅してしまった。赤い花をつけるコーヒーのような低木だ。その根は過度の緊張を癒す。草原の端で、スパイクナード（甘松）を見つけた。これは小さく奇妙な植物で、長くてしっかりと巻いた葉は、茎の上の小さな「トウモロコシの雌穂（しすい）〔穀粒ができる部分〕」のような所とつながっている。根っこには香りのいい油があり、いかにもガンに効きそうな治療薬だ。したがって、これを採集するためには、根こそぎ引き抜かなくてはならない。もしヒマラヤハッカクレンやスパイクナードがそこにあるとしたら、もはやそこで草を調べる必要などないだろう。

野生に由来する治療薬を渇望する声は、世界中を経巡った。アメリカで売られている薬の四分の一は、植物から作られている。現代生活が引き起こす病気を治療する野生植物が、他にも次々に見つかると、植物の採集がますます熱を帯びてきた。もはや谷床で植物が入手できないとなると、その周辺で作業する人々の数が増えてくる。それに押されるようにして、ネパール人たちは穀物に代わるものを探すために招集された。彼らは植物の採集によって儲けることができ、しかもそれは新たに植えつける必要もない。そして、このような植物資源に対する圧力を感じた保護グループは、世界中の森林を救う努力をさらに進めていた。しかし彼らの議論は、奇妙なことに思わぬ反転を招くことになった。森林を守れば守るほど、植物が持ち出されてしまう。父と私が試しにヌシャ・ボータを採集したのも、この草が薬草として役立つかどうかを見るためだった。ヌシャ・ボータの香りは、そばを通る人を眠りに誘ったからだ。それは、はじめて私が行なったイエティ探索「大」遠征のときだった。

人間は植物に依存している。われわれは植物を食し、それに癒され、それで住まいを建ててきた。われわれわれの住む地球は植物の多様性に彩られている。そしてその繁茂は、われわれが吐き出した二酸化炭素を消費してくれる。植物は生態ピラミッドの基底を成す。そしてピラミッドの頂点に位置する種（人間）は、その宗教的な教えにもかかわらず、以前にも増して、植物を欲しがることをけっしてやめようとしない。人間の機械による量産が進むこの地球上で、私は、これまで人々が草を取りに来たことのない草原にいた。

スパイクナードの向こうにヒマラヤテンナンショウがある。私が子供の頃に抱いたこの木のイメージは、珊瑚色の喉の上に、エメラルド色の頭巾が乗っているコブラのようだった。何世紀ものあいだ、チベット人はジャングルへ下りてきて、この木の球根（塊茎）を探した。それはサツマイモに似ている。これを生のままで食べると、喉が腫れて、食した者は死んでしまう。しかしチベット人たちは、これをすりつぶすことを学んだ。こまかく刻んで洗い、そこから泡状になったサポニンを取り除く。すりつぶしたどろどろのものを発酵させて、毒を分離させる。しかし、自然が作り上げたものの多くは、それを人間の生活に適応させるためには、徹底的に解毒を行なわなければならない。このマッシュ状態のものをふたたび洗って、薄く伸ばして乾かす。そしてそれを今度は挽いて粉にした。思いがけないことだが、彼らはそれでパンをこしらえた。大麦や小麦から粉を作る方が、はるかに簡単なのに、チベット人たちは、このようなやり方をする。彼らはどのようにしてこの方法を考え出したのだろうか？　どれほど多くの人々が試しにこれを食べて、喉をつまらせ、死んでいったのだろうか？　さらに信じがたいのは、この粉が痔の治療にてきめんの効果があるという言い伝えだ。だが、この発見もどのようにしてなされたのだろうか？

ヒマラヤテンナンショウはまた、隠喩的な知恵を合わせ持っている。ヒルと同じように、この生命体には雄と雌の両方の性質があった。両性を合わせ持つが、それは同時にというわけではない。若い草（雄）が花を咲かせて、たくさんのでんぷんを作り出すと、雄は十分な力を蓄えて雌へと移行する。「彼」は

「彼女」になる。しかし彼は自分自身と交配することはできない。というのも、雄の花は、雌が成熟するまでに死んでしまうからだ。そこで登場するのがブヨだ。ブヨはすべすべした雄の苞（仏炎苞）の中を、上へ下へと飛んで花粉を集める。そして下端の小さな穴から抜け出ると、（希望を持って）雌花の方へと飛んでいく。

雌花の豊饒さに引きつけられて、その苞へと入り込むと、ブヨはその中で滑り下りをくりかえす。しかし、雌花の下端には脱出する穴がない。そのために昆虫はそこで死に、花粉と朽ちた細胞組織を雌花のエネルギーに寄付することになる。

イエティなど存在しない、その足跡はクマによって付けられたものだ、そしてその声はユキヒョウのものだとする、公平無私で冷淡な世界を私が証明したとする。その場合、ますます限られたものになっていく野生のために、どんな動物がイエティに代わって語ってくれるというのだろう？　われわれがイエティを野生のヒト上科動物として認めないために、イエティが実在しない世界へ旅に出るというのなら、人間は野生を信じる能力を失ってしまうのだろうか？

幸いなことに、野生に近づく道は他にもある。私は可能なかぎり、キャンプをするときには火を焚いた。火は人間が昔から自然を飼いならした財産の最たるものだ。それは長い年月のあいだ、手にしていた主要な所有物であり、われわれをともに集わせる仲間意識の源だった。そこでは、さまざまな食べ物をみんなで楽しむことができた。火を燃やすことで、人間は自分が賢人であることを信じるようになる。このひとけのない渓谷で、夜の帳が下りてきたので、私は枯れ枝を集めた。

私が火を起こすときには、まず二本の大きな枝を平行に置く。そして髪の毛ほどの細い小枝を、その上に差し渡しに置いて火を点ける。さらに小枝の上に、少し大きめの小枝を添えると、炎が出て、大きな枝もパチパチと音を立てはじめる。今では発火具を使う人もいるようだ。だがそれではおそらく、人間のもっとも古い技術を捨ててしまうことになる。それは何百世代にわたって伝えられ、今日、かろうじて古代の根源へとつながっている技術だ。私は若い頃から、火打ち石と鋼と乾いたコケを持ち歩いていた。それを私は、チベットからヒマラヤへ逃げてきたばかりのチベット人の避難民から、交換によって手に入れた。ハンターたちからは、どんな葉っぱが水をはじくのか、そして雨の日にはそれがどんな風に乾いた小枝を守るのかを教えてもらった。今夜はマッチで髪の毛のような細い小枝に火をつけた。

炎が木の幹を包む。そして、長いあいだ閉じ込められていた命を解放した。何年も前に、太陽から地球へやってきたエネルギーが解き放たれた。火はかつて死んだものの生まれ変わりと見なされていたし、太陽系を横切って旅をしてきた振動が、ふたたび鼓動をはじめたものと見られていた。ヒト上科の動物が野生から一歩踏み出して、技術で自然を飼いならしはじめたときに、（歩くための杖を使ったあとで）まずその第一歩となったのは、石を三つ集めて、火のまわりを壁で囲い、食べ物を作ったことだろう。これはほぼまちがいのないところだ。そして、三つの石からやがては家を建て、かまどを備えて、都市が広がっていった。人間の野生からの出発は、火という自然の力を役立てることからはじまった。

目の前で燃える火は私の考えを集中させる。そして考えが私の中で踊るのを手助けする。頭上に広がる暗い空では星々が燃えていて、このような考えを、はるか何光年も先の火へと誘ってくれる。二つの火が私の内と外とで私をとらえる。目と私、この両方で見るのだが、それは知ることではない。目ははるか長い距離を旅するし、心は同じように内部へと貫通していく。視覚と自己、この二つが燃える火の強さから、あたりの闇の広がりへと順応していく。そこに隠されているものを探しながら。

私にとってこのヒマラヤは、どれくらいまで故郷といえるのだろう？　私はここで育った。だが、私はネイティブではない。ここにやってきて、これまでに歩ける範囲を歩いただけだ。肌の色も他の人とは違うよそ者だし、世代間に横たわる問題もなんとか切り抜けてきた。私の家族は一世紀前にここへやってきて、医者として心のこもったケアを施した――また彼らが来たのは信仰を説くためでもあった。その信仰は、この山々に土着のものではなかったが。私もやはり新しい伝道者だった。そして、力を持った者が彼らの将来を左右するという考えをもたらした。

派遣されてきた私は、山の中では持っている者がほとんどいないような、価値のある品々を持ってやってきた。私には財政的な豊かさはなかったが、ヘリコプターを要請して飛び立つことができたし、ネパールや中国で、最高位のリーダーたちを訪ねて、彼らのパートナーとして働くことができた。銀行に行って頼めば、お金を借りることもできた。私は生活を豊かにするために、この土地からいくばくかのものを持ち帰ることはしない。だが、私が国立公園の設立を手助けするために来たことが、はたして新しい植民地主義になるのだろうか?

祖父と祖母は古い植民地の一部といってよい。そう、彼らはアメリカ人だ。だが、イギリス人ではない。伝道者たちではあるが商人ではないのだ。家族は伝統的に搾取する立場にはいない。しかし、誕生して学んだことにより、インドの心地よい生活に接近した――バンガロー、召使い、列の先頭で並ぶこと。すべてに圧力を加える側に対抗して、与える側へ家族を導こうとした祖母をわれわれは持っていた――彼女は人の世話をしたが、その仕方が卓越していた。たしかに私は、彼女の孫の中ではもっとも年長だったために、そのすべてを知っている。インドで男であることは、カーストと同じように、その男に特権のマントを着せるからだ。だが、祖母は私の背中を押して、その特権の先へと向かう理解の扉を開いてくれた。彼女は自分の生活の中に、何百というハンセン病患者の子供たちを受け入れて歓迎した。家は子供たちであふれ返っていた。ときには一日中、彼女はベランダに出て医療を施した。祖母が教えてくれたのは、社会からのけ者にされた人々に触れることで、はじめて、その中へ入り込むことができるということだった。

今ここへやってきたのも、かつて子供の頃よく知っていたものに、もう一度触れてみたいと思ったからだ。夜はまだ日が暮れて間もない。私は谷の縁まで歩いていき、さらに多くの乾いた枝を持ってきた。私の視覚は谷の遠い壁にはとても届かない。途中のあたりで光が輝いている。それはもしかすると、雲母を含んだ岩に月明かりが反射しているのかもしれない？　少し身体の位置を横へずらして、そのことで光が消えるかどうか試してみた。消えない。心の奥底から声が聞こえる——この火をこしらえているのは、わずかに二つのことが考えられる。それは人間と稲妻だ。

今夜は空が晴れている。私は一人ではない。あの火は密輸業者たちの火だろうか？　あるいは他の者たちによる火だろうか？　いったい何だろう？　夜が明けて、日の光が差し込むと、火から送られてくる光が見えなくなってしまい、私はそのかまどの位置を探すのが困難になってしまうかもしれない。寝袋を巻き上げ、それをバックパックに詰め込んだ。そしてロープを枝に放り投げて、日常品を動物たちに咬まれないように木に吊るした。闇の中へ私は一歩を踏み出した。

夜の困難はまず、歩くときにその道筋の見当をつけることだ。歩いていくこと自体にそれほど困難はない。懐中電灯が遠くまで照らしてくれるからだ。しかし、その光は道筋を明らかにしてはくれない。暗闇の中でトンネルのような道を照らす光は、かえって残った部分をよりはっきりと示すことになる。つまり闇の部分をいっそう大きく感じさせるのだ。遠くに見える火に向かって歩きながら、私の接近を悟られないようにするため、手で懐中電灯のレンズをふさいだ。それも指の間隔を開けて、指のあいだから光が細く抜け出るようにした。遠くのスロープでは、赤い光が今も輝き続けている。それは放牧者ではなさそうだ。今は放牧の季節ではない。草を採集しに来た者たち？　そうかもしれない。あるいはまたイエティかもしれない。……が、それはばかげたことだ。たとえ私がイエティの至聖所にいたとしても。もっとも考えられるのは密輸業者たちだ。夜に密輸業者たちのキャンプに近づいていく……。

もしイエティが生き残っているとしたら、バルンのもっとも人里離れたこの場所は、彼らの居場所としてはふさわしい。そしてもし生き残って存在しているとしたら、彼らが火の起こし方を知らないはずはないだろう。ここで火を起こすことは安全だった。というのも、植物が今私に示したことを、彼らも知っているからだ。それはここへ人間たちがやってこないことだった。火を使っているということは、一族が群をなして集まっているということ——料理した肉を食べているということだ。またそれは、イエティが生息しているとしての話だが、彼らが集団を作って生きていることを物語っている。

火のそばで座っている彼らの目は、たき火の光で満たされていて、私の小さな光などとても目に入らないだろう。私はさらによく見るために、指のあいだを大きく開いた。そして道筋が決まるとまたふたたび、ほとんどゼロに近いほど指をせばめた。そしてつねに、レンズをあのスロープに向けないように注意した。頭上では衛星が周回している。この地球上では今日、ここだけではなく、他の残されたジャングルでも頭上で衛星がまわっている。そんな中でもなお、人類出現以前の生物に向かって歩いていくことが可能なのである。

私は静かにしようとしたが、思わず笑い出してしまった。しかし、ここから彼らに笑い声が聞こえる心配はまずない。ちょっと前に、すでにもっとも理にかなった答えは出ていた……密輸業者たちは、暗闇の中で人が近づいてくることをありがたいと思うはずがない。私は注意を促されたような気分で、キャンプへ戻っていった。

寝袋に這うようにして入り込む前に、私は三本の枝に切り込みを入れて、真ん中辺で縛り、それを広げて三脚を作った。朝になって光の方向が分かるように、四本目の枝をライフルのようにして、慎重に狙いを定め、三脚の上に置いた。寝袋の暖かさに包まれて、もしイエティに会ったら、私は何をするだろうと考えていた。万が一出会ったら、まず必要なのは、これまでコミュニケーションを取ることなく、生きのびてきたこの動物にとって、もはや危険などいっさいないことを知らせることだ。

もし、たまたまイエティに遭遇したら、ヒト上科動物に対して、ヒト上科動物の私は何をいうべきなのか。ともかく私が、それを伝えることは可能なように思われる。それはまた、私が長年にわたって考えてきたことでもあった。トラやクマに行き当たっても、叫んではいけないことくらいは知っている。だが、イエティに遭遇したときには、どんな行動に出ればいいのだろう？ おそらくネパール語かチベット語で話しかけるのが、まず最初の試みだろう。あるいは、私の声が単なる音色に聞こえてしまうのだろうか？こんな風にいってみてはどうなのか？「私はこの三〇年ものあいだ、あなたの足跡を追ってきた。あなたが残した、まったくとらえどころのない足跡を」

イエティは言葉を返して、私にいうだろう。「それはおかしいじゃないか。君たちが土地に付けた足跡が、私の世界を永久に変えてしまったのだから」

私はポケットから、食べ物の言葉を引き出すべきなのだろうか？

人々はイエティを恐れている。しかし、それはなぜなのだろう？ イエティが危険だという証拠はどこにもない――それに恐れる理由などまったくない。他の霊長目の動物と同じように、イエティはユーモアのセンスさえ持ち合わせているかもしれない。そして私の質問に答えるかもしれない。「われわれ獣は、登頂に失敗した登山者を、君たちが巨大なエゴと結びつけたときに見る幻なんだ」

人間の脳は進化してきた。その特徴がわれわれを現人類にしたし、賢明にもした。その特徴はまた、さまざまなアイディアを考え出し続けてきた。進化は今なお継続中だ。だが、言語が現われてくるまでは、このようなアイディアの衆知（集合知）を示すものは、何一つなかった。天才が現われたのだろう。しかし、そのときに種としてのわれわれに何かが起こった。イエティとコミュニケーションを取ることができることで、そのあたりの理解に何か光が当てられるかもしれない。というのも、われわれの進化の過程で、突然、数多くの証拠が、作動する人間の心から現われた——道具、家々、農業。言語は孤独な天才を変えたものだったにちがいない。言語の目的は他とつながることだ。いくつかのアイディアを踊らせるように、人々の表現が暮らしのプロセスを支配した。私は寝袋の中から、頭上はるか遠くで光る明かりを見つめていた。

もしイエティが、これほど長いあいだ人目を避けていたのだとしたら、イエティはおそらくコミュニケーションを行なっていたにちがいない——われわれの言葉が理解できなかったとしても、少なくとも仲間のあいだでは、情報の交換が行なわれていたにちがいない。イエティは、渓谷一帯に響き渡る遠吠えを越えた、何か言語を持っていたにちがいない。それゆえに、イエティは有史以前のヒト上科動物ではありえず、一〇〇万年前にホモ・サピエンスから分かれて、かすかな言語しか保持していないギガントピテクスでもありえないだろう。おそらくそれは、ネアンデルタール人やクロマニヨン人でさえないかもしれない。隠れることに成功をしたイエティは、われわれの一人、あるいはわれわれに非常に近い者だったにちがいない。われわれのグループがどんなものであるにせよ、私自身の種のあいだに、私が今いることを証す証拠が、彼方の火の中で燃えているのかもしれない。

昨日の夜が夢ではなかったことが朝になって分かった。三脚の上に乗せた枝が小さな洞窟を指差していた。双眼鏡で見ると空っぽのように見える。洞窟のある岩棚へ行くまでには二時間かかる。おそらく谷底から三〇〇フィート（約九一・四メートル）ほどの高さだろう。低木の茂みがついたてになって、上方へ傾斜した土地にできた岩棚の口を部分的に隠している。岩棚の上に三つほどたき火のあとがある。それぞれにまばらになった灰が残っている。しかし、その内の一つからは細い煙が渦を巻いて上がっていた。二足歩行と並んで火は、われわれの仲間だけが持つ特徴だった。

細い金線細工のような煙が上がっていき、やがて渦巻きが広がると、ゆるやかにほどけていった。髪の毛のような煙のたなびきはばらばらになり、岩棚の屋根のあたりで消えていった。この火を焚いた者は近くにいるのだろうか？　私は灰を見た。というのも、灰は祖先の火の跡を、年月を越えて持ちきたってくれるからだ。一〇〇〇年のあいだ、灰は変わることなく、かつての暖かさとおそらくは食べ物を提供した物語を保持していた（バルンで発見された灰の放射性炭素年代測定によって、バルンの地に二世紀以上ものあいだ、人がいたことが証明された）。しかし、ここで立ち上る金線細工とともに語られた物語は、灰をはるかに上まわるものだった。

バルンでは他にも、煙が渦巻いて上っていくのを見たことがあった――それはジョン・クレーグヘッドと私がサルディマにいたときで、煙は滝の向こうで上がっていた。この細い煙のたなびきは、てっきり、こちらからは見えない湖から出ている霧ではないか、とわれわれは思った。さらに洞窟では、また別の残留物も見つけている。この洞窟に残された足跡だ。手でそれに触れてみる。それは人間のもので、しかも巨大な足跡だった。

イエティは野生動物だ。私はそれがクマであることを証明した。だとすると、明らかに人間のものであるこの足跡は、社会から自らを切り離した人々によって付けられたものかもしれない。このような隠遁者たちは、必要に駆られて、人々とふたたび顔を合わせざるをえない。収獲したものを持って、カンドバリへ出かけ、売り買いをすることになる。野生の地で住んでいるために、彼らの足は、私の目の前にある足跡のように広がるのだろう。それでこそ、高い峠を越えたり、雪原を歩いていける。目の前のメッセージは二つのことを語っている――この隠れ家では昨夜、火が焚かれて足跡が付けられた。

外には他に、何一つ証拠となるものはなかった。ここにとどまって、戻って来るのを待つこともできる。しかし、目に見える形跡は、ときどき焚かれたと思われるたき火のあとがわずかに三つだけ、その内の二つには三つの石が置かれている。このたき火跡が示しているのは、ここにときおり来たものがいるということだ。どこから来て、どこへ行ったものか？　一つだけ残された足跡は、それが一人だったことを物語っている。私が探していたものについていうと、そこには群れがあったにちがいない。ここにいたものは、その群れを目指していたのかもしれない。あるいはそれはただ単に、時を越えて過去に旅人がしたように、そこを通り過ぎただけの人間だったのかもしれない。

今日、私は徒歩で来ている。だが以前、バルンの上空をヘリコプターで飛んだことがある。この流域はジャングルと高山草原、それに山頂がそのすべてだった。聖域といえども、上空から見ることができないものはない――ただし、おそらくサルディィマの背後だけは別だろう。たぶん、旅人はそこへ向かったのではないだろうか？　そこは私が、途中でスゲと草をくわしく調べながら向かった先でもあった。衛星写真上で示されている湖の背後の長いスロープからは、チベットへ入ることができるのだろうか？　そしてそこには、人の住んでいない、しかも植物が青々と繁茂した食物源のガマ渓谷があるのだろうか？

ここからそこへ行くまでには、二つの高い尾根を越さなくてはならない。選択肢の一つは、バルン川がマングルワ川と合流する所まで下りて、それからマングルフ川を遡り、サルディィマへ至る。レンドープは川には道がないといっていた。だが、パサンの息子のタシは、二つの尾根を越していく密輸業者のルートを知っていた。密輸業者たちは国境を越えて、必需品をこっそり持ち出すことで、わずかな利益を得ている。インドからは深鍋と浅い鍋、スパイスと食材、それに水牛の皮まで持ち込まれる。そしてひとたびチベットへ入ると、帰りの旅では、中国からスニーカー、布、磁器、テープレコーダー、合成洗剤などの製品が、そしてチベットからは磚茶（たんちゃ）〔紅茶や緑茶のくずを蒸して型で固めたもの〕、乾燥肉、チーズ、それに雄の種付け用ヤクなどがもたらされた。このような品々は一般に認められた交易品だった。

密輸業者の儲けは賄賂によって埋め合わせがされるので、それは、正式な国境で支払われるものではない。商品がヤクから合成洗剤へと幅が広がるにつれて、あとでとやかく要求が出て、さまざまな問題が生じる場合もある。取り引きがうまくいくためには、信頼がおけて、低価格で提供してくれる業者からスタートし、手早く口の固い買い手で取り引きを終えるのが好ましい。ルートは商品が破損することなく、往来できる道を選ばなくてはならない。ヒマラヤでは急激に降り注ぐ雨はない。だが、最悪なのはたやすくパトロールされてしまうことだ。しかし、一つ警戒の目の届かないルートがある。それはバルンを通り抜けることだ。ネパールで、西部のサンクワサバ地区の警察検問所から、はるか遠く離れた道からスタートする。雪解けのあと、ルートはシプトン峠を横切って、バルンの上流に入り、私のまわりのジャングルを抜け出て、サルディマへと向かう。そして一万五〇〇〇フィート（四五七二メートル）の峠を越えて、中国のひとけのないガマ渓谷へと入る。サキャタンと名付けられた中継地点で、密輸業者の到着を待って、そこから交易品の新たな旅がはじまる。カルタの中間業者が三つある峠の一つを通ってやってくる。そして交易品をシェガル、ティングリ、ラサ、それに中国の中心部にさえ持っていく。

今日はすでに、半日が過ぎてしまっている。あの道を見つけなければならない。もしそれができなければ、自分で道を切り開いて行かなければならない。それはおそらく四〇〇〇フィート（約一二一九メートル）の登攀になるだろう。そうなればたぶん、頂上の手前で野営をすることになる。そしてそこにはいつものように、さらに未知のものが控えている――それはエベレストの天候だ。三時間かけて最初の二〇〇〇フィート（約六一〇メートル）を、シャクナゲを打ち開きながら上った。岩の下から滴り落ちてくるしずくは、おそらく出会うことのできる最後の水かもしれない。仰向けになって水を飲んだ。そのときに一握りのピーナッツとレーズンを、グレープナッツといっしょに食べた。空を見上げると、雲が速い速度で動いている。嵐がやってくるのだろうか？　もしやってくるのなら、低い所へ下りているのが賢明だ。どこへ行けばいいのか？　エベレストの嵐はシプトン峠を塞ぐ。こんなことを考えていると、記憶が生涯の書棚から引き出されてきた。以前の山登りで休憩を取ったときの思い出だ。急勾配のスロープをやっとのことで上りきったとき、パートナーが笑いかけていた。一人がスナックをかじると、遠い世界の香りが広がった。記憶の中の景色が登攀の理由に答えを与えた。

ふたたび上りはじめたが、道を示すしるしはまだ見つからない。だが、両側の崖が、このルートの可能性を語っている。隆起したヒマラヤを中断するように、切り立った壁を、このルートが通り抜けているようだ。上へと上っていくと、みすぼらしいシャクナゲの木立があった。だが、これは難なく中を歩いて行けそうだ。そのあとで、左へ向かうと表面が摩滅した岩と、少し押し固められた土に行き当たった。これは明らかに人間や滑った蹄によって付けられ跡だ。

見つかったミステリアスな道には、それを付けた人にはすぐに分かる足跡がたくさん残されている。……しかし、それはしばしばわれわれには謎だった。道をたどったのはいったい誰なのだろうか？　そして、それ以前に歩いた人々が誰だったのか、その人は不思議に思わなかったのだろうか？　まったく他の人々によって作られた「文明世界」の道路とは違って、ヒマラヤの道はあらゆる人々の手によって作り上げられている。ポーターたちは、疲れた足を置くために、次の一段を築こうとして石を動かした。放牧者たちは動物のために、道のかたわらに棒を立てた。密輸業者でさえ、今、私はたまたま見つけたのだが、道に作業を施している。以前にここを通った数知れない足の、積み重ねの上を私は歩いた。そして、峠までの残された距離もすばやくクリアした。だが、それでも全体として登攀した距離は、やっと三〇〇〇フィート(約九一四メートル)にすぎないことが分かった。

峠の頂上に着いたが、そこには五色の祈祷旗〔チベットや山麓で、峠のケルンに立てたり、ロープに吊るした旗。経文や呪語が書かれている〕や、かつて、それを吊るすのに使われたロープはどこにもなかった。それはこのルートを使った人々がヒンドゥー教徒で、仏教徒ではなかったことを示していた。しかし、二つのケルン(石塚)が、ヒマラヤの人々の気持ちを表わしている。彼らは一つの谷から、もう一つの谷へと渡り、それぞれの谷がそれぞれの霊を宿していることを感じていた。そしてケルンは、彼らがぶじに谷を渡ることができた感謝の気持ちを現わしたものだった。かつて、峠で休んでいたときに、一人の老女が私に話してくれたことがある。峠を通り抜けることは、一つの世界からもう一つの世界へと生まれ変わることだという。エネルギーが風のように峠を駆け巡り、あなたが入っていく世界の扉を開ける。その誕生を祝うことがケルンを積む理由なんだと彼女はいった。一つまた一つと積み重ねられる石は、感謝の祈りだったのである。

息子のルーク・ケアンが生まれてからというもの、私は峠で休むたびに、前に重ねられた石の上に、石を置くだけではなく、新たに一つ新しいケルンを建てた。誰も一人で歩く者はいない。もしわれわれも家族を持っていなければ、こんなところまでやってこないだろう。命は、自分より前に旅をする人生の旅人から受け継ぐものだ。そしてそれは、続く者たちによって運ばれる。われわれの生涯の中に建てられたケルンは、あとに続く者たちに、人生の歩み方を示している。私は振り向いて、今上ってきたばかりの道をながめた。この滑らかな石の道に、おそらく私はふたたび戻ってくることはないだろう。

私が入っていった谷の土は量が少ない上に、砂まじりでざらざらとしていた。そのために、そこに生えている植物はまばらだった。しかし、空を見上げると、嵐の心配をする必要はないようだ。ヒマラヤの雨蔭（ういん）〔雨雲を含んだ風が山を越えるとき、風上で雨が降り、風下では蔭となって雨量が少なくなる現象〕に近づいていた。バックパックをしっかりと背に背負って、ベルトのヒモをしめ直した。夜が一時間後にはやってくる。私は峠を駆け下りはじめた。山を駆けるために必要なことは、敏捷性とたえずよどみなく走ることだ。一足ごとに激しい上下運動をしないで、次の一歩に続けていく。

しかし、西洋風に足場から足場へ、どたんどたんと坂を走り下りていくと、膝を痛めてしまう。というのも一足ごとに、身体が恐ろしい量の圧力を受けてしまうからだ。次のどたんという衝撃を身体が跳ね返すときに、強い力が膝の表面を打ちつける。骨の端の軟骨にかかった薄い膜が、ふたたび次の衝撃を吸収する。卵のような白い滑液が、衝撃を受けるたびに流れ入って、潤滑液となり滋養分を与える。膝の衝撃を吸収する装置は、それが使用されている最中でも再生していた。吸収された力は、身体のどの関節部分が受けるものより大きかった。アメリカ人の少年たちは、スポーツをしていて膝を痛める。だが、ヒマラヤの少年たちは岩場を、水のように軽やかに走って下りていくことを知っている。飛ぶようなステップは終始変わらない。一足ごとに、次のステップをどのように方向転換すればよいのか、それを動きながら瞬時に判断する。そして飛び跳ねることを調整して、膝をけっしてがたがたと急激に揺さぶることはしない。

私は三〇〇〇フィートもの距離を駆け下りなくてはならない。一五分ごとに止まって、膝をこするのが

15.3 ポプティ峠頂上のケルン。

賢明なことは分かっていた。カロリーが動脈に補給されるより早く燃え尽きてしまう、そんな高所を走るためには、肺に酸素をふたたび補充しなければならなかった。疲れとともに、ひっくり返る危険性が目立って倍加してくる――そんなときに足がもつれてしまえば、反射神経が効かなくなっているので、転げてバックパックで地面を打つことになりかねない。しかしテクニックを学んでいれば恐れることもない。地面についているのは足だけだが、身体のあらゆる部分を動かし、足の正確な動きに協調させる。バックパックは背中に密着しているが、今の場合はいつもより少し高めに背負っている。それもひっくり返ったときに、カメの甲羅の役割をしてくれるからだ。私は走り続けた。すると突然、キャンプファイアの気配がした。匂いを感じたのだろうか？　私は滝のように落下する。谷が近い。キャンプが呼んでいるような気がした――角を曲がると、私は思わず口をあんぐりと開けてしまった。五人の男が立っていて、キャンプファイアが燃えている。そばにはポニーが三頭と野生のヤクが二頭いた。

私は踏みとどまろうと思ったが、バランスを崩してしまい、足が滑ってしまった。ポニーは驚いて急に駆け出した。だが、馬はしっかりとヒモでつながれていた。ネパール人がスロープを下りてきたのなら、それほどびっくりすることではない。だが、下りてきたのは西洋人で、それもたった一人だ。そこにいた男たちのとげとげしい目がいっせいに、ちらりと横目で私に向けられた。私の疲労は限界にまで達していたが、もはや自分に出口はない、ということだけは分かった。バックパックの中にはカメラや道具類が入っていて、それは彼らの積み荷によりはるかに価値のあるものだった。警察がこの場所へ到着するまでには一〇日はかかるだろう。それに警察は、男たちの一人が連れてこなければ、やってくるはずもない。密輸業者たちが通る道のこの場所に、私がいたという形跡は——雑食性のクマや鋭い目をしたハゲワシが去ったあとでは——どこにも残らないだろう。

もしすばやく決断していれば、このキャンプを抜け出すことができたかもしれない——そうすべきだった。耳をつんざくような金切り声を上げて、夜の中に飛び出し、大きな丸い背中をした、青白い肌の幽霊をそこに残して、その場を抜け出し……消え去ることもできただろう。おそらくそのショックのために、彼らは一晩中、キャンプファイアのまわりにうずくまっていたことだろう。幽霊——おそらくそれはイエティかもしれない——が戻ってくるかもしれないと思いながら。私は意気消沈して座りながら、自分は四三歳にもなって、こんなあやまちを犯すとはばかげたことだと考えていた。

誰だって夜中にほっとして休んでいるときに、目の前に突然人が現われるのを好む者はいない。ましてや彼らは、法から足を踏み外した人たちだ。ひとまずショックが引くと、彼らの顔には怒りが立ち上ってきたように思えた。五人の内の一人で、キャンプファイアのために薪を割っていた男が、さやから抜いたククリを手に立った。

「喉が乾いてしまって。お茶をもらえませんか?」と、私は疲れた声で頼んだ。「お茶を少し?」

一番年長の者が火の方へ向かった。他の者たちはまわりに立ったままだ。もっとも若い二人は、明らかに顔に怒りが染み出ているようだ。だが、私は気がついたのだが、みんなはただ好奇心を持っているだけかもしれない。まわりで立っている者たちの足のあいだから、私は老人がポットの蓋を取って、ひしゃくでティーを、縁が欠けたエナメル製のマグカップに入れているのを見ていた。老人はこちらへ戻ってくると、私にカップを親切にも、両手で持ちながら渡してくれた。おびえていたのは私の方だった。

「ここに持ってきたのはレーズンと大麦です」といった。そしてバックパックのヒモを解いて、レーズンとグレープナッツを渡した。そのあとで、疲れた足でよろよろと歩いて、火の方へ向かった。私はバックパックを引き寄せて行動で示した。料理は米とレイティル豆が煮えている。彼らは私を食事に招いてくれると思ったので、ピーナッツと中身が半分入った、エムアンドエムズのチョコレートを渡した。

夜がふけるにつれて、われわれはたがいに質問をし合うようになった。それぞれがブランケットに向かう時間になった。私は寝袋の中で背筋を伸ばしたが、一晩中目を覚ましていようと思った。何が起こるか分からないからだ。とくに若い男は、私が持っている品々をむやみに欲しがっている。彼らはそれぞれが寝床へ向かったが、手の届くところにククリを置いていることに私は気づいていた。いくぶんリラックスした私は、夜空を見上げて星を見た。私の生涯で、バックパックを背負いながら寝たのは、はじめての経験だと思いながら。

次の朝、目が覚めてみると、私は横向きに寝ていて、ぐっすりと眠ったようだ。道連れの男たちが、荷作りをしている音で目が覚めた——暖かい寝袋の中で横になりながら、疲れ果てた上に、昨日感じた恐怖について改めて気がついた。密輸業者というのは、私が彼らに付けた名前で、彼らは自分たちを交易商人だと思っている。われわれはともに、自分の職業に従ってこの道を旅していた。朝のたき火のそばで、われわれはグレープナッツの最後の一箱を分け合った。これから彼らが向かう先はバルンで、あの岩棚の洞窟だ——彼らは洞窟を知っていた。昨夜、みんなでその洞窟について話をした。

今、私の手元に残っているのは、ピーナッツが二ポンド（約九〇七グラム）、レーズンが一ポンド（約四五七グラム)、それに粉ミルクは溶かして三クオート(約二・八リットル)分。一晩で私のバックパックはぺしゃんこになった。グレープナッツが一箱、レーズンも一箱、ピーナッツが半ポンド(約二二九グラム)、それにエムアンドエムズのチョコレート半袋が消えてしまった。しかし、その見返りとして、彼らはこの先の道について情報を教えてくれた。したがって、今はサルディマへ行く道を私は知っている。もし彼らが教えてくれた道を見つけることができれば、あと二晩もすれば、シャクシラの北の村々へ着くことができるだろう。そこでは米やレンティル豆を買うことができる。ピーナッツ、レーズン、粉ミルク、それに水——歩きながら私は、次の食事に残りものを組み合わせて、どんな料理ができるのかをあれこれ考えていた。

七時間後に、以前われわれが、サルディマで会議を開いた小屋へ着いた。滝は今も上から轟き落ちている。私は水筒を水で満たし、ヨードが澄むのを待った。食べるのはピーナッツばかりだ。二羽のカラスが上空をまわっている。食べ物を見つけたら、カラスは急降下してくる。一九七一年、エベレストの頂上まで二〇〇〇フィート(約六一〇メートル)という所で、食べ物を食べていた人々を、カラスが襲ったことがあった。私の目は滝に釘付けになっている。その背後からは煙が上がっていない。三年前に上がっていた煙は霧だったのだろうか? エベレストの山頂へ上った登山者の数は四〇〇〇人を越えている——その中にはまったくの正気で、登山の途中にイエティを見かけたと主張する者がいた。

＊

道路の状況は心の中で知識になる。それは休憩所の情報を集めて作り出された地図のようなものだ。他の人々の話を聞いて学んだ道の知識は、計測もしなければ、縮尺比もない地図製作者にとって、民間伝承のように感じられたのかもしれない。しかし、心のために考案された地図は、頭の中で記憶されることになる。重要な道路の交差点はウェイポイント（経路上の地点情報）になるだろう。劇的な体験はルートチャレンジを呼ぶ。このような心の地図の制作方法は、それが紙の上に記されたり、縮尺通りに描かれたりするはるか以前に、考えられ育てられてきた。密輸業者たちは、バルンからはじまるルートについて、その「知識」を話していた。そしてそれに基づいて私は、ここから米とレンティル豆を買うことのできる場所へ向かう情報を、手にすることができた。

道に関する情報が、どんなことを与えてくれるのか、それを私は知っていた。道路のカーブや道路の選択について何一つ知らなかったとしても、道が隠し持っている意図を知ることで、私はその情報について見当をつけることができた。そこで共有されたものは「あなたが今しているのはこれです。……すると、あなたはあれに遭遇しますよ」。道は、生きたなまのつながりとして理解されるので、地上の一本の線として理解されるのではない。道をどのようにして描くのかは、これもまた古代からの習わしといっていいもので、「大きなカエデの木に向かっていき、そこを左に曲がりなさい」とは違う。筆記をすることのなかった世界では、記憶が地理を学ぶ手段だった。それは知識と地形的な特徴、それに旅の目的がどこまで広がるのかなどを、すべて合成することで作成された。道は心の中で物語を通して存続していたのである。

15.4　轟音を立ててサルディマ草原へ落ちる巨大な滝。

しかし、米とレンティル豆へ向かう前に、反対の方角へ上って行かなくてはならない。滝のうしろにある未知のものが何であるのか、その答えを出すために、私は滝のかたわらに生えている低木の茂みをかきわけて上りはじめた。上るにつれてサルディマ草原が下へと遠ざかっていく。私の上りは、ひたすらシャクナゲの低木や高い幹のジュニパーの中を進む。目的は、明日の日の出に湖を見下ろすことだ。というのもそれが、いつか煙が上がっているのを見た時刻だったからだ。

目が覚めると、空一面に星がまたたいていた。ちくちくしたジュニパーの枝はすぐ手の届く所にある。まだ夜の明けないこの世界を、火を焚いて明るくしたいという衝動に駆られる。しかし、寝袋を巻き上げて、巨岩の下にすべてを残し、必要なものだけを選んで、夜明け前に、頂上の縁へ向かって出かけた。そこから湖を一望の下に見下ろすためだ。上で光っている星々は、世界の向こう側にいる私の家族より、さらに身近なものに思えた。世界のこちら側でも、もっとも近い村へ行くのでさえ、ここからは、通り抜けるのも困難なジャングルを抜けて、おそらく三日間も歩かなければならないだろう。朝の寒さの中で考えても、この渓谷には、誰一人ワイルドマンなどいないことが分かる。ここ一万二〇〇〇フィート（約三六五八メートル）の地点で、夜のしじまの中、私はたった一人だった。もう一つのメッセージもまたはっきりとしている――三〇年のあいだ、私は自分の中にある野生を探し続けてきたのだ。

私があとにした岩は一夜の宿だった。突き出た岩の下で宿をとるのは、何千年ものあいだ人間が続けてきた習慣である。それはわれわれが、家々にとどまっていた期間にくらべると、気が遠くなるほど長い時間だ。われわれはめったに、思い起こすことがないのだが、洞穴は人間にとって、もっともなじみの深い住まいだった。木々を飾る枝は、住まいのスペースの装飾として、われわれのＤＮＡがごく見慣れたものだ。そして、切り出した石や、いくつもの段階をへて削り上げた木材を使って建てた住まいに住むことで、われわれは自分自身をますます住まいの起源から遠ざけてしまった。

寝袋や食料を隠した場所をまた見つけて、そこへ戻らなければいけないので、そのために私は、ケルンを岩に立てておいた。というのも、毎朝この渓谷に湧き上がる雲で視界がきかなくなったとき、ここまで運んできたものの所へ、私をまちがいなく導いてくれる道が必要となるからだ。そこで私は、経験と勘による地図制作を行なうことにした。だがそれは、手の中にとどめおく地図の上で道を見つけることではない。現実の地面の上で、道に行き当たることが目的だった。川を横切るときのように。どのあたりで曲がればいいのか、それを知っている道に行き当たれば、もうそのときには、その道がわが家と呼びたい場所へ連れていってくれる。行き先を目指してはいけない。そのためにも、まず岩から線を書きはじめる。二〇フィート（約六・一メートル）ごとにケルンを立てた。二〇ほどケルンを立ててわが家の手前一〇〇ヤード（約九一・四メートル）のあたりでしるしをつける。その半ばまで戻ってくれれば、あとはまっすぐわが家を目指すだけだ。

夜の暗闇から幻想めいた世界が、私のまわりで形をなしはじめた。薄暗がりの灰色がだんだん明るさを増してくると、距離が広がりを持ち、永遠に底が知れないように思えた世界に深さが侵入してきた。夜の世界には長さがない――だが、光がそれに加わると、空間が開ける。太陽が姿を見せるまでには、まだ一時間ほどある。歩くたびに草から霜が落ちて、足元で氷の結晶がカサカサと音を立てた。しかし、太陽はようやく一日のはじまりに向かって、上りつつあった。そして私が崖の縁へと近づくと、背後の地面のカーブに沿って太陽が輝きはじめた――日の出だ。目の前に私の影が飛び出る。私が踏みつけ、かき分けて進むと、草の繊毛についた氷の結晶から、虹色に彩られたプリズムが飛び出してきたようだった。

崖の縁からのぞいてみると、湖が下に見える。ここからの距離は一〇〇〇フィート（約三〇五メートル）ほどだろうか。湖岸には小さな木々が生えていて、草原も見える。湖面からは霧が立ち上っている。湖の右側はなだらかな斜面になっていて、それはそのままチベットのガマ渓谷につながっているが、その右奥から煙が上がっていた。霧ではない。明らかに煙だ。私が今いる崖の縁から、ちょうど向かい側、崖の側面（草原に近い）に沿って、岩肌に作られた空洞のようなものが見える。おそらく氷河によって削られたものだろう。この氷河はかつて草原に移動し、その残りが湖を作ったのだろう。空洞から突き出た石は、壁を作るために積み重ねられたもののようだ。その背後には部屋のようなものが見える。煙は三カ所から染み出ていた。

双眼鏡で見張った。誰かが隠れ家から離れるのを、私はうまく見ることができるだろうか？　時は過ぎ、一時間、また一時間。私が見張っているあいだに、背後から雲がバルン川の上へと上ってきた。そしてサルディマを飲み込み、今は私がいる崖の上へ巻くようにやってきた。下の方には人々がいるようだ。彼らは人間の「陰」と自然の「陽」が相互に補完し合う意識を見つけているのだろうか？　このような隠れ家を、彼らは永遠のすみかとしているのだろうか？　あるいはもっと単純に、ただエプロン〔急斜面の底にできた堆積物からなるゆるやかな斜面〕の草を食ませているヤクの放牧者たちなのかもしれない。彼らはまた、あの世に近づくためにやってきている精神的探求者（求道者）たちかもしれない。彼らの目的がどんなものであっても、この集団には隠遁生活の探求をそっとそのまま続けさせよう。私はあとに残したケルンをたどって、これまでの世界へと戻った。そこは野生を恐れ、まだ寛大さを見つけていなかった世界だったし、私がさらに探求を続けることになる混乱の世界でもあった。

あとがき

A.1　バルン渓谷を訪れる人々のために作られた看板。イエティの足跡を示す標識とルート・マップが書かれている。

二〇一〇年、私はサルディマに戻ってきた。いっしょに来たのは二人の息子で、今では二人とも成人している。ジェシー・オークは生まれたときから野生の中で育ち、ジャングルへ戻ってきた。ルーク・ケアンはここ数年、山々で自分の調査をしていたが、その山にふたたび戻ってきた感じだ。われわれが戻ってきたのは、イエティの探索を継続するためだった。

イエティは二種類存在し、それぞれが違った身元を持っている。足跡を付けたイエティはクマだ。この正体は確かだった。しかし、足跡の犯人のさらに先に第二のイエティがいる。それはホモ・サピエンスと野生について、存在論的な疑問を投げかけているイエティだ。そしてこの疑問に対しては、各人がそれぞれ個人的に答える必要があった。それを助けるために、イエティにはあるシンボルが与えられる。そしてそれによって、人々は自分自身の足跡を発見することになる――ただしこれは、けっしてひどくやっかいな探索ではない。

足跡を残したイエティについては、私は山野を経巡ってその痕跡を追跡した。高い木々の中で巣を見つけたし、それが餌を食べているのを観察した。またそれを眠らせ、足跡を石膏に取って複製し、以前、雪の中で他の者たちが見つけた不可思議な足跡に、それを合わせてみたりもした。空腹に駆られて（あるいは生殖衝動に急かされて）山の片側の山腹から、このクマ（ツキノワグマ）は山を越えて行った。そのときに氷河に足跡が残された。この一連の説明はそっくりそのまま、すべての事実にあてはまる。

しかし、謎はなお続いている。というのも、イエティには第二の身元があり、それはクマ以上のものだったからだ。ヒマラヤとのつながりはほんの緩やかなものだが、それは世界を闊歩しているマスコットとしてのイエティだ。この現実で見られる異常さは、イエティが雪の中ではなく、人間の欲望の中に棲んでいることだった。イエティは肉体を持った動物ではない。人々はイエティの中に、人間と野生のつながりが具現化したものを見ていた。イコン（偶像）は信仰を表わし、アイドル（憧れの対象）は理想を象徴する。だとするとこの第二のイエティはイコンとアイドルの両方だった。

クマと見られたイエティに関して、予期していなかったのは、その足取りがなかなかたどれず、謎がそのまま残っていたり、次の日には足跡自体が溶けてしまったりした事実から、現実に国立公園の構想が立ち上がってきたことだ。その上、このような公園は、人々が野生を大事に扱うことで、野生を管理するという新たな道をもたらした。イエティによってスタートが切られ公園は、ネパールのマカルー・バルン国立公園と中国のチョモランマ（エベレスト）国家級自然保護区（ＱＮＮＰ）である。この二つの国立公園ではじまったモデルは、ネパールのヒマラヤ、中国、インド、ブータン、ミャンマー、それに各地でも適用された。ヒマラヤ中で起こったことは、クマや他の種の保護だった。

しかし、それを越えて、このような公園は、人間の欲望が原初の野生、つまり第二のイエティとつながる安息の地となっていた。ひと続きの公園は、その中で人々が野生と、何らかのバランスを保ちながら生活することのできる、広大で多様な場所になっていたのである。

パートナーシップ（仲間同士の結びつき）をベースにして、一九八〇年代に設立された二つの公園は、人々を基礎にしたはじめての自然保護区だった。そしてそれは、コミュニティーごとに積極的に参加する仲間たち、という考え方を押し開いた。この考え方は、わずかに以前、一九八二年にバリで開かれた第三回世界保護地域委員会でのみ議題に上がったことがある。人々が管理という形で参加する野生の保護が現実のものとなり、これが希望を与えた。しかし、この希望に反して、われわれがかつて地球規模で知っていた野生は消えていく。なお解決すべきミステリーは、つねにより多くのことを切望する種（人間）が、自分の作り上げたものを、今、はたして集団で管理することができるかどうかということだった。これからの世代のために、共有するもの（公園）を、はたしてわれわれは成長させることができるのだろうか？[1]
二〇一〇年、私はサルディマに戻ってきたが、それは一度目で、その四カ月後に二度目のサルディマ旅行をした。数カ月前に父親を失っていたので、この二度目の旅行は急かされ、駆り立てられるような旅だった。存在に関する問いかけをしながら、私は自然の中へと入っていった。父親はほぼ一世紀前にこの山の中で生まれたのだが、私は彼が生まれた山々を歩いた。最初は息子たちとともに、次の旅では一人で歩いた。そして父の記憶の中にあって、今は守られ保護されている渓谷を調べた。このような巡礼が私につながりの扉を開けてくれた。家族は個人に命を吹き込む。それはわれわれがそこから出てきた広がりであり、集まりでもあった。そして、われわれの種が持続してきたものの、一員であることを与える場でもあった。
私が二度にわたる巡礼の旅をしたのは、木々がそびえ立つ道であったり、滝の麓の溜まり水を、バシャバシャと音を立てて進む道だったりした。その滝は、ヒマラヤの頂から流れてくる雪解け水を流れ落としていた。このような旅で私がたどったのは、これまで人々がほとんど知ることのなかった道で、それはこの地上で一番、四番、五番目に高い山々の肩を少しずつ進むものだった――山々は地上で空間を貫き、そこでは地面がさらに上へと、われわれの知らぬ彼方まではるか遠くへ向かっていく。
自然の豊かさを再生することは、世界に対して希望を投げかけることだ――というのも、国立公園を設けることで、自然の再生を成功させる活動の基本的なラインが確保されたからだ。だが、この基本ラインに逆らう形で、また、基本ラインと比較して、われわれが示すことができたのは、当初、活動をはじめたときにくらべて、さらに増えた動植物の数だった。もはやわれわれには、地球上の動植物の減少へ向かって進む必要はなかった。この地方における人々の行動に変化が起きている証拠を、われわれは手にしていた。それは、常日頃、いつも自然にダメージを与えていた種(もちろん人間だ)が、正しいことができるという証拠だった。

人間は野生を、さらにいっそう野生の状態にするために、それに見合った生活様式を採択することができる。この知恵をさらに強固なものにするために、私はふたたびジャック・ターナーの『抽象的な野生』のページをひもといた。「ある場所が野生の状態といえるのは、その場所の秩序が、その組織の原理に従って創造されているときだ——とりわけその場所が我の強い土地の場合には」[2]。このタイプの野生は、政策や認可(たとえば、アメリカ政府のウィルダネス法など)によってコントロールされ、あやまちが認められないように、管理されているものではない。またそれは、バイオダイヴァーシティーに焦点を当てて、促進される野生でもない(たとえば、多くの自然保護団体や生物学者たちによって)。その野生はあくまでもプロセスであって、目的ではない。

ここでイエティから生じる新たなミステリーは、「……かどうか」という問題だ。われわれは人間の足跡に、「秩序はそれ自体の原理に従って創造される」場所へと踏み出させていいのだろうか? これが意味しているのは、クマにわれわれの都市へ侵入させるということだ(もちろん、クマがわれわれに危害を及ぼすときにはそれを排除するが)。それはまた、人々に自分の生活を組織化させるということでもある(それも、自分のためにそれを組織化するのではない)。この疑問に取り組むことによって、新たなミステリーが作り出されるのだろう——われわれは、バランスを追求するべきなのか、あるいは自らの生活の中で、コントロールを追求するべきなのだろうか?

暮らしの中で、経験をコントロールすることは不可能だ。生きる力はあまりに大きく、われわれの知恵はあまりに小さい。今やわれわれの地球は、結合したソシオ・エコノ・インフォ・バイオスフィアとなり、その中で進行しつつある変化に、われわれは至る所でますます右往左往している。それを受けて、教義上の基本へと引き寄せられ、いずれはこの問題も消えてなくなってしまうだろうと、情熱的な信念の下で希望を持つ者もいる。だが他の者たちはいやおうなく受け入れてしまっている。われわれはつねに体制に適応する巨大な複合体の一部だ。野生はただ単に過去の一特性ではない……それはホモ・サピエンス（賢い人間）の未来の一事実となりうる。

「野生という理想」を抱いて生きることは、このように一つの道となる。未知のものへと向かうときに開かれている道は、野生を抱き、それとともに歩むことだ。野生に適応した行動をとることで、われわれは野生をふたたび育てることになる。風土、病気、内戦、それに経済的な驚異など、人間が作り出したものの中へわれわれが入っていくとき、野生とともに生きることこそが、われわれの基本的な衝動といってよい。新しい地球を育てる機会は、今まさに到来しつつある。たくさんの花が咲いているのは、草原の原始の状態だけではなく、われわれが作りつつある世界でもそれは、進化の可能性を示すものだ。

エベレストやマカルー、それにロッツェの渓谷を、たった一人で二度目に巡礼したときには、バックパックに入れてきたものだけで生活をした。他には誰一人、人間を見かけることもなかった。風が高山の山あいを猛スピードで通り抜けるとき、私の命は自然の音楽を奏でる力で満たされていた。というのも、渓谷が巨大なフルートになり、朗々と鳴り響いていたからだ――そして巨大な山々は雪崩を起こして轟音を立て、下方に広がる谷間の部屋に共鳴させていた。他の言葉で表現すると、それは威厳のある、堂々とした音楽だった。あまりに身近で感じられるので、それはまるで魔術のようだ。このような自然を背景にして、高さが二〇〇フィート（約六一メートル）、幹の太さが直径六フィート（約一・八メートル）もある木々が林立している。その背後には、エベレストとその仲間たちが、木々の一万五〇〇〇倍の高さにそびえていた。そこから聞こえてくる答えは、単なるラテン語の名前や生態学上のニッチではない。それ以上のものだった。ここで進行中なのは、人々が「今」、地球をさらに野生の状態にしているということだ。

この岩だらけの大きな塊（地球）は、宇宙の空間を通り抜ける。そして二〇億年前に、まったく生命を持っていなかったこの塊が、どうしたわけだったのか、すばらしい生命を育んだ。そして生命体の一つの種が地球を再形成するようになった。これについて宗教は異なった答えを与えた。だが、再形成に際して、宇宙を飛ぶ塊のもっとも高い土地の、非常に壊れやすい生態系で、生命体がより野生に近い状態になることは可能だった。それも三分の一世紀前に、ひどい探索がはじまったときとくらべてである。野生は旧来のようには、人々から隔離されていない。野生とともに生きることが、動物を飼いならす生活に持ち込まれた。インドや中国のように何十億という民と成長しながら、にもかかわらず――そして、今では存在しないことが示されている野生の人間を、理性的に受けとめながら――生命体の保存場所はますます野生の状態に成長している。それはより積極的に関与する人々の数が増えているからだ。

認識すべき重要なことは、野生がつねにわれわれとともにあったということだ。これは執拗といってもいいほどだ。したがって、われわれはその野生を招き入れ、それといっしょに生きることを学ぼう。そして命を与えるあらゆるもの――イコン（偶像）とアイドル（憧れの対象）――の根拠について、対話をはじめよう。これこそがイエティが私にもたらした発見だったのだから。

*

しかし、イエティ探索の発端となった足跡をどのように説明したらよいのか？　半世紀のあいだ継続された発見が、イエティをクマだとする説明に追認を与えることになった。(3) 私は最初の本で、トゥリーベアがイエティだと説明したが、そのあとでこの説明が世界中でくりかえされた。さまざまな議論がなされて、クマがこれらの足跡を付けたことに、おおむね意見が一致した。登山家のラインホールド・メスナーもこの結論に達した。またよりによって、ディズニーワールドまでもがそれに準じて、意見の一致はますます広がった。[4] これは前に述べたことだが、イエティをクマとする説は私のオリジナルではない。最初にこの説を提示したのはA・J・M・スミスで、一九三七年のことだった。そのあとで、チャールズ・エバンスが、一九五五年にこの説を再確認した。[5] イエティをクマとする意見は一致を見たが、その一方で、イエティに関する興味を世界中に引き起こしたシプトンの特徴ある足跡については、私の説明が出るまで、ポイントごとに解説されることはなかった。

あの引き延ばしたような、一九五一年の足跡を付けたのはクマ属チベット種だった。前足が地面に落ちて、雪の上にそのドラマチックな指が着地したときに、前足がしっかりと堅くなった雪面に押しつけられていなかった。そのためにクマの前足の爪がはっきりと雪の上に残っていない。そのあとで、今度はうしろ足が、前足の足跡のうしろ半分の上に下ろされた。そして足跡は一二インチ（約三〇・五センチ）の長さに引き延ばされ、うしろ足の爪がはっきりと残されたというわけだ――この特徴によって、物語はますます興味深いものとなっていったのである。

シプトンのものより四インチ（約一〇・二センチ）短い、クローニンとマクニーリーが撮影した一九七二年の足跡、そしてそれより三〇年前のN・A・トンバジのもの、さらにわれわれがあの日尾根で発見したもの、これらすべては、うしろ足が前足に重ね歩きをして付けられた足跡だが、その結果、シプトンの足跡より短めのものができた。[6] そこでわれわれが得たのは「小さなイエティ」だった。イエティを誤認の産物だとする人々が見落としているのは、イエティが坂を下りたときの足跡を撮影した信頼できる写真がまったくないことだ。上り坂を行くイエティの足跡は、イエティが動物ではないことを証す証拠となる。険しい丘は大きなイエティを作り、ほとんど平坦なスロープは小さなイエティを作った。

足跡写真の中にははっきりと、ヒト上科動物のような親指が写っているものがある。それは若いクマによって付けられたもので、クマは内側の指を下に落とし、それを足に押しつけていた（一年子や二年子は機敏な腱や関節を持っているから）。というのも、幼獣たちは、食べ物を探して、多くの時間を木々の中で過ごすからだ（そのために彼らはルク・バル＝木のクマとなる）。そして、このように下方へ落ちた内側の指は、ときとして、雪の中に押しつけられたとき、親指のように見えることがありうる。

しかし、ここであの伝説となった、一九五一年のシプトンとウォードの写真を詳細に見てみよう。そしてツキノワグマがどのようにして、すべてのはじまりとなるミステリーの作り手になったのか、そのあたりを調べてみよう。

うしろ足の爪痕が重ね歩きの写真の「中央に」現われている。写真の最上部に見られる足指のふくらんだ部分、そこに最大の注意をして見てみると、足跡を付けたものの決定的な特徴として、二つの爪痕が「中央に」見える（一つは右側に、そしてもう一つは左側に）。

思わず心をとらえる人間のような指が上部に写っているが、そこには爪が見えていない。それはクマの前足が重くないために、うしろ足のように深く、雪の中に押しつけることができないからだ（クローニンとマクニーリーが撮影したときの雪は柔らかだった。そのために爪痕は見えない）。

一方の側に傾いている三本の指は、ほとんど完璧といっていいほど、ツキノワグマの前足の指と一致している。一方、左側の「親指」はトゥリーベアの広がった内側の指に一致している（クマは通常がに股で歩く)。

そしてシプトンの写真では、うしろ足が写真の下側に、途中まで写っていて、その中央に爪痕があった。写真が一つの足跡を撮影したものだったら、爪痕の位置が予想外の所のように思われるが、それが第二の足跡でも同じ位置に見られるとすると、それは予想外のものではない。うしろ足が深く前足に重なっているのは、クマの後半部の方が前半部にくらべて重いからだ。

シプトンの「そこには足跡がいくつかあった」という記述は、それがクマのものであることを示唆している。というのも、このような足跡は、一、二頭の幼獣を連れた母親のクマだったかもしれないからだ――それは以前、マイケル・ウォードがミステリアスなイエティの足跡のそばに立っていた写真で、示されていた証拠と同じものだ。

不可思議なイエティについて、それは既知の動物だとする説明の中には、またユキヒョウの薄気味の悪い遠吠えも含まれていた。それはときどき、遠く離れたヒマラヤの岸壁にこだましていた。イエティ伝説が語られていた前世紀の中頃、シェルパ族の土地では、ユキヒョウは非常に希少な動物だった。しかし、最近の保護政策によってその数は増加し、ユキヒョウは今では、さまざまな発声をすることで知られている。

六〇年に及ぶ調査(一九五六―二〇一六)のあとで、私はイエティがクマだという結論に到達した。私の説明はことごとく事実に合致している。そしてこの本が印刷されようとしていたときに、注目すべきことが起こった。私は王立地理学協会に連絡を取り、これまで長年のあいだ、研究を続けてきた伝説的なシプトンの写真を、オックスフォード出版から出す本に収録したい、ついてはその許可をもらいたいといった。協会から返事があり、「あなたが許可を申請しているのは、シプトンがイエティを撮影した二枚の写真のどちらですか？」。協会は二枚の写真を送ってきた。六〇年のあいだ、私はその二枚目の写真（A・2）を一度も見たことがなかったのである。

この写真は4章で示した見覚えのある写真（4・2）と、同じときに撮影されたものだ。しかし、この新しい写真は少し引いた形で撮られていて、そこには三つほど新しいディテールがある。一つ目。下に部分的に写っている足跡の先の部分に、二つの爪痕が見られる。その爪痕は第二指と第三指のあいだに付けられていて、それはツキノワグマのものと正確に一致する。二つ目。なじみのある足跡とその下に部分的に写されている足跡のあいだに、三つの引っ掻き痕がある。この痕はクマの前足によって付けられたもので、前足を下ろす直前に付いたものだろう、と私は示唆した。それはもしかするとうしろ足が付けたものかもしれない。だが、いずれにしても、確実にいえることは、引っ掻き痕がクマの爪痕だということだ。三つ目のディテールは興味深い。氷の堅い表面はじっさい非常に薄いものだった。そしてそれは、クマの足が深く沈まなかったことを説明している。つまり、この新しい写真の上部を見ると、氷の下に岩があることがはっきりと分かるからだ。

そこで私はふたたびいいたい。イエティはクマだと。この新しい写真が追加の証拠を提供してくれる。だが、にもかかわらず、最初にクマだと身元を証して以来、今まで三〇年のあいだ、受け取った手紙でも、講演後にされる質問でも、あるいはリスナーが参加するラジオ番組にかかってくる電話でも、イエティの正体をクマだとする見方は、人々が重視し注目するものではなかった。イエティは、さらに大きなイデオロギーの中に棲んでいたのである。それはマスコットの衣装だ。そして、この衣装の中には人間の渇望があった。第二のイエティが存在していた。それは今日と過ぎ去ったはるか昔を結ぶ（かもしれない）希望だった。

その渇望は、最初のイエティに対する答えと同じくらい確実なものだった。野生は消えつつある。イエティがジャングルから這い出て、高い峠を横切るクマであることに何一つ問題はない。だが、問題となるのは、地球の辺境から生まれるミステリーを、そのまま生かすことだ――それがわれわれに思い出させるのは、人新世に野生がなおありうるということだ。この人間が作り出した新しい時代に、助けとなるのは、これからやってくる野生、それも驚くほど変化してしまった野生を理解しようとしたときに、われわれの進む道を案内してくれる希望なのである。

*

A.2　1950年にシプトンが撮影したイエティの新しい写真。これまで一度も公にされたことがなかった［王立地理学協会提供］

野生動物の安息地を作るためには、人々がベースとなる活動が希望のもとになる。人々の生活の中に、野生を取り込む可能性を残していくためには、その証拠を蓄積すること。そうすることで保護はより効果的になる。しかも、それにかかる費用も少なくてすむし、人々と協力して行なうとき、それはより継続の維持が可能なものとなる。アジアでそのアプローチがはじまったのは、マカルー・バルン国立公園からで、そのあとにチョモランマ（エベレスト）国家級自然保護区が続いた。

　ネパールで起きた内戦によって公園の建物が焼け、警備員たちも追放された。だが今日、森や野生の生物は、われわれが原始の姿をとどめるバルンを「発見した」ときより、はるかに豊かになっている。そして中国のチベット自治区では、世論があやまって自然を破壊する意見を迎えていたが、それも今はまた野生が成長している。この二つの地域で成功を収めたのは、政府と科学の協力を得たコミュニティーによる活動を通して前進した保護によるものだった。

　ネパールではコミュニティーが、内戦に乗じてバルンへ侵入することはなかった。彼らはただ単に自分自身をコントロールしただけではない（実際、コントロールはした）。彼らはまた他の者たちがバルンに入り込むことを防いだ。バルン川とアルン川が合流する二〇エーカー（約八万九三七平方メートル）のジャングルがその証拠だ。数十年前、ティルタがこの場所を、きわめて重要な亜熱帯の生息環境だと明らかにした。そこでは暖かくて湿った空気が、はるか離れたエベレストやその姉妹山の低気圧によって、アルン渓谷まで引っ張り上げられ、ヒマラヤの中央のニッチを育てはぐくんだ。われわれの遠征隊がやってきたときには、人々がこのジャングルを畑に変えつつあった（レンドープの娘が足を滑らせて、川に落ちたのはここだった）。しかし、人々はそのジャングルをすべて、開拓しつくすことはやめた。今日、人々の活動によって作り変えられたこのジャングルは、その語源となったサンスクリット語の意味――野生へ戻った畑――に合致しつつある。

　シャクシラはネパールの村が、どのようにして「正しいこと」ができたのか、その一例ともなっている。多くの人はシャクシラがあまりに貧しいために、この村の進展を図るためには「支援」が必要だと見なしていた。しかし、シャクシラの村人たちを前へと進ませることは、彼らの行動力を買い取ることから、あるいはリーダーに、村人たちのなすべきことを命令させることからは実現しなかった。人々を雇うことは、彼らの個人個人に、地元の条例に従わせることかもしれない。そして権力は、それが行使されているかぎり、人々を保護されることへと向かわせるのかもしれない。シャクシラが示したのは、人々がどのようにして学んだのかということだ——そしてそこから、村人たちは自然との協調という方法を採用した。学ぶことは行動パターンを持続的に、しかも規模を拡大して変化させることでもあった。

ネパールが行なったより大きな経験は、人々をベースにしたアプローチが、いかに効果的だったかを裏付けた。アンナプルナ保護地域は、サルディマ草原の会議後に形成された政策だが、それに関する研究が今行なわれている。研究の結果分かったことは、アンナプルナの国立公園が設立されて二〇年経つが、公園の主要な財源である観光事業から上がる経済的利益を享受できたのは、人口のわずか一五パーセントにすぎない。八五パーセントの人々は、農作物や（野生動物に由来する）家畜類の欠乏によるひどい困窮を報告している。その結果、自然保護に対する支持が高い。彼らは、インフラやガス・水道の供給のような他の便益を受け入れることは認めている。[7] このような他の便益に加えて、彼らは学び、さらにその理解を広げていた。アンナプルナの人々は、シャクシラの人々と同じように誇りを抱いていた（それは、世界中のたくさんの人々も同じで、自然とともに生きることができれば、誇りを抱くのは当然のことだ）。

これまで気づかなかったものの中で、そして、あらゆることが連結した——ソシオ・エコノ・インフォ・バイオスフィアの——中で生きていることを知るとき、その一体性という側面は、すでにわれわれの生活の中で成長している。これは保存（少なく使う）以上のことだし、保護（使わない）以上のことだ。保存や保護はしばしば、土地を立ち入り禁止にすることを前提にしてはじまる。[8] だが、そうすることで、人々はつながりを奪われてしまう。物事が自分たちから取り上げられるのを見たとき、人々は自ら進んで参加しともに働くことをしなくなる。そこで働いているのは、習性となっている「……の一部であること」というものの見方だ。しかし、有効性は相互関係の形でやってくる。

ネパールの共同体による森林管理の経験が、これをまた証明している。歴史的に見ると、ネパールの森は政府や大地主に属していた。ネパールの人口が三倍になると、村人たちは薪に必要となる樹木を盗むようになった。彼らがこの目的を達成していくに従って、失われるのはただ森だけではない。森の生き物たちも失われていく。そして一九七六年、森の管理はコミュニティー・フォレスト・ユーザーグループの手に移行された。二〇年後には一万七七〇〇のグループが作られ、管理された森が一六五万ヘクタール（一万六五〇〇平方キロメートル）存在することになった。今ではネパール市民の三人に一人が、ユーザーグループのメンバーだ。人々は共有する森から、燃料用の薪、家畜の飼料、草、木材以外の森の生産物、そして建築用の柱などを手に入れている。[9] 他にも恩恵は得られた。カーストや富のバリアの崩壊、支配の多様化、それに所得と信用享受の機会の拡大など。

森林がもたらした便益は他にもあった。一九七〇年に予言したことを私は覚えているが、かつてネパールの丘は、樹木が剥ぎ取られて赤い裸の土が見えていた。それが今日、ネパールの国中が緑で覆われている。私は人々に問題があるのではないと見ていたが、この予言はまちがっていた。一一のユーザーグループが行なった代表的な研究によると、一一の調査場所ではそのすべてで、森林の被覆と生物の多様性（バイオダイヴァーシティー）が確実に改良されたという。[10] とくに重要なのは、一〇年間にわたった内戦で、反乱者たちが森を砦として使用したときでさえ、森は管理され続けていたことだ。[11] 樹木を生長させるために、コミュニティーは一体となって団結したのである。

同じような証拠は中国のチベット自治区でも見られる。チョモランマ（エベレスト）国家級自然保護区は、他にも一三の保護地域を誕生させた。そしてそれはチベットの四四パーセントの地域を保護することになった[12]（最近の統計では、この範囲がさらに広がってチベットの五四パーセントとなり、保護地域も一八に増えている）。ラサ市でも一二〇〇エーカー（約四・九平方キロメートル）の保護地域が作られ、それはポタラ宮のある重要な市街地にまで及んでいた[13]。チベット自治区の全域において、それぞれの保護区がコミュニティー参加のシステムで管理されており、それはチョモランマ（エベレスト）国家級自然保護区をモデルにして、それに適応する形で進められた。野生動物のあらゆる種類（チベットの基準に拠ったものだが）の個体数も増加した。そこにはまた、正式に保護地とされた土地の半分ほどの所では、その外側で森林の再生が見られたという[14]。

*

このようにして、雪の中でワイルドマンを探索してきた最後の段階で、新たな野生の成長を目の当たりにした。その結果人々は、ユキヒョウ、野生ロバ、ジャコウジカ、四種類の野生ヒツジ、希少なキジ、多種にわたるシャクナゲ、ケシやサクラソウの種の大半などとともに暮らすことになった。この生活では、生物のさらに多くの興味ある側面が見られた。たとえば巨大な糸杉だ。これは地球上最大でもっとも知られていない木で、ツァンポ川の山あい（最高水位線と川岸のあいだにある）でしか見られない。

渓谷を通り抜け、孤独な巡礼から抜け出て、私は旧友のレンドープやミャンに一五年ぶりで会った。シャクシラの村に入ると、今では年を取った友達が仲間とともに、文字通り私を地面からつまみ上げると、あちらこちらに投げまわした。彼らの家に入り、またみんなで床の上に座ってゆで卵を食べ、お茶を飲んだ。するとレンドープが、バルンのジャングルへいっしょに行って、歩道を作るのを手伝ってくれないかといってきた。私はびっくりした。よりによってバルンとは。バルンは聖地だろう――人が入ってはいけない場所だ。国の政策として私は、人々をベースにした管理を進めてきたが、その一方で、いくつかの地域は別にすべきだと考えていた。そしてもちろん、ネパールの野生の大聖堂――バルン――は神聖だった。

床の上に座りながら、何年か前にこの上で眠ったことを思い出した。家の床もその豊かさも、見た目は何一つ変わっていない。外見は一つも進歩していないが、野生をもとに戻したのはこの人々だった。レンドープは説明をする。バルンにもたらされた新しい公園と厳格な自然保護のおかげで、観光客はバルン渓谷のまわりを歩いて、山々を眺めることができるようになった。その結果として、シャクシラの人々は職を失った。そして彼らは次のように付けたした。その観光客たちも残念ながら、村人たちが一五年のあいだ、それも内戦をくぐり抜けて保存し続けてきた、あのジャングルだけは見ることができないと。

神聖な意味を具体化すること、聖なるものを聖なるものにすることが、それを自分たちより高く評価する人々の手によって行なわれた。そのことが私にはよく分かった。偶像、十字架、あるいはモスクは、それを上に掲げることではじめてそのものとなる。レンドープが提案していたチャンスは、あらゆる点から見て、バルンを聖なるものにすることへの参加を意味した。彼らの構想を私の言葉でいいかえてみると、それは、外からやってきた人々が聖なる空間へ歩み入ることができるということだ。人々はバルンに歩み入ることで、神の秩序という神聖な場所へ入るのだろう。提案された道を作ることはそれを可能にする。そして大聖堂の側廊が人々を祭壇へと導き、深い献身的な行為を行なわせるのとそれは同じだ。おそらく私の科学的な仲間たちや私は、三〇年にわたって、近づくことを否定する行動を強調してきたが、それはあやまちだった。

本物の自然保護を創造するものとは、いったい何なのだろう？　土地を守るためにお金を工面し、人々を雇うことはできる。実際に私はお金を集め、シャクシラを昔ながらの生活をしている「歴史的な村」として保存に努めさえした。その結果、バルンとシャクシラは「保存された」。だが、もしすべての人々が、世界を分ち合う権利を同じように持っているとしたら、シャクシラは過去の中だけで保持されるべきではないだろう。シャクシラはただ単に、プロセスの中に招き入れられるべきではない。彼らはむしろ、他の人々を導く手助けをすることができるのだから。

銀行の預金口座から数千ドルの金を引き出すと、それで斧やシャベルを買った。友達もそれに数千ドル加えて、「イエティの道」を切り開く資金としてくれた。この道は今日、バルン渓谷を横断して、ジャングルを通り抜けている(A・1、A・3参照)。ここで作り上げられたものは、世界へとつながっている原始のジャングルだ。自然の大聖堂にはその中心へと導く側廊がある。そしてシャクシラの人々はこのバシリカの管理人なのである。

A.3　バルン渓谷を通る「イエティの道」を作るシャクシラ村の人々。

今、われわれの手にあるのは、野生を取り戻すことのできるチャンスだ。この野生の中に世界の保存がある。なぜなら、イエティが存在しないことが証明されると(そして証明されたとしたら)、いったいどんなことが起こるのだろう? 人間は、人間としての経験を体得できる旅の契機を失うだろう。そのとき、人間は生き物と離れて生きることになる。そしてこの狭く作られた世界の中で、われわれは自分たちの系譜を失ってしまうだろう。

人間によって作られたこの新しい野生は、かつてわれわれが生活をともにした自然の野生にくらべて、はるかに危険なものだ。ホモ・サピエンスは今日、トラやコブラやクマのいる世界より危険な世界を徘徊している。われわれを野生から引き離すこのアプローチは、自然を恐ろしいものと見なし、地球の完新世の時代から人新世へと変化させてしまう。もし今、われわれが自分自身を変えることをしなければ、われわれはホモ・サピエンス（賢い人間）の限定詞サピエンス（賢い）をアロガンティクス（傲慢な）に変えて（ホモ・アロガンティクス［傲慢な人間］として）、われわれの種を記録しなければならなくなってしまうだろう。

追記

イエティを探す私の旅を書いたこの物語は、場所、時、発見などすべてが事実に基づいている――ただし、例外が一つある。サルディマの滝の背後に広がる凍結した湖は15章で描いた通りだ。だが、そこで氷原に隣接した家々とともに発見したコミュニティーは、実はその場所のものではない。このコミュニティーはバルンやガマの渓谷に住んでいるものでもない。私はその場所を明らかにしていない。だが、ヒマラヤにはこんなコミュニティーがあるのだ。実際、私はそれに類したものをいくつか知っている。彼らの物語をここに織り込んだのは、今、意図的に権力から離れ、野生とともに生活することへと移行しつつある人々に深い尊崇の念を抱いたためだ。

彼らを見つけるために、われわれはヒマラヤを探索する必要はない。彼らを表わすヒンディー語は「サ

A.4　標高１万 9000 フィート（約 5791 メートル）。ヒマラヤのゴサインクンの氷穴にたたずむ著者［ローレンツ・ペリンコリ撮影］

ドゥー」（苦行者）で、彼らは「モークシャ」（解脱）を求める人々だ。このような人々が世界を取り巻いている。中国では仙人と呼ばれている人々がこれに当たる。われわれが生きているのは地球とつながっているコミュニティーの中だ。そのコミュニティーを構成しているのが個人で、その個人はコミュニティーから何かを取るのではなく、コミュニティーとともに生きることを学んでいる。彼らが創造するコミュニティーは、どこにでも至る所に存在する——そしてわれわれには、隣人たちとともに生きる機会がつねにある。

私は自分に特有なこの人生の旅の中で終始幸せだった。子供たちはみんな精霊のいる世界で成長した——ゴブリン（小鬼）、ブギーマン（子取り鬼）、幽霊、どれもが理解しがたい自然の力に仮面（ペルソナ）を与えたものだ。この性格付けが説明しているのは、われわれがありのままに感じる力であり、われわれのイマジネーションの中で、生きいきと感じている力だ。イエティに対してなされる説明として、一つに、理解しがたい自然の力に対する仮面というのがある――が、そこには、ある人々にとってつねにイエティは、野生のヒト上科動物だという理解があるのだろう。

しかし、私はさまざまに異なるイエティとともに、成長できたことをありがたく思っている。イエティは人間の形をした野生の生物だと確信して、すばらしい渓谷を経巡り追いかけてきた。私はイエティに関わることで成長し、そのおかげで、多くの国々からやってきた、多くの仲間たちといっしょに働くことができた。そして共有する仕事から、一つの道が目の前に現われた。私は苦行者ではないが、たびたび解脱にも触れる幸運に浴することができた。神とともにあることは、勤行と同様に祈りを通して、神につながることでもある。このような可能性はすべての人に存在する。野生を想像する人々とともに、野生を知る幸運に恵まれた人々にも。もしわれわれが彼らに、生きることのもっとも深い意味を探れるように、扉を開いてみせることができれば、われわれはこのような可能性の中で力強く生きていくことができる。

4　はじめてのイエティ

（1） Eric Shipton, *The Mount Everest Reconnaissance Expedition 1951* (London: Hodden & Stoughton, 1952), p. 54.

（2） L. A.Waddell, *Among the Himalayas* (London: Constable, 1900).

（3） J.R.P. Gent, 'Letter to Royal Geographical Society', quoted in Bernard Heuvelmans, *On the Track of Unknown Animals* (New York: Hill & Wang, 1958), pp. 135–6.

（4） Quoted in H.W. Tilman, *Mount Everest 1938* (Kathmandu: Pilgrim Publishing, n.d.), pp. 127–37.

（5） Tombazi quoted in Heuvelmans, On the Track of Unknown Animals, p. 130.

（6） Tombazi quoted in Heuvelmans, *On the Track of Unknown Animals*, p. 131.

（7） Smythe quoted in Heuvelmans, *On the Track of Unknown Animals*, p. 134.

5　イエティ探検隊

（1） Jim Corbett, *Man-Eaters of Kumaon* (New Delhi: Oxford University Press, 1944), pp. 81–2.

（2） Corbett, *Man-Eaters of Kumaon*, pp. 86–7.

（3） Corbett, *Man-Eaters of Kumaon*, pp. 44–5.

（4） Peter Byrne, unpublished documents, quoted in Loren Coleman, *Tom Slick and the Search for the Yeti* (Boston: Faber & Faber, 1989), pp. 62–3.

（5） Foreign Service Despatch, 30 November 1959, 'Regulations Governing Mountain Climbing Expeditions in Nepal—Relating to the Yeti', signed by Counsellor Ernest H. Fisk, American Embassy, Kathmandu, Nepal (quotedonSlate.com/blogs/the_vault/2103/02/26).

(6) Sir Edmund Hillary, *View from the Summit* (London: Doubleday/ Corgi Books, 2000), p. 242.
(7) *The World Book Encyclopedia 1961: Annual Supplement*, S.V.E. Hillary (Chicago: Field Enterprises).
(8) WilliamC.OsmanHill,1961,'AbominableSnowmen:ThePresent Position', *Oryx*, VI (2) : 86–98.
(9) Eric Shipton, *That Untravelled World: An Autobiography* (New York: Charles Scribner's & Sons, 1969), pp. 195–7.
(10) Anthony Wooldridge, 1987, 'Yeti Discovery in Western Himalayas', *International Journal of the International Society of Cryptozoology*, Vol. 6, pp. 145–6.

7　バルン・ジャングルへ

(1) Edward W. Cronin, *The Arun: A Natural History of the World's Deepest Valley* (Boston: Houghton Mifflin, 1979), p. 153.
(2) Cronin, *The Arun*, p. 167.

8　証拠が科学に出会う

(1) http://www.nytimes.com/2006/08/06/nyregion/thecity/06zoo. html?pagewanted=all&_r=0 参照。
(2) Edward W. Cronin, *The Arun: A Natural History of the World's Deepest Valley* (Boston: Houghton Mifflin, 1979), p. 157.
(3) Daniel C. Taylor, *Something Hidden behind the Ranges* (San Francisco, CA: Mercury House, 1995), pp. 137–8, 201–4, 213–16, 221–5, 273 参照。初期に書かれたこの本の中で、はじめて、最近発展させて本書で公にした数多くの概念のアウトラインを示した。

9　証拠が手からこぼれ落ちる

(1) 増え続ける人間が、地球上の資源をこれまでにないスピードで消費している。私はこの人類の行動の変化を表現するのに、古風で一風変わった言葉を使った。
(2) Johannes Krause et al. 2008. 'Mitochondrial Genomes Reveal an Explosive Radiation of Extinct and Extant Bears Near the Miocene–

Pliocene boundary'. *BioMedical Central Evolutionary Biology*, 8: 220.

(3) R. Nowak, *Walker's Mammals of the World*, fifth edition (Baltimore and London: Johns Hopkins University Press, 1991).

(4) Gary Brown, 'Bear Behaviour and Activities', in *The Great　Bear Almanac* (New York: Lyons & Burford, 1993).

(5) D.Reid, M. Jiang, Q. Teng, Z. Qin, and J. Hu, 1991, 'Ecology of the Asiatic Black Bear *Ursus thibetanus*, in Sichuan, China', *Mammalia*, 55 (2): 221–37.

(6) Jewel Andrew Trent, *Ecology, Habitat Use and Conservation of Asiatic Black Bears in the Mountains of Sichuan China*, thesis for Master of Science (Blacksburg, VA: Virginia Tech University, 2010).

(7) Christopher Servheen, Stephen Herrero, and Bernard Peyton, *Bears: Status Survey and Conservation Action Plan* (Gland, Switzerland: IUCN/SSC Bear Specialist Group).

(8) John R. Napier, *Bigfoot: The Yeti and Sasquatch in Myth and Reality* (New York: E.P. Dutton Books, 1972), p. 61.

(9) en.wikipedia.org/wiki/Patterson-Gimlin_film 参照。

(10) William Bright, *Native American Place Names of the United States* (Norman, OK: University of Oklahoma Press, 2004), p. 422.

(11) Greg Long, *The Making of Bigfoot: The Inside Story* (Amherst, NY: Prometheus Books, 2004).

(12) Long, *The Making of Bigfoot*, p. 336.

(13) Long, *The Making of Bigfoot*, p. 349.

(14) Long, *The Making of Bigfoot*, p. 361.

(15) Long, *The Making of Bigfoot*, p. 363.

(16) Long, *The Making of Bigfoot*, p. 443.

(17) Long, *The Making of Bigfoot*, p. 447.

(18) Korff, KalK.; Kocis, Michaela (July–August 2004). 'Exposing Roger Patterson's 1967 Bigfoot Film Hoax'. *Skeptical Inquirer*. Committee for Skeptical Inquiry, 28 (4): 35–40.

10 知識の源

（1）Karen Armstrong, *The Battle for God: Fundamentalism in Judaism, Christianity and Islam* (London: HarperCollins, 2005), p. xiii.

（2）Armstrong, *TheBattle for God*, pp. xiv–xv. 3. Søren Kierkegaard, *Journals IVA 164* (1843).

（3）Søren Kierkegaard, *Journals IVA 164* (1843).

11 国王と動物園

（1）Michael Tomasello, *Origin of Human Communication* (Cambridge, MA: MIT University Press, 2008); David Crystal, *The Cambridge Encyclopedia of Language* (Cambridge: Cambridge University Press, 1997).

（2）ときどき「ナマスカル」という言葉が使われる。文字通りの意味は「あなたの中の仏を拝む」で、ここでもまた手のひらを合わせて、ややひざまずく行為をともなう。先行するのは体の動きの言語で言葉ではない。英語でもかつて一般に使われていた「hello」（ハロー）には、すでにわれわれもうんざりしている。言語が進化するにつれて「what's up?」（元気だった?）や「good-to-see-you」（また会えてうれしい）、それに他にも試験的な挨拶が使われるようになった。おそらく、初期の挨拶（hello）は変わる必要があるのだろう。その語源といわれている高地ゲルマン語はすでに使われていない。語源とされている「Halo-ing」は渡し守を「呼びとめる」という意味で、またそれは古英語の狩猟で使われた「Hollos」というかけ声に由来するともいわれている。

（3）Terrence Deacon, *The Symbolic Species: The Co-evolution of Language and the Brain* (New York: W.W. Norton & Company, 1997); Tecumseh Fitch, *The Evolution of Language* (Cambridge: Cambridge University Press, 2010).

（4）Carl Safina, *Beyond Words: What Animals Think and Feel* (New York: Henry Holt, 2015).

12 バルンへ戻る

（1）*The Bible*, 'Book of Ezekiel' , Chapter 34, Verse 18.

（2）*The Bible*, 'Book of Jeremiah' , Chapter 2, Verse 7.

13　クマとバイオレジリエンス

（1）Herbert Reid and Betsy Taylor, *Recovering the Commons : Democracy, Place, and Global Justice* (Urbana and Chicago: University of Illinois Press, 2010).

（2）Reid and Taylor, *Recovering the Commons*, p. 51.

（3）Reid and Taylor, *Recovering the Commons*, pp. 8, 9.

（4）Daniel C. Taylor and Carl E. Taylor, *Just and Lasting Change: When Communities Own Their Futures* (Baltimore: Johns Hopkins University Press, 2016), pp. 6–9, 32–3.

（5）Vaclav Smil, *The Earth's Biosphere: Evolution, Dynamics, and Change* (Cambridge, MA : MIT Press, 2003).

14　イエティを追いつめる

（1）Wendell Berry, *Home Economics* (San Francisco: North Point Press, 1987), pp. 138, 143.

（2）John Napier, *Bigfoot: The Yeti and Sasquatch in Myth and Reality* (New York: E.P. Dutton, 1973), p. 141.

（3）Bryan C. Sykes, Rhettman A. Mullis, Christophe Hagenmuller, Terry W. Melton, and Michel Satori, 'Genetic analysis of hair samples attributed to yeti, bigfoot and other anomalous primates', in *Proceedings of the Royal Society*, B281: 20140161, recovered 26 February 2017: http://rspb.royalsocietypublishing.org/content/ royprsb/281/1789/20140161.full.pdf

（4）Eliecer E. Gutierrez and Ronald H. Pine, 'No Need to Replace an "Anomalous" primate (Primates) with an "anomalous" bear (Carnivora Ursidae)', published in *Zoo Keys* 487:141–54; 15 March 2015.

（5）現代のブータン人が作成したイエティの報告（これは数多くある）については、本書で取り上げることはしていない。それはおおむね、逆行する特徴を持つネパールやチベットの報告書と一致する。それにブータンにもやはり、高い山とジャングルのかなり広い生息環境がある。一九六一年、第三代国王はイエティが現実の動物であることを、はっきりと言明しなかった。おそらく現実の動物ではないかという彼の好奇心は、ネパールで見つかった足跡から来ていた。だが、彼は人々が信じている霊的な動物についても語っている。しかし、一九六〇年代の終わりから一九九〇年代にかけて、動物としてのイエティを見たという情報が、ブータンで報告された。だが、現在はイエティの目撃情報は少なくなっているようだ。最近のＢＢＣのレポートによると、イエティの発見が少なくなっているのは、子供たちが山々で過ごす時間が少なくなっているからだと結論づけていて、そのために、ミステリアスな足跡を見つける機会が減ってしまったのだという。この説明に関連するのは、イエティの足跡が子供たち（彼らは子供時代のミステリーとともに生きている）によって、見つけられていたという事実だ。これはまさしく私と同じだった。足跡は、経験を積んだレンドープのような、動物のしるしを同定できる山々の人々によって、見つけられるわけではなかった。また、これに関連したことでいえば、国王はけっしてこのようなストーリーを信じていなかったようだ。Recovered 1 November 2015: www.bbc.com/news/magazine-3448314.

15　発見

（1）Jesse Oak Taylor, 'The Sky of Our Manufacture: Literature, Modernity, and the London Fog from Charles Dickens to Virginia Woolf' (Doctoral dissertation, University of Wisconsin-Madison, May 2010), p. 28.

（2）Jesse Oak Taylor, 'The Sky of Our Manufacture', p. 35.

（3）Jesse Oak Taylor, 'The Sky of Our Manufacture', p. 29.

（4）Jesse Oak Taylor, 'The Sky of Our Manufacture', p. 31.

（5）Jesse Oak Taylor, *The Sky of Our Manufacture: The London Fog in British Fiction from Dickens to Woolf* (Charlottesville, Virginia: University of Virginia Press, 2016).

あとがき

（1）人々をベースにした保護アプローチの成長について、私は二つの学術論文を書いた。とくに中国のチベット自治区全域にわたったドラマチックな広がりについては Daniel C. Taylor and Carl E. Taylor, *Just and Lasting Change: When Communities Own their Futures, 2nd Edition* (Baltimore MD: Johns Hopkins University Press, 2016), Chapter 20, pp. 274–89 を見よ。また Daniel

C. Taylor, Carl E. Taylor, and Jesse O. Taylor, *Empowerment on an Unstable Planet: From Seeds of Human Energy to a Scale of Global Change* (New York: Oxford University Press, 2012), Chapter 8, pp. 157–86 も。

（2）Jack Turner, *The Abstract Wild* (Tucson, Arizona: The University of Arizona Press, 1996), p. 112.

（3）この発見について最初に発表したのは一九九五年だった。*Something Hidden Behind the Ranges* (San Francisco: Mercury House Press).

（4）反響は引き続き驚くべき所からもやってきた。二〇一四年の春、オックスフォード大学のブライアン・サイクス教授は、三二のイエティと思われているサンプルとビッグフットの毛を、DNA分析を使って調べた。彼の結論は以下の通り。ほとんどのサンプルは犬、馬、シカで、二つのもっともミステリアスなサンプルはクマのものだった。結論としては、もっともありそうにない、まったく範囲外なのはホッキョクグマ（シロクマ）で、もっとも可能性が高いのがヒグマ(*Ursus arctos*)だった。だが、彼はさらに結論を続ける。これはふつうのヒグマではなく「特異」なヒグマだという。ふたたび「特異」なものへとつなげたこの傾向は、正体を単なるクマにするよりも、むしろ感情的には、イエティへと引き寄せられていた彼の気持ちから来たものかもしれない。 Bryan C. Sykes, Rhettman A. Mullis, Christophe Hagenmuller, Terry W. Melton, Michael Satori, 'Genetic analysis of hair samples attributed to yeti, bigfoot, and other anomalous primates', in *Proceedings of the Royal Society*, B281: 20140161. Recovered 26 February 2017: http://rspb.royalsocietypub- lishing.org/content/royprsb/281/1789/20140161.full.pdf. この主張に対して、科学的な根拠に基づいて反論したものとしては以下のものがある。Eliecer E. Gutierrez and Ronald H. Pine, 'No Need to Replace an "Anomalous" primate (Primates) with an "anomalous" bear (Carnivora Ursidae)', published in *Zoo Keys* 487: 141–54; 15 March 2015.

（5）イエティについて、この本の中で紹介した意見と同じ主張は、そのほとんどが Daniel Loxton and Donald R. Prothero, *Abominable Science* (New York: Columbia University Press, 2013) の中で読むことができる。それらの意見は一世紀以上もの長いあいだ主張され続けて、ようやく、足跡を付けたものの正体がクマだとほぼ同じような論法で結論づけた。

（6）その後私は、中くらいな大きさの足跡を見つけた。それはクローニンとマクニーリー、それにシプトンとウォードの足跡のちょうど中間くらいの大きさだった。しかし、私はそれをこの物語から除外した。それは物語の流れに沿うものではなかったからだ。私はまた泥の中で、重ね歩きをした「イエティ」の足跡も見つけている。だがそれはあまりにもはっきりとクマの足跡だと分かるために、なぜ数十年ものあいだ雪の積もった場所以外で、イエティの足跡が「発見されなかった」のかをたやすく理解させてくれる。

(7) Siddhartha Bajracharya, Peter Furley, and Adrian Newton, 'Impacts of Community-based Conservation on Local Communities in the Annapurna Conservation Area, Nepal', 2005, *Environmental Conservation* 32 (2): 239–47.

(8) Mac Chapin, 'Can We Protect Natural Habitats without Abusing the People who Live in Them?' *World Watch Magazine*, November–December, 2004.

(9) Michael Rechlin, Daniel Taylor, Jim Lichatowich, Parakh Hoon, Beberly de Leon, and Jesse Taylor, *Community-based Conservation: Is it more effective, efficient, and sustainable* (Franklin, WV: Future Generations Graduate School, 2008), p. 57.

(10) N.P. Yadav and O.P. Dev, 2003, 'Forest Management and Utilization under Community Forestry', *Journal of Forest and Livelihood* 3 (1): 37–50.

(11) Michael Reclin, Bill Burch, Bhishma Subedi, Surya Binayee, and Indu Sapkota, 'Lal Salam and Hario Ban: The effects of the Maoist insurgency on community forestry in Nepal', 2007, *Forests Trees and Livelihoods* 17 (3): 245–53.

(12) Daniel C. Taylor and Carl E. Taylor, *Just and Lasting Change: When Communities Own Their Futures, 2nd Edition* (Baltimore, MD: Johns Hopkins University Press, 2016), pp. 285–89.

(13) Taylor and Taylor, *Just and Lasting Change*, p. 288.

(14) Robert L. Fleming, Liu Wulin, and Dorje Tsering, *Across the Tibetan Plateau: Ecosystems, Wildlife, and Conservation* (New York: W.W. Norton, 2007), p. 6.

用語集

カリ川	女神カリの川。女神カリは血と殺戮を好む戦いの女神
ゴーラル	ヒマラヤに住むカモシカの仲間
ショクパ	人間に似たジャングルの霊。地元民の呼び名
ヒマラヤカモシカ	大きさはロバくらい。体は赤褐色で白い脚を持つ
ヒマラヤタール	ウシ科の一種。山岳地帯の森林に生息する
タンカ	チベットスタイルの宗教画
チャン	米で作ったどぶろく
ネーデーネ	人間に似たジャングルの霊。地元民の呼び名
パイレーネ川	地滑りの川
ヒマラヤスギ	もともとはサンスクリット語で「聖なる木」という意味
ブイ・バル	グラウンドベア
ポ・ガモ	人間に似たジャングルの霊。地元民の呼び名
ラクシ	チャンを蒸留した酒
ルク・バル	トゥリーベア

訳者あとがき

この本では雪男イエティのミステリーが解き明かされる。ヒマラヤ山中の雪の上に、不可思議な足跡を残した未確認動物（UMA）の正体が明らかになる。しかし、それだけではない。なぜ人はこのような話に魅了されるのか、人の心の奥底にひそむ野生への憧れについて著者は考え、そこから、今なお野生の姿をとどめる数少ない土地を保存したいという強い思いに駆られる。そして、エベレスト周辺に広大な自然公園を作るプロジェクトを立ち上げると、その実現をめざして奔走した。ここで描かれているのは、不可思議な生物の探索が著者を導いて、ネパールと中国に巨大な国立公園を設立させるまでの驚くべきストーリーだ。

ヒマラヤの雪男イエティは、はたして、ほんとうに存在するのだろうか？　存在するとしたら、その正体はいったい何なのか？　北アメリカのビッグフットやサスクワッチ、それにネパールのブン・マンチなど、雪男の伝説は世界の各地で伝えられている。

「たしかに雪男は伝説かもしれない。しかし、伝説が足跡を残すことなどありえないだろう」――そんなことを探検家や登山家、それに科学者までもが長いあいだ思っていた。足跡があるのなら、雪男はやはり現実に存在するのではないか？　謎の生き物は雪と氷に閉ざされた高山に棲み、山野をうろついているという。だが、実際にその姿を見届けた者はいない。それが伝説をさらに語り継がせる結果になった。

確たる証拠がない。わずかに、その存在を証すものとして残されているのが足跡だ。著者のダニエル・C・テイラーがイエティに魅入られたのも、偶然、この足跡に出くわしたことによる。

一九五六年七月のある日。テイラーは一一歳だった。土曜日で学校は休みだ。いつもなら外に出て遊ぶのだが、その日は雨で家に閉じ込められていた。祖母はうたた寝をしている。そっとキッチンへ滑り込み、キャビネットに入っているケーキの、甘いアイシングを指ですくいとった。食卓の脇を通り抜けようとしたとき、テーブルの上に置かれた新聞の写真を見て思わず足を止めた。そこにあったのが足跡だった。そのときにはじめて彼はイエティに遭遇した。以来六〇年にわたって彼のイエティ探索は続く。

『ザ・ステイツマン』紙に掲載された足跡の写真は、一九五一年のエベレスト偵察遠征の際に、エリック・シプトンとマイケル・ウォードが、ネパールのメンルン氷河で撮ったものだ。これが伝説的なイエティの証拠写真となり、それはまたテイラーにとってもイエティ探索のはじまりとなった。

シプトンが撮影した足跡の長さは約三〇センチ。この足跡を残したものは、はたしてどんな生物だったのか？ ある者は二足歩行のヒト上科動物だといい、ある者は大型の四足動物ではないか、また別の者は、前ヒト上科の巨大類人猿ギガントピテクスの生き残りではないかという。雪靴を履いた人間だといいだす者もいた。

テイラーはヒマラヤで育った。生まれはインド北部のウッタラーカンド州（ネパールに接している）の小さな町ランドールだが、隣接するムスーリーで幼年時代を過ごした。大学はアメリカに渡って、ハーバードで学んだ。大学院時代に友達だったネパール国王が彼に助言を与えている。「バルン渓谷のように野生状態を残したジャングルは、ネパールでは他にはないよ。イエティは雪男と呼ばれているかもしれない。だけど、雪の上に足跡を残す動物ならどんなものでも、うまく隠れることができる場所で生息してるにちがいない。この国のジャングルの中では、もっとも野生の状態が残っているのがバルンなんだ。イエティを探したかったら、私ならバルンへ行くけどね」

バルン渓谷はネパール東部のコシ県サンクワサバ郡にあり、マカルー山のふもとに広がる秘境の谷だ。ここでは風景がみごとなコントラストを見せている。高所から滝が深い谷底へ流れ落ち、緑豊かな森からは、ごつごつとした岩がそびえ立つ。そして白雪が覆う嶺の下方では、色鮮やかな花々が咲きほこる。バルン渓谷は原始の山地生態系を残す希有な場所だった。

シプトンはバルンの西方で、エベレスト北面の登山ルートを探索中に足跡を見つけた。そこはバルンにくらべて標高がはるかに高い。だが、ダニエルはネパール国王のアドバイスにしたがって、バルン渓谷を探索した。そして、そこで見つけた足跡や巣などをもとに、スリリングな推理を展開してイエティの正体を絞り込む。スミソニアン国立自然史博物館や大英博物館にも何度か足を運んだ。その結果ようやく、ヒマラヤに棲むイエティの正体をつきとめた。それが「ツキノワグマ」だったのである。

こうして一件はみごとに落着したかと思われた。が、ことはそう簡単にはいかない。探検家や科学者が「解決」のハンコを押しても、バルンの村人たちにとっては何一つ「解決」されていないからだ。バルンの人々の話を聞くと、そこにはさまざまな名前を持つ霊的な生物が数多く棲んでいる。「ショクパ」「ポ・ガモ」「ネーデーネ」など、そのどれもが、ジャングルの霊を表わす地元での呼び名だった。イエティをクマだと決めつけても、それで霊的な生き物がいなくなるわけではない。

ここでテイラーは、イエティが現実の動物であると同時に、ある概念——野生——のシンボルだということに気がつく。彼の探求は方向を変えて、今やこの概念へと向かう。それは人間と野生をめぐる問題だった。「野生」という言葉で彼がいいたいのは、人間によって抑制のできない生命のことだ。野生は人間はもとより自然を生きいきとさせる。つまり、イエティは、人間の荒々しい野生の象徴として、また、自然の猛々しい象徴として立ち現われてきたのである。

しかし、従来の自然はもはや周辺にはない。自然は変質をとげていた。かつての自然は、われわれをはぐくみ育ててくれたが、われわれはそれをコントロールできなかった。その自然をあとにした今、同じようにコントロールの不可能な、新たな現実へと踏み込んでいる。それが都市だった。都市は作り直された自然といっていいだろう。都市を歩いているときでさえ、われわれは人間が作ったもの以外に触れることがない。

新たに姿を現わした現実は、われわれの存続に脅威をもたらすものとなった。かつて自然の野生を恐れたわれわれが、今、恐れなければならないのは、人間が作り出した新たな野生だ。この新しくリメイクされた世界で、はたしてわれわれはなお野生を取りもどし、それを持ちつづけることができるのだろうか？テイラーが向かったのは、わずかに野生の残る土地を中心にして、ひとまず巨大な国立公園を作ることだった。それは単に野生を囲い込むことではない。イエティを含めて、野生動物の安息地を作るためには、人々をベースにした活動がどうしても必要となる。保存と保護だけに頼って、われわれの生活に野生を取り込もうとしても、それはむりな話だった。

保存や保護はしばしば、土地を立ち入り禁止にしてしまう。禁止されることで人々は、自然とのつながりを断たれてしまうのだ。引き離されて囲い込まれた自然を目にしたとき、人々は進んで参加する気力を失う。だが、有効な手段は相互関係の形でやってくる。人間を取り込み、人間をパートナーとすることでわれわれの行動は変わる、とテイラーはいう。

「私は世界の一部であり、世界とともにある者で、世界のすべてを使う者だからだ。つながりは私を、自分が作るものにではなく、生き物の場所へと運んでくれる。その中で私は育つことができるが、それをコントロールすることはしない。生き物とともにいることで……その大いなる野生に加わることはできるだろう」

テイラーが掲げた理念のもとに、ネパールではマカルー・バルン国立公園が作られ、中国ではチョモランマ国家級自然保護区（ＱＮＮＰ）が設立された。いずれも人間が野生と共生する新しい試みだ。この功績によって彼は、ネパール国王からゴルカ三等勲章とナイト爵を贈られ、オランダ国王からも勲章を授かった。中国科学アカデミーは彼を定量生態学の名誉教授として迎えた。

今日、人間は都市の中で飼いならされ、ますます野生を失っていく。そんな中でテイラーは、イエティが持つ意味を問い直しながら、人々に向かって、自然と自己の心中に野生を取りもどすように、そしてそれを保持しつづけるようにと呼びかけている。

*

本書は Daniel C. Taylor, *Yeti: The Ecology of a Mystery* (Oxford University Press, 2017) の全訳である。この本の翻訳を勧めてくださったのは青土社の篠原一平さんで、編集の実務をしていただいたのは編集部の梅原進吾さんだ。ここに記して両氏に深い感謝の意を表したい。

二〇一九年一月

森　夏樹

●著訳者紹介

著者紹介

ダニエル・C・テイラー　Daniel C. Taylor

1945年ウェストバージニア州生まれ。アメリカの学者。社会変革運動の実践者。ハーバード大学で教育と国際的な社会発展の研究により博士号取得。コミュニティー主導の自然保護やグローバル教育（国際教育）で、すぐれた業績を上げる。100年にわたって論争の的になっていたイエティ（雪男）のミステリーに、もっとも信頼のおける、もっとも確実で決定的な推論を出したことで知られる。1985年、ネパールのマカール・バルン国立公園の設立を指導したあとで、チベット自治区に、チョモランマ（エベレスト）国際級自然保護区の創設を提案。これにより、ネパールやオランダの国王から勲章を授かり、中国科学アカデミーからは名誉教授に任命される。著書に *Something Hidden behind the Ranges*（1995）、*Empowerment on an Unstable Planet: From Seeds of Human Energy to a Scale of Global Change*（2012）、*Just and Lasting Change: When Communities Own Their Futures*（2016）などがある。

訳者紹介

森夏樹（もり なつき）

翻訳家。訳書にT・ケイヒル『聖者と学僧の島』『ギリシア人が来た道』『中世の秘蹟』、R・L・フォックス『非公認版聖書』『アレクサンドロス大王』、G・J・ライリー『神の河　キリスト教起源史』、S・F・ブラウン＋Kh・アナトリウス『カトリック』、Ch・ウッドワード『廃墟論』、P・ウィルソン『聖なる文字ヒエログリフ』、J・ターク『縄文人は太平洋を渡ったか』、W・クラッセン『ユダの謎解き』、D・C・A・ヒルマン『麻薬の文化史』、U・ダッドリー『数秘術大全』、R・タトロー『バッハの暗号』、S・C・グウィン『史上最強のインディアン コマンチ族の興亡』、M・アダムス『マチュピチュ探検記』、『アトランティスへの旅』、S・ミズン『渇きの考古学』、M・ブラウディング『古地図に憑かれた男』、R・カーソン『海賊船ハンター』、W・パウンドストーン『クラウド時代の思考術』、W・カールセン『マヤ探検記』（以上、青土社）、T・ジャット『記憶の山荘■私の戦後史』（みすず書房）、Ph・ジャカン『アメリカ・インディアン』（創元社）ほか。

イエティ　雪男伝説を歩き明かす

2019年 1 月25日　第 1 刷印刷
2019年 2 月15日　第 1 刷発行

著者――ダニエル・C・テイラー
訳者――森夏樹

発行人――清水一人
発行所――青土社
〒101-0051　東京都千代田区神田神保町 1-29 市瀬ビル
［電話］03-3291-9831（編集）　03-3294-7829（営業）
［振替］00190-7-192955

印刷・製本――シナノ印刷

装幀――菊地信義

Printed in Japan
ISBN978-4-7917-7116-5 C0098